主编 袁艳红

大学物理学

（第2版）

上册

U0228110

清华大学出版社
北京

内容简介

本书参照了教育部物理基础课程教学指导分委员会制订的《理工科非物理类专业大学物理课程教学基本要求》，涵盖了基本要求中的核心内容。在内容选取上采用压缩经典、简化近代；削枝强干，突出重点；简化理论论证，适度增加应用等方法，以适应不同院校和专业对大学物理的要求。同时考虑到技术应用型院校的特点和实际情况，在保证必要的基本训练的基础上，适度降低了例题和习题的难度，而且吸收了国内外优秀教材的精髓，充实了大量物理学史和最新科技进展后编写而成。

本书不仅融入了作者多年教学经历所积累的成功经验，而且考虑到学生和教师教学的新特点，还配备了习题解答、学习指导和电子教案等教学资源。全书分上、下两册，上册内容包括力学、机械振动、机械波、光学和热学，下册内容包括电磁学、狭义相对论和量子物理。

本书可作为技术应用型高等院校工科类各专业大学物理课程的教材，也可作为非物理专业大学物理课程的教材或参考书，还可供文理科相关专业选用和社会读者阅读。

版权所有，侵权必究。举报：010-62782989，beiqinquan@tup.tsinghua.edu.cn。

图书在版编目(CIP)数据

大学物理学. 上册/袁艳红主编. --2 版. --北京：清华大学出版社，2016（2024.2 重印）
ISBN 978-7-302-42982-1

Ⅰ. ①大… Ⅱ. ①袁… Ⅲ. ①物理学－高等学校－教材 Ⅳ. ①O4

中国版本图书馆 CIP 数据核字(2016)第 030461 号

责任编辑：佟丽霞 赵从棉
封面设计：常雪影
责任校对：王淑云
责任印制：沈 露

出版发行：清华大学出版社
网 址：https://www.tup.com.cn，https://www.wqxuetang.com
地 址：北京清华大学学研大厦 A 座 **邮 编**：100084
社 总 机：010-83470000 **邮 购**：010-62786544
投稿与读者服务：010-62776969，c-service@tup. tsinghua. edu. cn
质量反馈：010-62772015，zhiliang@tup. tsinghua. edu. cn
印 装 者：三河市龙大印装有限公司
经 销：全国新华书店
开 本：185mm×260mm **印 张**：18.25 **字 数**：444 千字
版 次：2010 年 8 月第 1 版 2016 年 8 月第 2 版 **印 次**：2024 年 2 月第 7 次印刷
印 数：30501～31500
定 价：59.00 元

产品编号：065388-01

序

FOREWORD

物理学是研究物质结构、性质、运动和相互作用基本规律的科学，也是一门与实践紧密结合的科学，是自然科学和技术科学的基础之一。物理学的教学不仅传授本学科的基本知识，更重要的是使学生掌握科学的认识论、方法论，培养学生的思维方法，提高学生的思辨能力。因此，大学物理不仅是一门重要的基础课，也是大学生素质教育的重要内容。这就是目前非物理的理工类专业均开设大学物理课的原因。然而要写好既满足理工科不同专业的要求而又有别于物理专业的教科书，并非易事。

袁艳红教授主编的《大学物理学》是一本适合技术应用型高等院校非物理专业使用的教材。本书不仅渗透了编者的教学经验，而且还体现了她在教学改革方面的一些创新思路。整套教材较全面地介绍了物理学的基本内容，体现了一定的时代性、应用性。本书注重物理概念阐述，避免复杂的数学推导；内容由浅入深、由易到难、由具体到抽象，图文并茂，文字流畅，并重视趣味性和直观性，通俗易懂，便于自学。书中除介绍大学本科学生所必需的物理基本知识外，还适当地向学生介绍一些现代物理前沿知识，有利于学生开阔眼界、启迪思维、丰富想象，培养创新能力。此外，对于物理知识在高新技术中的某些应用，如量子信息技术、纳米技术、激光技术、声悬浮技术、磁悬浮技术、全息技术等，结合教学作了一些介绍并留有感兴趣者进一步学习具体技术的“接口”，这有利于培养学生分析问题、解决问题，理论联系实际的能力。在资源建设上借助了现代信息技术，在书中某些章节增加动画、二维码视频等多媒体教学资源，并配以数字课程教学平台，增加了学生学习物理学的情趣。本教材内容在深度和广度上，符合教育部规定的有关大学物理教学的基本要求，例题和习题选配得当，难易程度适中，适合技术应用型高等院校工科类各专业用作大学物理课程的教材，也可供其他非物理专业用作大学物理课程的教材或参考书，还可供社会读者阅读。

作为高等教育教学改革和教材建设的一项成果，该书具有一定的创新性。编著这套“大学物理”教材对高等教育教材的建设做出了贡献，对技术应用型工科院校大学物理教育大有裨益。

作为一位年轻教授，肯花时间和精力编出这样一本教材实属难能可贵，特为之序。

中国科学院院士　侯洵

2010 年 6 月 16 日

PREFACE

前言

物理学是研究物质基本结构、基本运动形式及相互作用规律的科学。物理学最初是主要研究力学运动规律，后来又研究热现象、电磁现象、光现象以及辐射的规律。到19世纪末，物理学已经形成了一个完整的体系，称为经典物理学。在20世纪初的30年里，物理学经历了一场伟大的革命，诞生了相对论和量子力学，形成了近代物理学。相对论和量子力学是近代物理学的两大理论支柱，它直接导致了现代科学技术的革命。超大规模的集成电路、人工设计的新型材料、激光技术的应用和发展、低温与超导、新能源的开发和应用等，究其根源，无不以现代物理学基本原理为基础。

以经典物理学、近代物理学和现代科学技术中的物理基础为主要内容的大学物理，是高等院校非物理专业学生一门重要的课程。该课程在培养学生综合素质、丰富科学知识、提高技术能力方面发挥着重要的作用。

针对培养技术应用型人才的高等学校，为了满足大学物理课程改革和实际教学的要求，在多年教学实践的基础上，我们编写了本书。编写的主要思路如下：

(1) 基本内容：为了适应技术应用型人才培养的大学物理教学，本书内容包括基本知识、拓展内容和阅读材料三大板块。基本知识内容以《理工科非物理类专业大学物理课程教学基本要求》为根据，构成了本书的核心。同时选取少量的拓展内容，作为知识的扩展和延伸，这部分内容以“*”号标出。教师授课时，删去带“*”的内容，并不影响全书的系统性和连贯性。书中还安排了一定数量的阅读材料，这些阅读材料与教材内容相匹配，主要是一些基本原理的应用。增加这些内容目的是使学生掌握基础性物理学的知识，了解物理学的前瞻性发展，同时让学生感受到物理学与人们日常生活的密切相关性，增强学习趣味、拓宽学生视野、提高创新意识。

(2) 叙述特点：考虑到技术应用型人才的特点和物理学自身的特点，本书在论述方式上重视物理概念的准确性、物理推论的逻辑性和物理内容的基础性。由浅入深、由易到难、由具体到抽象、由特殊到一般，尽可能避免复杂的数学推证，力求通俗易懂、便于学习。对现代物理学内容的介绍深入浅出，力争不让学生感到过分抽象和复杂。

(3) 内容衔接：为了避免与中学物理内容重复，本书以中学物理为基础，以应用型工科院校为特色编写。在内容衔接点上，综合考虑了不同地区、不同专业大学物理教学的情况，适度地降低了部分内容的衔接点，企盼绝大多数学生都能较好地与中学物理基础相衔接。同时也注意到与大学后续课程的衔接。

(4) 习题安排：为了使学生对所学内容加以巩固，书中安排了一定量的例题和习题。习题和例题涵盖基础、应用两个方面。有些题目与实际联系较密切，且物理原

前言

PREFACE

理清楚，有较强的实际应用意义和一定的趣味性。习题内容和数量选择与教材内容相配合，类型有填空题、选择题和计算题。难度由浅到深，有较好的适用性。

(5) 版式格式：版式采用了与国际接轨的彩色印制；在编排上注重版面设计、图文并茂；在内容叙述上保留了原教材的基本特色，即力求做到生动形象、通俗易懂，强调了物理图像和物理思想，使学生在欣赏的过程中体验并学习物理学知识；在资源建设上借助现代信息技术，在书中某些章节增加动画、二维码视频等多媒体教学资源，并配以数字课程教学平台，期望突破书中知识难点，增加学生学习物理学的情趣。由纸质教材、纸质辅助教材、电子教案和网络课程等组成了立体化系列教材。

全书采用国际(SI)单位制，书后有矢量运算、物理量的名称、符号及单位、常用物理常量表、习题参考答案及参考文献。

本书是上海市“十二五”规划教材，并作为核心成果获得了上海市第十一届教育科学研究优秀成果一等奖，其分为上、下两册，分别介绍了力学、机械振动、机械波、光学、热学、电磁学、狭义相对论和量子物理，由袁艳红教授编写。书中的彩图由陈锐绘画，演示实验视频由柯磊、赵润宁、杨党强拍摄，动画资源由贾鑫、杨俊伟设计，黄才杰校稿。

在本书的编写过程中，参考了国内外大量的文献资料。此外，也从网络上搜集了大量的有关资料和图片，在此向原作者表示感谢。在本书的编写和修改过程中，得到了苗润才、杨若凡、孙振武和朱泰英等教授的关心和帮助，在此谨向他们表示诚挚的感谢。

由于编者学识和教学经验有限，可能对基本要求理解不深，处理不当，书中缺点和错误在所难免，真诚企盼使用本书的读者批评指正。

编者

2016 年 4 月

CONTECT

目录

目录 CONTECT

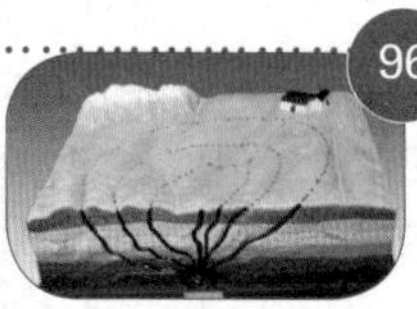

C O N T E C T

目录

目 录

CONTECT

目录

CONTECT

目录

CONTECT

Chapter 1

第1章

质点运动学

物理学是研究物质最普遍、最基本的运动形式及其基本规律的一门学科，这些运动形式包括机械运动、分子热运动、电磁运动、原子和原子核运动以及其他微观粒子的运动等。物体之间或物体各部分之间相对位置的变动称为**机械运动**（mechanical motion）。机械运动是这些运动中最简单、最基本的运动形式，例如地球的自转、河水的流动、车辆的行驶，都是机械运动。物理学中把研究机械运动的规律及其应用的学科称为**力学**。机械运动的基本形式有平动和转动。在平动过程中，若物体内各点的位置没有相对变化，那么各点的运动路径完全相同，可用物体上的任一点的运动来代替整个物体的运动。在力学中，研究物体的位置随时间而变化的内容称为**质点运动学**（particle kinematics）。

本章主要内容有：位置矢量（position vector）、位移（displacement）、速度（velocity）、加速度（acceleration）、质点的运动方程、切向加速度（tangential acceleration）和法向加速度（normal acceleration）、相对运动（relative motion）等。

伽利略·伽利雷（Galileo Galilei，1564—1642 年），意大利著名数学家、物理学家、天文学家、哲学家，近代实验科学的先躯者。1590 年，伽利略在比萨斜塔上做了“两个球同时落地”的著名实验，从此推翻了亚里士多德“物体下落速度和重量成比例”的学说。伽利略的著作有《星际使者》、《关于太阳黑子的书信》、《关于托勒密和哥白尼两大世界体系的对话》和《关于两门新科学的谈话和数学证明》。

1.1 参考系 坐标系 质点

1.1.1 参考系和坐标系

单纯从运动学的观点看，任何运动的描述都是相对的，即一切运动都是相对的，绝对静止的物体是没有的，这就是说任何物体的运动总是相对于其他物体或物体系来确定的。这个其他的物体或物体系就叫做参照物或参考系，简言之：**被选作参考标准的物体或相对位置不变的物体组合**称为**参考系**（reference frame）。同一物体的运动，由于所选取的参考系不同，对它的运动描述就不同。例如，行驶车厢中自由下落的物体相对于车厢参考系的运动是自由落体运动，而相对于地面参考系，则是沿抛物线运动，这就是运动的相对性。因此，在描述某一物体的运动状态时，必须指明是对哪个参考系而言。一般约定，如果采用的是地面参考系可以不必特别指出。

参考系的选取是任意的，一般主要由问题的性质和视研究问题的方便而定，例如，如果要研究物体在地面上的运动，最方便的是选取地球为参考系；一个宇宙飞船在火箭刚发射时，主要研究它相对于地面的运动，所以就选地面作为参考系；当飞船绕地球运行时，则选取地球为参考系，而当飞船飞离地球，绕太阳运行时，则应选太阳为参考系。

选取某个参考系后,为了定量地确定物体的位置,就需要在参考系上建立适当的**坐标系**(**coordinates system**)。常用的坐标系有笛卡儿的直角坐标系、极坐标系、自然坐标系、柱面坐标系和球面坐标系等。选取什么样的坐标系,要视问题的性质和研究问题的方便而定。

参考系是具体的物体,而坐标系是参考系的一个数学抽象。

1.1.2 质点

自然界的一切客观物体都有大小和形状。一般来说,物体运动时各部分的位置变化是不同的。因此,要精确描述物体各部分的运动状态不是一件容易的事。根据问题的性质,在某些情况下,往往可以忽略物体的大小和形状,把物体看成一个具有一定质量的点,这样抽象化后的理想模型称为**质点**(**mass point,particle**)。例如,在研究地球绕太阳运动的公转时,由于地球的直径不到平均日地距离的万分之一,直径与此距离相比要小得多,因此,地球上和各点相对于太阳的运动可认为是相同的,也就是说可以忽略地球的线度和形状,把地球当作一个质点。另外,当物体作平移运动时,物体上各点的运动情况都一样,物体各点都作同等的运动,因而任一点的运动都能代表整体运动,物体的形状大小就可以不加考虑。因此,平动的物体都可以简化为一个质点。

能否把一个物体抽象成质点,不是决定于物体的大小,而是取决于问题的性质,同一个物体在一问题中可以当作是质点,在另外一个问题中可能就不能当作质点。例如,在研究地球的自转运动时,就不能把地球当作质点了。一般地,当物体间的距离远大于物体本身的线度时,物体可抽象为质点。

质点运动是研究物体运动的基础。在不能把物体当作质点时,可把整个物体视为由许多质点组成,弄清这些质点的运动,就可以了解整个物体的运动。

在本书有关力学的各章中,除刚体一章外,都是把物体当作质点来处理的。

在物理学中有大量的理想化模型,它们都是对实际研究对象的一种抽象。在力学中有质点模型、刚体模型等。建立理想化的模型是物理学中一个十分重要的科学研究方法,它往往根据所研究的问题的性质,去寻找事物的主要矛盾,忽略一些次要因素,使研究对象和问题得以简化,便于作比较精确的描述。在学习大学物理学时,应该高度注意这一点。

1.2 描述质点运动的物理量

为了全面掌握物体的运动状况,必须要获知它在每一时刻的空间位置、运动的快慢和方向以及运动快慢的变化情况,例如飞机指挥中心就必须时刻了解飞行中飞机的整个运动情况。以下将介绍描述质点运动的这三个方面的物理量。

1.2.1 位置矢量　运动方程　位移和路程

1. 位置矢量

在描述质点的运动时,首先必须知道质点的位置,例如跑步运动员的位置随时间变化,如图 1-1 所示。质点在空间的位置可以用一个矢量 $\boldsymbol{r}$ 来表示。如图 1-2 所示，设质点在时刻 t 处于位置 P，我们从坐标原点 O 向此点引一条有向线段 OP，并记作矢量 $\boldsymbol{r}$，$\boldsymbol{r}$ 的方向确定了 P 点相对于坐标轴的方位，$\boldsymbol{r}$ 的大小就是 P 点到原点的距离。方位和距离都确定了，P 点的位置也就完全确定了。用来确定质点位置的这一矢量 $\boldsymbol{r}$ 叫做**质点的位置矢量**(**position vector**)，简称**位矢**。

图 1-1 跑步运动员的位置随时间变化

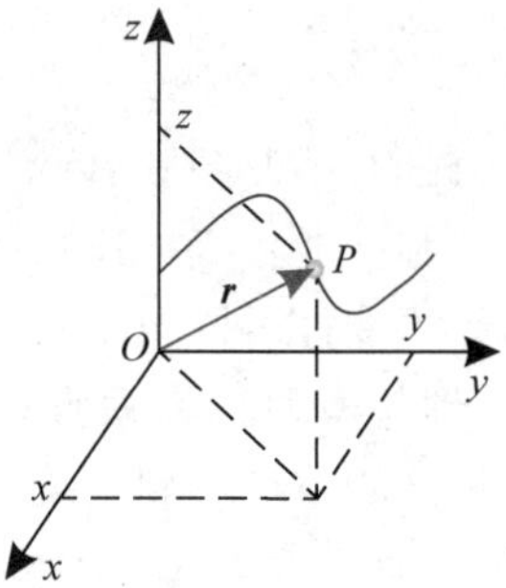

图 1-2 位置矢量

在直角坐标系中，质点的位置 P 也可以用它在 x，y，z 轴的坐标来表示，位矢 $\boldsymbol{r}$ 可以写为

$$\boldsymbol{r} = x\boldsymbol{i} + y\boldsymbol{j} + z\boldsymbol{k} \tag{1-1}$$

式中，$\boldsymbol{i}$、$\boldsymbol{j}$、$\boldsymbol{k}$ 分别表示沿 x，y，z 轴正方向的单位矢量。单位矢量是大小为 1 的长度单位的矢量，在直角坐标系中，$\boldsymbol{i}$、$\boldsymbol{j}$、$\boldsymbol{k}$ 都是大小和方向均不变的常矢量。$\boldsymbol{r}$ 的大小为

$$r = |\boldsymbol{r}| = \sqrt{x^2 + y^2 + z^2}$$

位矢 $\boldsymbol{r}$ 的方向余弦由下式确定：

$$\cos\alpha = \frac{x}{r}, \quad \cos\beta = \frac{y}{r}, \quad \cos\gamma = \frac{z}{r}$$

式中，α、β、γ 分别为 $\boldsymbol{r}$ 与 Ox 轴、Oy 轴和 Oz 轴之间的夹角。

位矢具有以下特征：①矢量性：$\boldsymbol{r}$ 是矢量，有大小和方向；②瞬时性：质点在运动时，不同时刻其位矢不同；③相对性：位矢 $\boldsymbol{r}$ 依赖于坐标系的选取。

2. 运动方程

当质点运动时，它相对坐标原点 O 的位矢 $\boldsymbol{r}$ 是随时间 t 变化的，因此，$\boldsymbol{r}$ 是时间的函数，即

$$\boldsymbol{r} = x(t)\boldsymbol{i} + y(t)\boldsymbol{j} + z(t)\boldsymbol{k} \tag{1-2}$$

这给出了任意时刻质点在空间的位置，也称为**质点的运动方程**(**equation of motion**)，质点的运动方程反映了质点运动的全部情况。式(1-2)中的坐标值 x、y、z 一般都是随时间变化的，是时间 t 的函数。

在直角坐标系中，质点的运动方程式(1-2)也可以写成坐标分量的形式

$$\begin{cases} x = x(t) \\ y = y(t) \\ z = z(t) \end{cases} \tag{1-3}$$

坐标分量形式的运动方程可以看作是质点在坐标轴方向同时进行的三个分运动，或者

说，我们可以把一个质点的运动分解为各个坐标轴方向上的独立分运动；反过来说，$\boldsymbol{r}$ 是各个分运动叠加的结果。

从式(1-3)中消去参数 t 便得到质点的轨迹方程，所以式(1-3)也是运动轨迹的参数方程，质点运动学的重要任务之一就是找出质点运动所遵循的运动方程。

[例题 1-1]

一质点在平面上的运动方程为 $\boldsymbol{r}=(t+1)\boldsymbol{i}+(t^2+2)\boldsymbol{j}$，式中 $\boldsymbol{r}$ 的单位是 m，时间 t 的单位是 s，试求该质点的运动轨迹。

解 质点在 x，y 坐标轴上的分运动方程分别为

$$x=t+1$$

$$y=t^2+2$$

将上面两式消去 t 后，便得到质点的轨迹方程为

$$y=(x-1)^2+2 \quad (\mathrm{m})$$

显然，质点的运动轨迹是抛物线。

3. 位移和路程

要了解质点的运动，不仅要知道它的位置，还要知道它的位置变化情况。如图 1-3 所示，设质点在 t_1 时刻处于位置 P_1 点，质点在 t_2 时刻处于位置 P_2 点，P_1 和 P_2 的位矢分别为 $\boldsymbol{r}(t_1)$ 和 $\boldsymbol{r}(t_2)$，则质点在 $t_1 \sim t_2$ 时间间隔内位矢的增量为

$$\Delta \boldsymbol{r}=\boldsymbol{r}(t_2)-\boldsymbol{r}(t_1) \tag{1-4}$$

$\Delta \boldsymbol{r}$ 称为质点在 $t_1 \sim t_2$ 时间内的**位移矢量**(**displacement vector**)，简称**位移**。位移是描述质点空间位置变化的物理量，它是从质点初始时刻位置指向终点时刻位置的有向线段。

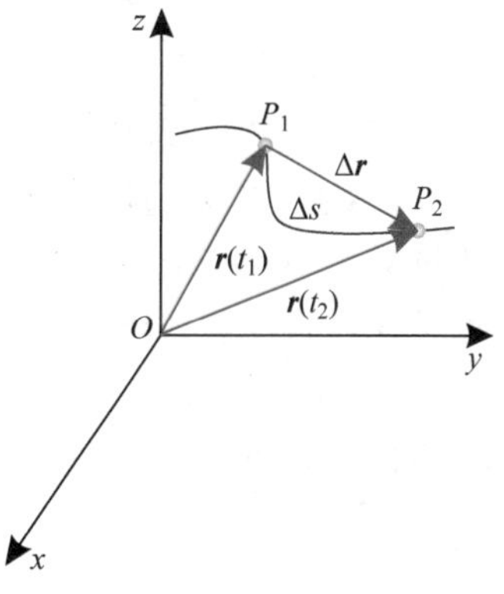

图 1-3 位移与路程

在直角坐标系中，设质点在 t_1 时刻的坐标为 x_1、y_1、z_1，在 t_2 时刻的坐标为 x_2、y_2、z_2，则这段时间内，质点的位移为

$$\begin{aligned}\Delta \boldsymbol{r} &= (x_2-x_1)\boldsymbol{i}+(y_2-y_1)\boldsymbol{j}+(z_2-z_1)\boldsymbol{k} \\ &= \Delta x\boldsymbol{i}+\Delta y\boldsymbol{j}+\Delta z\boldsymbol{k}\end{aligned} \tag{1-5}$$

式中，Δx、Δy、Δz 分别为质点在 $t_1 \sim t_2$ 时间间隔内各坐标分量的增量。与位矢一样，位移也具有矢量性、瞬时性和相对性等特性。

质点运动的实际路径是图 1-3 中的曲线段 Δs，其长度叫做**路程**(**path**)，特别需要注意的是位移 $\Delta \boldsymbol{r}$ 和路程 Δs 的区别：首先 $\Delta \boldsymbol{r}$ 是矢量，仅与质点的始、末位置矢量 $\boldsymbol{r}(t_1)$ 和 $\boldsymbol{r}(t_2)$ 有关，而与中间过程无关，Δs 是**标量**(**scalar**)，与过程有关，它是质点运动轨迹的长度；其次，一般情况下路程并不等于位移的大小，即 $\Delta s \neq |\Delta \boldsymbol{r}|$，例如，当质点经一闭合路径回到起始位置时，其位移为零，而路程则不为零，只有当时间间隔 Δt 取无穷小的极限情况下，位移大小 $|\mathrm{d}\boldsymbol{r}|$ 才等于路程 $\mathrm{d}s$。

我们应当注意，当参考系确定后，质点的位矢依赖于坐标系的选取，而它的位移则与坐标系的选取无关。这点很容易证明。

[例题 1-2]

一质点作直线运动，其运动方程为 $x=2+2t-t^2$，式中 t 的单位为 s，x 的单位为 m。试求：从 $t=0$ 到 $t=4$s 时间间隔内质点位移的大小和它走过的路程。

解 位移大小为

$$|\Delta x| = \left| x|_{t=4} - x|_{t=0} \right| = 8(\mathrm{m})$$

将 x 对时间 t 求一阶导数

$$\frac{\mathrm{d}x}{\mathrm{d}t} = 2 - 2t = 0$$

可得 $t=1$s，即质点在 $t=0$ 到 $t=1$s 内沿 x 正向运动，然后反向运动。

分段计算：

$$\Delta x_1 = x\Big|_{t=1} - x\Big|_{t=0} = 1(\mathrm{m})$$

$$|\Delta x_2| = |x|_{t=4} - x|_{t=1}| = 9(\mathrm{m})$$

路程为

$$\Delta x_1 + |\Delta x_2| = 10(\mathrm{m})$$

1.2.2 速度

在力学中，仅知道质点在某时刻的位矢还不能完全确定质点的运动状态，为确定质点的运动状态，还需要知道质点运动的方向和快慢，描述质点运动的方向和快慢的物理量是**速度**(**velocity**)。只有当质点的位矢和速度同时被确定时，其运动状态才被确定。所以，位矢和速度是描述质点运动状态的两个物理量。

如图 1-3 所示，质点在时间 $\Delta t=t_2-t_1$ 内的位移是 $\Delta \boldsymbol{r}$，为表示质点在这一段时间内的运动快慢和方向，定义质点的平均速度(mean velocity)

$$\bar{\boldsymbol{v}} = \frac{\Delta \boldsymbol{r}}{\Delta t} \tag{1-6}$$

由上式可知，由于位移 $\Delta \boldsymbol{r}$ 是矢量，所以平均速度也是矢量，其方向与位移 $\Delta \boldsymbol{r}$ 的方向相同。

当 $\Delta t \to 0$ 时，平均速度的极限值叫做质点在时刻 t 的**瞬时速度**(**instantaneous velocity**)，简称**速度**，用 $\boldsymbol{v}$ 表示，即

$$\boldsymbol{v} = \lim_{\Delta t \to 0} \frac{\Delta \boldsymbol{r}}{\Delta t} = \frac{\mathrm{d}\boldsymbol{r}}{\mathrm{d}t} \tag{1-7}$$

显然，速度 $\boldsymbol{v}$ 是矢量，从图 1-3 中可以看出，速度 $\boldsymbol{v}$ 的方向是位移 $\Delta \boldsymbol{r}$ 在 $\Delta t \to 0$ 时的极限方向，当 $\Delta t \to 0$ 时，位移 $\Delta \boldsymbol{r}$ 趋向于和轨道相切，即某点速度沿着该点轨迹的切线方向，从数学上看，速度 $\boldsymbol{v}$ 就是位矢 $\boldsymbol{r}$ 对时间的一阶导数。

动画：瞬时速度

与位矢、位移一样，速度也具有矢量性、瞬时性和相对性。将式(1-1)代入式(1-7)，就得到直角坐标系中速度矢量$\boldsymbol{v}$的表达式

$$\boldsymbol{v} = v_x\boldsymbol{i} + v_y\boldsymbol{j} + v_z\boldsymbol{k} \tag{1-8}$$

式中，$v_x=\dfrac{\mathrm{d}x}{\mathrm{d}t}$，$v_y=\dfrac{\mathrm{d}y}{\mathrm{d}t}$，$v_z=\dfrac{\mathrm{d}z}{\mathrm{d}t}$分别是速度在三个坐标轴方向的分量，由上式，速度大小也可表示为

$$v = \sqrt{v_x^2 + v_y^2 + v_z^2} \tag{1-9}$$

速度的大小叫**速率**(**speed**)，以v表示：

$$v = \lim_{\Delta t \to 0} \frac{|\Delta \boldsymbol{r}|}{\Delta t} = \frac{|\mathrm{d}\boldsymbol{r}|}{\mathrm{d}t} \tag{1-10}$$

前面讲到，当时间间隔$\Delta t \to 0$时，位移大小$|\mathrm{d}\boldsymbol{r}|$等于路程$\mathrm{d}s$，因此，上式可以写成

$$v = \lim_{\Delta t \to 0} \frac{\Delta s}{\Delta t} = \frac{\mathrm{d}s}{\mathrm{d}t} \tag{1-11}$$

即速率v等于质点所走过的路程s对时间的变化率。

速度描述了质点在某一瞬时的运动状态，一般来说，速度就是随时间变化的，即

$$\boldsymbol{v} = \boldsymbol{v}(t) \tag{1-12}$$

物理量的单位采用国际单位制，简称SI制。在国际单位制中，长度的单位是m(米)，时间单位是s(秒)，速度的单位是m/s(米/秒)。

[例题 1-3]

设质点的运动方程为$\boldsymbol{r}=(t+2)\boldsymbol{i}+(0.25t^2+2)\boldsymbol{j}$(m)，求：(1)$t=3$s时的速度；(2)质点的运动轨迹方程。

解 (1) 由题意可得速度分量分别为

$$v_x = \frac{\mathrm{d}x}{\mathrm{d}t} = 1\ (\mathrm{m/s}), \quad v_y = \frac{\mathrm{d}y}{\mathrm{d}t} = 0.5t\ (\mathrm{m/s})$$

故$t=3$s时的速度分量为$v_x=1$m/s和$v_y=1.5$m/s，于是$t=3$s时的速度为

$$\boldsymbol{v} = \boldsymbol{i} + 1.5\boldsymbol{j}\ (\mathrm{m/s})$$

速度的值为$v=1.8$m/s，速度与x轴的夹角为

$$\theta = \arctan\frac{1.5}{1} = 56.3^\circ$$

(2) 由已知的运动方程 $\boldsymbol{r}=(t+2)\boldsymbol{i}+(0.25t^2+2)\boldsymbol{j}$，可得 $x=t+2$，$y=0.25t^2+2$，从 x、y 中消去 t 可得轨迹方程

$$y = 0.25x^2 - x + 3\ (\mathrm{m})$$

1.2.3 加速度

质点在运动中，其速度的大小和方向会发生变化，或者二者同时变化。**加速度**(**acceleration**)就是描述质点运动速度变化的物理量。

设质点在 t 与 $t+\Delta t$ 时刻的位置分别在 P、Q 处，其速度分别为 $\boldsymbol{v}(t)$ 和 $\boldsymbol{v}(t+\Delta t)$，如图 1-4(a)所示，速度的变化为 $\Delta\boldsymbol{v}$，如图 1-4(b)所示。定义这段时间内的平均加速度(mean acceleration)

$$\bar{\boldsymbol{a}} = \frac{\Delta\boldsymbol{v}}{\Delta t} \tag{1-13}$$

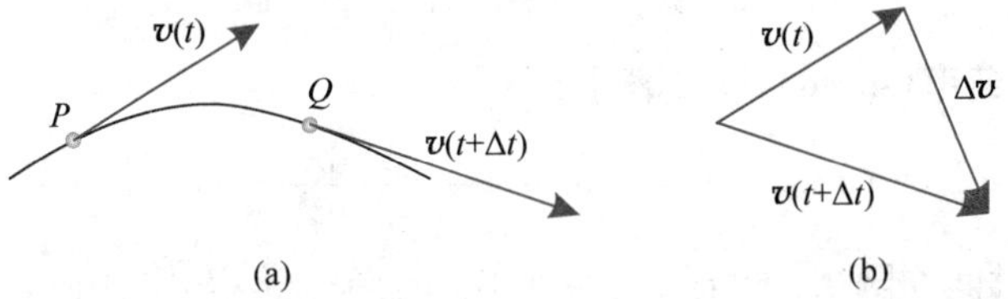

图 1-4　速度的变化

平均加速度只能粗略地描述质点速度在一段时间内的变化。当 Δt 趋于零时，式(1-13)的极限就是速度对时间的变化率，称为质点在时刻 t 的**瞬时加速度**(**instantaneous acceleration**)，简称**加速度**，用 $\boldsymbol{a}$ 表示，即

$$\boldsymbol{a} = \lim_{\Delta t\to 0}\frac{\Delta\boldsymbol{v}}{\Delta t} = \frac{\mathrm{d}\boldsymbol{v}}{\mathrm{d}t} = \frac{\mathrm{d}^2\boldsymbol{r}}{\mathrm{d}t^2} \tag{1-14}$$

加速度精确地描述了质点在时刻 t 速度变化的快慢和方向，从数学上看，加速度 $\boldsymbol{a}$ 就是 $\boldsymbol{v}$ 对时间 t 的一阶导数，或者是位矢 $\boldsymbol{r}$ 对时间 t 的二阶导数。

将式(1-8)代入式(1-14)，就得到直角坐标系中加速度矢量 $\boldsymbol{a}$ 的表达式

$$\boldsymbol{a} = a_x\boldsymbol{i} + a_y\boldsymbol{j} + a_z\boldsymbol{k} \tag{1-15}$$

式中，$a_x=\frac{\mathrm{d}v_x}{\mathrm{d}t}=\frac{\mathrm{d}^2x}{\mathrm{d}t^2}$，$a_y=\frac{\mathrm{d}v_y}{\mathrm{d}t}=\frac{\mathrm{d}^2y}{\mathrm{d}t^2}$，$a_z=\frac{\mathrm{d}v_z}{\mathrm{d}t}=\frac{\mathrm{d}^2z}{\mathrm{d}t^2}$ 分别是加速度在三个坐标方向的分量。加速度的大小

$$a = \sqrt{a_x^2 + a_y^2 + a_z^2} \tag{1-16}$$

加速度 $\boldsymbol{a}$ 是一个矢量，它的方向是 $\Delta t\to 0$ 时 $\Delta\boldsymbol{v}$ 的极限方向，注意到描述质点运动状态的速度 $\boldsymbol{v}$ 是矢量，所以加速度 $\boldsymbol{a}$ 不仅表示质点速度大小的变化，也表示速度方向的变化。一般情况下，质点任一时刻的加速度方向并不沿着该时刻质点速度的方向(轨迹的切线方向)。

加速度与速度一样具有矢量性、瞬时性、相对性三个特征。在国际单位制中，加速度的单位是 $\mathrm{m/s^2}$(米/秒^2)。

一般质点运动学中所研究的问题可以分为两类。一是已知质点运动方程，求质点在任意时刻的速度和加速度。求解这类问题的基本数学方法是求导。二是已知质点的加速度或速度，以及 $t=0$ 时的初始条件（例如初始位置 $\boldsymbol{r}_0$ 和初始速度 $\boldsymbol{v}_0$），求物体的运动方程或运动轨迹，这类问题可以通过利用式(1-7)和式(1-14)对时间积分求解。下面举例说明。

［例题 1-4］

一质点沿 Ox 轴作加速直线运动，$t=0$ 时的位置是 x_0、速度是 v_0，加速度为 $a=a_0+bt$，其中 a_0 和 b 是常量，求经过时间 t 后质点运动的速度和位置。

解 质点作直线运动，由定义 $a=\dfrac{\mathrm{d}v}{\mathrm{d}t}$，得

$$\mathrm{d}v = a\mathrm{d}t = (a_0 + bt)\mathrm{d}t$$

当 $t=0$ 时，$v=v_0$，对上式两边从初始时刻到任意 t 时刻积分，得

$$\int_{v_0}^{v} \mathrm{d}v = \int_0^t (a_0 + bt)\mathrm{d}t$$

经过 t 秒后质点的速度为

$$v = v_0 + a_0 t + \frac{b}{2}t^2$$

质点沿 Ox 轴运动，由定义 $v=\dfrac{\mathrm{d}x}{\mathrm{d}t}$，得

$$\mathrm{d}x = v\mathrm{d}t$$

当 $t=0$ 时，$x=x_0$，对上式两边从初始时刻到任意 t 时刻积分，得

$$x - x_0 = \int_0^t v\mathrm{d}t = \int_0^t \left(v_0 + a_0 t + \frac{b}{2}t^2\right)\mathrm{d}t = v_0 t + \frac{1}{2}a_0 t^2 + \frac{b}{6}t^3$$

经过 t 秒后质点的位置为

$$x = x_0 + v_0 t + \frac{1}{2}a_0 t^2 + \frac{b}{6}t^3$$

如果 $b=0$，则质点作匀加速直线运动，有

$$v = v_0 + a_0 t$$

$$x = x_0 + v_0 t + \frac{1}{2}a_0 t^2$$

这些就是我们熟知的匀加速直线运动的速度和加速度公式。

在 v 和 x 的表达式中消去 t，还可以得到速度与位置之间的函数关系。这一关系也可以从下式得到：

$$a = \frac{\mathrm{d}v}{\mathrm{d}t} = \frac{\mathrm{d}v}{\mathrm{d}x}\frac{\mathrm{d}x}{\mathrm{d}t} = v\frac{\mathrm{d}v}{\mathrm{d}x}$$

$$v\mathrm{d}v = a\mathrm{d}x$$

两边积分，有

$$\int_{v_0}^{v} v\mathrm{d}v = \int_{x_0}^{x} a\mathrm{d}x$$

即得

$$v^2 - v_0^2 = 2a(x - x_0)$$

这些结论都是我们熟知的匀变速直线运动公式。

[例题 1-5]

如图 1-5 所示，设在地球表面附近有一个可视为质点的抛体，以初速 $\boldsymbol{v}_0$ 在 Oxy 平面内沿与 Ox 轴正向成 α 角抛出，并略去空气对抛体的作用。求：(1)抛体的运动方程和其运动的轨迹方程；(2)抛体的最大射程。

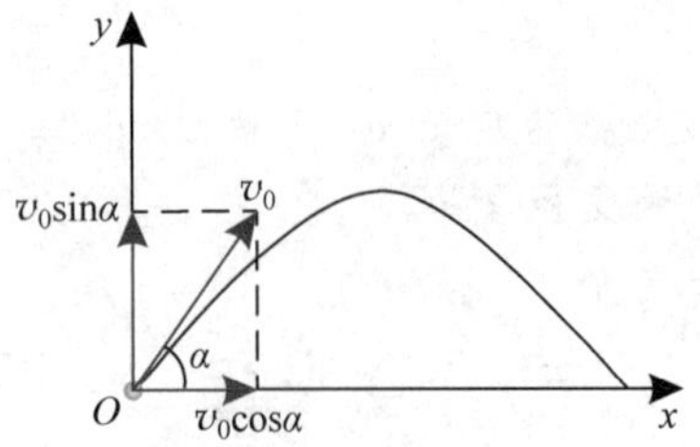

图 1-5 抛物运动

解 (1) 由题意可知，物体在地球表面附近作加速度为 $\boldsymbol{a}=\boldsymbol{g}=-g\boldsymbol{j}$ 的斜抛运动。又从图中可以看出，在 $t=0$ 时，抛体位于原点 O，其位矢 $\boldsymbol{r}_0=\boldsymbol{0}$。于是，由 $\mathrm{d}\boldsymbol{v}/\mathrm{d}t=\boldsymbol{a}=\boldsymbol{g}$，可解得抛体在时刻 t 的速度为

$$\boldsymbol{v}=\boldsymbol{v}_0+\boldsymbol{g}t \tag{a}$$

则初速度沿 x 轴和 y 轴的分量分别是

$$\begin{cases} v_{0x}=v_0\cos\alpha \\ v_{0y}=v_0\sin\alpha \end{cases}$$

又由 $\mathrm{d}\boldsymbol{r}/\mathrm{d}t=\boldsymbol{v}$ 和式(a)，可得抛体在时刻 t 的位矢为

$$\boldsymbol{r}=\boldsymbol{v}_0t+\frac{1}{2}\boldsymbol{g}t^2 \tag{b}$$

式(b)就是斜抛物体的运动方程的矢量式。它在 Ox 轴和 Oy 轴上的分量式为

$$x=v_0t\cos\alpha \tag{c}$$

$$y=v_0t\sin\alpha-\frac{1}{2}gt^2 \tag{d}$$

这清楚地表明：抛体运动是由沿 x 轴的匀速直线运动和沿 y 轴的匀加速直线运动叠加而成的，这就是抛体运动的可叠加性。式(b)、(c)和式(d)都是斜抛物体的运动方程。只是矢量式更加简洁而概括。

消去式(c)和式(d)中的 t 可得

$$y=x\tan\alpha-\frac{g}{2v_0^2\cos^2\alpha}x^2 \tag{e}$$

这就是斜抛物体的轨迹方程。它表明在略去空气阻力的情况下，抛体在空间运动的轨迹为抛物线。

(2) 当抛体落回地面，即 $y=0$ 时，抛体距离原点 O 的距离 d_0 称为射程。由式(e)可得

$$d_0=\frac{2v_0^2}{g}\sin\alpha\cos\alpha$$

显然，射程 d_0 是抛射角 α 的函数，由最大射程的条件

$$\frac{\mathrm{d}d_0}{\mathrm{d}\alpha}=\frac{2v_0^2}{g}\cos2\alpha=0$$

可得 $\alpha=\frac{\pi}{4}$。这就是说，当抛射角 $\alpha=\frac{\pi}{4}$ 时，抛体的射程最远，其值为

$$d_{0\mathrm{m}}=\frac{v_0^2}{g}$$

在研究物体的运动学问题时，如果已知物体的运动方程(即位矢)，就可以通过运动方程对时间求导数，得到物体的速度和加速度。

[例题 1-6]

一质点的运动方程为 $\boldsymbol{r}=t\boldsymbol{i}+t^2\boldsymbol{j}$，式中 t 的单位为 s，$\boldsymbol{r}$ 的单位为 m。求：(1)任意时刻质点的速度和加速度；(2)在 $t=1$s 到 $t=2$s 内，质点的位移、位矢大小的变化量、平均速度。

解 (1) 任意时刻质点的速度

$$\boldsymbol{v}=\frac{\mathrm{d}\boldsymbol{r}}{\mathrm{d}t}=\boldsymbol{i}+2t\boldsymbol{j}\,(\mathrm{m/s})$$

任意时刻质点的加速度

$$\boldsymbol{a}=\frac{\mathrm{d}\boldsymbol{v}}{\mathrm{d}t}=2\boldsymbol{j}\,(\mathrm{m/s^2})$$

(2) 当 $t=1$s 时，

$$\boldsymbol{r}(1)=\boldsymbol{i}+\boldsymbol{j}\,(\mathrm{m})$$

当 $t=2$s 时，

$$\boldsymbol{r}(2)=2\boldsymbol{i}+4\boldsymbol{j}\,(\mathrm{m})$$

在 $t=1$s 到 $t=2$s 内，质点的位移

$$\Delta\boldsymbol{r}=\boldsymbol{r}(2)-\boldsymbol{r}(1)=\boldsymbol{i}+3\boldsymbol{j}\,(\mathrm{m})$$

质点位矢大小的变化量

$$\Delta r=\sqrt{20}-\sqrt{2}=3.06\,(\mathrm{m})$$

平均速度

$$\bar{\boldsymbol{v}}=\frac{\Delta\boldsymbol{r}}{\Delta t}=\boldsymbol{i}+3\boldsymbol{j}\,(\mathrm{m/s})$$

[例题 1-7]

一质点的加速度 $\boldsymbol{a}=2\boldsymbol{i}-2t\boldsymbol{j}$，式中 t 的单位为 s，$\boldsymbol{a}$ 的单位为 $\mathrm{m/s^2}$。当 $t_0=0$ 时，$\boldsymbol{v}_0=2\boldsymbol{j}$m/s，$\boldsymbol{r}_0=5\boldsymbol{i}$m，求：任意时刻质点的速度和运动方程。

解 (1) 任意时刻质点的速度。由于

$$\mathrm{d}\boldsymbol{v}=\boldsymbol{a}\mathrm{d}t$$

$$\int_{v_0}^{v}\mathrm{d}\boldsymbol{v}=\int_{t_0}^{t}\boldsymbol{a}\mathrm{d}t$$

代入数据

$$\int_{2j}^{v}\mathrm{d}\boldsymbol{v}=\int_{0}^{t}(2\boldsymbol{i}-2t\boldsymbol{j})\mathrm{d}t$$

积分得

$$\boldsymbol{v}=2t\boldsymbol{i}+(2-t^2)\boldsymbol{j}\,(\mathrm{m/s})$$

(2) 任意时刻质点的运动方程。由于

$$\mathrm{d}\boldsymbol{r}=\boldsymbol{v}\mathrm{d}t$$

$$\int_{r_0}^{r}\mathrm{d}\boldsymbol{r}=\int_{t_0}^{t}\boldsymbol{v}\mathrm{d}t$$

代入数据

$$\int_{5i}^{r} \mathrm{d}\boldsymbol{r} = \int_{0}^{t} [2t\boldsymbol{i} + (2-t^2)\boldsymbol{j}]\mathrm{d}t$$

积分得

$$\boldsymbol{r} = (5+t^2)\boldsymbol{i} + \left(2t - \frac{1}{3}t^3\right)\boldsymbol{j}(\mathrm{m})$$

原理应用

洲际导弹及其射程

1. 洲际导弹简介

洲际导弹是指射程在8000km以上的导弹,是战略核武器的重要组成部分。拥有这种导弹的国家,不必远涉重洋就能直接对敌国实施战略性攻击。由于各国所处地理位置和军事战略意图不同,对洲际导弹的射程规定不尽一致。例如,有的国家把洲际导弹射程定在5000km以上,有的国家定在6000km以上。按飞行弹道可分为洲际弹道导弹和洲际巡航导弹;按发射点与目标位置可分为地地洲际导弹和潜地洲际导弹。洲际弹道导弹通常为多级的液体推进剂导弹或固体推进剂导弹,采用惯性制导或复合制导,携带核装药单弹头或多弹头,它具有推力大、飞行速度快、射程远、命中精度高、威力大等优点。地地洲际弹道导弹多数尺寸大、笨重、不便机动,一般配置在导弹发射井内,采用自力发射(热发射)或外力发射(冷发射)。潜地洲际弹道导弹配置在核动力潜艇内,采用水下冷发射。

最早的洲际导弹是1957年8月21日前苏联首次试射成功的SS-6地地洲际弹道导弹,射程约8000km。同年,美国研制成功射程为8000km的"鲨蛇"地地洲际巡航导弹,由于性能较差,停止发展,尔后研制射程达12000km的"宇宙神"地地洲际弹道导弹,于1959年开始装备部队,1965年退役。此后,洲际弹道导弹得到迅速发展。70年代,出现了潜地洲际弹道导弹。地地洲际弹道导弹几经更新换代,战术技术性能大大提高,命中精度(圆概率偏差)从数千米精确到百米左右;射程可达万余千米;采取了抗核加固措施;发展了集束式多弹头和分导式多弹头,提高了突防和摧毁目标的能力。美国现役洲际弹道导弹有"民兵"Ⅲ、"和平卫士"等地地洲际弹道导弹。前苏联装备的洲际弹道导弹近20种,其中有SS-18、SS-19、SS-24、SS-25等地地洲际导弹和SS-N-20、SS-N-23等潜地洲际导弹。中国已拥有自行研制的洲际导弹,如图P1-1所示。

图 P1-1　梁思礼洲际导弹

洲际导弹总的发展趋势是:在改进和完善大型导弹的同时,注重发展小型、机动的地地洲际弹道导弹,增大潜地洲际弹道导弹的射程,研制新型洲际巡航导弹,采用机动式弹头,进一步提高导弹命中精度、生存能力和突防能力。

2. 洲际导弹的射程

从例题 1-5 中，我们得出抛射体运动的方程式为

$$\boldsymbol{r}=\boldsymbol{v}_0 t+\frac{1}{2}\boldsymbol{g}t^2 \tag{P1-1}$$

式中，$\boldsymbol{v}_0$ 为初速度，$\boldsymbol{g}$ 为重力加速度。

上述结论是对地球表面附近的抛射体而言的，而洲际导弹飞行很远，研究其射程时不能再将地面看作平面，而要考虑地面是球面。为了进行简单估算，把洲际导弹的运动近似地看成是绕地球中心的匀速圆周运动与垂直于地球表面的上抛运动的叠加，把前者看成是"水平"方向的匀速运动，后者看成"铅直"方向的匀变速运动，如图 P1-2 所示，两种运动叠加后，导弹在 y 方向的重力加速度修正为

$$-G=-\left(g-\frac{v_0^2\cos^2\theta}{R}\right)$$

式中，θ 为初速度的仰角，y 的方向铅直向上。

在式(P1-1)中以 G 代替 g，得

$$\boldsymbol{r}=\boldsymbol{v}_0 t+\frac{1}{2}\boldsymbol{G}t^2 \tag{P1-2}$$

由例题 1-5，抛射体的最大高度及水平射程分别为

$$h=\frac{v_0^2\sin^2\theta}{2g},\quad d=\frac{v_0^2\sin 2\theta}{g}$$

将上面两式中的 g 用 G 代替，可得导弹飞行的最大高度及"水平"射程分别为

$$h=\frac{v_0^2\sin^2\theta}{2g(1-c^2\cos^2\theta)},\quad d=\frac{v_0^2\sin 2\theta}{g(1-c^2\cos^2\theta)}$$

式中，$c=v_0/\sqrt{gR}$，表示导弹的初速度大小 v_0 与第一宇宙速度 $\sqrt{gR}$ 之比。显然，$c<1$。d 是导弹发射点与落地点之间的大圆弧的弧长，如图 P1-3 所示。令 $\frac{\mathrm{d}d}{\mathrm{d}\theta}=0$，可得，当 $\theta=\arctan\sqrt{1-c^2}$ 时，导弹的最大射程为

$$d_{\mathrm{m}}=\frac{c^2R}{\sqrt{1-c^2}}$$

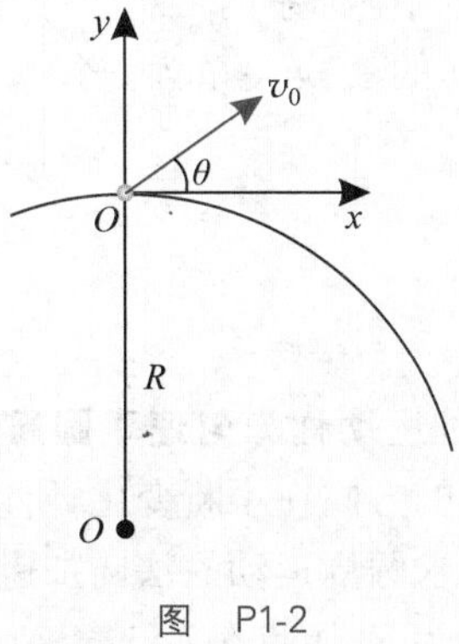

图　P1-2

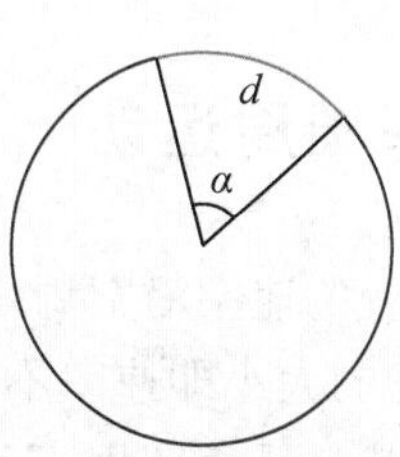

图　P1-3

因此，图 P1-3 所示的大圆弧所张的圆心角的最大值 α_m 为

$$\alpha_m = \frac{c^2}{\sqrt{1-c^2}} \tag{P1-3}$$

当 $c=0.85$ 时，由式(P1-3)所得的各种射程与较精确的计算结果相比，其平均误差小于 7%。这说明，式(P1-3)的近似计算具有较理想的可用性。

1.3 圆周运动及其描述

圆周运动是一种常见的曲线运动，是曲线运动的一个重要的特例，例如，绕固定轴转动的轮子上的每个质点都作半径不同的圆周运动，所以，圆周运动又是研究物体转动的基础。为了较简捷地描述质点在圆周上的位置和运动情况，下面先引入平面极坐标系。

动画：质点的圆周运动　　**视频：质点的圆周运动**

1.3.1 平面极坐标系

设有一质点在如图 1-6 所示的 Oxy 平面内运动，某时刻它位于点 A。由坐标原点 O 到点 A 的有向线段 $\boldsymbol{r}$ 称为**位矢**(亦称**径矢**)，$\boldsymbol{r}$ 与 Ox 轴之间的夹角为 θ。于是，质点在点 A 的位置可由($\boldsymbol{r}$，θ)来确定。这种以($\boldsymbol{r}$，θ)为坐标的参考系称为**平面极坐标系**。而在平面直角坐标系内，点 A 的坐标则为(x，y)。这两个坐标系的坐标之间的变换关系为 $x=r\cos\theta$ 和 $y=r\sin\theta$。

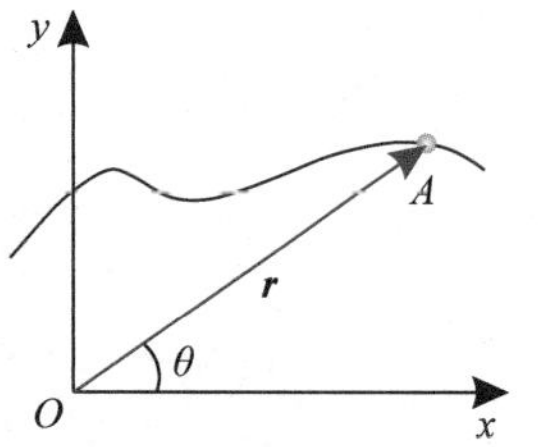

图 1-6　平面坐标图

1.3.2 匀速率圆周运动

如果质点以不变的速率沿圆周轨道运动，这种运动称为**匀速率圆周运动**。在匀速率圆周运动中，虽然速度的大小即速率不变，但是速度的方向在不断变化，所以它是变速运动，也有加速度。我们先从匀速率圆周运动这个特例来求圆周运动的法向加速度。

如图 1-7(a)所示，设圆轨道的圆心为 O，半径为 R，质点在 t 与 $t+\Delta t$ 时刻的位置分别在 p、Q，其速度分别为 $\boldsymbol{v}(t)$ 和 $\boldsymbol{v}(t+\Delta t)$，转过角度为 $\Delta\theta$，移动的路程为 Δs。如图 1-7(b)所示，

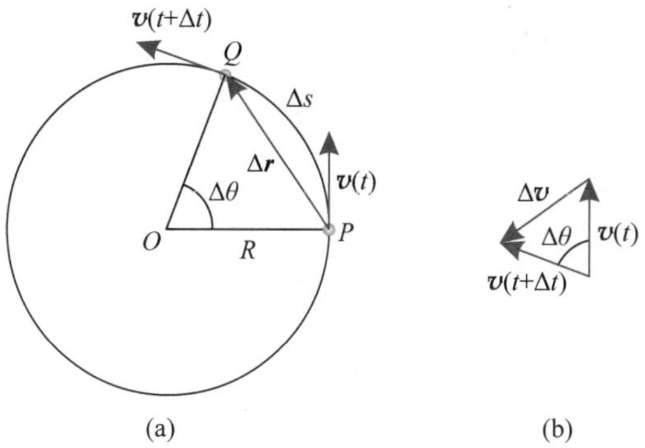

图 1-7　匀速率圆周运动

Δt 时间内速度的变化为 $\Delta\boldsymbol{v}$。由于是匀速率圆周运动，故 $\boldsymbol{v}(t)$ 和 $\boldsymbol{v}(t+\Delta t)$ 两个矢量的大小相等，且等于速率 v，根据加速度的定义，t 时刻质点的加速度为

$$\boldsymbol{a}=\frac{\mathrm{d}\boldsymbol{v}}{\mathrm{d}t}=\lim_{\Delta t\to 0}\frac{\Delta\boldsymbol{v}}{\Delta t}$$

下面分别求匀速率圆周运动中质点的加速度 $\boldsymbol{a}$ 的大小和方向，加速度的大小为

$$a=\lim_{\Delta t\to 0}\frac{|\Delta\boldsymbol{v}|}{\Delta t}$$

从图 1-7 可以看出，图(b)的矢量三角形和图(a)中的三角形 OPQ 是两个相似的等腰三角形，因此得到

$$\frac{|\Delta\boldsymbol{v}|}{v}=\frac{|\Delta\boldsymbol{r}|}{R},\quad |\Delta\boldsymbol{v}|=\frac{v}{R}|\Delta\boldsymbol{r}|$$

因此

$$a=\lim_{\Delta t\to 0}\frac{|\Delta\boldsymbol{v}|}{\Delta t}=\lim_{\Delta t\to 0}\frac{v}{R}\frac{|\Delta\boldsymbol{r}|}{\Delta t}=\frac{v}{R}\lim_{\Delta t\to 0}\frac{|\Delta\boldsymbol{r}|}{\Delta t}$$

利用式(1-10)，得到

$$a=\frac{v^2}{R}\tag{1-17}$$

而加速度 $\boldsymbol{a}$ 的方向就是当 $\Delta t\to 0$ 时 $\Delta\boldsymbol{v}$ 的极限方向。由图 1-7 可以看出，$\Delta t\to 0$ 时，$\Delta\theta\to 0$，$\Delta\boldsymbol{v}$ 趋向与 $\boldsymbol{v}$ 垂直，即 $\boldsymbol{a}$ 与 $\boldsymbol{v}$ 垂直，由此得到：加速度 $\boldsymbol{a}$ 的方向沿半径指向圆心。因此，$\boldsymbol{a}$ 叫做**向心加速度**。注意：向心加速度描述质点作圆周运动时速度方向的变化。

1.3.3 变速圆周运动

在一般圆周运动中，质点速度的大小和方向都在变化着，则称质点在作变速圆周运动。如图 1-8(a)所示，质点沿半径为 R 的圆周从点 A 运动到点 B，经过的时间为 Δt，速度则从 $\boldsymbol{v}_A$ 变到 $\boldsymbol{v}_B$，速度的大小和方向都发生了变化。

如图 1-8(b)所示，速度增量为 $\Delta\boldsymbol{v}=\boldsymbol{v}_B-\boldsymbol{v}_A$。我们把矢量 $\Delta\boldsymbol{v}$ 分成如图 1-8(c)所示的两个分矢量 $\Delta\boldsymbol{v}_{\mathrm{n}}$ 和 $\Delta\boldsymbol{v}_{\mathrm{t}}$，则有

$$\Delta\boldsymbol{v}=\Delta\boldsymbol{v}_{\mathrm{n}}+\Delta\boldsymbol{v}_{\mathrm{t}}$$

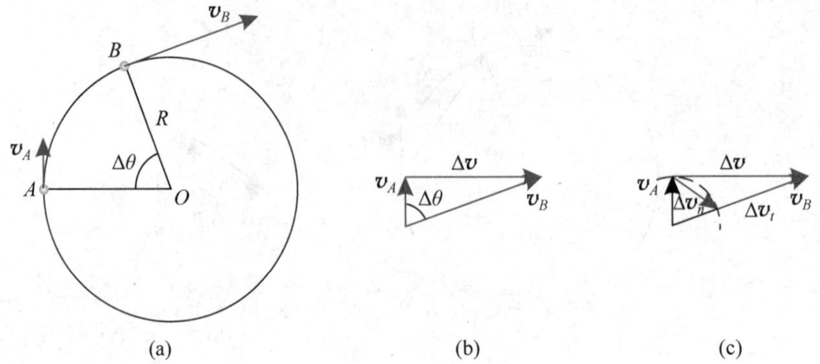

图 1-8 圆周运动

其中 $\Delta \boldsymbol{v}_\mathrm{t}$ 的数值是 $\boldsymbol{v}_A$ 和 $\boldsymbol{v}_B$ 的数值之差，它表示了 A、B 两点速度大小的改变。而 $\Delta \boldsymbol{v}_\mathrm{n}$ 则表示了速度方向的改变。把上式代入式(1-14)得

$$\boldsymbol{a}=\lim_{\Delta t\to 0}\frac{\Delta \boldsymbol{v}_\mathrm{n}}{\Delta t}+\lim_{\Delta t\to 0}\frac{\Delta \boldsymbol{v}_\mathrm{t}}{\Delta t}=\boldsymbol{a}_\mathrm{n}+\boldsymbol{a}_\mathrm{t} \tag{1-18}$$

当 $\Delta t\to 0$ 时，点 B 接近于 A，这时 $\Delta \boldsymbol{v}_\mathrm{n}/\Delta t$ 极限值方向指向圆心 O，而且 $\boldsymbol{a}_\mathrm{n}\left(\boldsymbol{a}_\mathrm{n}=\lim\limits_{\Delta t\to 0}\frac{\Delta \boldsymbol{v}_\mathrm{n}}{\Delta t}\right)$的值与匀速率圆周运动的向心加速度$\frac{v^2}{R}$相同，它也叫做**法向加速度**。$\boldsymbol{a}_\mathrm{t}$ 是**切向加速度**，方向为 $\Delta \boldsymbol{v}_\mathrm{t}$ 的极限方向，即与 $\boldsymbol{v}_A$ 同向，沿轨道过点 A 的切线方向。其大小为

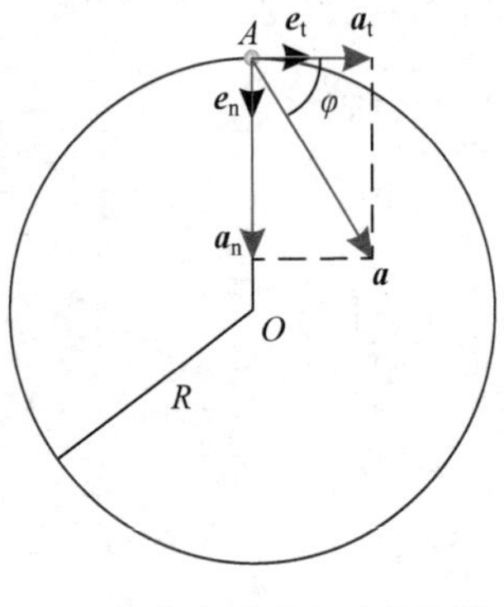

图 1-9 切向加速度和法向加速度

$$a_\mathrm{t}=\frac{\mathrm{d}v}{\mathrm{d}t} \tag{1-19}$$

加速度 $\boldsymbol{a}$ 的大小和方向分别为

$$a=\sqrt{a_\mathrm{t}^2+a_\mathrm{n}^2} \tag{1-20}$$

$$\tan\varphi=\frac{a_\mathrm{n}}{a_\mathrm{t}} \tag{1-21}$$

式中 φ 是 $\boldsymbol{a}_\mathrm{t}$ 与 $\boldsymbol{a}$ 之间的夹角，如图 1-9 所示。

以上结果也适用于一般曲线运动，只是式(1-18)可以写为

$$\boldsymbol{a}=a_\mathrm{n}\boldsymbol{e}_\mathrm{n}+a_\mathrm{t}\boldsymbol{e}_\mathrm{t}=\frac{v^2}{\rho}\boldsymbol{e}_\mathrm{n}+\frac{\mathrm{d}v}{\mathrm{d}t}\boldsymbol{e}_\mathrm{t} \tag{1-22}$$

式中，ρ 为曲线在该点的曲率半径。

还需指出，在图 1-9 中，若以动点 A 为原点，以切向单位矢量 $\boldsymbol{e}_\mathrm{t}$ 和法向单位矢量 $\boldsymbol{e}_\mathrm{n}$ 为垂直轴，所建立的二维坐标系称为**自然坐标系**(**natural coordinate system**)。

1.3.4 圆周运动的角量描述

1. 角位移

如图 1-10 所示，一质点在 Oxy 平面上作半径为 R 的圆周运动，某时刻它位于 P 点。当质点在圆周上运动时，由于它到圆心的距离保持不变，可以仅用质点所在处的半径与坐标

轴 Ox 的夹角θ就能完全确定质点在圆周上的位置，θ称为**角坐标**(angular position)。当质点沿圆周运动时，角坐标θ随时间而改变，即θ是时间的函数$\theta(t)$。

设经过时间Δt，质点从P点运动到Q点，质点转过的角度$\Delta\theta$称为**角位移**(angular displacement)。角位移不但有大小而且有转向，一般规定沿逆时针转向的角位移为正值，沿顺时针转向的角位移为负值。

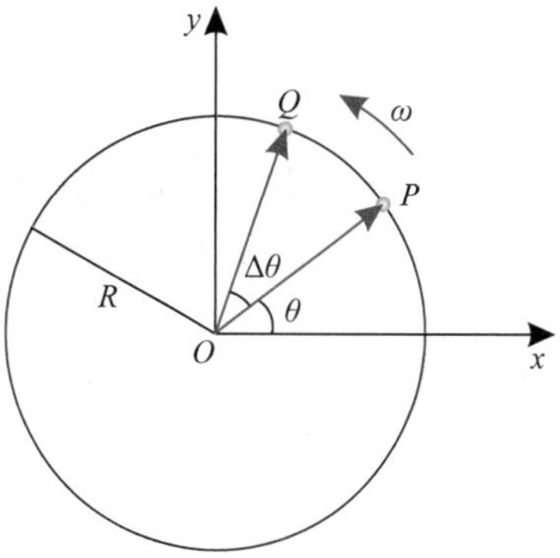

图 1-10 圆周运动的角量描述

2. 角速度

角位移$\Delta\theta$与Δt之比，称为在Δt这段时间内质点的平均角速度，表示为

$$\bar{\omega}=\frac{\Delta\theta}{\Delta t}$$

当Δt趋于零时，上式的极限就是角坐标对时间的变化率，称为质点在该时刻的**瞬时角速度**，简称**角速度**(angular velocity)。即

$$\omega=\lim_{\Delta t\to 0}\frac{\Delta\theta}{\Delta t}=\frac{\mathrm{d}\theta}{\mathrm{d}t} \tag{1-23}$$

3. 角加速度

设质点在某一时刻的角速度为ω_0，经过Δt时间后，角速度为ω，因此，Δt时间内角速度的增量为$\Delta\omega=\omega-\omega_0$。角速度的增量$\Delta\omega$与时间$\Delta t$的比值称为这段时间内的平均角加速度，表示为

$$\bar{\alpha}=\frac{\Delta\omega}{\Delta t} \tag{1-24}$$

当Δt趋于零时，上式的极限就是角速度对时间变化率，称为质点在该时刻的**瞬时角加速度**，简称**角加速度**(angular acceleration)，用α表示：

$$\alpha=\lim_{\Delta t\to 0}\frac{\Delta\omega}{\Delta t}=\frac{\mathrm{d}\omega}{\mathrm{d}t}=\frac{\mathrm{d}^2\theta}{\mathrm{d}t^2} \tag{1-25}$$

在国际单位制中，角坐标和角位移的单位是 rad(弧度)，所以角速度的单位为 rad/s(弧度/秒)，角加速度的单位为 $\mathrm{rad/s^2}$(弧度/秒^2)。

质点在作圆周运动时，我们可以把角速度看成是矢量$\boldsymbol{\omega}$，这在讨论一些复杂问题时，尤其是在解决角速度合成问题时，会有很大的方便。角速度矢量的方向由右手螺旋定则确定，即右手的四指循着质点的转动方向弯曲，拇指的指向为角速度$\boldsymbol{\omega}$的方向。角速度和角加速度的方向均沿轴向。

4. 匀变角加速圆周运动

质点作匀速率圆周运动时，角速度ω是常量，角加速度α为零。质点作变速率圆周运动时，角速度ω不是常量；如果角加速度α是常量，质点的运动就是匀变速圆周运动。

质点作匀速率或匀变速圆周运动时，用角量表示的运动方程与匀速或匀变速直线运动的运动方程完全相似。匀速率圆周运动的运动方程为

$$\theta=\theta_0+\omega t \tag{1-26}$$

匀变速圆周运动的运动方程为

$$\begin{cases}\omega = \omega_0 + \alpha t \\ \theta = \theta_0 + \omega_0 t + \dfrac{1}{2}\alpha t^2\end{cases} \tag{1-27}$$

式中，θ、θ_0、ω、ω_0 和 α 分别表示角坐标、初始角坐标、角速度、初始角速度和角加速度。

下面用上述角量来表示圆周运动的法向加速度和切向加速度。

如图 1-10 所示，在时间 Δt 内质点从点 P 运动到点 Q，所经过的圆弧 PQ 的长度 $\Delta s = R\Delta\theta$，则质点在 P 点的速率为

$$v = \lim_{\Delta t \to 0} \frac{\Delta s}{\Delta t} = \frac{\mathrm{d}s}{\mathrm{d}t} \tag{1-28}$$

即圆周运动的速率等于质点走过的弧长对时间的变化率，可以将式(1-28)改写成

$$v = \lim_{\Delta t \to 0} \frac{\Delta s}{\Delta t} = \lim_{\Delta t \to 0} \frac{R\Delta\theta}{\Delta t} = R\frac{\mathrm{d}\theta}{\mathrm{d}t} = R\omega \tag{1-29}$$

式(1-29)是质点作圆周运动时速率和角速率之间的瞬时关系。用角速度和角加速度表示的圆周运动的法向加速度和切向加速度分别为

$$a_{\mathrm{t}} = \frac{\mathrm{d}v}{\mathrm{d}t} = R\frac{\mathrm{d}\omega}{\mathrm{d}t} = R\alpha \tag{1-30}$$

$$a_{\mathrm{n}} = \frac{v^2}{R} = \omega^2 R \tag{1-31}$$

[例题 1-8]

一质点作半径 $R = 2\mathrm{m}$ 的圆周运动，其角坐标随时间的变化关系为 $\theta = \frac{1}{2}t^2 + 2(\mathrm{rad})$，$t$ 以秒计。(1)求质点的速度和加速度；(2)问 θ 多大时，该质点的切向加速度与法向加速度大小相等？

解 (1) 由式(1-29)，可得速度的大小即速率为

$$v = R\frac{\mathrm{d}\theta}{\mathrm{d}t} = 2t(\mathrm{m/s})$$

速度的方向沿圆周的切向。

根据式(1-30)和式(1-31)，切向加速度和法向加速度的大小分别为

$$a_{\mathrm{t}} = \frac{\mathrm{d}v}{\mathrm{d}t} = \frac{\mathrm{d}(2t)}{\mathrm{d}t} = 2(\mathrm{m/s^2})$$

$$a_{\mathrm{n}} = \frac{v^2}{R} = \frac{(2t)^2}{2} = 2t^2(\mathrm{m/s^2})$$

所以，质点加速度的大小为

$$a = \sqrt{a_{\mathrm{t}}^2 + a_{\mathrm{n}}^2} = \sqrt{2^2 + (2t^2)^2} = 2\sqrt{1 + t^4}(\mathrm{m/s^2})$$

其方向与切向的夹角 φ 为

$$\varphi = \arctan\frac{a_{\mathrm{n}}}{a_{\mathrm{t}}} = \arctan t^2$$

(2) 由题意，$a_{\mathrm{n}} = a_{\mathrm{t}}$，可得

$$t^2 = 1$$

此时质点的角坐标是

$$\theta=\frac{1}{2}t^2+2=\frac{1}{2}\times1+2=2.5(\text{rad})$$

即此处质点的切向加速度和法向加速度的大小相等。

［例题 1-9］

一质点沿半径为 R 的圆周运动，其路程用圆弧 s 表示，s 随时间 t 的变化规律是 $s=v_0t-\frac{b}{2}t^2$，其中 v_0、b 都是正的常数，求：(1) t 时刻质点的总加速度；(2) 总加速度大小达到 b 值时，质点沿圆周已运行的圈数。

解 (1) 由题意可得质点沿圆周运动的速率为

$$v=\frac{\mathrm{d}s}{\mathrm{d}t}=\frac{\mathrm{d}}{\mathrm{d}t}\left(v_0t-\frac{b}{2}t^2\right)=v_0-bt$$

再求它的切向和法向加速度的大小，切向加速度的大小为

$$a_t=\frac{\mathrm{d}v}{\mathrm{d}t}=\frac{\mathrm{d}}{\mathrm{d}t}(v_0-bt)=-b$$

法向加速度的大小为

$$a_n=\frac{v^2}{R}=\frac{(v_0-bt)^2}{R}$$

于是，质点在 t 时刻的总加速度大小为

$$a=\sqrt{a_t^2+a_n^2}=\sqrt{(-b)^2+\left[\frac{(v_0-bt)^2}{R}\right]^2}=\frac{1}{R}\sqrt{R^2b^2+(v_0-bt)^4}$$

其方向与速度间夹角 θ 的正切值为

$$\tan\theta=\frac{a_n}{a_t}=\frac{(v_0-bt)^2}{-Rb}$$

(2) 总加速度大小达到 b 值时，所需时间 t 可由

$$a=\frac{1}{R}\sqrt{R^2b^2+(v_0-bt)^4}=b$$

求得

$$t=\frac{v_0}{b}$$

代入路程方程式，质点已转过的圈数

$$N=\frac{s}{2\pi R}=\frac{v_0\left(\frac{v_0}{b}\right)-\frac{1}{2}b\left(\frac{v_0}{b}\right)^2}{2\pi R}=\frac{v_0^2}{4\pi Rb}$$

1.4 相对运动

由运动的相对性，同一运动质点在不同的参考系中可以具有不同的位置和不同的速度。下面从相对运动的关系中，导出同一质点对于不同参考系的位置和速度之间的关系。

动画：相对运动

如图 1-11 所示，设有两个参考系，一个 S 系(即 Oxy 坐标系)，另一个为 S'系(即 $O'x'y'$ 坐标系)，开始时(即 $t=0$)，这两个参考系相重合。某质点在 S 系中的位置以 P 表示，而在 S'系中的位置以 P'表示。显然，在 $t=0$ 时，点 P 与点 P'共居于一点(见图 1-11(a))。

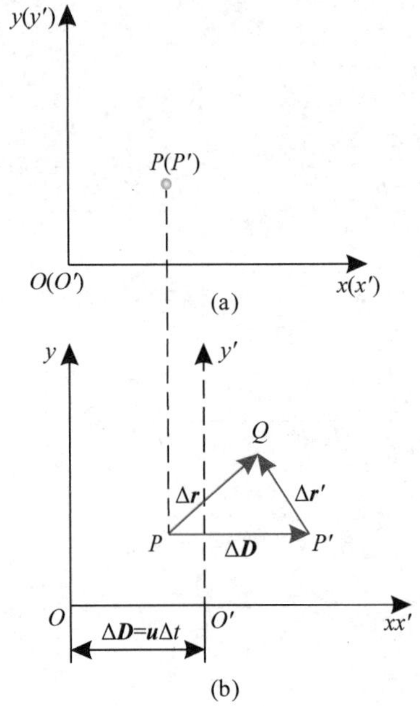

图 1-11　质点在相对作匀速直线运动的两个坐标系中的位移

如果在 Δt 时间内，S'系沿 Ox 轴以速度 $\boldsymbol{u}$ 相对 S 系运动的同时，质点运动到 Q，则在这段时间内，S'系沿 Ox 轴相对 S 系的位移为 $\Delta\boldsymbol{D}=\boldsymbol{u}\Delta t$。在同样的时间里，在 S'系中，质点从点 P'运动到点 Q，其位移为 $\Delta\boldsymbol{r}'$；而在 S 系中，质点从点 P 运动到点 Q，其位移为 $\Delta\boldsymbol{r}$。质点犹如同时参与两种运动：质点除随系 S'以速度 $\boldsymbol{u}$ 沿 Ox 轴运动外，还要从点 P'运动到点 Q(见图 1-11(b))。显然 $\Delta\boldsymbol{r}$ 和 $\Delta\boldsymbol{r}'$是不相等的。质点在 S 系中的位移 $\Delta\boldsymbol{r}$ 应等于 S'系相对 S 系的位移 $\Delta\boldsymbol{D}$ 与质点在 S'系中的位移 $\Delta\boldsymbol{r}'$之和，即

$$\Delta\boldsymbol{r}=\Delta\boldsymbol{r}'+\Delta\boldsymbol{D}=\Delta\boldsymbol{r}'+\boldsymbol{u}\Delta t \qquad (1\text{-}32)$$

式(1-32)表明，质点的位移矢量取决于参考系的选择，若 S'系相对 S 系处于静止状态(即 $\boldsymbol{u}=\boldsymbol{0}$)，那么，质点在两参考系中的位移矢量应相等，即 $\Delta\boldsymbol{r}=\Delta\boldsymbol{r}'$。

由位移的相对性可得出速度的相对性。用时间 Δt 除式(1-32)，有

$$\frac{\Delta\boldsymbol{r}}{\Delta t}=\frac{\Delta\boldsymbol{r}'}{\Delta t}+\boldsymbol{u}$$

取 $\Delta t\to 0$ 时的极限值，得

$$\frac{\mathrm{d}\boldsymbol{r}}{\mathrm{d}t}=\frac{\mathrm{d}\boldsymbol{r}'}{\mathrm{d}t}+\boldsymbol{u}$$

即

$$\boldsymbol{v}=\boldsymbol{v}'+\boldsymbol{u} \qquad (1\text{-}33)$$

式中，$\boldsymbol{u}$ 为 S'系相对 S 系的速度，$\boldsymbol{v}'$为质点相对 S'的速度，$\boldsymbol{v}$ 为质点相对 S 系的速度。式(1-33)的物理意义是：质点相对 S 系的速度等于它相对 S'系的速度与 S'系相对 S 系的速度之矢量和(见图 1-12)。

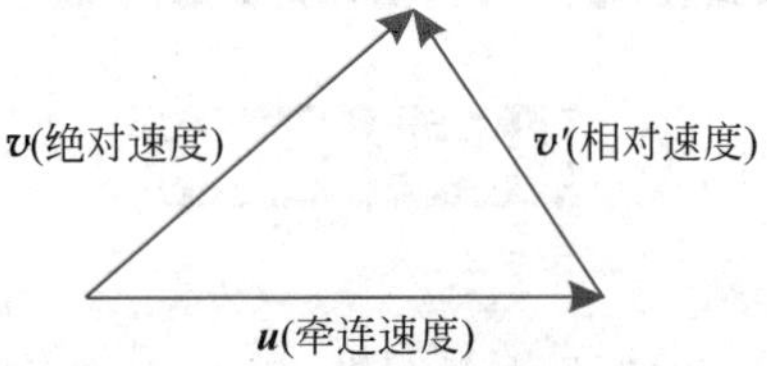

图 1-12　速度的相对性

习惯上，常把视为静止的参考系 S 作为基本参考系，把相对 S 系运动的参考系 S' 作为运动参考系。这样，质点相对基本参考系 S 的速度 $\boldsymbol{v}$ 就叫做**绝对速度**，质点相对运动参考系 S' 的速度 $\boldsymbol{v}'$ 叫做**相对速度**，而运动参考系 S' 相对基本参考系 S 的速度 $\boldsymbol{u}$ 叫做**牵连速度**，于是式(1-33)可理解为：**质点相对于基本参考系的绝对速度 v'，等于运动参考系相对基本参考系的牵连速度 $\boldsymbol{u}$ 与质点相对运动参考系的相对速度 v' 之和**。

式(1-33)给出了在两个以恒定的速度作相对运动的参考系中质点的速度与参考系的关系，即质点的速度变换关系式，这个式子叫做**伽利略速度变换式**。需要指出的是，当质点的速度接近光速时，伽利略速度变换公式就不适用了，此时速度的变换应当遵循洛伦兹速度变换式。

[例题 1-10]

如图 1-13 所示，一实验者 A 在以 10m/s 的速度沿水平轨道前进的平板车上控制一台弹射器，此弹射器在与车前进的反方向呈 60°角方向上斜向上射出一弹丸，此时站在地面上的另一实验者 B 看到弹丸沿直线向上运动，求弹丸上升的高度。

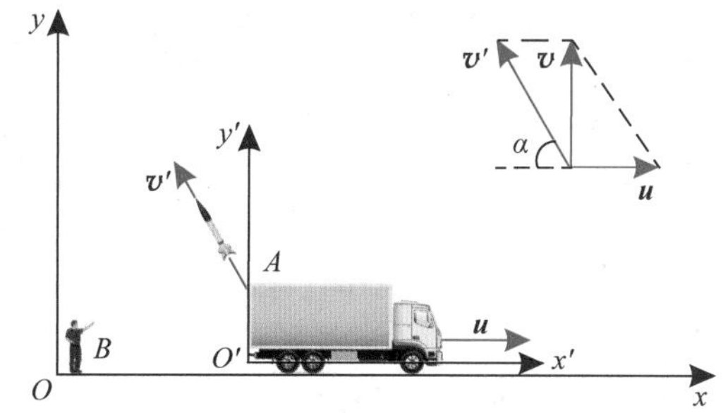

图 1-13 例题 1-10 用图

解 设地面参考系为 S 系，其坐标系为 Oxy，平板车参考系为 S' 系，其坐标系为 $O'x'y'$，且 S' 系以速率 $u=10\text{m/s}$ 沿 Ox 轴正向相对 S 系运动。由图 1-13 中所选定的坐标可知，在 S' 系中的实验者 A 射出的弹丸，其速度 $\boldsymbol{v}'$ 在 x'、y' 轴上的分量分别为 v'_x、v'_y，它们与抛出角 α 的关系为

$$\tan\alpha = \frac{v'_y}{v'_x} \tag{a}$$

若以 $\boldsymbol{v}$ 代表弹丸相对 S 系的速度，那么它在 x、y 轴上的分量分别为 v_x、v_y，由速度变换式(1-33)及题意可得

$$v_x = u + v'_x \tag{b}$$

$$v_y = v'_y \tag{c}$$

由于 S 系(地面)的实验者 B 看到弹丸是铅直向上运动的，故 $v_x=0$。于是由式(b)，有

$$v'_x = -u = -10(\text{m/s})$$

另由式(c)和式(a)可得

$$|v_y| = |v'_y| = |v'_x\tan\alpha| = 10\tan60° = 17.3(\text{m/s})$$

由匀变速直线运动公式可得弹丸上升的高度为

$$y = \frac{v_y^2}{2g} = 15.3(\text{m})$$

原理应用

全球定位系统和应用

GPS是Globle Positioning System的缩写，意思为全球定位系统。该系统可以在全球范围内全天候地为地面目标提供信息，从而确定该目标在地面上的精确位置、速度等参数。

1. GPS简介

自从赫兹证明了麦克斯韦的电磁波辐射理论以后，人们便开始了对无线电导航定位系统的研究。无线电导航定位系统是根据无线电波的传播特性，利用接收机测定在地面上的方位、距离、距离差等参数，确定测量点的位置，以完成对船舶、车辆、飞机等运载体的定位和导航的系统。

早期的无线电导航系统都是由建立在地面或地面载体上的发射台和用户接收机组成，称为地面无线电导航系统或者陆基无线电导航系统。陆基无线电导航系统的作用距离或者定位精度难以提高，只能满足小部分用户的需求。

1957年，苏联发射了世界上第一颗人造地球卫星，标志着人类已经进入了空间时代。1958年美国海军武器试验室委托霍普金斯大学应用物理研究室研制美国海军导航卫星系统（Navy Navigation Satellite System，NNSS）。该系统于1964年研制成功并交付使用。卫星导航具有无线电波传播不受地面的影响、可进行全球定位、定位精度高等优点。苏联于20世纪70年代也建成了类似于NNSS的奇卡达（Tsikada）卫星导航系统。这类卫星导航系统与陆基无线电导航系统相比具有全球全天候、定位精度较高等优点，但是由于卫星高度低、卫星数目少（仅6颗），系统存在定位不连续、实时性差的缺点；此外定位信息为二维，缺少高度，卫星轨道容易产生摄动，限制了定位精度的进一步提高。因此这种卫星导航系统逐渐不能满足许多用户对定位的要求。**全球定位系统**就在这种情况下产生了。

1973年12月，美国国防部批准海陆空三军及其他机构组成联合计划局，研制新型卫星导航系统——NAVSTAR GPS(Navigation Satellite Timing and Ranging/Global Positioning System)，即通常所说的GPS或者“全球卫星定位系统”。GPS被美国列为重点空间计划之一，成为继阿波罗登月计划、航天飞机计划之后的第三项庞大的空间计划。GPS系统经过漫长的方案论证、工程研制、生产作业等三个研制阶段，于1994年3月10日全面运行。GPS卫星运行高度为20183km，轨道倾角为55°，运行周期接近12小时。它不仅能在全球范围内向用户提供4颗卫星以上的信号从而实行高精度的三维位置测定，还能实时测定运载体的三维速度，并能够提供高精度的授时服务。

2000年中国“北斗一号”导航系统建成运行，成为继美国、俄罗斯之后世界第三个拥有自主卫星导航系统的国家。“北斗一号”系统是我国自行研制的区域性有源三维卫星定位通信系统，如图P1-4所示。该系统可以对我国领土、领海及周边地区的各类用户进行定位和实时授时，并可以实现各个用户之间、用户与中心控制站之间的简短报文通信。目前北斗系统已经有9颗卫星升空。与GPS系统不同的是，北斗除了定位之外，还支持卫星通信功能，应用上更加广泛。和通过被动接受卫星信号的GPS相比，北斗采用区域性自主定位，即需要向卫星发送信号，用户才能知道所在的位置。由于存在通信的来往，使得“北斗一号”的应用存在带宽和频度的限制，导致其覆盖面积较小、定位精度较低，用户数量也受到一定限制。但可全天候、全天时提供区域性有源导航定位，还能进行双向数字报文通信和精密授时，是其独特优势。

图 P1-4　“北斗一号”导航卫星系统

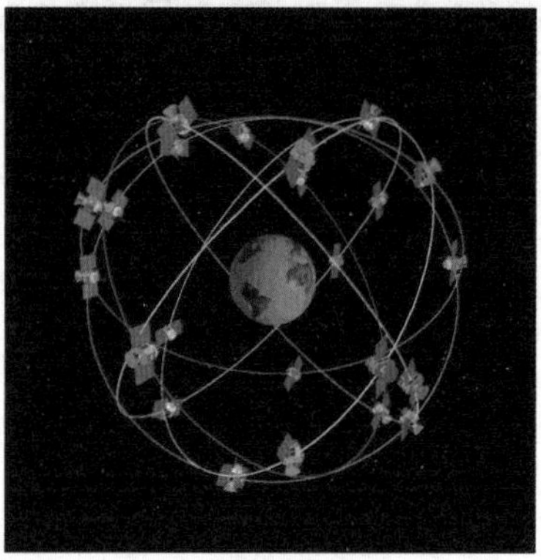

图 P1-5　卫星分布图

2. GPS 的组成

全球定位系统由空间卫星部分、地面监控部分和用户部分三大部分组成。三者有各自独立的功能和作用，但又是有机地配合而缺一不可的整体系统。

GPS 的空间卫星星座由 24 颗卫星组成，其中 21 颗工作卫星，3 颗备用卫星，如图 P1-5 所示。这 24 颗卫星均匀分布在 6 个倾角为 55°的地心轨道上。GPS 卫星由收发设备、操作系统、太阳能电池、原子钟、推动系统以及各种辅助设备组成。卫星的运行周期为半个恒星日，即 11 小时 58 分。卫星运行高度为 20183km，所有卫星分布在六个轨道面上(每个轨道面上有四颗)。因此，同一观测站上，每天出现的卫星分布图形相同，只是每天提前大约 4 分钟。地面观测者见到地平面上的卫星数目随时间和地点不同而不同。为了测量卫星至接收机的伪距，GPS 卫星发射三种伪随机码信号，即 C/A 码、P 码和 Y 码。它们分别调制在两个载频上发射。C/A 码——粗测/捕获码，为民间用户提供标准定位服务(SPS)。

GPS 的地面控制部分的主要任务是维护卫星和维持其正常功能。主要功能包括：将卫星保持在正确的轨道位置；监视星载分系统的运行；监视卫星的太阳能电池；更新卫星的星历，以及在导航电文中其他指示量；判定卫星的异常；控制选择可用性(SA)和反电子欺骗(A-S)等。此外地面控制部分的另一重要作用是保持所有 GPS 卫星处于同一时间标准——GPS 时间。这就需要地面控制部分监测 GPS 卫星的时间，求出钟差，然后由注入站发给卫星。GPS 卫星再以导航电文的形式发送给用户设备。地面控制部分包括 1 个主控站、3 个注入站和 5 个监测站。主控站对地面监控部分实行全面控制，它的主要任务是收集各个监测站对 GPS 卫星的全部观测数据，利用这些数据计算每颗卫星的轨道和卫星钟的改正值。监测站是无人值守的数据采集中心，安装有精密的铯原子钟和能够连续测量所有可见卫星伪距的接收机，对卫星进行常年观测，并采集电离层数据和气象数据。注入站的主要任务是在每颗卫星运行至其上空时把导航数据以及主控站的指令到卫星。这种注入对每颗 GPS 卫星每天进行一次或两次，并在卫星离开注入站作用范围之前进行最后的注入。

GPS 用户设备部分通常称做 GPS 接收机，它处理来自卫星的 L 波段信号以确定用户的位置、速度和时间等信息。对GPS接收机的要求是能迅速捕获到按一定卫星截至高度角所选择的待测卫星信号,并跟踪这些卫星的运行,对所接收的卫星信号进行放大、变换和处理,以便测定出GPS信号从卫星到接收天线的传播时间,解译出GPS卫星所发送的导航电文,实时地计算出三维位置、三维速度和时间等所需数据。

GPS接收机可以分为天线单元和接收单元两大部分。天线单元由接收天线和前置放大器两部分组成。接收天线大多采用全向天线,可接收来自任何方向的GPS信号,并将电磁波能量转化为变化规律相同的电流信号。前置放大器可将极微弱的GPS电流信号予以放大。接收单元的核心部件是信号通道和微处理器。信号通道主要有平方型和相关型两种形式,所具有的信号通道数目不等。利用多个通道同时对多个卫星进行观测,实现快速定位。接收机所采集的定位数据存储在存储器中,以供后续处理之用。微处理器具有各种数据处理软件,能选择合适的卫星进行测量,以获得最佳的图形;能根据观测值和卫星的星历进行计算,求得所需定位信息。

软件也是GPS接收机的重要组成部分,包括内置软件和应用软件两部分。内置软件控制接收机信号通道,按时序对各卫星信号进行测量和处理;控制微处理器自动操作,以及与外设接口。这类软件已经和接收机融为一体,一般固化在GPS接收机的存储器中。应用软件主要指对观测数据进行后续处理的一些软件,要求功能齐全,能够改善位置、速度和时间精度,提高作业效率,方便用户使用,满足用户的多方面要求,开拓新的应用领域。软件的质量与功能已经成为反映GPS接收机性能的一个重要指标。

3. GPS的应用

GPS对人类活动的影响极大,应用价值极高。它可以从根本上解决人类在地球上的导航和定位问题,可以满足各种不同用户的需要。虽然最初GPS是为军事用途而设计,但其精密的全球定位、简便的观测、优异的实时性、丰富的功能、良好的抗干扰性能、极强的保密性等特点,使其获得了广泛的应用。近年来,对GPS卫星的应用开发表明,用GPS信号可以进行海陆空导航、导弹制导、精密定位、工程测量、设备安装、大地测量、速度测量等。GPS的应用主要分为两种类型,一种为单机应用,即采用独立的接收机做单点静态或动态定位测量;另一种则以GPS接收机配合中心控制站,辅以无线数据通信设备,实时进行数据交换,构成GPS应用系统。对舰船而言,它能在海上协同作战、海洋交通管制、石油勘探、海洋捕鱼、管道铺设、暗礁定位、海港领航等方面做出贡献;对飞机而言,它可在飞机起飞、中途导航、着陆、空中会合、空中加油和武器投掷、空中交通管制等方面进行服务;在陆地上可以用于各种车辆、坦克、陆军部队等的定位,还可用于大地测量、野外考察、勘探定位,甚至深入到每个人的生活之中;在空间技术方面,可以用于弹道导弹制导、空间飞行器的导航定位等。对GPS技术的研究和对GPS信息资源的开发也给地学研究和应用提供了一种崭新的观测手段,并能进行快速的大地定位和布设大地网。有些学者指出,随着GPS系统的问世,将导致测绘行业、导航领域一场深刻的技术革命。

最后我们指出,GPS作为空间定位关键在于精确的长度测量。1983年第17届国际计量大会通过了如下长度定义:“米是光在真空中$\left(\dfrac{1}{299792458}\right)$ s时间间隔内所经路径的长度。”此后真空中的光速c不再是一个测量值,而是一个精确值,$c=299792458\text{m/s}$,从此长度的测量归于时间测量。随着激光技术的飞速发展,一代一代新的激光原子钟的出现,使得时间测量越来越精确,于是长度的测量也随之越来越精确。从此量子光频技术称为GPS系统的核心技术之一。众所周知,这方面的工作获得了2005年诺贝尔物理学奖。

内容提要

1. 描述质点运动的物理量

位置矢量(位矢,运动方程):$\boldsymbol{r}=\boldsymbol{r}(t)$

位移矢量:$\Delta\boldsymbol{r}=\boldsymbol{r}(t+\Delta t)-\boldsymbol{r}(t)$

速度:$\boldsymbol{v}=\lim\limits_{\Delta t\to 0}\dfrac{\Delta\boldsymbol{r}}{\Delta t}=\dfrac{\mathrm{d}\boldsymbol{r}}{\mathrm{d}t}$

加速度:$\boldsymbol{a}=\lim\limits_{\Delta t\to 0}\dfrac{\Delta\boldsymbol{v}}{\Delta t}=\dfrac{\mathrm{d}\boldsymbol{v}}{\mathrm{d}t}=\dfrac{\mathrm{d}^2\boldsymbol{r}}{\mathrm{d}t^2}$

2. 已知物体的运动方程,可得物体的速度和加速度

如果已知物体的运动方程,就可以通过运动方程对时间求导数,得到所求物体的速度和加速度。

3. 圆周运动

圆周运动的加速度:切向加速度 $a_{\mathrm{t}}=\dfrac{\mathrm{d}v}{\mathrm{d}t}$和法向加速度 $a_{\mathrm{n}}=\dfrac{v^2}{R}$。

圆周运动的角量描述:角坐标和角位移,角速度和角加速度。

角量与线量的关系:$v=R\omega, a_{\mathrm{n}}=\dfrac{v^2}{R}=\omega^2R, a_{\mathrm{t}}=R\alpha$。

4. 相对运动

质点相对于基本参考系的绝对速度$\boldsymbol{v}$,等于运动参考系相对基本参考系的牵连速度$\boldsymbol{u}$与质点相对运动参考系的相对速度$\boldsymbol{v}'$之和:

$$\boldsymbol{v}=\boldsymbol{v}'+\boldsymbol{u}$$

习题

一、选择题

1-1 对质点的运动,有以下几种表述,正确的是(　　)。

(A) 在直线运动中,质点的加速度和速度的方向相同

(B) 在某一过程中平均加速度不为零,则平均速度也不可能为零

(C) 若某质点加速度的大小和方向不变,其速度的大小和方向可不断变化

(D) 在直线运动中,加速度不断减小,则速度也不断减小

1-2　某质点的运动方程为 $x=2t-3t^3+12(\mathrm{m})$，则该质点作(　　)。

(A) 匀加速直线运动，加速度沿 Ox 轴正向

(B) 匀加速直线运动，加速度沿 Ox 轴负向

(C) 变加速直线运动，加速度沿 Ox 轴正向

(D) 变加速直线运动，加速度沿 Ox 轴负向

1-3　一质点在平面上作一般曲线运动，其瞬时速度为 $\boldsymbol{v}$，瞬时速率为 v，某一段时间内的平均速率为 $\bar{v}$，平均速度为 $\bar{\boldsymbol{v}}$，它们之间必定有(　　)的关系。

(A) $|\boldsymbol{v}|=v, |\bar{\boldsymbol{v}}|=\bar{v}$　　(B) $|\boldsymbol{v}|\neq v, |\bar{\boldsymbol{v}}|=\bar{v}$

(C) $|\boldsymbol{v}|\neq v, |\bar{\boldsymbol{v}}|\neq\bar{v}$　　(D) $|\boldsymbol{v}|=v, |\bar{\boldsymbol{v}}|\neq\bar{v}$

1-4　质点作圆周运动时，下列表述中正确的是(　　)。

(A) 速度方向一定指向切向，所以法向加速度一定为零

(B) 法向分速度为零，所以法向加速度一定为零

(C) 必有加速度，但法向加速度可以为零

(D) 法向加速度一定不为零

1-5　某物体的运动规律为 $\frac{\mathrm{d}v}{\mathrm{d}t}=-kv^2t$，式中，$k$ 为大于零的常量。当 $t=0$ 时，初速为 v_0，则速率 v 与时间 t 的函数关系为(　　)。

(A) $v=\frac{1}{2}kt^2+v_0$　　(B) $\frac{1}{v}=\frac{kt^2}{2}+\frac{1}{v_0}$

(C) $v=-\frac{1}{2}kt^2+v_0$　　(D) $\frac{1}{v}=-\frac{kt^2}{2}+\frac{1}{v_0}$

二、填空题

1-6　已知质点位置矢量随时间变化的函数关系为 $\boldsymbol{r}=4t^2\boldsymbol{i}+(2t+3)\boldsymbol{j}$，则从 $t=0$ 到 $t=1\mathrm{s}$ 时的位移为________，$t=1\mathrm{s}$ 时的加速度为________。

1-7　一跑步者围绕一 400m 周长的操场跑了一圈，25s 后回到出发点，则跑步者的平均速率为________，平均速度的大小为________。

1-8　一飞轮作匀减速转动，在 5s 内角速度由 40π rad/s 减到 10π rad/s，则飞轮在这 5s 内总共转过了________圈，飞轮再经过________的时间停止转动。

1-9　一质点从静止出发沿半径为 3m 的圆周运动，切向加速度为 $3\mathrm{m/s^2}$ 并保持不变，则经过________后它的总加速度恰好与半径成 45°角。在此时间内质点经过的路程为________，角位移为________，在 1s 末总加速度大小为________。

1-10　半径为 30cm 的飞轮，从静止开始以 0.5π rad/s 的匀角速度转动，则飞轮边缘上一点在飞轮转过 240°时的切向加速度 $a_t=$________，法向加速度 $a_n=$________。

三、计算题

1-11　一电子的位置由 $\boldsymbol{r}=3.00t\boldsymbol{i}-4.00t^2\boldsymbol{j}+2.00\boldsymbol{k}$ 描述，式中 t 的单位为 s，$\boldsymbol{r}$ 的单位为 m。求：(1)电子任意时刻的速度 $\boldsymbol{v}$；(2)在 $t=2.00\mathrm{s}$ 时，电子速度的大小。

1-12　质点作直线运动，其运动方程为 $x=12t-6t^2$（式中 x 以 m 计，t 以 s 计），求：(1)$t=4\mathrm{s}$ 时，质点的位置、速度和加速度；(2)质点通过原点时的速度；(3)质点速度为零时

的位置。

1-13　一质点沿 x 轴运动，加速度 $a=-2t$，$t=0$ 时 $x_0=3\text{m}$，$v_0=1\text{m/s}$。求：(1)t 时刻质点的速度和位置；(2)速度为零时质点的位置和加速度；(3)从开始($t=0$)到速度为零这段时间内质点的位移大小。

1-14　质点沿直线运动，速度 $v=t^3+3t^2+2$(式中 v 以 m/s 计，t 以 s 计)，如果当 $t=2\text{s}$ 时，质点位于 $x=4\text{m}$ 处，求 $t=3\text{s}$ 时质点的位置、速度和加速度。

1-15　质点在 xy 平面上作加速运动，其加速度 $\boldsymbol{a}=6\boldsymbol{i}+4\boldsymbol{j}(\text{m/s}^2)$，初始时刻，速度为零，位置矢量 $\boldsymbol{r}_0=10\boldsymbol{i}(\text{m})$。求：

(1) 任意时刻的速度和位矢；

(2) 质点在平面上的轨迹方程。

1-16　一个质点自原点开始沿抛物线 $2y=x^2$ 运动，它在 x 轴上的分速度为一常量，其值为 4.0m/s，求质点在 $x=2\text{m}$ 处的速度和加速度。

1-17　(1) 若已知一质点的位置由 $x=4-12t+3t^2$(式中 t 的单位为 s，x 的单位为 m)给出，它在 $t=1\text{s}$ 末的速度为何值？(2)该时刻质点正在向 x 的正方向还是负方向运动？(3)该时刻质点速率为何值？(4) $t=3\text{s}$ 后，质点是否在某一时刻向 x 轴负方向运动？

1-18　已知质点的运动方程为：$x=2t$，$y=2-t^2$(x、y 以 m 为单位，t 以 s 为单位)。(1)求质点运动的轨道方程；(2)写出 $t=1\text{s}$ 和 $t=2\text{s}$ 时质点的位置矢量，并计算 1s 到 2s 的平均速度；(3)计算 1s 末和 2s 末的瞬时速度；(4)分别计算 1s 末和 2s 末的瞬时加速度。

1-19　一小轿车作直线运动，刹车时速度为 v_0，刹车后其加速度与速度成正比而反向，即 $a=-kv$，k 为已知的大于零的常量。试求：(1)刹车后轿车的速度与时间的函数关系；(2)刹车后轿车最多能行多远？

1-20　一质点沿 Ox 轴作速直线运动，加速度为 $a=-kx$，k 为一正的常量，假定质点在 x_0 处的速度是 v_0，试求质点速度的大小 v 与坐标 x 的函数关系。

1-21　一飞轮以 $n=1500\text{r/min}$ 的转速运动，受到制动后均匀地减速，经 $t=50\text{s}$ 后静止。试求：(1)角加速度 α；(2)制动后 $t=25\text{s}$ 时飞轮的角速度，以及从制动开始到停转，飞轮的转数 N；(3)设飞轮的半径 $R=1\text{m}$，则 $t=25\text{s}$ 时飞轮边缘上一点的速度和加速度的大小。

1-22　一质点沿半径为 R 的圆周运动，质点所经过的弧长与时间的关系为 $s=bt+\frac{1}{2}ct^2$，其中 b、c 为常量，且 $Rc>b^2$，求切向加速度与法向加速度大小相等之前所经历的时间。

1-23　一质点作半径 $r=10\text{m}$ 的圆周运动，其角加速度 $\alpha=\pi\ \text{rad/s}^2$，若质点由静止开始运动，求：(1)质点在第一秒末的角速度、法向加速度和切向加速度；(2)当 $t=1\text{s}$ 时，总加速度的大小和方向。

1-24　设有一架飞机从 A 处向东飞到 B 处，然后又向西飞回 A 处，飞机相对于空气的速率为 v'，而空气相对于地面的速率为 v_r，A、B 之间的距离为 l，飞机相对空气的速率 v' 保持不变。(1)假定空气的速度向东，求来回飞行时间；(2)假定空气的速度向北，求来回飞行时间。

Chapter 2

第2章

质点动力学

在第1章，我们讨论了描述质点运动状态的位置矢量和速度以及表示质点运动状态变化的加速度，但没有涉及质点运动状态发生变化的原因。在力学中，把物体与物体之间的相互作用称为**力**（**force**），质点运动状态的变化，则是与作用在质点上的力有关的，这部分内容属于牛顿定律涉及的范围。以牛顿定律为基础建立起来的宏观物体运动规律的**动力学**（**dynamics**）理论，称为牛顿力学。

通过研究力对物体运动状态的影响，我们发现力不仅具有瞬时性，而且具有持续性，牛顿运动定律研究的是力的瞬时性。力的持续性表现为对时间的持续，也可表现为对空间的持续，这两种持续作用中，质点或质点系的动量、动能或能量将发生变化或转移。在一定条件下，质点系内的动量或能量将保持守恒。动量守恒定律和能量守恒定律不仅适用于机械运动，而且适用于物理学中各种运动形式。可以这样说，它们是自然界中已知的一些基本守恒定律中的两个。

本章将概括地阐述牛顿定律的内容及其质点运动方面的初步应用，学习动量、冲量、功和能等描述运动状态和过程变化的物理量，着重讲述两个定理和两个守恒定律，即动量定理和动量守恒定律、功能原理和机械能守恒定律。

艾萨克·牛顿（Isaac Newton，1643—1727年）是英国伟大的数学家、物理学家、天文学家和自然哲学家。牛顿被誉为人类历史上最伟大的科学家之一，他发明了微积分，发现了万有引力定律，创建了经典力学体系。在光学方面，他说明了色散的起因，发现了色差及牛顿环，还提出了光的微粒说。

2.1 牛顿运动定律

牛顿在伽利略研究成果的基础上，通过深入的分析和研究，于1687年出版了名著《自然哲学的数学原理》，其中以定律形式提出了力学运动的三条规律，这三条规律统称为**牛顿运动定律**，牛顿运动定律是经典力学的基础，虽然牛顿定律一般是对质点而言的，但这并不限定它们的广泛适用性，因为复杂的物体在原则上可看作是质点的组合，从牛顿运动定律出发可以导出刚体、流体、弹性体等的运动规律，从而建立起整个经典力学的体系。牛顿力学的核心体系的建立在科学史上是一个激动人心的时刻，在牛顿时代以前，像行星之类事物的运动是一个谜，但在牛顿力学的核心体系建立之后，一切都了如指掌了，甚至连由于行星之间的扰动而引起的与开普勒定律的微小偏离也可以计算出来。摆的运动，用弹簧和重物组成的振子的运动等，在牛顿定律被阐明后全能圆满地加以分析。

视频：牛顿第一定律　　视频：牛顿第二定律

2.1.1 牛顿第一定律

16世纪以前，古希腊哲学家亚里士多德（Aristotle，前384—前322年）关于运动的观点一直居统治地位，他的观点是“力是维持物体运动的原因”。直到17世纪，伽利略通过一个简单的小球沿斜面滚下实验推翻了亚里士多德的观点，认为“力并不是维持运动的原因”。以后牛顿把伽利略的实验结论归结为“惯性定律”。

牛顿第一定律表述为：**任何物体都将保持静止的或沿一直线匀速运动的状态，除非作用在它上面的力迫使它改变这种状态**。牛顿第一定律的数学表示形式为

$$\boldsymbol{F}=0\text{时}，\quad \boldsymbol{v}=\text{恒矢量} \tag{2-1}$$

这个定律表明，静止状态或匀速直线运动状态是物体不受外界影响时所保持的状态。可见保持静止或匀速直线运动状态是物体具有的固有特性，这个特性叫做**惯性**（**inertia**）。因此牛顿第一定律又叫做**惯性定律**。

牛顿第一定律也阐明了力的概念。力是物体之间的相互作用，从效果上讲，它是物体运动状态变化的原因。

我们已经明确，任何物体的运动都是相对于一定的参考系才有意义，所以牛顿第一定律还定义了一种参考系，在这种参考系中观察，一个不受力作用的物体或处于受力平衡状态下的物体，将保持静止或匀速直线运动状态不变，这样的参考系叫**惯性参考系**，简称**惯性系**。相对一个惯性系静止或作匀速直线运动的参考系都是惯性系。一个参考系是否为惯性系只能通过观察和实验来确定，在不考虑地球自转时，地面参考系可近似认为是惯性系。牛顿定律只有在惯性系中才能成立。

应当指出，自然界中完全不受其他物体作用的物体是不存在的，因此，牛顿第一定律不能简单地用实验直接加以证明。

2.1.2 牛顿第二定律

物体在运动时总具有速度。我们把物体的质量 m 与其运动速度 $\boldsymbol{v}$ 的乘积叫做物体的**动量**（**momentum**），用 $\boldsymbol{p}$ 表示，即

$$\boldsymbol{p}=m\boldsymbol{v} \tag{2-2}$$

动量显然也是矢量，其方向与速度 $\boldsymbol{v}$ 的方向相同。与速度可表示物体的运动状态一样，动量也是描述运动状态的量，但动量比速度的涵义更为广泛，意义更为重要。当外力作用于物体

时，其动量要发生变化。牛顿第二定律阐明了作用于物体的外力与物体动量变化的关系。在国际单位制中，动量的单位是 kg · m/s(千克 · 米/秒)。

牛顿第二定律表明，**物体动量随时间的变化率** $\mathrm{d}\boldsymbol{p}/\mathrm{d}t$ **等于作用于物体的合外力** $\boldsymbol{F}$，即

$$\boldsymbol{F}=\frac{\mathrm{d}\boldsymbol{p}}{\mathrm{d}t}=\frac{\mathrm{d}(m\boldsymbol{v})}{\mathrm{d}t} \tag{2-3a}$$

当物体在低速运动情况下，即物体的运动速度 $\boldsymbol{v}$ 远小于光速时，物体的质量可以视为不依赖于速度的常量。于是上式可写成

$$\boldsymbol{F}=m\boldsymbol{a}=m\mathrm{d}\boldsymbol{v}/\mathrm{d}t \tag{2-3b}$$

牛顿第二定律是一个矢量方程，在实际应用中经常需要把它写成沿选定坐标系各个轴上的投影式，即将合外力与加速度都分解为分量，然后写出相应的各个分量式。在直角坐标系中，我们把力和加速度分解为

$$\boldsymbol{F}=F_x\boldsymbol{i}+F_y\boldsymbol{j}+F_z\boldsymbol{k}$$

$$\boldsymbol{a}=a_x\boldsymbol{i}+a_y\boldsymbol{j}+a_z\boldsymbol{k}$$

牛顿第二定律在 Ox、Oy、Oz 坐标轴上的分量式分别为

$$F_x=ma_x,\quad F_y=ma_y,\quad F_z=ma_z$$

或

$$F_x=m\frac{\mathrm{d}^2x}{\mathrm{d}t^2},\quad F_y=m\frac{\mathrm{d}^2y}{\mathrm{d}t^2},\quad F_z=m\frac{\mathrm{d}^2z}{\mathrm{d}t^2} \tag{2-3c}$$

当质点在平面上作曲线运动时，我们可取自然坐标系，$\boldsymbol{e}_\mathrm{n}$ 为法向单位矢量，$\boldsymbol{e}_\mathrm{t}$ 为切向单位矢量。于是质点在某一时刻的加速度在自然坐标系中的两个相互垂直方向上的分矢量为 $\boldsymbol{a}_\mathrm{n}$ 和 $\boldsymbol{a}_\mathrm{t}$。如果质点在该处的曲率半径为 ρ，则质点在平面上作曲线运动时，在自然坐标系中牛顿第二定律可写成

$$\boldsymbol{F}=m\boldsymbol{a}=m(\boldsymbol{a}_\mathrm{n}+\boldsymbol{a}_\mathrm{t})=m\frac{v^2}{\rho}\boldsymbol{e}_\mathrm{n}+m\frac{\mathrm{d}v}{\mathrm{d}t}\boldsymbol{e}_\mathrm{t} \tag{2-4a}$$

如以 $\boldsymbol{F}_\mathrm{n}$ 和 $\boldsymbol{F}_\mathrm{t}$ 分别代表合外力在法向和切向的分矢量，则有

$$\begin{cases}\boldsymbol{F}_\mathrm{n}=m\dfrac{v^2}{\rho}\boldsymbol{e}_\mathrm{n}\\[2ex]\boldsymbol{F}_\mathrm{t}=m\dfrac{\mathrm{d}v}{\mathrm{d}t}\boldsymbol{e}_\mathrm{t}\end{cases} \tag{2-4b}$$

式中，$\boldsymbol{F}_\mathrm{n}$ 和 $\boldsymbol{F}_\mathrm{t}$ 分别代表法向合力和切向合力；$\boldsymbol{a}_\mathrm{n}$ 和 $\boldsymbol{a}_\mathrm{t}$ 相应地叫做法向加速度和切向加速度。

牛顿第二定律是研究质点动力学问题的核心，也称为**质点的动力学方程**。应用它解决问题时必须注意以下几点。

(1) 牛顿第二定律中的加速度与所受合外力之间的关系是瞬时关系。$\boldsymbol{a}$ 表示瞬时加速度，$\boldsymbol{F}$ 表示瞬时力，它们同时存在，同时改变，同时消失，有着瞬时对应的关系。当作用在物体上的外力撤去，物体的加速度立即消失，但这并不意味着物体会立即停止运动，按照牛顿第一定律，这物体将作匀速直线运动。物体有无运动，表现在有无速度，而运动状态有无改变取决于有无加速度。加速度和力的方向始终相同。

(2) 牛顿第二定律中的质量是物体惯性大小的量度。物体的惯性不仅表现为物体不受外力时要保持其运动状态不变，而且还表现为改变其运动状态的难易程度。在一定外力作

用下，物体的惯性越大，要使它改变运动状态就越难，物体获得的加速度就越小；反之，物体的惯性越小，要使它改变运动状态就越容易，物体获得的加速度就越大。从牛顿第二定律可以看出，在外力一定时，不同物体的加速度与物体的质量成反比，质量越大，加速度越小，质量越小，加速度越大，所以，式(2-2)中的质量是物体惯性的量度，也称为**惯性质量**。在国际单位制中，质量的单位是 kg(千克)。

(3) 力的叠加原理。牛顿第二定律中的力是作用在该物体上所有外力的合力，几个力对物体的共同作用效果与它们的合力对物体的作用效果是一样的，这就是力的**叠加原理**。合外力是各个分力的矢量和。

牛顿第二定律有一定的适用范围，即适用于惯性系中低速运动的质点或平动物体。在物体的运动速度与光速可以相比时，牛顿力学不再适用。

2.1.3 牛顿第三定律

牛顿第三定律表述为：**对于每一个作用，总有一个相等的反作用与之相应，或者说，两个物体对各自对方的相互作用总是相等的，而且指向相反的方向。**

若以 $\boldsymbol{F}_{12}$ 表示第一个物体受到的第二个物体的作用力，以 $\boldsymbol{F}_{21}$ 表示第二个物体受到的第一个物体的作用力，则这一定律可用数学形式表示为

$$\boldsymbol{F}_{12} = -\boldsymbol{F}_{21} \tag{2-5}$$

式中，$\boldsymbol{F}_{12}$、$\boldsymbol{F}_{21}$ 互为**作用力**(acting force)和**反作用力**(reacting force)。

作用力与反作用力的特点是：①作用力和反作用力的性质必定相同；②作用力和反作用力没有主从之分，总是同时产生、同时消失；③作用力和反作用力分别作用在两个不同的物体上，与一物体所受的平衡力(equilibrant)不同。

牛顿第一定律定性地给出了力与运动的关系，而第二定律定量地给出了力与运动的关系，第三定律则是一条有关力的一般性质的规律。

2.1.4 几种常见的力

近代物理学研究表明，自然界中存在四类基本力，即**万有引力**(universal gravitation)、**电磁力**(electromagnetic force)、**强相互作用力**(strong interaction)和**弱相互作用力**(weak interaction)。在四种基本作用力中，强相互作用力最强，万有引力最弱。如果将强相互作用力的强度规定为 1，那么电磁力就是 1/137，弱相互作用力就是 10^{-13}，万有引力就是 10^{-39}。万有引力和电磁力是长程力，其作用范围在理论上讲可以抵达无穷远，而强相互作用和弱相互作用都是短程力，它们的作用距离分别只有 10^{-17} m 和 10^{-19} m。在力学中常见的力有**万有引力**、**重力**(gravity)、**弹性力**(elastic force)、**摩擦力**(frictional force)等。

在国际单位制中，力的单位是 N(牛顿)。在力学中，力的大小通常可用测力计(例如弹簧秤)测定。要完全确定一个力，必须同时指出力的大小、方向和作用点，这就是力的三要素。由于力是矢量，因此，可按照矢量合成和分解的平行四边形法则求合力与分力。

1. 万有引力　重力

1665 年，22 岁的牛顿继承了前人的研究成果，证明了把月球束缚于轨道上的力与使苹

果落地的力是同样的力。牛顿得出结论，不仅地球吸引苹果，而且月亮和宇宙中任何物体都吸引其他物体，这种使物体产生相向运动趋势的力叫**万有引力**。**万有引力定律**可表述为：两个质量分别为 m_1 和 m_2 的质点相距为 r 时，各自受到的万有引力 $\boldsymbol{F}_1$ 和 $\boldsymbol{F}_2$ 是一对作用力与反作用力，方向如图 2-1 所示，而万有引力的大小为

$$F_1 = F_2 = G\frac{m_1 m_2}{r^2} \tag{2-6}$$

式中，G 叫做引力常量，在国际单位制中，它的大小测定为

$$G = 6.67\times 10^{-11}\mathrm{N\cdot m^2/kg^2}$$

用矢量形式表示，万有引力定律可写成

$$\boldsymbol{F} = -G\frac{m_1 m_2}{r^2}\boldsymbol{e}_r \tag{2-7}$$

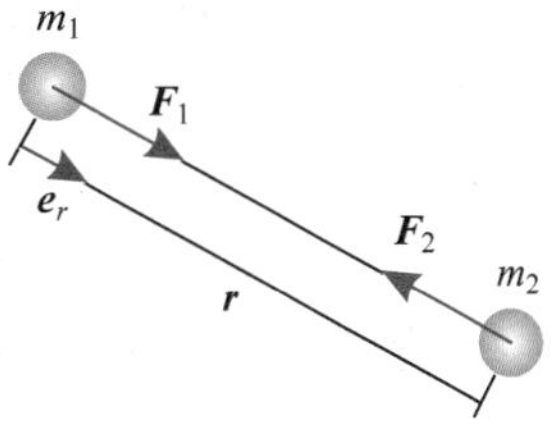

图 2-1 万有引力示意图

如以由 m_1 指向 m_2 的有向线段为 m_2 的位矢 $\boldsymbol{r}$，那么沿位矢方向的单位矢量 $\boldsymbol{e}_r$ 等于 $\boldsymbol{r}/r$。上式负号则表示 m_1 施于 m_2 的万有引力的方向始终与沿位矢的单位矢量 $\boldsymbol{e}_r$ 的方向相反。

万有引力定律只适用于质点和可以视为质点的物体。地球可以近似看作是质量均匀分布的球体，计算它对地面上的物体的万有引力时，可以把地面物体看作质点，而地球的质量全部集中在地心，引力方向指向地心。

通常把地球对它表面附近的物体的万有引力叫做**重力** $\boldsymbol{P}$，其方向指向地球中心。重力的大小叫重量。在重力作用下，产生的加速度称为**重力加速度**，按照牛顿第二定律，重力 $\boldsymbol{P}$ 和重力加速度 $\boldsymbol{g}$ 之间满足关系

$$\boldsymbol{P} = m\boldsymbol{g} \tag{2-8}$$

设地球的质量为 m'，半径为 R，物体的质量为 m，重力等于万有引力，故有

$$mg = G\frac{m'm}{R^2}$$

由此得到

$$g = G\frac{m'}{R^2} \tag{2-9}$$

式(2-9)表明：地球表面上各物体的重力加速度是与物体本身的质量无关的一个常量，这里我们把地球表面附近物体到地心的距离 r 用地球半径 R 来计算。通常，取重力加速度的值为 $g=9.8\mathrm{m/s^2}$。

2. 弹性力

物体在外力作用下发生形变，在形变物体内部产生的企图恢复物体为原来形状的力叫做**弹性力**。它的方向要根据物体形变的情况来决定。弹性力产生在直接接触的物体之间，常见的表现形式有三种：弹簧的弹性力、物体间相互挤压而引起的弹性力以及绳子的拉力。

实验表明，在弹簧的形变(伸长或压缩)较小时，弹性力的大小 F 与形变即弹簧伸长或压缩的长度 x 成正比：

$$F = -kx \tag{2-10}$$

式(2-10)称为胡克定律，其中 k 叫弹簧的**劲度系数**(**coefficient of stiffness**)，弹性力的方向力图使弹簧恢复原状。

两个物体通过一定面积相互挤压，两个物体都会发生形变，因而产生施于对方的弹力作

用，这种弹力通常称为**正压力**或**支持力**。在物体的形变(伸长或压缩)较小时，这种挤压弹性力总是垂直于物体间的接触点的公切面，故亦称为法向力，而它们的大小取决于相互挤压的程度。

绳子因受力而发生拉伸形变时所引起的弹性力叫**绳子的拉力**。这种弹性力是由于绳子发生伸长形变而产生的，其大小取决于绳子收紧的程度，方向总是沿着绳子并指向绳子收紧的方向。

绳子产生拉力时，其内部各段之间也有相互的弹性力作用，这种内部的弹性力称为**张力**(tension)。当绳子的质量可以忽略不计时，绳子上张力处处相等，且等于绳子两端的拉力。

3. 摩擦力

摩擦力产生在直接接触的物体之间，并以两物体之间是否有相对运动或相对运动的趋势为先决条件，摩擦力的方向沿着物体接触的切线方向，并与物体相对运动趋势的方向相反。

(1) 静摩擦力

两个相互接触的物体之间有相对运动的趋势但尚未相对滑动时，在接触面上便产生阻碍发生相对滑动的力，这个力称为**静摩擦力**(**static friction force**)。把物体放在一水平面上，有一外力 $\boldsymbol{F}$ 沿水平面作用在物体上。若外力 $\boldsymbol{F}$ 较小，物体尚未滑动，这时静摩擦力 $\boldsymbol{F}_s$ 与外力在数值上相等，方向则与 $\boldsymbol{F}$ 相反。随着 $\boldsymbol{F}$ 的增大静摩擦力 $\boldsymbol{F}_s$ 也相应增大，直到 $\boldsymbol{F}$ 增大到某一定数值时，物体即将滑动，静摩擦力达到最大，称为最大静摩擦力 $\boldsymbol{F}_{max}$。实验表明，最大静摩擦力的值与物体的正压力 $\boldsymbol{F}_N$ 成正比，其大小为

$$F_{max} = \mu_s F_N \tag{2-11}$$

式中，μ_s 称为**静摩擦因数**(**coefficient of static friction**)，它与两物体接触面的材料性质、粗糙程度、干湿情况等因素有关，通常由实验测定。应强调指出，在一般情况下，静摩擦力的大小总是满足下述关系：

$$F_s \leqslant F_{max}$$

(2) 滑动摩擦力

当作用在上述物体的力超过最大静摩擦力而使物体与桌面间发生相对滑动时，两接触面之间的摩擦力称为**滑动摩擦力**(**sliding friction force**)。滑动摩擦力的方向与两物体之间相对滑动的方向相反，大小为

$$F = \mu F_N \tag{2-12}$$

式中，μ 称为**动摩擦因数**(**coefficient of kinetic friction**)，通常它比静摩擦因数稍小一些，计算时对二者一般可不加区别，近似地认为 $\mu_s=\mu$。

(3) 粘性阻力

当固体在流体(液体、气体等)中运动，或流体内部的各部分间发生相对运动时，流体与固体之间或流体内部相互之间也存在着另一种摩擦力，即**粘性阻力**(**viscosity resistance**)。粘性阻力的方向和物体相对于流体的速度方向相反，其大小和相对速度的大小有关。在相对运动速率 v 较小时，阻力 $\boldsymbol{F}_d$ 的大小与 v 成正比：

$$F_d = kv \tag{2-13}$$

式中，比例系数 k 决定于物体的大小和形状以及流体的性质。

摩擦产生的影响有利弊两个方面。所有机器的运动部分都有摩擦，它既磨损机器又浪费大量的能量。此外摩擦也是生产和生活中必需的，例如，人的行走、车轮的滚动、货物借助皮带输送的传输等，都是依赖于摩擦才能进行的。

[例题 2-1]

一辆火车装有货物，货物与火车底板之间的静摩擦系数为 0.25，如果火车以 36km/h 的速度行驶。问：要使货物不发生滑动，火车从刹车到完全静止所经过的最短路程是多少？

解 设货物质量为 m，火车行驶方向为正方向。货物所受最大静摩擦力的大小为

$$F_{max}=\mu_s F_N=\mu_s mg$$

刹车时，静摩擦力使货物减速，方向与行驶方向相反，要使货物不发生滑动，火车的最大加速度

$$-\mu_s mg=ma$$

$$a=-\mu_s g$$

此时，火车从刹车到完全静止所经过的路程最短。由

$$v^2-v_0^2=2aS$$

当 $v=0$ 时，最短路程为

$$S=\frac{v_0^2}{2\mu_s g}=20.4(\mathrm{m})$$

2.1.5 牛顿运动定律的应用

利用牛顿运动定律原则上能解决经典质点动力学中的所有问题，本节将通过举例来说明如何应用牛顿定律分析问题和解决问题。求解质点动力学问题一般分为两类，一是已知物体的受力情况，由牛顿运动定律来求解其运动状态；另一是已知物体的运动状态，求作用于物体的力。在应用牛顿定律解质点动力学问题时，其最基本的方法如下：

(1) 认物体：根据问题确定一个物体作为研究对象，如果问题涉及几个物体，就要一个一个地作为对象进行分析。

(2) 看运动：分析所认定的研究对象的运动状态，包括运动轨迹、速度、加速度、初始运动状态等；如果问题涉及几个物体时，还要确定出它们运动之间的关系。

(3) 查受力：对每一个研究对象独立地进行受力分析，并画出受力图。

(4) 建坐标：牛顿运动定律是矢量公式，必须根据需要建立合适的坐标系，将位矢、速度、加速度、力等矢量分解成各个坐标轴上的分量。

(5) 列方程：根据牛顿第二定律列出物体在各坐标轴方向上的分量方程。

(6) 求结果：对方程进行求解，并对求出的结果进行适当的分析，求解时应尽量进行代数运算，最后代入数字代算，并注意各物理量单位的正确使用。

[例题 2-2]

一滑轮两边分别挂着A和B两物体，它们的质量分别为 $m_A=20\text{kg}$，$m_B=10\text{kg}$，今用力 F 将滑轮提起，如图2-2(a)所示。求：当 $F=784\text{N}$ 时，物体A和B的加速度以及绳中的张力(滑轮和绳子的质量与摩擦均忽略不计)。

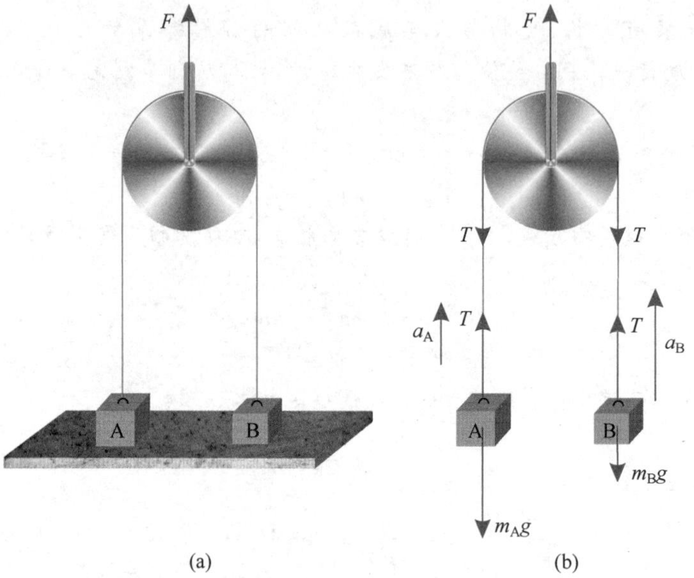

图2-2 例题2-2用图

解 设物体A、B的加速度均向上，分别为 a_A 和 a_B，向上为正方向。受力分析如图2-2(b)所示，由牛顿第二定律列方程如下：

$$T-m_Ag=m_Aa_A$$

$$T-m_Bg=m_Ba_B$$

$$F=2T$$

解得

$$a_A=\frac{F}{2m_A}-g$$

$$a_B=\frac{F}{2m_B}-g$$

$$T=\frac{F}{2}$$

当 $F=784\text{N}$ 时，

$$a_A=9.8(\text{m/s}^2)$$

$$a_B=29.4(\text{m/s}^2)$$

$$T=392(\text{N})$$

[例题 2-3]

如图 2-3 所示，质量为 $m=1.0\text{kg}$ 的小球挂在倾角 $\theta=30°$ 的光滑斜面上。当斜面以加速度 $a=4.0\text{m/s}^2$ 沿图 2-4(a) 中所示方向运动时，绳中的张力及小球对斜面的正压力各是多大？

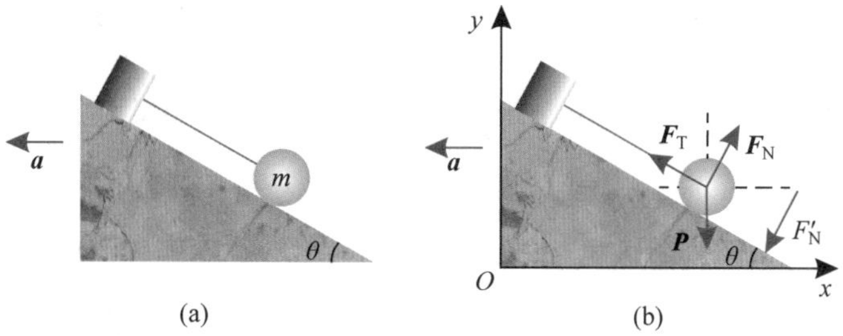

图 2-3 例题 2-3 用图

解 由题意，确定小球为研究对象。小球受力分析如图 2-3(b) 所示。小球受到三个力：重力 $\boldsymbol{P}$，方向竖直向下；绳的拉力 $\boldsymbol{F}_T$，沿斜面方向；斜面的支持力 $\boldsymbol{F}_N$，垂直于斜面。

小球与斜面以加速度 $\boldsymbol{a}$ 一起运动。建立如图 2-3(b) 所示的直角坐标系，在该坐标系中，将小球的受力及加速度分别投影到 Ox 轴和 Oy 轴方向上，应有

$$F_x = ma_x, \quad F_y = ma_y$$

对小球分别写出 Ox 轴和 Oy 轴方向的牛顿第二定律的分量方程。

x 方向 $$-F_T\cos\theta + F_N\sin\theta = -ma$$

y 方向 $$F_T\sin\theta + F_N\cos\theta - mg = 0$$

联立解此两式，可得

$$F_T = m(a\cos\theta + g\sin\theta) = 1.0\times(4.0\times\cos30° + 9.8\times\sin30°) = 8.36(\text{N})$$

$$F_N = m(g\cos\theta - a\sin\theta) = 1.0\times(9.8\times\cos30° - 4.0\times\sin30°) = 6.49(\text{N})$$

上面求出的是斜面对小球的支持力 $\boldsymbol{F}_N$，根据牛顿第三定律，小球对斜面的正压力的大小为

$$F'_N = F_N = 6.49(\text{N})$$

[例题 2-4]

如图 2-4 所示的圆锥摆，长为 l 的细绳一端固定在天花板上，另一端悬挂质量为 m 的小球。小球经推动后，在水平面内绕铅直轴作角速度为 ω 的匀速率圆周运动，圆心在 O 点，问绳和铅直方向所成的角度 θ 为多少？空气阻力不计。

解 小球受重力 $\boldsymbol{P}$ 和绳子的拉力 $\boldsymbol{F}$ 作用，其运动方程为

$$\boldsymbol{F} + \boldsymbol{P} = m\boldsymbol{a}$$

式中 $\boldsymbol{a}$ 为小球的加速度。

由于小球在绳子的约束下在水平面上作匀速率圆周运动，因此，加速度 $\boldsymbol{a}$ 一定位于水平面内，且加速度 $\boldsymbol{a}$ 的方向一定指向圆心，即 $\boldsymbol{a}=\boldsymbol{a}_n$，根据牛顿第二定律，小球受的力在圆周法向上的分量式为

$$F\sin\theta = ma_n = m\frac{v^2}{R} = mR\omega^2 \qquad \text{(a)}$$

由图 2-4 可知，$R=l\sin\theta$，式(a)可写为

$$F = m\omega^2 l \qquad \text{(b)}$$

小球在铅直方向没有运动，因此

$$F\cos\theta - P = 0 \qquad \text{(c)}$$

由式(b)和式(c)，可得

$$\theta = \arccos\frac{g}{\omega^2 l}$$

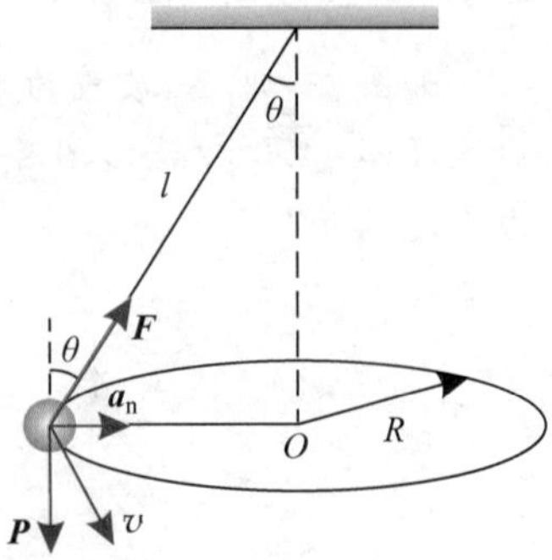

图 2-4 例题 2-4 用图

[例题 2-5]

水对快艇的阻力为 $f=-kv$，当速度为 v_0 时，关发动机，求关机后的 v-t，v-s 关系式。

解 因为 $f=-kv$，所以加速度是变化的，不能够直接写成 $a=\frac{f}{m}=\frac{dv}{dt}$，必须要分离变量，根据牛顿第二定律，$m\frac{dv}{dt}=-kv$，分离变量，得

$$m\frac{dv}{v}=-k dt$$

两边同时积分，有 $\int_{v_0}^{v}\frac{dv}{v}=-\frac{k}{m}\int_{t_0}^{t}dt$（注意 $t_0\leftrightarrow v_0$，$t\leftrightarrow v$ 对应），其中 $t_0=0$，结果为

$$\ln\frac{v}{v_0}=-\frac{k}{m}t \quad\Rightarrow\quad v=v_0 e^{-\frac{k}{m}t}$$

下面求 v-s 关系式(变量代换)。因为

$$F=m\frac{dv}{dt}=m\frac{dv}{ds}\frac{ds}{dt}=-kv$$

$$\Rightarrow\quad m\frac{dv}{ds}v=-kv$$

$$\Rightarrow\quad m\frac{dv}{ds}=-k,\quad m dv=-k ds$$

两边同时积分，得

$$m\int_{v_0}^{v}dv=-k\int_0^s ds$$

所以 v-s 关系式为

$$s=-\frac{m}{k}(v-v_0)$$

v 在逐渐减小，s 在逐渐增大。

原理应用

同步卫星的发射

绕地球的周期和地球的自转同步的人造卫星称为**同步卫星**(**geostationary satellite**),它的优点是使用者只要对准人造卫星就可进行沟通而不必再追踪卫星的轨迹。地球同步卫星是人为发射的一种卫星,它相对于地球静止于赤道上空。从地面上看,卫星保持不动,故也称静止卫星;从地球之外看,卫星与地球共同转动,角速度与地球自转角速度相同,故称地球同步卫星。

若把三颗同步卫星相隔120°均匀分布,卫星的直线电波将能覆盖全球有人居住的绝大部分区域(除两极以外),可构成全球通信网。目前已经有十几个国家和组织发射了100多颗同步卫星。1984年4月,中国的同步卫星发射成功,如图P2-1和图P2-2所示。

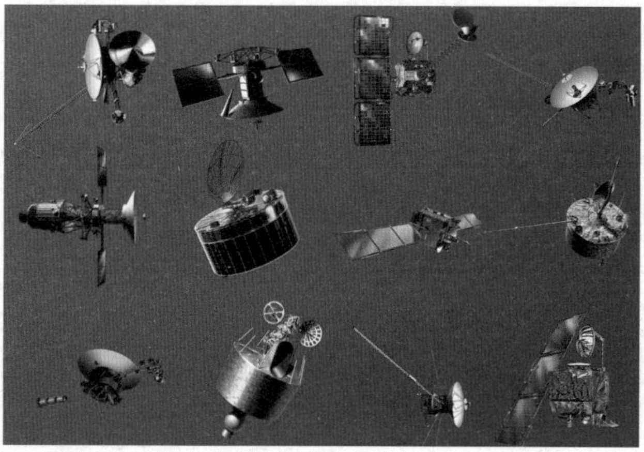

图 P2-1　同步卫星

图 P2-2　我国首颗探月卫星嫦娥一号由长征三号甲运载火箭在西昌卫星发射中心点火发射

1. 同步卫星的轨道

卫星的运动轨道可看成是以地球为圆心、以 r 为半径的圆。当卫星绕地心旋转,与地球自转的角速度相同时,卫星旋转角速度

$$\omega = \frac{2\pi}{T} = \frac{2\pi}{24 \times 60 \times 60} = 7.27 \times 10^{-5}\,(\text{rad/s})$$

由于卫星运转所需的向心力等于卫星所受地球的万有引力,即

$$\frac{GMm}{r^2} = mr\omega^2$$

因此,得

$$r = \sqrt[3]{\frac{GM}{\omega^2}} = 4.22 \times 10^7 \text{(m)}$$

式中，m 为卫星的质量，M 为地球的质量，G 为引力常量。地球的半径约为 $R=6.37\times10^6$ m，因此，卫星离开地面的高度

$$H = r - R = 3.58 \times 10^7 \text{(m)}$$

卫星的运转速度

$$v = r\omega = 3.07 \times 10^3 \text{(m/s)}$$

2. 同步卫星的发射过程

发射同步卫星通常采用一个椭圆形的中间转移轨道作为过渡。卫星可在地面上任何地点发射。首先由运载火箭的第一级和第二级依次启动，使火箭垂直向上加速，将三级火箭和卫星的组合体送入高度为 200～400km 的近地轨道。到第二级火箭脱离后，转弯进入一个高度较低的圆形轨道作短暂停泊，这一轨道称为**初始轨道**或**停泊轨道**。在此轨道上运行少许时间后，第三级火箭点火，使装有远地点发动机的卫星进入一个椭圆形的轨道，称为**转移轨道**，又叫**霍曼**(Hohman)轨道。该轨道所在平面与赤道平面的夹角因发射地点不同而异，但椭圆的远地点和近地点都在赤道平面内，远地点与同步轨道相交，高度为 35830km，如图 P2-3 所示。进入转移轨道后，卫星与第三级火箭脱离，同时启动卫星两侧的切向喷嘴，使卫星开始自旋。在转移轨道上绕行几圈的过程中，地面控制站要对卫星的姿态进行调整。当卫星到达转移轨道的远地点时，启动卫星上的远地点发动机，使它改变航向，进入地球赤道平面；同时加速卫星，使之达到在同步轨道上运行所需的速度 3.07km/s。然后还需对卫星的姿态作进一步调整，这样才能准确地把卫星定点在赤道上空的同步轨道上。

图 P2-3 所示是以地球为参考系同步卫星发射过程中所经历的轨道，图 P2-4 所示是以太阳为参考系同步卫星的发射轨道。

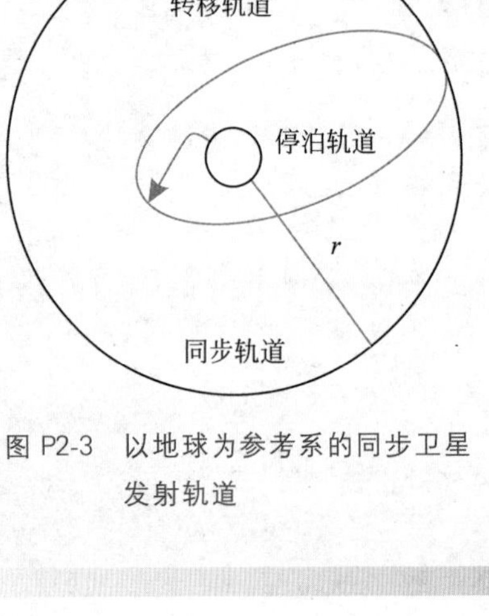

图 P2-3　以地球为参考系的同步卫星发射轨道

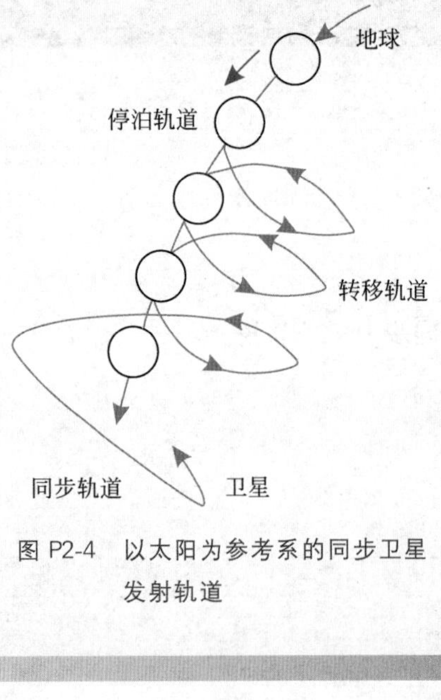

图 P2-4　以太阳为参考系的同步卫星发射轨道

2.2 动量 动量守恒定律

通过研究力对物体运动状态的影响，我们发现力不仅具有瞬时性，而且也具有持续性，牛顿运动定律研究的是力的瞬时性。力的持续性表现为对时间的持续，这种持续作用中，质点或质点系的动量将发生变化或转移。在一定条件下，质点系内的动量将保持守恒。动量守恒定律不仅适用于机械运动，而且适用于物理学中各种运动形式。可以这样说，它是自然界中已知的一些基本守恒定律的其中之一。

2.2.1 质点的动量及动量定理

当一个力作用于物体并维持一定时间，会产生什么效果呢？为此我们将引入描写力的时间积累作用的物理量。设一质量为 m 的质点受到合力 $\boldsymbol{F}(t)$ 作用，牛顿第二定律给出 $\boldsymbol{F}=\frac{\mathrm{d}\boldsymbol{p}}{\mathrm{d}t}=\frac{\mathrm{d}(m\boldsymbol{v})}{\mathrm{d}t}$，在外力对质点持续作用的一段时间内，力对时间的积分

$$\int \boldsymbol{F}(t)\mathrm{d}t=\int \mathrm{d}\boldsymbol{p} \tag{2-14}$$

假定在时刻 t_1、t_2 质点相应的速度分别为 $\boldsymbol{v}_1$ 和 $\boldsymbol{v}_2$，将式(2-14)从 $t_1 \rightarrow t_2$ 这段时间进行积分，得

$$\int_{t_1}^{t_2} \boldsymbol{F}(t)\mathrm{d}t=\boldsymbol{p}_2-\boldsymbol{p}_1=m\boldsymbol{v}_2-m\boldsymbol{v}_1 \tag{2-15}$$

我们把 $\int_{t_1}^{t_2} \boldsymbol{F}(t)\mathrm{d}t$ 称为力 $\boldsymbol{F}(t)$ 在时间间隔 t_2-t_1 内对质点的**冲量**(**impulse**)，用 $\boldsymbol{I}$ 表示。它是矢量，其方向一般并不与外力 $\boldsymbol{F}(t)$ 的方向相同。冲量的单位由力和时间的单位确定，在国际单位制中，冲量的单位是 N · s(牛顿 · 秒)。式(2-15)的物理意义是：**在一段时间内质点所受到的合力冲量，等于这段时间内该质点动量的增量**，这称为**质点的动量定理**(**theorem of momentum**)。

上述动量定理的表达式是矢量式，为计算方便，我们建立直角坐标系，把冲量、力和动量都分解成沿 x 轴、y 轴和 z 轴的分量，于是动量定律可写成分量形式

$$\begin{cases} I_x=\int_{t_1}^{t_2} F_x\mathrm{d}t=mv_{2x}-mv_{1x} \\ I_y=\int_{t_1}^{t_2} F_y\mathrm{d}t=mv_{2y}-mv_{1y} \\ I_z=\int_{t_1}^{t_2} F_z\mathrm{d}t=mv_{2z}-mv_{1z} \end{cases} \tag{2-16}$$

式(2-16)表明，冲量在某个方向的分量等于在该方向上质点动量分量的增量。冲量在某一方向的分量只能改变该方向的动量分量，而不能改变与它相垂直的其他方向的动量分量。

如果物体(质点)所受的外力 $\boldsymbol{F}$ 为一恒力，则在 $t_1 \sim t_2$ 时间内，力 $\boldsymbol{F}$ 对物体的冲量可写为

$$\boldsymbol{I}=\boldsymbol{F}\cdot(t_2-t_1) \tag{2-17}$$

在直角坐标系中，式(2-17)在各坐标轴方向的分量式是

$$\begin{cases} I_x = \int_{t_1}^{t_2} F_x \mathrm{d}t = \overline{F}_x(t_2 - t_1) \\ I_y = \int_{t_1}^{t_2} F_y \mathrm{d}t = \overline{F}_y(t_2 - t_1) \\ I_z = \int_{t_1}^{t_2} F_z \mathrm{d}t = \overline{F}_z(t_2 - t_1) \end{cases} \tag{2-18}$$

质点的动量是一个状态量，而力的冲量表征力的时间累积效应，是一个与过程有关的量。

在动量定理中，$\boldsymbol{F}$ 是方向和大小都可以变化的力，但是，我们可以不去管力的变化的细节，力的冲量总等于始末动量的矢量差，冲量的方向指向质点动量增量的方向。这就是利用动量定理解决问题的优点所在。

由动量定理可以知道，在相同的冲量作用下，不同质量物体的速度变化是不相同的，质量大的物体速度变化小，质量小的物体速度变化大，但它们的动量变化却是相同的，所以用动量的变化能更好地反映物体机械运动的状态变化。

质点的动量定理是牛顿第二定律的推论，因此它与牛顿第二定律一样只适用于惯性系。

动量定理在处理打击和碰撞等问题中特别有用。两物体碰撞时互相作用的力称为**冲力**(**impulsive force**)。冲力的特点是作用时间极短，而力的大小变化极快，这就是所谓的脉冲。一般而言，冲力大小随时间而变化，情况比较复杂，所以很难把每一时刻的冲力测量出来，因此，无法直接应用牛顿第二定律求解。但若我们能够知道两物体在碰撞前、后的动量，那么根据动量定理，就可得出物体所受的冲量。若能测出碰撞时间 Δt，那么还可以由冲量算出在碰撞时间 Δt 内的物体所受到的平均冲力 $\overline{\boldsymbol{F}}$。

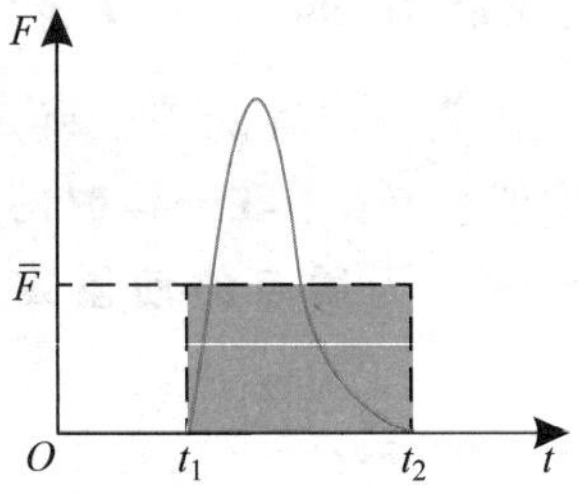

图 2-5 平均冲力

如图 2-5 所示，假设冲力的方向不变，冲量的大小 I 就是冲力随时间变化的曲线下的面积。可以找到一个不变的力 $\overline{\boldsymbol{F}}$，使它在相同的时间 $\Delta t = t_2 - t_1$ 内的冲量与 I 相等，即图 2-5 中所示的阴影矩形面积与冲力曲线下的面积相等，因此得到

$$\overline{\boldsymbol{F}}\Delta t = \int_{t_1}^{t_2} \boldsymbol{F}\mathrm{d}t = m\boldsymbol{v}_2 - m\boldsymbol{v}_1$$

$$\overline{\boldsymbol{F}} = (m\boldsymbol{v}_2 - m\boldsymbol{v}_1)/\Delta t \tag{2-19}$$

平均冲力的计算避开了复杂的冲力计算，对于估算打击或者碰撞的强度十分方便，读者可从下面的例题中体会。

[例题 2-6]

有一冲力作用在质量为 0.3kg 的物体上，物体最初处于静止状态，已知力大小 F 与时间 t 的关系为

$$F(t) = \begin{cases} 2.5 \times 10^4 t, & 0 \leqslant t \leqslant 0.02 \\ 2.0 \times 10^5 (t - 0.07)^2, & 0.02 \leqslant t \leqslant 0.07 \end{cases}$$

式中 F 的单位为 N，t 的单位为 s。求：(1)上述时间内的冲量、平均冲力大小；(2)物体的末速度大小。

解 (1) 由冲量的定义式有

$$I=\int_{t_1}^{t_2}F(t)\mathrm{d}t=\int_0^{0.02}2.5\times10^4t\mathrm{d}t+\int_{0.02}^{0.07}2.0\times10^5(t-0.07)^2\mathrm{d}t=13.3(\mathrm{N\cdot s})$$

而平均冲力的大小为

$$\bar{F}=\frac{1}{t_2-t_1}\int_{t_1}^{t_2}F(t)\mathrm{d}t=\frac{1}{0.07-0}\times13.3=190(\mathrm{N})$$

(2) 由动量定理得物体的末速度大小为

$$v_2=v_1+\frac{I}{m}=\left(0+\frac{13.3}{0.3}\right)=44.3(\mathrm{m/s})$$

[例题 2-7]

如图 2-6 所示，一质量为 0.05kg、速率为 10m/s 的钢球，以与钢板法线呈 45°角的方向撞击在钢板上，并以相同的速率和角度弹回来。设球与钢板的碰撞时间为 0.05s。求在此碰撞时间内钢板所受到的平均冲力。

解 由题意知 $v_1=v_2=v=10\mathrm{m/s}$，按图 2-6 所选定的坐标，$\boldsymbol{v}_1$ 和 $\boldsymbol{v}_2$ 均在 Oxy 平面内，故 $\boldsymbol{v}_1$ 在 Ox 轴和 Oy 轴上的分量为 $v_{1x}=-v\cos\alpha$，$v_{1y}=v\sin\alpha$，$\boldsymbol{v}_2$ 在 Ox 轴和 Oy 轴上的分量为 $v_{2x}=v\cos\alpha$，$v_{2y}=v\sin\alpha$。由动量定理的分量式(2-16)可得，在碰撞过程中球所受的冲量为

$$\bar{F}_x\Delta t=mv_{2x}-mv_{1x}=2mv\cos\alpha$$

$$\bar{F}_y\Delta t=mv_{2y}-mv_{1y}=0$$

因此，球所受的平均冲力为

$$\bar{F}=\bar{F}_x=\frac{2mv\cos\alpha}{\Delta t}$$

如令 $\bar{\boldsymbol{F}}'$ 为球对钢板作用的平均冲力，则由牛顿第三定律有 $\bar{\boldsymbol{F}}=-\bar{\boldsymbol{F}}'$，即球对钢板作用的平均冲力与钢板对球作用的平均冲力大小相等，方向相反，故有

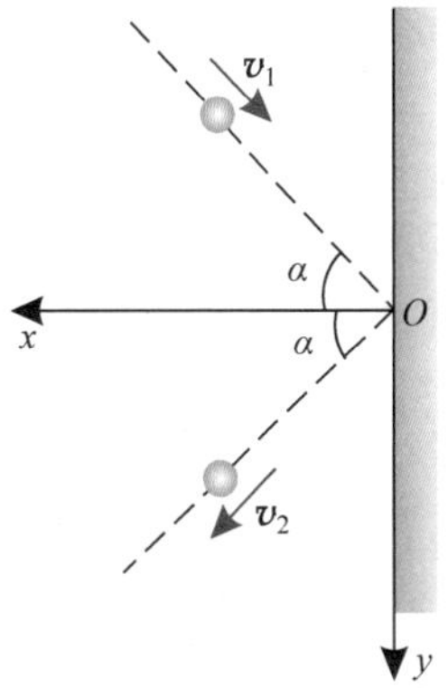

图 2-6 例题 2-7 用图

$$\bar{F}'=\frac{2mv\cos\alpha}{\Delta t}$$

代入已知数据，得

$$\bar{F}'=14.1(\mathrm{N})$$

$\bar{\boldsymbol{F}}'$ 的方向与 Ox 轴正向相反。

2.2.2 质点系的动量定理

在许多问题中常常会遇到由彼此间存在相互作用的若干个质点组成的系统，例如太阳和行星组成的系统，**由存在相互作用的若干个质点组成的系统**称为**质点系**。

质点系内各质点的相互作用力称为**内力**，系统以外的其他物体对系统内任意一质点的作用力称为**外力**。内力总是成对出现的，大小相等，方向相反，它们是作用力与反作用力。

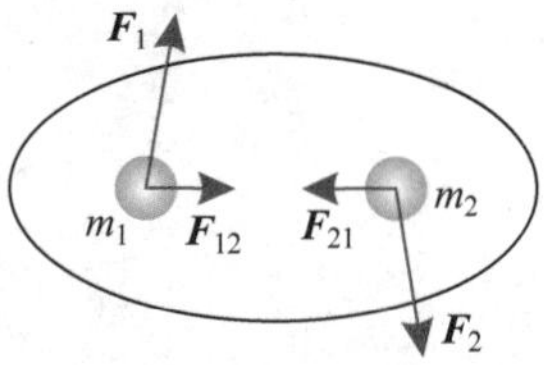

图 2-7 内力与外力

外力和内力都是相对系统而言的。例如，如果把地球、月球和太阳当作一个系统，那么它们之间的万有引力都是内力；如果把地球、月球当作一个系统，那么太阳对地球和月球的万有引力就变成外力，而地球和月球之间的万有引力才是内力。

为简单起见，我们首先考虑由两个质量分别为 m_1、m_2 的质点组成的质点系，用 $\boldsymbol{F}_1$、$\boldsymbol{F}_2$ 分别表示 m_1、m_2 受到的外力，它们间的相互作用内力分别为 $\boldsymbol{F}_{12}$ 和 $\boldsymbol{F}_{21}$，如图 2-7 所示。

设两个物体在开始时刻 t_1 的初速度分别为 $\boldsymbol{v}_{10}$、$\boldsymbol{v}_{20}$，在结束时刻 t_2 的末速度分别为 $\boldsymbol{v}_1$、$\boldsymbol{v}_2$。对两个质点分别应用质点的动量定理，有

$$\int_{t_1}^{t_2}(\boldsymbol{F}_1+\boldsymbol{F}_{12})\mathrm{d}t = m_1\boldsymbol{v}_1 - m_1\boldsymbol{v}_{10}$$

$$\int_{t_1}^{t_2}(\boldsymbol{F}_2+\boldsymbol{F}_{21})\mathrm{d}t = m_2\boldsymbol{v}_2 - m_2\boldsymbol{v}_{20}$$

将两式相加，得到

$$\int_{t_1}^{t_2}(\boldsymbol{F}_1+\boldsymbol{F}_2)\mathrm{d}t + \int_{t_1}^{t_2}(\boldsymbol{F}_{12}+\boldsymbol{F}_{21})\mathrm{d}t = (m_1\boldsymbol{v}_1+m_2\boldsymbol{v}_2)-(m_1\boldsymbol{v}_{10}+m_2\boldsymbol{v}_{20})$$

因两内力的大小相等、方向相反，即 $\boldsymbol{F}_{12}=-\boldsymbol{F}_{21}$，因此上式变成

$$\int_{t_1}^{t_2}(\boldsymbol{F}_1+\boldsymbol{F}_2)\mathrm{d}t = (m_1\boldsymbol{v}_1+m_2\boldsymbol{v}_2)-(m_1\boldsymbol{v}_{10}+m_2\boldsymbol{v}_{20}) \tag{2-20}$$

式(2-20)的左边是作用于质点系中各质点的合外力的冲量，也就是系统所受合外力的总冲量，右边第一项是系统内两个质点的末动量之和，称为系统的**末动量**，而第二项是系统内两个质点的初动量之和，称为系统的**初动量**。因此，作用于系统的总冲量等于系统动量的增量。

如果系统包含两个以上的质点，可按照上述步骤对各个质点写出动量定理的表达式，再相加。由于系统质点间的内力总是成对出现的，所以其矢量和必为零。因此可得到

$$\int_{t_1}^{t_2}\boldsymbol{F}\mathrm{d}t = \boldsymbol{p}-\boldsymbol{p}_0 \tag{2-21}$$

其中，$\boldsymbol{F}$ 为系统所受的合外力，$\boldsymbol{p}$ 为系统的末动量，$\boldsymbol{p}_0$ 为系统的初动量。式(2-21)表明：**质点系受到的合外力的冲量等于系统动量的增量**，这就是**质点系的动量定理**。

应当指出，系统内各质点间相互作用的内力不会引起系统总动量的改变，系统总动量的改变完全由所受合外力的冲量来决定。但是，系统内各个质点动量的变化不仅与该质点所受外力的冲量有关，也和内力的冲量有关。

在实际生产和生活中常常利用动量定理处理一些问题。例如，轮船在停靠码头时，在码头和船体相接触处都有橡胶轮胎作为缓冲装备，这是为了延长碰撞时间以减小冲力。火车车厢两端的缓冲器和车底下的减振器都是为了达到这样的目的。当人们用手去接触抛过来的篮球时，手在接触球后要先向后退缩一下，再把球握住，其目的也是延缓篮球对手的冲击时间，从而减小球对手的冲力。

［例题 2-8］

一装沙车以 2m/s 的速率从沙斗下面通过，如图 2-8 所示。每秒落入车厢的沙的质量为 600kg，如果使车厢的速率保持不变，装沙车需用多大的牵引力？（车与轨道间的摩擦力不计）

解 根据题意，可以将 t 时刻装沙车和已落入车厢的沙子和 Δt 时间内落入车厢的沙子作为研究系统。设 t 时刻装沙车和已落入车厢的沙子总质量为 m，而在 Δt 时间内落入车厢的沙子的质量为 Δm。

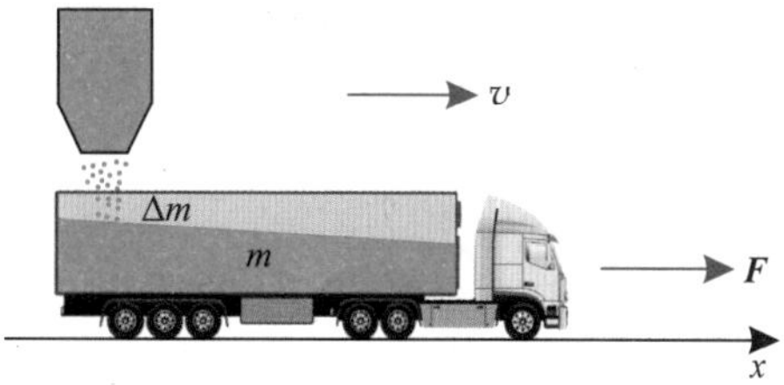

图 2-8 例题 2-8 用图

由题意可知，t 时刻装沙车和已落入车厢的沙子沿 x 轴方向的速度为 $\boldsymbol{v}$，而 Δt 时间内落入车厢的沙子只有垂直下落运动，它在 x 轴方向的速度为零，在$(t+\Delta t)$时刻它已落入车厢随车子一起以速度 $\boldsymbol{v}$ 运动。系统在 x 轴方向受到的合外力就是装沙车的牵引力，设为 $\boldsymbol{F}$。

根据质点系的动量定理，系统在水平方向总动量的增量等于合外力 $\boldsymbol{F}$ 的总冲量，因此有

$$F\Delta t = (m + \Delta m)v - mv = \Delta m v$$

则装沙车所用的牵引力的大小为

$$F = \frac{\Delta m}{\Delta t}v = 600 \times 2 = 1200(\mathrm{N})$$

牵引力的方向如图 2-8 所示。

2.2.3 动量守恒定律及其意义

动画：动量守恒定律

从式(2-21)可以看出，系统所受外力之矢量和等于零或完全不受外力，即满足 $\boldsymbol{F}=\boldsymbol{F}_1+\boldsymbol{F}_2+\cdots+\boldsymbol{F}_n=0$ 时，系统总动量的增量为零，即

$$\boldsymbol{p} - \boldsymbol{p}_0 = 0$$

也可以写成如下形式

$$\boldsymbol{p} = \boldsymbol{p}_0 = \text{常矢量} \tag{2-22}$$

这表明，**如果一个质点系所受的合外力为零，那么这一质点系的总动量就保持不变**。这就是**质点系的动量守恒定律**(law of conservation of momentum)。

动量守恒定律式(2-22)是矢量式，在实际问题中常常需要把它应用到某一个方向上。为计算方便，我们建立直角坐标系，把合外力和系统的动量都分解成沿 x 轴、y 轴和 z 轴的分量，于是动量守恒定律可写成分量形式：

$$\begin{cases} \text{当 } F_x = 0 \text{ 时}, & p_x = C_1 \\ \text{当 } F_y = 0 \text{ 时}, & p_y = C_2 \\ \text{当 } F_z = 0 \text{ 时}, & p_z = C_1 \end{cases} \tag{2-23}$$

式中，C_1、C_2 和 C_3 均为恒量。

特别地，在两个物体组成的系统中，若合外力的矢量和 $\boldsymbol{F}_1+\boldsymbol{F}_2=0$，则由

$$\int_{t_1}^{t_2}(\boldsymbol{F}_1+\boldsymbol{F}_2)\mathrm{d}t=(m_1\boldsymbol{v}_1+m_2\boldsymbol{v}_2)-(m_1\boldsymbol{v}_{10}+m_2\boldsymbol{v}_{20})=0$$

可得

$$(m_1\boldsymbol{v}_1-m_1\boldsymbol{v}_{10})=-(m_2\boldsymbol{v}_2-m_2\boldsymbol{v}_{20})$$

这表明：每个物体的动量都发生了变化，其中一个物体动量的增加，等于(或来源于)另一个物体动量的减少(即负的动量增量)，亦即两者交换了动量。物体动量变化和彼此交换动量的原因是它们之间内力的冲量分别对两个物体的作用。

应用动量守恒定律解决动力学问题时，可以不考虑系统在内力作用下发生的复杂变化，只需考虑变化前后系统的总动量，因此可带来很大方便。在应用动量守恒定律时应该注意以下几点：

(1) 动量是矢量，系统的总动量是指系统内所有质点的动量之矢量和，而一般不指代数和。动量守恒定律说明的是系统的总动量是不变量，并不表示其中某个质点的动量不变。实际上，系统内部各个质点的动量仍在变化，这一变化与质点所受的外力和内力的冲量有关，在内力的作用下，动量可以在系统内的各个质点之间转移。动量是物体机械运动的一种量度，动量守恒定律反映了系统内机械运动的转移。

(2) 动量守恒是对某一系统而言，它与系统的划分密切相关。在应用动量守恒定律时必须指明所考察的系统。另外，动量守恒定律式(2-22)中各个物体的速度应是相对于同一惯性系的速度，并且对各个质点的动量求和应是对某一时刻的各质点动量求和。

(3) 质点系动量守恒的条件是作用于质点系中各质点的所有外力的矢量和为零，因此，在应用质点系统的动量守恒定律时，必须明确动量守恒是有条件的，如果在所考虑的时间内，系统所受外力之矢量和不为零，但是系统所受外力与系统的内力相比甚小而可忽略不计时，系统的总动量仍然可以近似看成是守恒的。例如，对于碰撞、爆炸等过程，虽外力不为零，但过程极为短暂且内力远大于外力(如空气阻力、摩擦力或重力等)，外力往往可忽略，认为系统动量仍然保持守恒。

(4) 根据式(2-23)，如果系统受到的合外力不为零，但是合外力在某一方向上的分量为零，此时尽管系统的总动量并不守恒，但是系统在该方向上的动量仍然保持守恒，即动量守恒定律可在某一方向上成立。

(5) 质点系的动量守恒定律虽然由牛顿运动定律推导而来，但近代的科学实验和理论分析表明，动量守恒定律不仅适用于宏观物体的运动过程，也适用于分子、原子、原子核等微

观粒子的相互作用过程，不仅适用于低速运动物体的运动过程，也适用于高速运动物体的运动过程，它比牛顿运动定律具有更大的普遍性，是物理学最普遍、最基本的定律之一，是自然界的普适定律。

[例题 2-9]

一炮弹以速率 v_0 沿仰角 θ 的方向发射出去后，在轨道的最高点爆炸为相等的两块，一块沿 45°仰角向上飞，一块沿 45°俯角向下冲，如图 2-9 所示，问：刚爆炸后，这两块碎片的速率各为多少？

解 建立如图 2-9 所示的坐标系，由抛体运动可知，在最高点，炮弹竖直方向的速率为零，水平方向的速率为

$$v_x = v_0 \cos\theta$$

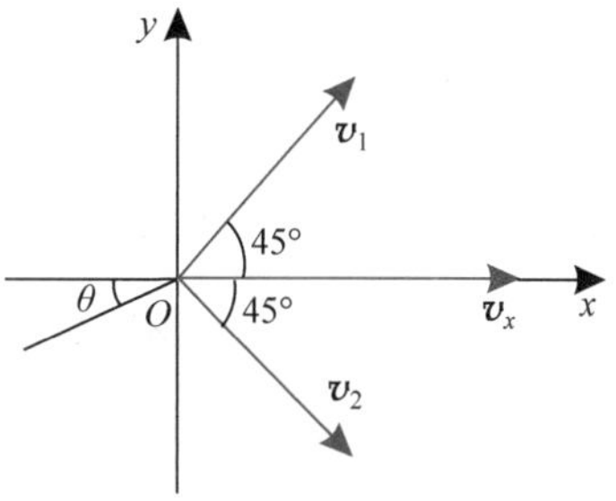

图 2-9 例题 2-9 用图

设爆炸后两块碎片的质量均为 $\frac{m}{2}$，沿 45°仰角向上飞的碎片速率为 v_1，沿 45°俯角向下冲的碎片速率为 v_2，由动量守恒定律式(2-23)得，在 Ox 轴和 Oy 轴上的分量式如下：

$$\frac{m}{2}v_1\cos45° + \frac{m}{2}v_2\cos45° = mv_0\cos\theta$$

$$\frac{m}{2}v_1\sin45° - \frac{m}{2}v_2\sin45° = 0$$

解得

$$v_1 = v_2 = \sqrt{2}\,v_0\cos\theta$$

2.3 能量守恒定律

2.2 节我们研究了力对时间的累积效应，而当一个力作用于物体上，使质点的位置发生一定变化时，物体的运动状态也要改变。我们把外力对物体作用一段距离而产生的效果，称为**力对物体的空间累积效应**。描写这个累积效应的物理量就是**功**(**work**)。外力对物体做功，物体运动的能量必然要发生相应的变化，为此在本节还要进一步讨论功与能的关系。

2.3.1 功和功率

功的概念是在人类长期的生产实践中逐渐形成的。在力学中，恒力的功的定义是：**恒力对质点所做的功等于力在质点位移方向上的分量与位移大小的乘积**。

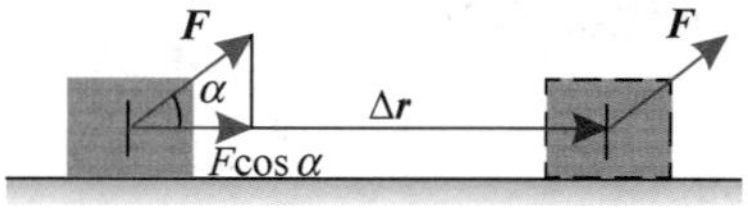

图 2-10 恒力的功

设物体(可视作质点)在恒力 $\boldsymbol{F}$ 作用下作直线运动，其位移为 $\Delta\boldsymbol{r}$，力与位移的夹角为 α，如图 2-10 所

示，由恒力的功的定义可得力在这段位移上所做的功为

$$W = \boldsymbol{F} \cdot \Delta \boldsymbol{r} = F|\Delta \boldsymbol{r}|\cos\alpha \tag{2-24}$$

功是标量。功的大小随力 $\boldsymbol{F}$ 与位移之间的夹角 θ 的变化而变化。从式(2-24)可以看出，当 $0° < \alpha < 90°$ 时，$W > 0$，$\boldsymbol{F}$ 对物体做正功；当 $\alpha = 90°$ 时，即力的方向与位移的方向垂直时，$W = 0$，$\boldsymbol{F}$ 对物体不做功；当 $180° \geqslant \alpha > 90°$ 时，$W < 0$，$\boldsymbol{F}$ 对物体做负功。

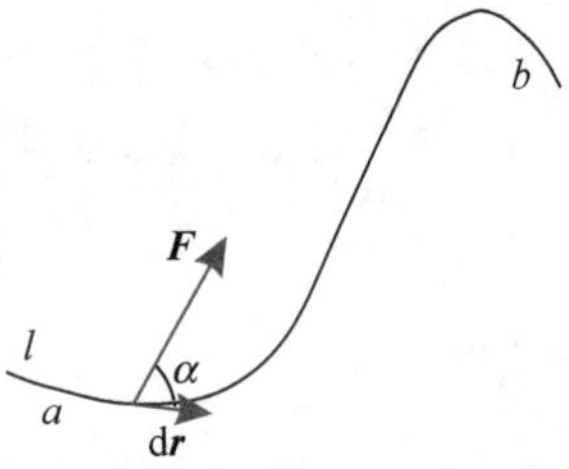

图 2-11 变力的功

现在讨论变力做功的问题。如图 2-11 所示，一质点在变力 $\boldsymbol{F}$ 的作用下沿路径 l 运动。设经时间间隔 $\mathrm{d}t$，质点的位移为 $\mathrm{d}\boldsymbol{r}$，相应的元路程是 $\mathrm{d}s$，$\mathrm{d}s$ 近似地为与 $\mathrm{d}\boldsymbol{r}$ 重合的直线，且 $\mathrm{d}s = |\mathrm{d}\boldsymbol{r}|$。在这段无穷小的元路程上，可以认为力 $\boldsymbol{F}$ 的大小和方向的变化都很小，即 $\boldsymbol{F}$ 可以看作是恒力。按照功的定义式(2-24)，$\boldsymbol{F}$ 对质点所做的元功为

$$\mathrm{d}W = F\cos\alpha\mathrm{d}s = F\cos\alpha|\mathrm{d}\boldsymbol{r}| = \boldsymbol{F} \cdot \mathrm{d}\boldsymbol{r} \tag{2-25}$$

如果质点在力 $\boldsymbol{F}$ 的作用下沿曲线 l 从点 a 移动到点 b，则力 $\boldsymbol{F}$ 所做的总功为所有位移元上该力所做元功之总和，即对 $\mathrm{d}W$ 积分：

$$W_{ab} = \int_a^b \boldsymbol{F} \cdot \mathrm{d}\boldsymbol{r} \tag{2-26}$$

在直角坐标系中，可以把力 $\boldsymbol{F}$ 和位移 $\mathrm{d}\boldsymbol{r}$ 分解，因此，式(2-26)可写成

$$W_{ab} = \int_a^b (F_x\mathrm{d}x + F_y\mathrm{d}y + F_z\mathrm{d}z) \tag{2-27}$$

功常用图示法来表示，这种计算方法比较简单。如图 2-12 所示，图中的曲线表示 $F\cos\alpha$ 随路径变化的函数关系，曲线下的面积等于变力所做功的代数值。

上面仅讨论了一个力对质点所做的功。若有几个力同时作用在质点上，它们所做的功是多少呢？设有力 $\boldsymbol{F}_1, \boldsymbol{F}_2, \cdots, \boldsymbol{F}_n$ 同时作用在质点上，它们的合力为 $\boldsymbol{F}$。根据功的定义，合力 $\boldsymbol{F}$ 所做的功为

$$\begin{aligned} W &= \int_a^b \boldsymbol{F} \cdot \mathrm{d}\boldsymbol{r} \\ &= \int_a^b (\boldsymbol{F}_1 + \boldsymbol{F}_2 + \boldsymbol{F}_3 + \cdots + \boldsymbol{F}_n) \cdot \mathrm{d}\boldsymbol{r} \\ &= \int_a^b \boldsymbol{F}_1 \cdot \mathrm{d}\boldsymbol{r} + \int_a^b \boldsymbol{F}_2 \cdot \mathrm{d}\boldsymbol{r} + \cdots + \int_a^b \boldsymbol{F}_n \cdot \mathrm{d}\boldsymbol{r} \\ &= W_1 + W_2 + \cdots + W_n \end{aligned} \tag{2-28}$$

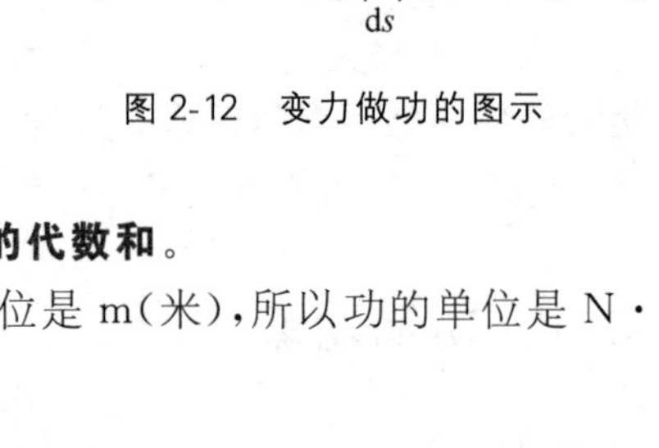

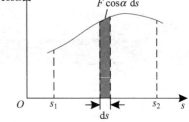

图 2-12 变力做功的图示

式(2-28)表明：**合力所做的功为各分力独立所做的功的代数和**。

在国际单位制中，力的单位是 N(牛顿)，位移的单位是 m(米)，所以功的单位是 N·m(牛顿·米)，称为 J(焦耳或焦)。

[例题 2-10]

一个物体沿 x 轴作直线运动，所受合力沿 x 轴方向，大小为 $F = 1 + 3x^2$(N)，试求该物体从 $x = 0$ 处运动到 $x = 2\mathrm{m}$ 处时合力所做的功。

解 由题意可知,物体受到一个变力作用。由于物体只在 x 轴上移动,所以该力对该物体所做的功为

$$W=\int_{x_1}^{x_2}F\mathrm{d}x=\int_0^2(1+3x^2)\mathrm{d}x=(x+x^3)\Big|_0^2=2+2^3=10(\mathrm{J})$$

[例题 2-11]

一质量为 m 的物体由静止出发作直线运动,受到力 $F=t$ 作用,求在 T 秒内此力所做的功。

解 由题意可知,物体受到一个变力 $F=t$ 作用,该变力是时间 t 的函数,因此,需要进行积分变量的变换。力 $\boldsymbol{F}$ 所做的元功 $\mathrm{d}W=\boldsymbol{F}\cdot\mathrm{d}\boldsymbol{r}=F\mathrm{d}x$,利用关系 $\mathrm{d}x=v\mathrm{d}t$,有

$$W=\int F\mathrm{d}x=\int_0^T tv\mathrm{d}t$$

根据牛顿运动定律

$$F=m\frac{\mathrm{d}v}{\mathrm{d}t}=t$$

$$\mathrm{d}v=\frac{t}{m}\mathrm{d}t \tag{a}$$

由题意可知,当 $t=0$ 时,初速率 $v_0=0$。设任意时刻 t 的速率为 v,对式(a)进行积分:

$$\int_0^v\mathrm{d}v=\int_0^t\frac{t}{m}\mathrm{d}t$$

积分后得到速率 v 随时间 t 变化的函数关系为

$$v=\frac{t^2}{2m} \tag{b}$$

将式(b)代入前面的功的积分式 $W=\int_0^T tv\mathrm{d}t$,得到此力所做的功为

$$W=\int_0^T t\frac{t^2}{2m}\mathrm{d}t=\frac{T^4}{8m}$$

在实际问题中,我们不仅要知道力做功的大小,而且要知道做功的快慢。为了描述力做功的快慢,我们引入**功率**(power)的概念。它定义为:**力在单位时间内所做的功**。设在 Δt 时间内力所做的功为 ΔW,那么在这段时间内的平均功率为

$$\bar{P}=\frac{\Delta W}{\Delta t} \tag{2-29}$$

当 $\Delta t\to0$ 时,上式的极限就是 t 时刻的瞬时功率 P,简称功率

$$P=\lim_{\Delta t\to0}\frac{\Delta W}{\Delta t}=\frac{\mathrm{d}W}{\mathrm{d}t} \tag{2-30}$$

根据式(2-25),有

$$P=\frac{\mathrm{d}W}{\mathrm{d}t}=\boldsymbol{F}\cdot\frac{\mathrm{d}\boldsymbol{r}}{\mathrm{d}t}=\boldsymbol{F}\cdot\boldsymbol{v} \tag{2-31}$$

式(2-31)表明,功率等于力 $\boldsymbol{F}$ 与物体速度 $\boldsymbol{v}$ 的标积。由式(2-31)可知,当汽车的发动机功

率一定时，若要加大牵引力，就得降低速度；反之，若要获得较大的速度，牵引力就得减小。一般汽车发动机的功率是恒定的(如早先的上海桑塔纳轿车，发动机的最大功率是 66kW)，因此在起动或爬坡时，因所需驱动力较大，司机总是调到低速挡驾驶。

在国际单位制中，功率的单位是 J/s(焦耳/秒)，符号为 W(瓦或瓦特)，通常多用 kW(千瓦)作单位，$1\text{kW}=10^3\text{W}$。

2.3.2 质点的动能定理

力对空间有了累积效应，我们就说力对质点做了功。那么力的空间累积效应(做功)将会产生怎样的效果呢？本节将从牛顿运动定律出发，导出力对质点做功与质点动能改变的关系。

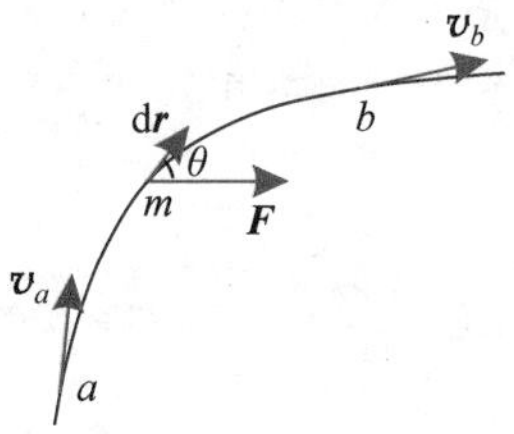

图 2-13 质点的动能定理

如图 2-13 所示，一质量为 m 的质点在合力 $\boldsymbol{F}$ 作用下自起点 a 沿曲线路径 l 运动到终点 b，设质点在 a 点的速度为 $\boldsymbol{v}_a$，在 b 点速度为 $\boldsymbol{v}_b$，作用在位移元 d$\boldsymbol{r}$ 上的合外力 $\boldsymbol{F}$ 与 d$\boldsymbol{r}$ 之间的夹角为 θ，合力 $\boldsymbol{F}$ 的切向分量 $F_t=F\cos\theta=ma_t$，则合力 $\boldsymbol{F}$ 所做的功为

$$W_{ab}=\int_a^b \boldsymbol{F}\cdot \mathrm{d}\boldsymbol{r}=\int_a^b F_t\,|\mathrm{d}\boldsymbol{r}|=\int_a^b ma_t\mathrm{d}s=\int_a^b m\frac{\mathrm{d}v}{\mathrm{d}t}\mathrm{d}s$$

进行如下积分变换：

$$\frac{\mathrm{d}v}{\mathrm{d}t}\mathrm{d}s=\frac{\mathrm{d}s}{\mathrm{d}t}\mathrm{d}v=v\mathrm{d}v$$

因此，上述路径积分就变换为对速率 v 的积分

$$W_{ab}=\int_{v_a}^{v_b} mv\mathrm{d}v$$

对式右边进行积分，即得

$$W_{ab}=\frac{1}{2}mv_b^2-\frac{1}{2}mv_a^2 \tag{2-32}$$

式中，$\frac{1}{2}mv^2$ 是与质点运动状态有关的参量，叫做质点的**动能**(**kinetic energy**)，用 E_k 表示，这样 $E_{ka}=\frac{1}{2}mv_a^2$ 和 $E_{kb}=\frac{1}{2}mv_b^2$ 分别表示质点在起始和终了位置时的动能，式(2-32)可写成

$$W_{ab}=E_{kb}-E_{ka} \tag{2-33}$$

式(2-33)表明，**合力对质点所做的功等于质点动能的增量**，这个结论称为**质点的动能定理**(**theorem of kinetic energy**)。它表述了做功与质点运动状态改变(即动能的增量)之间的关系。

关于质点的动能和动能定理还应说明以下几点：

(1) 功与动能之间的联系和区别。由质点动能定理式(2-33)可知，只有合外力对质点做功，才能使质点的运动发生变化。所以，质点动能的改变可用功来量度。但是不能把功与动能混为一谈。前面讲过，动能是反映物体运动状态的物理量，是一种状态量。亦即物体在某时刻(或相应的位置)处于一定的运动状态，就相应地具有一定的动能。而功涉及力所经历的位移过程，它是一个与空间过程有关的过程量。如果说质点在某一时刻或某一位置有多少功，是没有任何意义的。

(2) 动能和动量之间的联系和区别。动能和动量都是利用质量和速度来表示物体的运动状态的，它们都是运动状态的函数，因而两者之间必然存在着内在联系。不难看出，两者在数量上的关系为

$$E_k = \frac{p^2}{2m} \tag{2-34}$$

当然，两者也是有区别的，动量是矢量，它与过程中力的问题相联系，纯属机械运动的性质；而动能是标量，它与运动过程中力的功相联系，它是能量的一种形式。能量并不限于机械运动，还有其他形式的能量，如热能、电磁能、核能等。

动能是标量，其单位与功的单位相同，也是J(焦耳)。

应该指出，若在一个力学问题中涉及到质点在力的作用下经历一段位移过程，虽然也可以运用牛顿定律求解，但是若从功与能的观点出发，运用质点动能定理去求解，往往要简便得多。

[例题 2-12]

质量为 m 的质点系在一端固定的绳子上，在粗糙水平面上作半径为 R 的圆周运动。当它运动一周时，速度由初速 v_0 减小为 $v_0/3$。求：(1)摩擦力做的功；(2)静止前质点运动了多少圈。

解 (1) 由动能定理，质点在运动一周的过程中，摩擦力对它所做的功等于质点动能的增量，即

$$W = \frac{1}{2}mv^2 - \frac{1}{2}mv_0^2 = \frac{1}{2}m\left(\frac{v_0}{3}\right)^2 - \frac{1}{2}mv_0^2 = -\frac{4}{9}mv_0^2$$

计算结果表明，摩擦力对质点做负功，或者说质点克服摩擦力做了正功，损失了动能。

(2) 设质点在静止前运动了 n 圈，则质点走的路程是 $n2\pi R$，摩擦力做的功为

$$\int_0^{n\cdot 2\pi R} f\cos\theta \mathrm{d}s = -\int_0^{n\cdot 2\pi R} \mu mg\,\mathrm{d}s = -n\mu mg\,2\pi R$$

静止时质点的动能为零，根据质点的动能定理

$$-n\mu mg\,2\pi R = 0 - \frac{1}{2}mv_0^2$$

利用 $-\mu mg 2\pi R = -\frac{4}{9}mv_0^2$ 可解得质点转的圈数为

$$n = \frac{9}{8}$$

2.3.3 保守力与非保守力 势能

2.3.2 节我们介绍了作为机械运动能量之一的动能。现在从重力、万有引力、弹性力和摩擦力做功的特点出发，引出**保守力**(conservative force)与**非保守力**(nonconservative force)的概念，然后介绍重力势能、引力势能与弹性势能。

1. 保守力做功

不同性质的力所做的功具有不同的特征。下面我们讨论重力、万有引力和弹性力所做

的功，并分析其特征。

(1) 重力做功

设一质量为 m 的质点，在重力 $\boldsymbol{P}=m\boldsymbol{g}$ 作用下，从位置 a 沿一曲线路径 acb 运动到位置 b，始、末位置 a 点和 b 点相对于地面的高度分别为 h_a 和 h_b，建立竖直向上的 Oh 轴，如图 2-14 所示。我们把曲线 acb 分成许多位移元，在位移元 $\mathrm{d}\boldsymbol{r}$ 中，重力所做的元功为

$$\mathrm{d}W=\boldsymbol{P}\cdot\mathrm{d}\boldsymbol{r}=m\boldsymbol{g}\cdot\mathrm{d}\boldsymbol{r}=mg\mid\mathrm{d}\boldsymbol{r}\mid\cos\theta=-mg\,\mathrm{d}h$$

这样，在全部路程中，重力 $\boldsymbol{P}$ 所做的功为

$$W_{ab}=\int_{acb}\mathrm{d}W=\int_{h_a}^{h_b}(-mg)\,\mathrm{d}h$$

$$=mgh_a-mgh_b \tag{2-35}$$

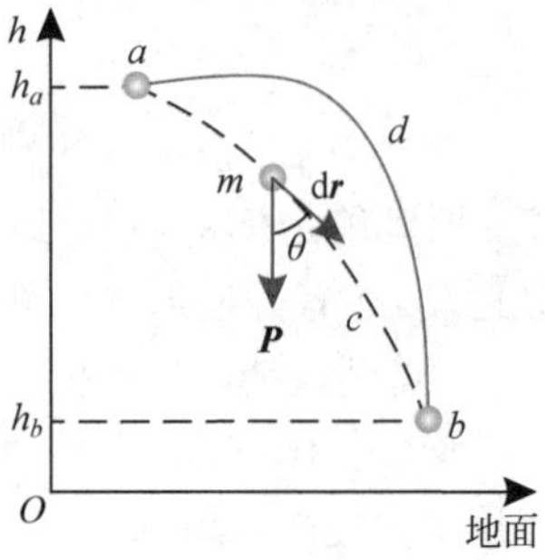

图 2-14 重力的功

如果质点从位置 a 沿另外一条曲线路径 adb 运动到位置 b，重力 $\boldsymbol{P}$ 所做的功也是这个数值。上述结果表明，**重力所做的功与质点所经过的路径无关，只与质点的始、末位置有关**。这是重力做功的一个重要特点。

(2) 万有引力做功

如图 2-15 所示，有两个质量分别为 m_0 和 m 的质点，其中质点 m_0 固定不动，质点 m 在万有引力的作用下从 a 点经任意曲线路径运动到 b 点。以 m_0 所在处为坐标原点，a、b 两点距 m_0 的距离分别为 r_a 和 r_b。设在某一时刻质点 m_0 指向 m 的方向为矢径 r 的正方向，当 m 沿路径移动位移元 $\mathrm{d}\boldsymbol{r}$ 时，万有引力所做的元功为

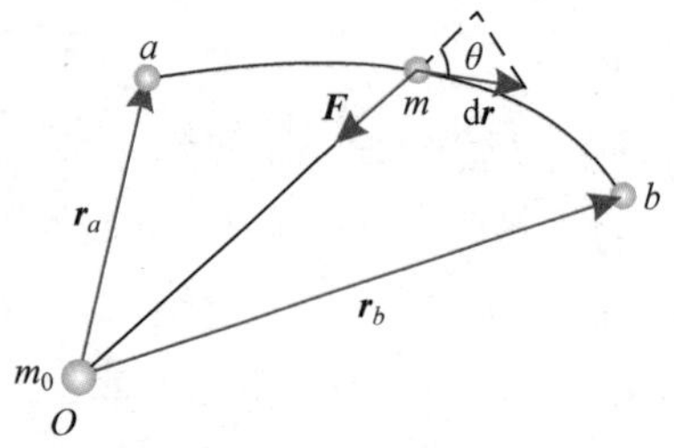

图 2-15 万有引力做功

$$\mathrm{d}W=\boldsymbol{F}\cdot\mathrm{d}\boldsymbol{r}$$

这样，质点 m 在万有引力的作用下从 a 点经任意曲线路径运动到 b 点，万有引力所做的功为

$$W=\int_{r_a}^{r_b}\boldsymbol{F}(r)\cdot\mathrm{d}\boldsymbol{r}$$

由于 $\boldsymbol{F}\cdot\mathrm{d}\boldsymbol{r}=F\,|\mathrm{d}\boldsymbol{r}|\cos(\pi-\theta)=-F\,|\mathrm{d}\boldsymbol{r}|\cos\theta=-F\mathrm{d}r$，这样就将式中对矢径 $\boldsymbol{r}$(矢量)的积分变换为对矢径长度 r(标量)的积分，因此

$$W_{ab}=\int_{r_a}^{r_b}-\frac{Gm_0m}{r^2}\mathrm{d}r=\left(-\frac{Gm_0m}{r_a}\right)-\left(-\frac{Gm_0m}{r_b}\right) \tag{2-36}$$

式中 G 为万有引力常数。

如果质点从位置 a 沿另外一条路径运动到位置 b，引力 $\boldsymbol{F}$ 所做的功也是这个数值，即万有引力所做的功与质点所经过的路径无关，只与质点的始、末位置(r_a 和 r_b)有关。

(3) 弹性力做功

如图 2-16 所示，一放置在光滑平面上劲度系数为 k 的弹簧，其一端固定，另一端与质量为 m 的物体相连接。当弹簧在水平方向不受外力作用时，它将不发生形变，此时物体位于 O 点，即 $x=0$，这一位置称为平衡位置。

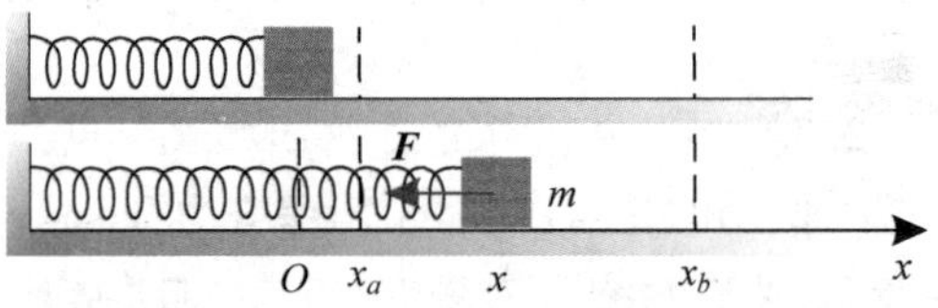

图 2-16 弹性力做功

取 x 轴正向向右，相应的单位矢量为 $\boldsymbol{i}$，将弹簧向右拉 $x(x>0)$ 位移时，物体受到弹簧向左的弹性力，即 $\boldsymbol{F}=-kx\boldsymbol{i}$。

在弹簧被拉长的过程中，弹性力是变力，但弹簧伸长 $\mathrm{d}x$ 时的弹性力近似看成是不变的，于是，物体位移 $\mathrm{d}x\boldsymbol{i}$ 时，弹性力做的元功为

$$\mathrm{d}W=\boldsymbol{F}\cdot\mathrm{d}x\boldsymbol{i}=-kx\,\mathrm{d}x$$

这样，当物体从初始位置 x_a（即 a 点）运动到末位置 x_b（即 b 点）的过程中，弹性力对物体所做的功为

$$W_{ab}=\int_{x_a}^{x_b}-kx\,\mathrm{d}x=\frac{1}{2}kx_a^2-\frac{1}{2}kx_b^2 \tag{2-37}$$

同样地，弹性力所做的功只和始末位置 x_a、x_b 有关，而与物体移动的具体路径无关。这个特点与重力做功和万有引力做功的特点是相同的。

2. 保守力和非保守力

从上面介绍的重力、万有引力和弹性力做功的讨论中可以看出，它们都有一个共同的特点，即所做的功只和始末位置有关，而与物体移动的具体路径无关。我们把具有这种特点的力称为**保守力**。保守力做功与路径无关的特点，可用另一种方式表述：**物体沿任意闭合路径 L 绕行一周时，保守力 $\boldsymbol{F}$ 对它所做的功为零**，用数学式表示为

$$W=\oint_L\boldsymbol{F}\cdot\mathrm{d}\boldsymbol{r}=0 \tag{2-38}$$

然而，在物理学中并非所有的力都具有做功与路径无关这一特点，例如常见的摩擦力（一个物体在一个不光滑的平面上移动时，若经不同的路径从同一始位置到达同一末位置，则显然在路程较长的路径上摩擦力做了更多的功），物体间相互作用非弹性碰撞时的冲击力，我们把这种做功与路径有关的力称为**非保守力**。因此，物体沿任意闭合路径 L 绕行一周时，非保守力 $\boldsymbol{F}$ 对它所做的功不等于零。即

$$W=\oint_L\boldsymbol{F}\cdot\mathrm{d}\boldsymbol{r}\neq 0 \tag{2-39}$$

3. 势能

上面关于保守力做功的特征表明：如果物体在保守力的作用下运动，那么物体从初始位置运动到末位置的过程中，不论它经历了什么路径，保守力对它所做的功都是相同的。为此，可以引入势能的概念。我们把**物体处在保守力作用下的某个位置所具有的能量**称为**势能**(**potential**)，用 E_p 表示。于是，三种势能分别为

重力势能(gravitational potential energy)

$$E_\mathrm{p}=mgh$$

引力势能(gravitational potential energy)

$$E_\mathrm{p}=-\frac{Gm_0m}{r}$$

弹性势能(clastic potcntial cncrgy)

$$E_\mathrm{p}=\frac{1}{2}kx^2$$

因此，式(2-35)、式(2-36)和式(2-37)可统一写成

$$W=-(E_{\mathrm{p}2}-E_{\mathrm{p}1})=-\Delta E_\mathrm{p} \tag{2-40}$$

式(2-40)表明,保守力对物体所做的功等于物体势能的减少。

势能也是一个标量,势能的单位与功的单位相同。

对于势能概念的理解,还应注意以下几点:

(1) 势能是态函数。

在保守力作用下,只要确定了物体的起始和终了位置,保守力所做的功也就确定了,所以说势能是坐标的函数,即态函数,可写成 $E_p=E_p(x,y,z)$。

(2) 势能的相对性。

用保守力做功定义的只是势能的变化,因此,势能只有相对意义,客观上并不存在某一位置绝对的势能,某一位置的势能是相对于一个基准位置来说的。通常可把基准位置的势能人为地规定为零,即**势能零点**。势能零点可任意选取,但选取不同的势能零点,势能值将不同。不论势能零点如何选取,两固定位置之间的势能差总是相同的。一般选地面作为重力势能零点,无限远处为引力势能的零点,弹簧处原长(其伸长或压缩量 $x=0$)时的平衡位置作为弹性势能的零点。

(3) 势能是属于系统的。

势能是属于参与保守力相互作用的物体所组成的系统的,而不是属于其中个别物体的。例如,重力势能是属于地球与受重力作用的物体所组成的系统。对弹簧的弹性势能来说也是如此,它属于物体与弹簧所组成的弹性系统。但为了叙述方便,把系统等字省去,常常说成是"物体的势能"。

[例题 2-13]

一颗质量5000kg的陨石从天外落到地球上,问它和地球间的引力做功多少?已知地球的质量为 6×10^{24}kg,半径为 6.4×10^6m。

解 "天外"可看作陨石和地球相距无限远,即 $r_a=\infty$。利用保守力的功和势能变化的关系式(2-36),有

$$W_{ab}=\int_{r_a}^{r_b}-\frac{Gm_0m}{r^2}\mathrm{d}r=\left(-\frac{Gm_0m}{r_a}\right)-\left(-\frac{Gm_0m}{r_b}\right)$$

可得陨石和地球间的引力所做的功为

$$W_{ab}=\frac{Gm_0m}{r_b}=\frac{6.67\times10^{-11}\times5\times10^3\times6.0\times10^{24}}{6.4\times10^6}=3.1\times10^{11}(\mathrm{J})$$

这一例子说明,在已知势能公式的条件下,求保守力的功时,可以不管路径如何,也就可以不做积分运算了,这当然简化了计算过程。

2.3.4 机械能守恒定律

前面我们讨论了质点机械运动的能量——动能和势能,以及合外力对质点做功引起质点动能改变的动能定理。可是,在许多实际问题中,我们需要研究有许多质点所构成的系统,这时系统内的质点,既受到系统内各质点之间相互作用的内力,又可能受到系统外的质

点对系统内质点作用的外力。例如把弹簧和与弹簧相连接的物体视为一个系统时，弹簧与物体间的作用力为内力，而空气对弹簧和物体的阻力则为外力。

1. 质点系的动能定理

由式(2-33)单个物体(质点)的动能定理，可以推广到由多个物体组成的质点系统。下面我们讨论质点系中功和能之间的关系。

设质点系由 n 个质点组成，各质点的初动能分别为 $E_{k10}, E_{k20}, E_{k30}, \cdots$，末动能分别为 $E_{k1}, E_{k2}, E_{k3}, \cdots$，作用于各个质点的力所做的功分别为 $W_1, W_2, W_3, \cdots$。由质点的动能定理，可得

$$
\begin{aligned}
W_1 &= E_{k1} - E_{k10} \\
W_2 &= E_{k2} - E_{k20} \\
W_3 &= E_{k3} - E_{k30} \\
&\cdots
\end{aligned}
$$

将以上各式相加得

$$W = E_k - E_{k0} = \Delta E_k \tag{2-41}$$

式中，W 表示作用在 n 个质点上的力所做功之和，E_k 是系统内所有质点的末动能之和(称为系统的末态总动能)，E_{k0} 是系统内所有质点的初动能之和(称为系统的初态总动能)，ΔE_k 表示质点系总动能的增量。式(2-41)表明：**所有作用于质点系的力对质点系做的功之和等于质点系总动能的增量**。这就是**质点系的动能定理**。

正如前面所说，系统内的质点所受的力，既有来自系统外的力，也有来自系统内各质点间的内力，虽然系统内每一对内力是作用力与反作用力，所有内力的矢量和为零，但一对相互作用的质点受力后的位移不一定相同，内力做功的代数和不一定等于零，所以，作用于质点系的力所做的功应该是所有外力对质点系做的功与所有内力对质点系做的功之和。内力可以改变系统的总动能，质点系的任一运动状态对应一定的总动能，总动能的增量可正可负，视功的正负而定。

[例题 2-14]

如图 2-17 所示，在光滑的水平面上有一质量为 m_B 的静止物体 B，在 B 上又有一质量为 m_A 的静止物体 A。A 在受到冲击后以速率 v_A(相对于水平面)向右运动，A 和 B 之间的摩擦因数为 μ，A 逐渐带动 B 一起运动，问 A 从开始运动到相对于 B 静止时，在 B 上运动多远?

解 确定物体 A 和物体 B 组成的系统为研究对象，A 和 B 之间的摩擦力是内力，在 A 受到冲击以后系统在水平方向不受外力，即 $W_{外}=0$，因此，水平方向上的动量守恒。设 A 相对于 B 静止时的速度为 v，即此时它们具有共同的速度 v。根据系统的动量守恒定律

$$m_A v_A = (m_A + m_B)v \tag{a}$$

在垂直方向系统受到的重力始终与水平面的支持力相平衡，且与运动方向垂直，因而不做功。但 A 和 B 之间的摩擦力 $-\mu m_A g$ 是内力，它做的功不为零。设 A 从开始运

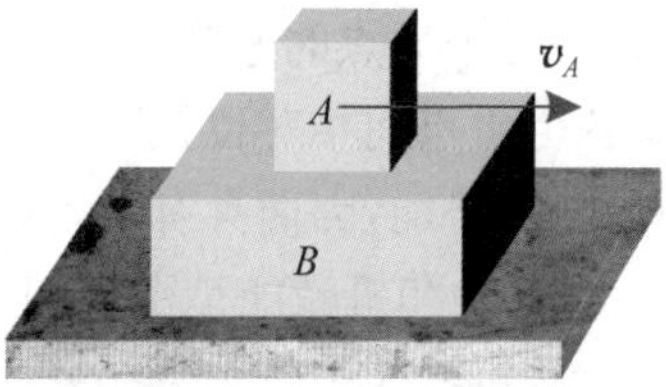

图 2-17 例题 2-14 用图

动到相对于 B 静止时，A 在 B 上移动了 x 的距离，则内力做功为 $W=-\mu m_A g x$。由质点系的动能定理

$$W_{外}+W=E_k-E_{k0}$$

得

$$-\mu m_A g x=\frac{1}{2}(m_A+m_B)v^2-\frac{1}{2}m_A v_A^2 \tag{b}$$

联立解式(a)和式(b)，得到 A 在 B 上移动的距离为

$$x=\frac{m_B v_A^2}{2\mu g(m_A+m_B)}$$

2. 质点系的功能原理

我们知道，作用于质点系的力，如果从力做功的特点来区分，有保守力与非保守力之分，无论是外力或是内力，都可以进一步把它们分为保守力和非保守力。因此，质点系的动能定理中，功是一切力所做的功，包括外力对质点系所做的功和系统保守内力和非保守内力所做的功，它们做的功分别用 $W_{外}$、$W_{保内}$ 和 $W_{非保内}$ 表示，这样，质点系的动能定理表达式可写成

$$W_{外}+W_{保内}+W_{非保内}=E_k-E_{k0} \tag{2-42}$$

对于每一个保守力，都可以定义与之相应的势能。已知保守力所做的功等于势能的减少(势能增量的负值)。设在质点系的运动过程中，质点系初态的势能是 E_{p0}，末态势能是 E_p，则质点系内各保守内力所做的功为

$$W_{保内}=E_{p0}-E_p=-\Delta E_p \tag{2-43}$$

将式(2-43)代入式(2-42)，得到

$$W_{外}+(E_{p0}-E_p)+W_{非保内}=E_k-E_{k0}$$

移项，得到

$$W_{外}+W_{非保内}=(E_k+E_p)-(E_{k0}+E_{p0}) \tag{2-44}$$

将质点系的动能和势能之和定义为质点系的**机械能**(**mechanical energy**)，用符号 E 表示，则

$$E=E_k+E_p \tag{2-45}$$

有了机械能的定义，式(2-44)就可以写成

$$W_{外}+W_{非保内}=E-E_0 \tag{2-46}$$

式(2-46)表明：**质点系在运动过程中，外力所做的功与系统内非保守内力所做的功总和等于质点系机械能的增量**。这就是**质点系的功能原理**(**principle of work and energy**)。

对于机械能和功能原理的理解，还应注意以下几点：

(1) 质点系的机械能是表征质点系机械运动状态的能量，质点系的机械运动状态由质点系内各个质点的速度和各个质点间的相对位置确定，各个质点的速度决定了质点系的动能，各个质点间相对位置决定了质点系的势能。因此，质点系在一定运动状态下就具有一定的动能和势能，因而具有一定的机械能。

(2) 功和机械能是密切相关的，它们之间既有联系，又有区别。功是机械能变化与转换的量度，机械能是物体系统在一定运动状态下所具有的做功本领。

(3) 功能原理实际上是质点系动能定理的另一种表达式，它们都给出了机械运动能量

与功之间的关系。但是在利用质点系的功能原理或质点系的动能定理求解力学问题时，需要注意它们之间的区别。质点系的动能定理要求计算系统外力所做的功和系统的保守内力所做的功及非保守内力所做的功。但保守内力所做的功，例如重力的功和弹性力的功等，在功能原理表述中不再出现，已为系统势能的变化所代替。因此，在解决问题时，如果计算了保守内力所做的功(用质点系动能定理的形式)，就不必考虑势能的变化，反之，考虑了势能的变化(用功能原理的形式)，就不必计算保守内力所做的功。

3. 机械能守恒定律

根据质点系的功能原理式(2-46)，在一个力学过程中，若系统的外力和非保守力都不做功，或者它们所做的功之和为零，即有 $W_{外}+W_{非保内}=0$ 那么 $E-E_0=0$，也就是

$$E=E_0=\text{常量} \tag{2-47}$$

它的物理意义是，**如果一个质点系的所有外力和非保守内力都不做功或其做功之和为零，则质点系内各物体的动能和势能可以互相转换，但质点系的机械能总是保持为一常量。** 这就是**机械能守恒定律**(law of conservation of mechanical energy)。

在满足机械能守恒条件的情况下，系统内的动能与势能是可以相互转换的，而其转换是通过系统内保守力做功来实现的。

如果系统存在着非保守内力，并且这种非保守内力做功，则系统的机械能将与其他形式的能量转换。

视频：机械能守恒定律

大量实验事实证明，在系统机械能发生变化的同时，必然有等值的其他形式的能量在变化，使得整个系统内各种形式的能量的总和保持不变。这就是说，**在自然界中任何系统都具有能量，能量有各种不同的形式，可以从一种形式转换为另一种形式，从一个物体传递给另一个物体(或系统)，在转换和传递的过程中，能量不会消失，也不能创生**。这一结论称为**能量守恒定律**(law of transformation and conservation of energy)。

能量守恒定律是在概括了无数实验事实的基础上建立起来的，它是物理学中最具有普遍性的定律之一，也是整个自然界都服从的普遍规律。

能量守恒定律可以使我们更深刻地理解功的意义。当外界用做功的方式使一个系统的能量变化时，其实质是这个系统和另一个系统(指外界)之间发生了能量的交换，而所交换的能量在数量上就等于功。但是不能把功和能看作是等同的。功是过程量，它总是和能量变化或交换的过程相联系，而能量只决定于系统的状态，能量是状态量。

[例题 2-15]

第一宇宙速度(first cosmic velocity)是指使物体可以环绕地球表面作匀速圆周运动的速度；第二宇宙速度(second cosmic velocity)是指物体逃离地球引力所需要的在地面上的最小发射速度，又叫逃逸速度(escape velocity)。计算这两个速度。

解 第一宇宙速度可以用牛顿定律求出。设将质量为 M、半径为 R 的地球和质量为 m 的物体作为一个系统。物体以速率 v 绕地球作匀速率圆周运动，使地球保持稳定圆周轨道的条件是地球的引力等于物体作圆周运动的向心力，即

$$m\frac{v_1^2}{R}=\frac{GMm}{R^2}$$

整理得

$$v_1=\sqrt{\frac{GM}{R}}=\sqrt{Rg}$$

代入 R 和 g 的数值，得

$$v_1=\sqrt{6.4\times10^6\times9.8}=7.9\times10^3(\text{m/s})$$

这就是地球的第一宇宙速度。

第二宇宙速度要通过机械能守恒定律计算。由于物体在太空运动，可以忽略阻力，所以地球和物体系统不受外力作用，唯一的内力(万有引力)是保守内力，因此，系统的机械能守恒。物体逃脱地球引力时的势能为零，如果在地面上以最小发射速度 v_2 发射物体，那么物体逃脱地球引力时的动能也为零。按照机械能守恒定律

$$\frac{1}{2}mv_2^2-\frac{GMm}{R}=0$$

式中左边第一项是物体在地面的发射动能，第二项是物体在地面的引力势能。由此可得

$$v_2=\sqrt{\frac{2GM}{R}}=\sqrt{2Rg}=11.2\times10^3(\text{m/s})$$

此即地球的第二宇宙速度。

星体的逃逸速度与星体的半径和密度有关。如果星体的半径很小，密度很大，以至于逃逸速度超过光速 c，即 $\sqrt{2GM/R}>c$，那么这个星体即使发光，引力也会把光吸引回来，远处的观察者根本接收不到该星体的任何信息，这种星体称为黑洞(black hole)。令 $\sqrt{2GM/R_c}=c$，则有

$$R_c=\frac{2GM}{c^2}$$

这称为临界半径。对于地球 $R_c=0.9$cm，当地球缩小到半径小于1cm的小球时，它就变成一个黑洞。黑洞附近的引力极强，只有利用广义相对论才能确切地描述。寻找和确定宇宙中的黑洞，是当今天体物理学中的一个研究热点。图2-18所示为神舟六号载人飞船，图2-19所示为“钱德拉”X射线观测望远镜发现的黑洞图片。

图2-18 神舟六号载人飞船

图2-19 “钱德拉”X射线观测望远镜发现的黑洞图片

2.3.5 碰撞

在日常生活中常见的一些现象，如踢足球、打桩、锻造、兵乓球的接发和扣杀，可以称之为两个物体之间相互作用时间极短的现象，这种现象称为**碰撞**(collision)。两物体在碰撞过程中，它们之间相互作用的内力较之其他物体对它们作用的外力要大得多，因此，在研究两物体间的碰撞问题时，可将其他物体对它们作用的外力忽略不计。如果在碰撞后，两物体的动能之和完全没有损失，那么，这种碰撞叫做**完全弹性碰撞**(elastic collision)。实际上，在两物体碰撞时，由于非保守力的作用，致使机械能转换为热能、声能、化学能等其他形式的能量，或其他形式的能量转换为机械能，这种碰撞就是**非弹性碰撞**(inelastic collision)。如两物体在非弹性碰撞后以同一速度运动，这种碰撞叫**完全非弹性碰撞**(completely inelastic collision)。下面通过举例来讨论完全非弹性碰撞和完全弹性碰撞。

视频：完全弹性碰撞

[例题 2-16]

如图 2-20 所示的冲击摆是一种测子弹速率的装置。图中木块的质量为 M，被悬挂在细绳的下端。有一个质量为 m 的子弹以速率 v_0 沿水平方向射入木块后，子弹与木块将一起摆至 h 处。试求此子弹射入木块前的速率。

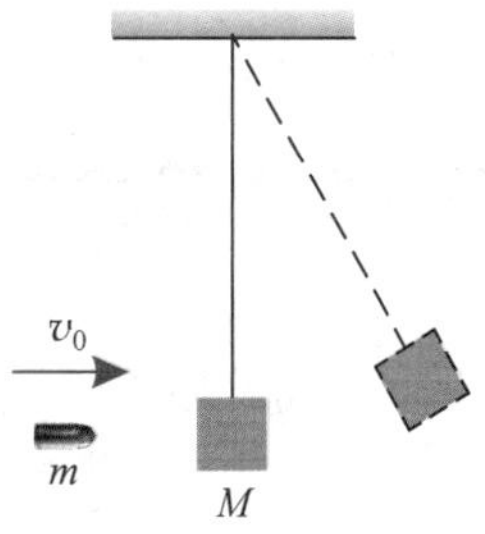

图 2-20 例题 2-16 用图

解 对复杂问题可以分为几个阶段研究，其中前一阶段的结论就是后一阶段的初始条件。该过程可以分为两个阶段来分析。第一阶段是：子弹射入木块并停止在木块内，在此过程中，属完全非弹性碰撞，故机械能不守恒而沿水平方向的动量守恒；第二阶段是：子弹随木块一起摆至最高位置，在这过程中，如把子弹、木块和地球作为一个系统，并略去空气阻力，那么，系统的机械能守恒，木块在子弹的冲击下获得的动能转换为重力势能。如以 v 为子弹进入木块后与木块一道运动的速率，那么，据以上分析可得

$$mv_0 = (M+m)v$$

$$\frac{1}{2}(M+m)v^2 = (M+m)gh$$

由以上两式可解得

$$v_0 = \frac{m+M}{m}(2gh)^{\frac{1}{2}}$$

可见，若分别测出 m、M 和 h，就可计算出子弹的速率了。如 $m=5.0\times10^{-3}$kg，$M=2.0$kg，$h=3.0\times10^{-2}$m，那么可计算得 $v_0=307$m/s，$v=0.767$m/s。

[例题 2-17]

如图 2-21 所示，设 A、B 两球的质量相等，B 球静止在水平桌面上，A 球在桌面上以向右的速度 $v_1=30$m/s 冲击 B 球，两球相碰后，A 球沿与原来前进的方向成 $\alpha=30°$ 角的方向前进，B 球获得的速度与 A 球原来运动方向成 $\beta=45°$ 角。若不计摩擦，求碰撞后 A、B 两球的速率 v_1' 和 v_2' 各为多少？

解 将相碰时的两球看作一个系统，碰撞时的冲力为内力，系统仅在铅直方向受重力和桌面支持力等外力的作用，它们相互平衡，因而，系统所受外力的矢量和为零，于是动量守恒，有

$$m_A \boldsymbol{v}_1 + \boldsymbol{0} = m_A \boldsymbol{v}_1' + m_B \boldsymbol{v}_2'$$

沿 v_1 的方向取 x 轴，与它相垂直的方向取 y 轴（见图 2-21），两轴都位于水平桌面上。于是上述矢量式的分量式为

$$m_A v_1 + 0 = m_A v_1' \cos\alpha + m_B v_2' \cos\beta$$

$$0 + 0 = m_A v_1' \sin\alpha - m_B v_2' \sin\beta$$

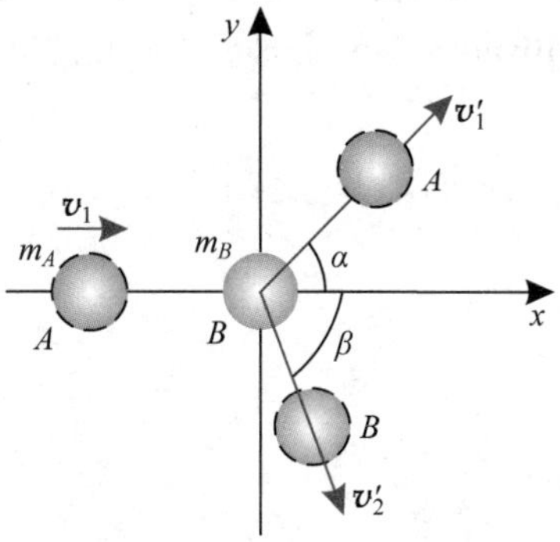

图 2-21 例题 2-17 用图

以 $m_A=m_B$，$\alpha=30°$，$\beta=45°$ 代入上两式，联立求解；由题可知 $v_1=30$m/s，得

$$v_1' = \frac{2v_1}{\sqrt{3}+1} = \frac{2\times30}{\sqrt{3}+1} = 22.0(\text{m/s})$$

$$v_2' = \frac{\sqrt{2}\,v_1}{\sqrt{3}+1} = \frac{\sqrt{2}\times30}{\sqrt{3}+1} = 15.5(\text{m/s})$$

*2.4 理想流体的性质和伯努利方程

2.4.1 理想流体

流体(fluid)是指具有流动性且自身不能保持一定形状的物体，如液体和气体。在研究流体动力学时实际上是考察流体的宏观运动现象。流体运动时，把流体看作连续介质，也就是把所考察的流体看作是大数量多质点组成的体系，从而应用质点系的力学规律来讨论流体的运动。

严格地说，流体都是可压缩的，但液体的压缩量很小，例如，水受压从 1 个大气压增加至 100 大气压时，其体积仅减小 0.5%。因此，通常可以忽略液体的可压缩性，这样的流体称为不可压缩流体。而气体的可压缩性则非常明显，由热力学可知，当温度不变时，气体的体积与压强成反比，例如用不太大的力推动活塞就可以使汽缸中的气体压缩到很小的体积。若气流速度接近或超过声速，气体的可压缩性会变得非常明显，但在气流速度较小处，气体中各处的密度不随时间发生明显变化的情况下，也可把气体看成不可压缩的。

实际的流体在各层面间有相对运动时，就会出现阻碍这种相对运动的力，称为**粘性力**，又叫**内摩擦力**。流体的这种性质叫粘性。一般流体都有或多或少的粘性，但多数流体，如水、空气、酒精等，粘性很小，在许多问题的研究中往往都可以忽略。在研究流体流动的问题中，如果流体的可压缩性和粘性都处于极为次要的地位，就可以忽略其粘性和可压缩性。忽略粘性后，不可压缩的流体称为**理想流体**(**ideal fluid**)。

2.4.2 连续性方程

分析流体的运动时，在整个流道中，流过各点的流体元的速度不随时间变化的流动称为**稳定流动**或**稳流**。也就是说，流体内的任意一个流体元的速度可以随着它的不同位置而改变，但经过空间每个指定位置时所有流体元都保持一个相同的确定速度。图 2-22 所示是一实际流体元沿它的轨迹运动。可以发现，当它在 a 处时，速度为 $\boldsymbol{v}_1$，而在 b 处时，速度为 $\boldsymbol{v}_2$，如果是稳定流动，则所有的流体元通过 a 点时速度都为 $\boldsymbol{v}_1$，而通过 b 处时，速度为 $\boldsymbol{v}_2$。每个流体元在稳定流动时通过的路径叫**流线**(**streamline**)。在这样的条件下，流体的速度可以被认为是位置的函数。相反，如果各个位置上的速度是时间的函数，流动就是不稳定的，下面仅讨论稳定流动的情形。

在生活中，你一定看到过小河中流水的速率随河道宽窄而变的景象：河道越窄，流动越快；河道越宽，流动越慢。为了求出理想流体的流速与其截面的定量关系，假设流体在如图 2-22 所示的“流线管”中作稳定流动。在 Δt 时间内通过 a 处横截面积为 S_1 的流体的体积是以 S_1 为底、高为 $v_1\Delta t$ 的圆柱体的体积，其值为 $S_1v_1\Delta t$，同样，在相同时间内通过 b 处横截面积为 S_2 的流体的体积为 $S_2v_2\Delta t$。在稳定流动的条件下，流体就不可能在 S_1 和 S_2 之间发生积聚或短缺，于是流进 S_1 的流体必定等于同一时间内从 S_2 流出的流体的体积。因此

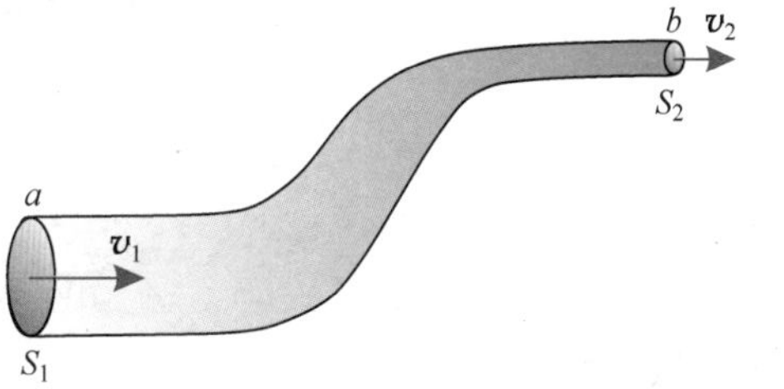

图 2-22 连续原理

$$S_1v_1\Delta t = S_2v_2\Delta t \tag{2-48}$$

或

$$S_1v_1 = S_2v_2$$

这称为稳流的**连续性方程**，它说明“流线管”中的流速和管的截面积成反比。用橡皮管给花草洒水时，要想流出的水出口速率大一些就把管口用手指封住一些，就是这个道理。

2.4.3 伯努利方程

由牛顿第二定律我们知道，流体速度的变化是和流体内各部分的相互作用力或压强相联系。现在我们求出理想流体稳定流动的运动和力的关系。若有一稳定流动的理想液体，其密度为ρ，初末端面分别为a、b，在x轴对应的坐标分别为x_1、x_2，如图2-23所示。

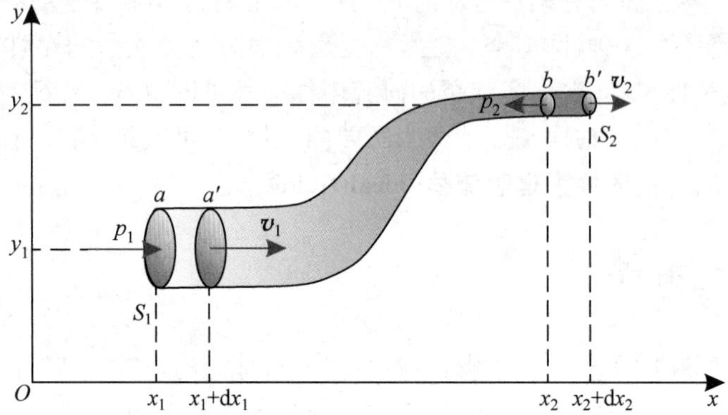

图 2-23 理想流体稳定流动

在很短的时间间隔Δt内，流体最初的端面a被推进到a'，位移为dx_1，端面b被推进到b'，位移为dx_2。因为a和b之间流体的体积保持不变，所以只考虑图中两个小体元内的流体。若流体内a、b面上的压强分别为p_1、p_2，则a、b面上的压力对这两个小体元做的净功为

$$dW = p_1 S_1 dx_1 - p_2 S_2 dx_2$$

因为

$$S_1 dx_1 = S_2 dx_2 = dV$$

所以

$$dW = (p_1 - p_2) dV$$

重力做功为

$$\begin{aligned} dW' &= -dm \cdot g(y_2 - y_1) \\ &= -\rho \cdot g(y_2 - y_1) dV \end{aligned}$$

由动能定理得

$$(p_1 - p_2) dV - \rho \cdot g(y_2 - y_1) dV = \frac{1}{2}\rho dV v_2^2 - \frac{1}{2}\rho dV v_1^2$$

整理得

$$p_1 + \rho g y_1 + \frac{1}{2}\rho v_1^2 = p_2 + \rho g y_2 + \frac{1}{2}\rho v_2^2$$

写成一般结果

$$p + \rho g y + \frac{1}{2}\rho v^2 = 常量 \tag{2-49}$$

式(2-49)的结果称为**伯努利原理**或**伯努利方程**(**Brenoulli's equation**),它是能量守恒定律在理想流体情况下的具体形式。

如果流体仅在水平方向上移动,如图 2-24 所示,其重力势能保持常量,则式(2-49)简化为

$$p+\frac{1}{2}\rho v^2=\text{常量} \tag{2-50}$$

对于一个水平流线管,流速最大时,压强最小;相反,流速最小时,压强最大。这个结果被用于产生飞机的升力。设计时,机翼前侧的上表面空气的流速比下表面的大,因而上方的压强比下方小。于是,这个压强差的存在就产生一个向上的力。

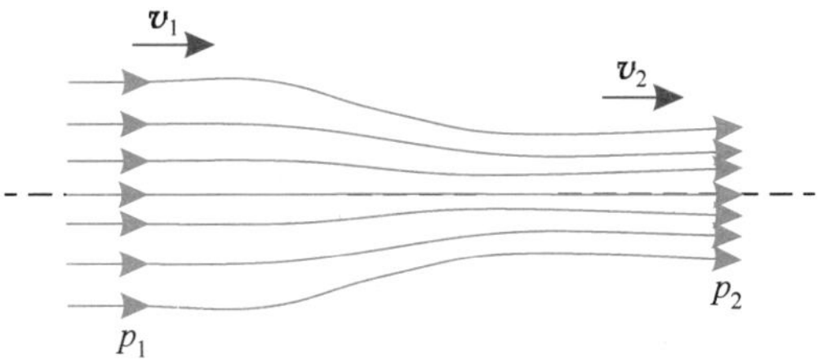

图 2-24 水平方向移动的流体

当流体在管中静止或以恒定的速度运动时,流体的动能是一个常量,伯努利方程变为

$$p+\rho g y=\text{常量}$$

设常量为 p_0,则不可压缩流体的平衡条件为

$$p=p_0-\rho g y$$

例如,湖面($y=0$)的压强是由于它上方的空气引起的,由于湖水可看作不可压缩的,压强随水深 y(y 为负值)的增大而增大。

[例题 2-18]

如图 2-25 所示为文丘里流速计,它是用来测定管道中流速或流量的仪器,它具有一狭窄"喉部",此喉部和管道分别与一压强计的两端相通,试用压强计所示的压强差表示管中的流速。

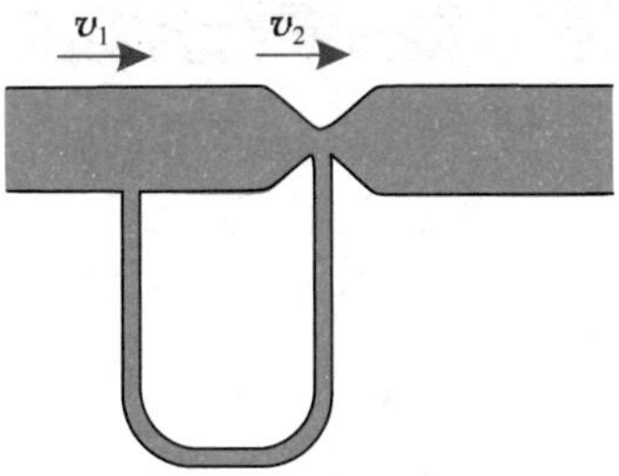

图 2-25 文丘里流速计

解 以 S_1 和 S_2 分别表示管道和喉部的横截面积,以 $\boldsymbol{v}_1$ 和 $\boldsymbol{v}_2$ 分别表示通过它们的流速,以 p_1 和 p_2 分别表示它们的压强。根据连续性方程,有

$$v_2=S_1v_1/S_2$$

由于管子平放,由式(2-50)形式的伯努利方程可得

$$p_1+\frac{1}{2}\rho v_1^2=p_2+\frac{1}{2}\rho v_2^2$$

$$=p_2+\frac{1}{2}\rho v_1^2(S_1/S_2)^2$$

由此得管中流速为

$$v_1=\sqrt{\frac{2(p_1-p_2)}{\rho[(S_1/S_2)^2-1]}}$$

原理应用

分析“哥伦比亚”号失事的原因

“哥伦比亚”号是美国最老的航天飞机，其舱长18米，能装运36吨的货物。航天飞机外形像一架大型三角翼飞机，机尾装有三个主发动机，和一个巨大的推进剂外储箱，里面装着几百吨的液氧、液氢燃料。它附在机身腹部，供燃料给航天飞机进入太空轨道；外储箱两边各有一枚固体燃料助推火箭。整个组合装置约2000吨。

2003年2月1日，美国东部标准时间上午9时许，美国“哥伦比亚”号航天飞机在返回途中飞临德州上空时解体坠毁，7名机组宇航员全部遇难，酿成航天史上一大悲惨事故。关于“哥伦比亚”号失事的原因，调查美国“哥伦比亚”号航天飞机事故的独立委员会的专家一致认为，一块从主燃料箱脱落的泡沫绝缘材料撞击飞机左翼使其发生严重破损，最后导致航天飞机在返航进入地球大气层途中，因它与大气层的摩擦而产生的超高温气体从破损处入侵，造成内部线路和金属部件融化，出现机毁人亡的事故。那么，泡沫块为何成为“哥伦比亚”号失事的原因呢？这里主要运用力学模型和规律对“哥伦比亚”号失事的这一原因作些分析解释，以使读者对物理知识在航天器中的运用有所了解。图P2-5是美国“哥伦比亚”号航天飞机在佛罗里达州肯尼迪航天中心发射升空照片，图P2-6是“哥伦比亚”号航天飞机在降落时解体的照片。

图P2-5 美国“哥伦比亚”号航天飞机在佛罗里达州肯尼迪航天中心发射升空

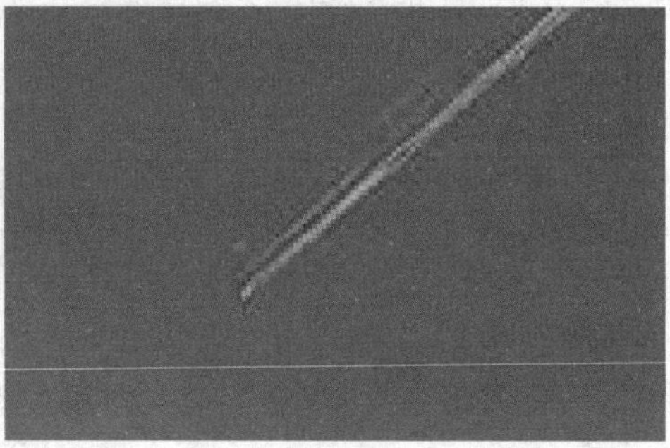

图P2-6 “哥伦比亚”号航天飞机在降落时解体

据美国宇航局(NASA)负责航天计划的官员于2003年2月5日在新闻发布会上说，撞击航天飞机左翼的泡沫块最大为20英寸(约50.8cm)长，16英寸(约40.6cm)宽，6英寸(约15.2cm)厚，其质量大约不到1.3kg，撞击速率约为250m/s，而航天飞机的上升速率大约为700m/s。下面，我们根据这些数据将泡沫块与航天飞机的相撞看成完全非弹性碰撞，来估算“哥伦比亚”号航天飞机左翼受到的平均撞击力。

取地面为参考系，按上面提出的力学模型，则泡沫块碰上航天飞机后随同飞机一起运动，设航天飞机的质量为M，上升速率为v；泡沫块的质量为m，撞击速率为v_0。二者相撞后的共同速率为u，所有速度方向与航天飞机上升的方向在同一条直线上，设沿航天飞机运动的方向为坐标的正方向，根据动量守恒定律得

$$(M+m)u=(Mv+mv_0)$$

所以

$$u=(Mv+mv_0)/(M+m)=[v+(m/M)v_0]/(1+m/M)$$

因为航天飞机的质量 M 远大于泡沫块的质量 m，所以 $u\approx v=700\text{m/s}$。

将泡沫块看成质点，参考系和坐标系与前面相同，估算“哥伦比亚”号航天飞机左翼受到的平均撞击力。

(1) 如果碰撞前泡沫块的运动方向与航天飞机的运动方向相反，设泡沫块对航天飞机的平均撞击力为 $\overline{F}_1$，根据动量定理得

$$\overline{F}_1\Delta t=mu-mv_0 \tag{P2-1}$$

已知 $m=1.3\text{kg}$，$u=700\text{m/s}$，$v_0=-250\text{m/s}$。对于碰撞时间 Δt，可以利用美国宇航局所提供的研究数据。美国宇航局进行的研究表明，$\Delta t=2.11\times10^{-2}$ s。将以上数据代入式(P2-1)，得

$$\overline{F}_1=5.85\times10^4(\text{N})$$

(2) 如果碰撞前泡沫块的运动方向与航天飞机的运动方向相同，将 $u=700\text{m/s}$，$v_0=250\text{m/s}$ 代入式(P2-1)，可得泡沫块对航天飞机的平均撞击力 $\overline{F}_2$ 为

$$\overline{F}_2=1.3\times(700-250)/(2.11\times10^{-2})=2.77\times10^4(\text{N})$$

由上述计算可知，无论泡沫块的运动方向与航天飞机的运动方向是相同还是相反，泡沫块对“哥伦比亚”号的平均撞击力的数量级都达到 10^4 N，该力足以使航天飞机左翼等处的隔热瓦损坏，造成机毁人亡的事故。当然，对“哥伦比亚”号失事原因的分析讨论只是一种近似的估算。

内容提要

1. 牛顿运动定律

牛顿第一定律：任何物体都保持静止的或沿一直线匀速运动的状态，除非作用在它上面的力迫使它改变这种状态。

牛顿第二定律：物体受到外力作用时，它所获得的加速度的大小与外力的大小成正比，并与物体的质量成反比，加速度的方向与外力的方向相同，即

$$\boldsymbol{F}=m\boldsymbol{a}=m\frac{\mathrm{d}\boldsymbol{v}}{\mathrm{d}t}$$

牛顿第三定律：对于每一个作用，总有一个相等的反作用与之相应，或者说，两个物体对各自对方的相互作用总是相等的，而且指向相反的方向。

2. 物理学中常见的力

万有引力大小 $F_1=F_2=G\dfrac{m_1m_2}{r^2}$，重力 $\boldsymbol{P}=m\boldsymbol{g}$，弹性力 $F=-kx$，最大静摩擦力 $F_{\max}=\mu_sF_N$ 和滑动摩擦力 $F=\mu F_N$。

3. 牛顿运动定律的简单应用

应用牛顿运动定律解决简单的直线和圆周运动问题。

4. 基本概念

冲量：力 $\boldsymbol{F}$ 对物体的冲量定义为

$$\boldsymbol{I}=\int_{t_1}^{t_2}\boldsymbol{F}(t)\mathrm{d}t$$

在各坐标轴方向的分量式是

$$I_x=\int_{t_1}^{t_2}F_x\mathrm{d}t=\bar{F}_x(t_2-t_1)$$

$$I_y=\int_{t_1}^{t_2}F_y\mathrm{d}t=\bar{F}_y(t_2-t_1)$$

$$I_z=\int_{t_1}^{t_2}F_z\mathrm{d}t=\bar{F}_z(t_2-t_1)$$

动量：物体的质量 m 与速度矢量 $\boldsymbol{v}$ 的乘积定义为物体的动量，即

$$\boldsymbol{p}=m\boldsymbol{v}$$

功：力在质点位移方向上的分量与位移大小的乘积，即

$$W_{ab}=\int_a^b\boldsymbol{F}\cdot\mathrm{d}\boldsymbol{r}$$

功率：力在单位时间内所做的功。

势能：物体处在保守力作用下的某个位置时所具有的能量称为势能。

重力势能：$E_\mathrm{p}=mgh$

引力势能：$E_\mathrm{p}=-\dfrac{Gm_0m}{r}$

弹性势能：$E_\mathrm{p}=\dfrac{1}{2}kx^2$

动能：$E_\mathrm{k}=\dfrac{1}{2}mv^2$

5. 基本原理

动量定理：

$$\boldsymbol{I}=\int_{t_1}^{t_2}\boldsymbol{F}\mathrm{d}t=m\boldsymbol{v}_2-m\boldsymbol{v}_1$$

动量守恒定律：

$$m_1v_{1x}+m_2v_{2x}+\cdots+m_nv_{nx}=\text{恒量}\left(\text{在}\sum F_{ix}=0\text{ 条件下}\right)$$

$$m_1v_{1y}+m_2v_{2y}+\cdots+m_nv_{ny}=\text{恒量}\left(\text{在}\sum F_{iy}=0\text{ 条件下}\right)$$

$$m_1v_{1z}+m_2v_{2z}+\cdots+m_nv_{nz}=\text{恒量}\left(\text{在}\sum F_{iz}=0\text{ 条件下}\right)$$

质点的动能定理：

$$W=\int_a^bF\cos\alpha\mathrm{d}s=\frac{1}{2}mv_b^2-\frac{1}{2}mv_a^2$$

功能原理：　$W_{外}+W_{非保内}=(E_k+E_p)-(E_{k0}+E_{p0})$

机械能守恒定律：　$E_k+E_p=E_{k0}+E_{p0}=$恒量

习题

一、选择题

2-1 关于惯性有下面四种表述，其中正确的为（　　）。

(A) 物体静止或作匀速运动时才具有惯性

(B) 物体受力作变速运动才具有惯性

(C) 物体受力作变速运动时才没有惯性

(D) 物体在任何情况下均有惯性

2-2 下列表述中正确的是（　　）。

(A) 质点运动的方向和它所受的合外力方向相同

(B) 质点的速度为零，它所受的合外力一定为零

(C) 质点作匀速率圆周运动，它所受的合外力必定与运动方向垂直

(D) 摩擦力总是阻碍物体间的相对运动，它的方向总是与物体的运动方向相向

2-3 一质点在力 $F=5m(5-2t)$(SI)的作用下，$t=0$ 时从静止开始作直线运动，式中，m 为质点质量，t 为时间。则当 $t=5$s 时，质点的速率为（　　）。

(A) 25m/s　　(B) −50m/s　　(C) 0　　(D) 50m/s

2-4 如图(a)所示，$m_A>\mu m_B$ 时，算出 m_B 向右的加速度为 a，今去掉 m_A 而代之以拉力 $T=m_Ag$，如图(b)所示，算出 m_B 的加速度 a'，则（　　）。

(A) $a>a'$　　(B) $a<a'$　　(C) $a=a'$　　(D) 无法判断

2-5 把一块砖轻放在原来静止的斜面上，砖不往下滑动，如图所示，设斜面与地面之间无摩擦，则（　　）。

(A) 斜面保持静止　　(B) 斜面向左运动

(C) 斜面向右运动　　(D) 无法判断斜面是否运动

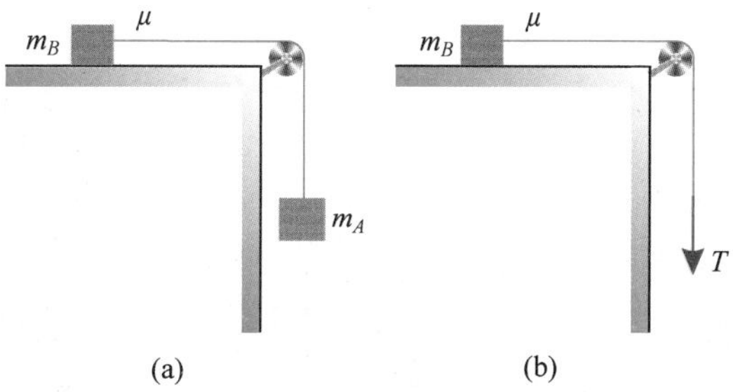

习题 2-4 图

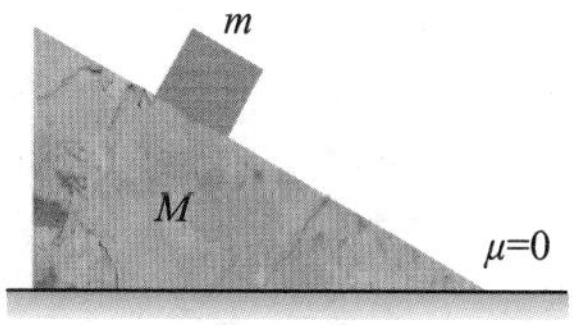

习题 2-5 图

2-6 如图所示，手提一根下端系着重物的轻弹簧，竖直向上作匀加速运动，当手突然停止运动的瞬间，物体将(　　)。

(A) 向上作加速运动

(B) 向上作匀速运动

(C) 立即处于静止状态

(D) 在重力作用下向上作减速运动

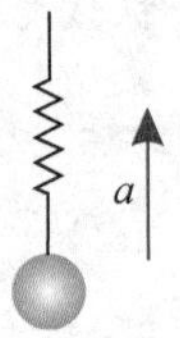

习题 2-6 图

2-7 以下说法正确的是(　　)。

(A) 大力的冲量一定比小力的冲量大

(B) 小力的冲量有可能比大力的冲量大

(C) 速度大的物体动量一定大

(D) 质量大的物体动量一定大

2-8 质量为 m 的铁锤铅直向下打在桩上而静止，设打击时间为 Δt，打击前锤的速率为 v，则打击时铁锤受到的合力大小应为(　　)。

(A) $\dfrac{mv}{\Delta t}+mg$　　(B) mg　　(C) $\dfrac{mv}{\Delta t}-mg$　　(D) $\dfrac{mv}{\Delta t}$

2-9 作匀速率圆周运动的物体运动一周后回到原处，这一周期内物体(　　)。

(A) 动量守恒，合外力为零

(B) 动量守恒，合外力不为零

(C) 动量变化为零，合外力不为零，合外力的冲量为零

(D) 动量变化为零，合外力为零

2-10 宇宙飞船关闭发动机返回地球的过程，可以认为是仅在地球万有引力作用下运动。若用 m 表示飞船质量，M 表示地球质量，G 表示引力常量，则飞船从距地球中心 r_1 处下降到 r_2 处的过程中，动能的增量为(　　)。

(A) $\dfrac{GmM}{r_2}$　　(B) $\dfrac{GmM}{r_2^2}$

(C) $GmM\dfrac{r_1-r_2}{r_1r_2}$　　(D) $GmM\dfrac{r_1-r_2}{r_1^2r_2^2}$

2-11 一辆炮车放在无摩擦的水平轨道上，以仰角 α 发射一颗炮弹，炮车和炮弹的质量分别为 $m_{车}$ 和 m，当炮弹飞离炮口时，炮车动能与炮弹动能之比为(　　)。

(A) $\dfrac{m_{车}}{m}$　　(B) $\dfrac{m}{m_{车}}$　　(C) $\dfrac{m_{车}}{m\cos^2\alpha}$　　(D) $\dfrac{m}{m_{车}}\cos^2\alpha$

2-12 如图所示，一个质点在水平面内作匀速率圆周运动，在自 A 点到 B 点的 1/6 圆周运动过程中，下列几种结论中正确的应为(　　)。

(1) 合力的功为零

(2) 合力为零

(3) 合力的冲量为零

(4) 合力的冲量不为零

(5) 合力不为零

(6) 合力的功不为零

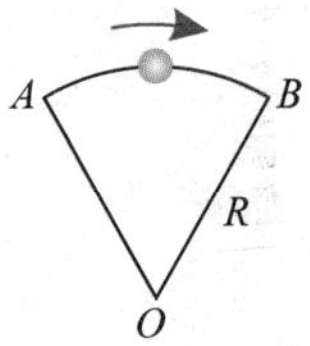

习题 2-12 图

(A) (1)、(4)、(5)　　(B) (1)、(2)、(3)

(C) (1)、(2)、(4)、(6)　　(D) (1)、(2)、(4)、(5)

2-13　如图所示，足够长的木条 A 静止置于光滑水平面上，另一木块 B 在 A 的粗糙平面上滑动，则 A、B 组成的系统的总动能(　　)。

(A) 不变　　(B) 增加到一定值后不变

(C) 减少到零　　(D) 减小到一定值后不变

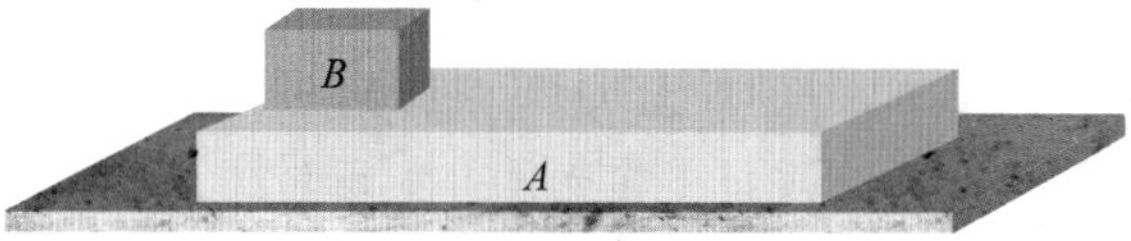

习题 2-13 图

2-14　下列说法中哪个是正确的？(　　)

(A) 系统不受外力的作用，内力都是保守力，则机械能和动量都守恒

(B) 系统所受的外力矢量和为零，内力都是保守力，则机械能和动量都守恒

(C) 系统所受的外力矢量和不为零，内力都是保守力，则机械能和动量都不守恒

(D) 系统不受外力作用，则它的机械能和动量都是守恒的

二、填空题

2-15　一根轻弹簧的两端分别固连着质量相等的两个物体 A 和 B。用轻线系住 A 的一端将它们悬挂在天花板上。现将细线烧断，则在将线烧断的瞬间，物体 A 的加速度大小是________，物体 B 的加速度大小是________。

2-16　如图所示，一根绳子系着一质量为 m 的小球，悬挂在天花板上，小球在水平面内作匀速率圆周运动，有人在铅直方向求合力写出

$$T\cos\theta - mg = 0 \tag{1}$$

也有人在沿绳子拉力方向求合力写出

$$T - mg\cos\theta = 0 \tag{2}$$

显然两式互相矛盾，你认为哪个正确？答________。

理由是________________。

2-17　如图所示，一水平圆盘，半径为 r，其边缘放置一质量为 m 的物体 A，它与盘间的静摩擦系数为 μ，圆盘绕中心轴 OO' 转动，当其角速度 ω 小于或等于________时，物体 A 不至于飞出。

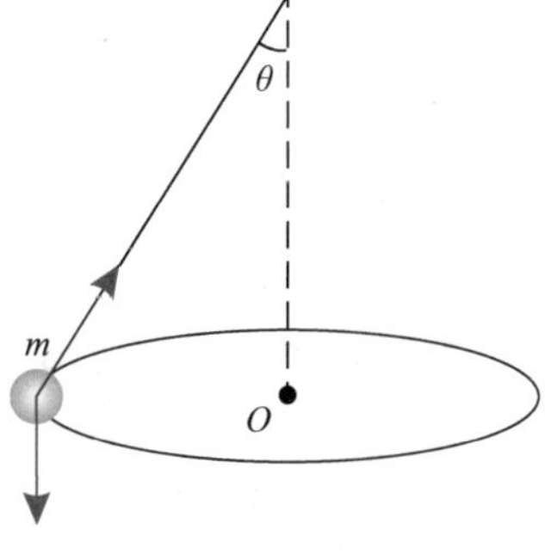

习题 2-16 图

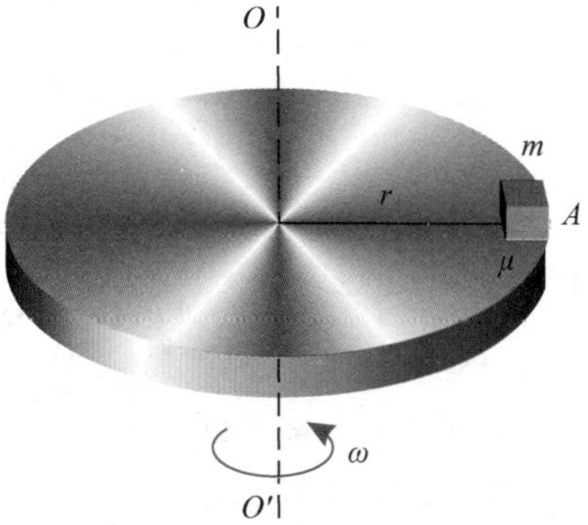

习题 2-17 图

2-18　一作直线运动的物体，质量为 m，初始时刻的速度为 v_0，受到一外力的作用，外力和物体速度间的关系为 $F=-kv$，k 为常数，则物体速度和时间的关系为________。

2-19　一初始静止的质点，其质量 $m=0.5\text{kg}$，现受一随时间变化的外力 $F=10-5t(\text{N})$ 作用，则在第 2s 末该质点的速度大小为________，加速度大小为________。

2-20　一小车质量 $m_1=200\text{kg}$，车上放一装有沙子的箱子，质量 $m_2=100\text{kg}$，已知小车与沙箱以 $v_0=3.5\text{km/h}$ 的速率一起在光滑的直线轨道上前进，现使一质量 $m_3=50\text{kg}$ 的物体 A 垂直落入沙箱中，如图所示，则此后小车的运动速率为________。

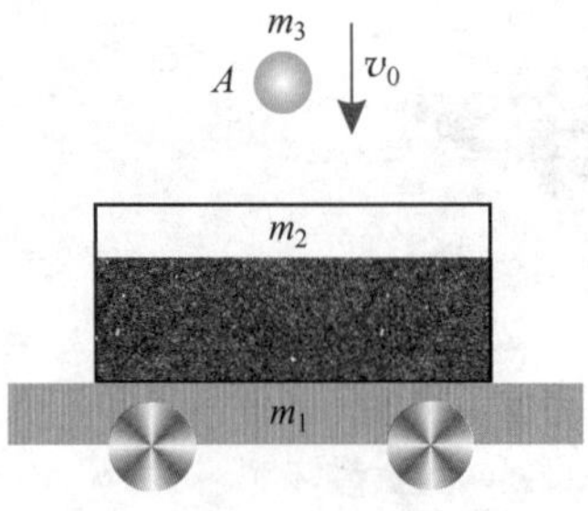

习题 2-20 图

2-21　将力 $\boldsymbol{F}=x\boldsymbol{i}+3y^2\boldsymbol{j}$(SI) 作用于其运动方程为 $x=2t$(SI) 的作直线运动的物体上，则 0～1s 内力 $\boldsymbol{F}$ 做的功 $W=$________。

2-22　一个质点在几个力的作用下运动，它的运动方程为 $\boldsymbol{r}=3t\boldsymbol{i}-5t\boldsymbol{j}+10\boldsymbol{k}(\text{m})$，其中一个力为 $\boldsymbol{F}=2\boldsymbol{i}+3t\boldsymbol{j}-t^2\boldsymbol{k}(\text{N})$，则最初 2s 内这个力对质点做的功为________。

2-23　一劲度系数为 k 的弹簧振子，一端固定，置于水平面上，弹簧的伸长量为 l，如图所示。若选距弹簧原长时自由端 O 点距离为 $\frac{l}{2}$ 的 O' 点为弹性势能的零参考点，则弹性势能为________。

2-24　如图所示，有一半径 $R=0.5\text{m}$ 的圆弧轨道，一质量为 $m=2\text{kg}$ 的物体从轨道的上端 A 点下滑，到达底部 B 点时的速度为 $v=2\text{m/s}$，则重力做功为________，正压力做功为________，摩擦力做功为________。正压力 N 能否写成 $N=mg\cos\alpha=mg\sin\theta$（如图示 C 点）？答：________。

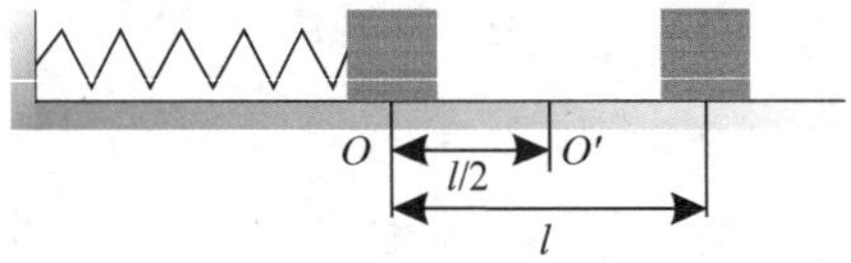

习题 2-23 图

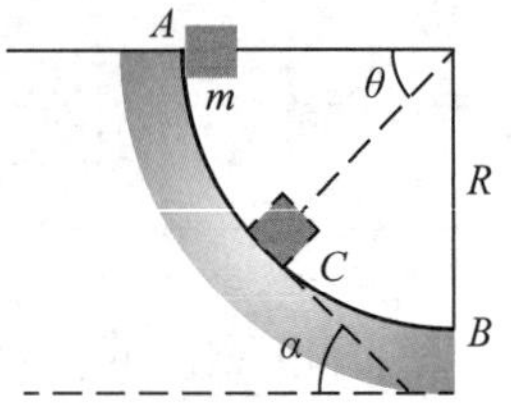

习题 2-24 图

三、计算题

2-25　试由牛顿第二定律导出自由落体运动的运动方程 $y=\frac{1}{2}gt^2$。

2-26　地球的半径 $R=6.4\times10^3\text{km}$，地面上的重力加速度 $g=Gm_E/R^2=9.8(\text{m/s}^2)$，其中 G 为引力常量，m_E 为地球质量，求在地球赤道上空，转动周期和自转周期($T=24\text{h/d}$)相同的地球同步卫星离地面的高度。

2-27　质量为 m 的物体放在水平地面上，物体与地面间的静摩擦因数为 μ_s，今对物体施加一与水平方向成 θ 角的斜向上的拉力，试求物体能在地面上运动的最小拉力。

2-28　如图所示，一根细绳跨过定滑轮，在细绳两端分别悬挂质量为 m_1 和 m_2 的物体，且 $m_1<m_2$，假设滑轮的质量与细绳的质量均略去不计，滑轮与细绳间的摩擦力以及轮轴的摩擦力亦略去不计。试求物体的加速度和细绳的张力。

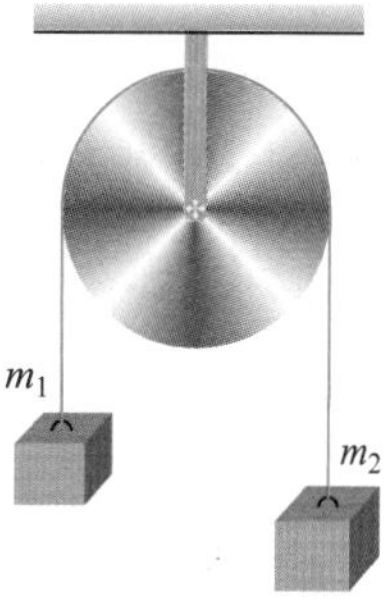

习题 2-28 图

2-29　一质量为 80kg 的人乘降落伞下降，向下的加速度为 2.5m/s^2，降落伞的质量为 2.5kg，试求空气作用在伞上的力和人作用在伞上的力。

2-30　质量为 m 的质点，原来静止，在一方向恒定、大小随时间变化的变力 $F=F_0\left(2-\frac{t}{T}\right)$ 的作用下运动，其中 F_0、T 为常量，求经过 $t=2T$ 时质点的速率。

2-31　用大小为 15N，与水平方向成夹角 $\theta=40°$ 的力 F，将一个质量为 3.5kg 的物块沿水平地板推动，如图所示。物块与地板间的动摩擦因数是 0.25。求：(1)地板对物块的摩擦力；(2)物块的加速度。

2-32　如图所示，一块 40kg 的板静置于光滑地面上。一个 10kg 的物块静置在板的上面。物块与板之间的静摩擦因数 μ_s 是 0.6，它们之间的动摩擦因数 μ_k 是 0.4。用一个大小为 100N 的水平力拉 10kg 的物块，所导致的物块和板的加速度各为多少？

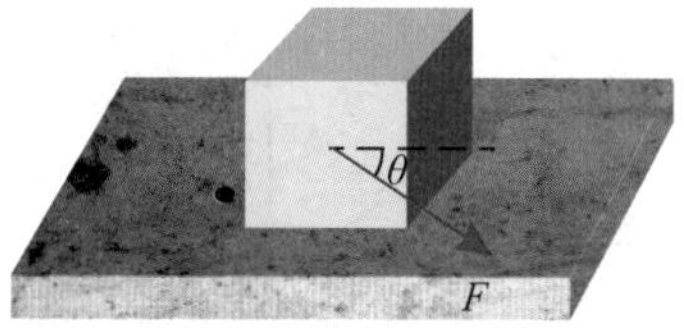

习题 2-31 图

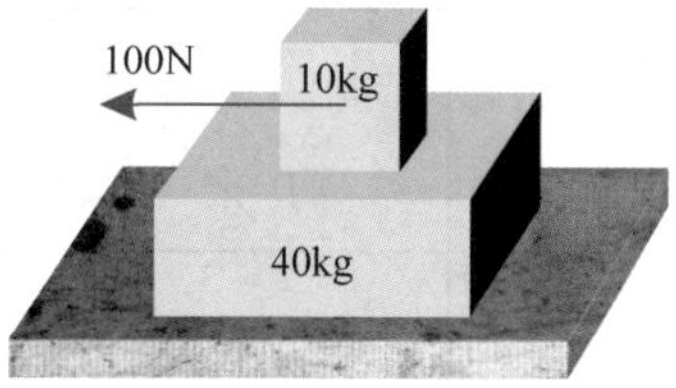

习题 2-32 图

2-33　在一个以 2.4m/s^2 减速下降的电梯内，有一个电线竖直悬挂的灯，问：(1)如果电线中的张力是 89N，那么电灯的质量有多大？(2)当电梯以 2.4m/s^2 的加速度上升时，电线中的张力为多少？

2-34　一质点的质量为 1kg，沿 x 轴运动，所受的力如图所示。当 $t=0\text{s}$ 时，质点在坐标原点，初速度为零，求：质点在 $t=5\text{s}$ 时的速度和位置。

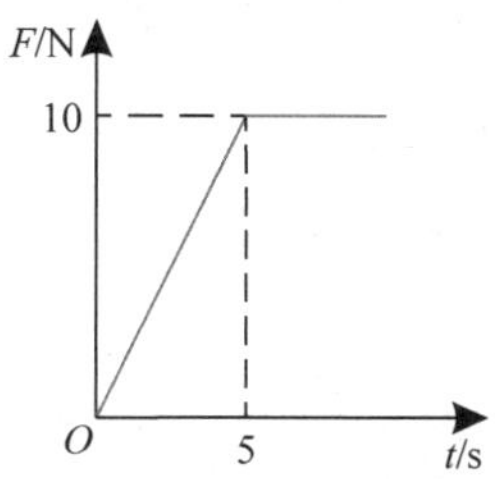

习题 2-34 图

2-35　一质量 150g 的棒球被球棒击打，棒球的初始速率为 45.0m/s，击打时间持续 1.5ms，击打后棒球以 55.0m/s 的速率向相反方向运动，求球棒作用在棒球的平均力的大小为多少？

2-36　一质点受合力作用，合力为 $\boldsymbol{F}=10t\boldsymbol{i}+2(2-t)\boldsymbol{j}+3t^2\boldsymbol{k}$(N)。求此质点从静止开始在 2 s 内所受合力的冲量和质点在 2s 末的动量。

2-37　一个 1.2kg 的球竖直落到地板上，撞击的速率为 25m/s，再以 10m/s 的速率反弹。问：(1)接触期间地板对球的冲量是多少？(2)如果球和地板接触的时间是 0.020s，则球对地板的平均力是多少？

2-38　一颗 4.5g 的子弹水平射入静止在水平面上的 2.4kg 的木块中。木块和水平面间的动摩擦因数为 0.20，子弹停在木块中而木块向前滑动了 1.8m(无转动)。问：(1)子弹相对于木块停止时木块的速率是多少？(2)子弹发射的速率是多少？

2-39　一颗炸弹在空中炸成 A、B、C 三块，其中 $m_A=m_B$，A、B 以相同的速率 30m/s 沿互相垂直的方向分开，$m_C=3m_A$。假设炸弹原来的速度为零，求炸裂后第三块弹片的速度和方向。

2-40　一质量为 $2t$ 的汽车沿笔直公路运动，它的 v-t 图如图所示。求 $t=1\text{s}$ 到 $t=5\text{s}$ 的过程中合力对汽车所做的功。

2-41　一沿 x 轴正方向的力作用在一个质量为 3.0kg 的质点上。已知质点的运动学方程为 $x=3t-4t^2+t^3$（式中 x 以 m 计，t 以 s 计）。试求：(1)力在最初 4.0s 内做的功；(2)在 $t=1\text{s}$ 时，力的瞬时功率。

2-42　一质量为 m 的质点在沿 x 轴方向的力 $F=F_0\mathrm{e}^{-kx}$ 作用下（其中 F、k 为正常量）从 $x=0$ 处自静止出发，求它沿 x 运动时所能达到的最大速率。

2-43　长为 l 的细绳的一端固定，另一端系一质量为 m 的小球，如图所示，小球可在竖直平面内作圆周运动，若将小球在最低点处以水平初速 $v_0=\sqrt{4gl}$ 抛出，求小球上升到什么位置时绳子开始松弛。

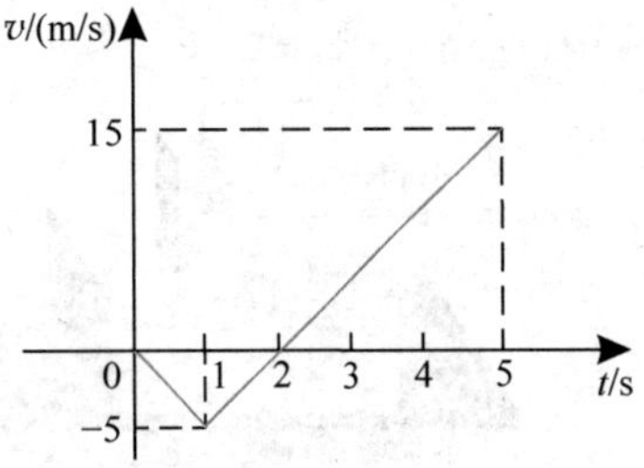

习题 2-40 图

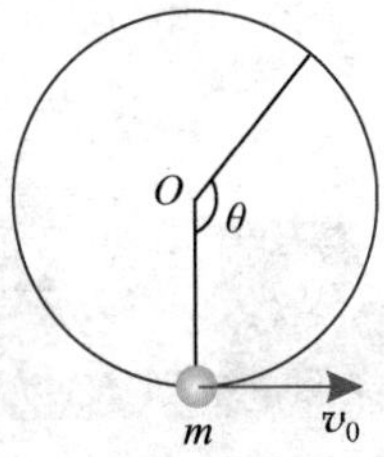

习题 2-43 图

2-44　如图所示，一劲度系数为 360N/m 的弹簧，右端系一质量为 0.25kg 物体 A，左端固定于墙上，置于光滑水平台面上，物体 A 右方放一质量为 0.15kg 的物体 B，将 A、B 和弹簧一同压缩 0.2m，然后撤去外力，求：(1)A、B 刚脱离时的速度，(2)A、B 脱离后，A 继续向右运动的最大距离。

2-45　一质量为 m 的球，从质量为 M 的圆弧形槽中自静止滑下，设圆弧形槽的半径为 R，如图所示。若所有摩擦都可忽略，求：小球刚离开圆弧形槽时，小球和圆弧形槽的速度？

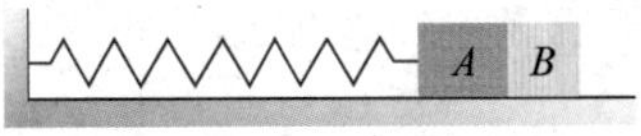

习题 2-44 图

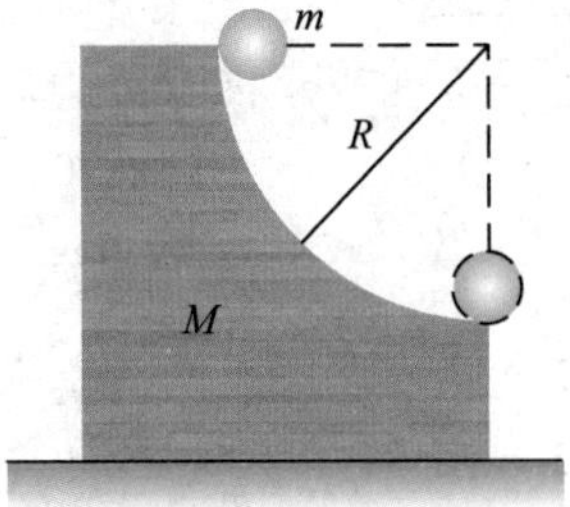

习题 2-45 图

Chapter 3

第3章

刚体的定轴转动

前两章中，我们讲述了质点这个理想模型的运动规律。一般来说，物体在运动过程中，其运动情况要复杂得多，有时物体的形状发生变化，或者物体的大小发生变化，或者两者兼而有之；有时物体在运动过程中，其形状和大小均不变化，但各点的运动情况各不相同，这时，都不能把物体当作质点来处理。为此我们引入一个新的物理模型——**刚体**(**rigid body**)，讨论刚体定轴转动的概念和基本规律。本章的主要内容有：角速度、角加速度、转动惯量、力矩、转动动能和角动量等物理量，以及转动定律和角动量守恒定律等。

阿基米德(Archimedes，约前287—前212年)，古希腊著名的数学家、物理学家，静力学和流体静力学的奠基人。阿基米德系统地研究了物体的重心和杠杆原理，提出了精确地确定物体重心的方法，指出在物体的中心处支起来，就能使物体保持平衡；同时，他在研究机械的过程中，发现并系统证明了阿基米德原理(即杠杆定律)，为静力学奠定了基础，阿基米德利用这一原理设计制造了许多机械。他在研究浮体的过程中发现了浮力定律，也就是有名的阿基米德定律。

3.1 刚体的运动

3.1.1 刚体的基本运动

到目前为止，我们学习的是质点的运动或者物体的平动，然而，实际物体是有形状、大小的。一般来说，在外力作用下，物体的形状和大小是要发生变化的，但如果**在外力作用下，物体的形状和大小不发生变化**，也就是说，**组成物体的任意两质点间的距离始终保持恒定**，则这种理想化的物体叫**刚体**。实际上，若在外力作用下，物体的形状和大小变化甚微，以致可以略去不计，这种物体也可近似看作是刚体。在力学中，刚体是质点之外的又一个理想模型。

刚体的基本运动可分为**平动**(**translation**)和**转动**(**rotation**)，任何复杂的刚体运动都可以看成是这两种最简单又最基本运动的合成。

由于刚体是由许多质点构成的特殊系统，因此我们仍可以用质点的运动规律来加以研究，从而使牛顿力学的研究范围从质点向刚体拓展开来，并对两者研究方法、基本概念和规律的相似性进行较深入的理解。在刚体运动过程中，如果其上任一条直线始终保持方向不变，这样的运动叫做刚体的**平动**。例如一个圆柱体的平动，在运动过程中，圆柱体中所有质点的位移都是相同的，而且在任意时刻，各个质点的速度和加速度也都分别相同，因此我们可以选取刚体上任一点的运动来代表圆柱体的运动。刚体平动时，内部各点在任意一段时间内的位移以及任一时刻的速度和加速度都分别相等，也就是说，刚体平动时各点的运动情况相同。

刚体内任一点的运动都能代表整个刚体的运动。这样，我们就可以用质点运动学和动力学的知识来解决刚体的平动运动学问题及动力学问题。因此，本节不再单独讨论刚体的平动。

刚体运动时，如果刚体内各个**质元**(element mass)都绕同一直线作圆周运动，这种运动称为刚体的**转动**，这一直线称为**轴**(rotation axis)。例如机床飞轮的转动，旋转式门窗的开、关，地球自转等都是转动。如果轴相对我们所取的参考系(如地面)是固定不动的，就称为刚体绕固定轴的转动，简称**刚体的定轴转动**(fixed-axis rotation)；如果在转动过程中刚体的轴是变化的，则称为**非定轴转动**，如保龄球的转动、陀螺的转动。非定轴转动情况较复杂，本章将重点讨论刚体的定轴转动。

3.1.2 刚体的定轴转动

刚体作定轴转动时，刚体内轴上所有各点都保持固定不动。刚体内不在轴上的其他各点，都在通过该点、并垂直于轴的平面内绕轴作圆周运动，圆心在轴上，半径就是该点与轴的垂直距离。刚体内离轴远近不同的各点在同一时间内转过的圆弧长度是不同的，但各点在同一时间内绕轴转过的角度是相等的，且各点的角速度和角加速度亦分别相同。因为刚体内各点之间的相对位置不随刚体转动变化，所以我们可用角量来描述整个刚体的运动。

如图 3-1 所示，设刚体绕固定不动的 z 轴转动，为了确定刚体在任一时刻的位置，取垂直于轴的一平面作为参考平面，它与轴交于 O 点，并在该平面内取其某一固定垂直线 OA，作为计算角坐标的参考位置。P 点是参考平面上的刚体质元，由原点 O 到点 P 的连线 OP 与参考轴 OA 之间的夹角为 θ 可确定刚体在任一时刻的方位，故 θ 称为刚体的角坐标。一般以点 P 沿逆时针方向转动的角坐标为正，反之为负。

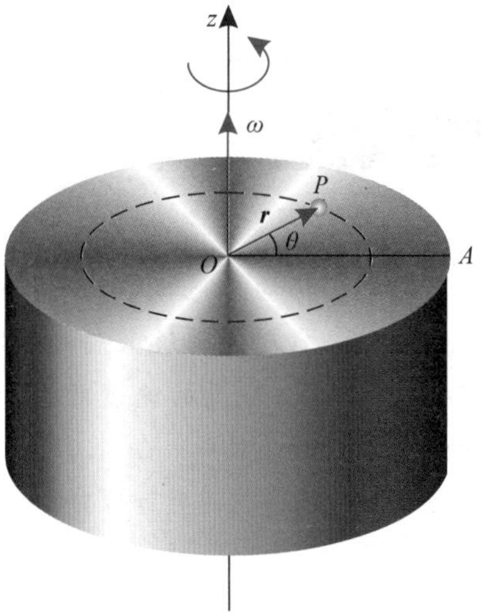

图 3-1 刚体定轴转动

当刚体转动时，角坐标 θ 随时间而变，它是时间 t 的单值连续函数，即 $\theta=\theta(t)$，这个函数关系称为刚体定轴转动的转动方程。从刚体转动方程出发，仿照质点运动学，我们定义刚体定轴转动的**角速度** $\boldsymbol{\omega}$ 和**角加速度** $\boldsymbol{\alpha}$ 为

$$\omega = \frac{\mathrm{d}\theta}{\mathrm{d}t} \tag{3-1}$$

$$\alpha = \frac{\mathrm{d}\omega}{\mathrm{d}t} = \frac{\mathrm{d}^2\theta}{\mathrm{d}t^2} \tag{3-2}$$

角速度 ω 的方向沿转轴，其指向与刚体上各质元沿圆周的绕行方向之间遵从右手螺旋定则。角加速度 α 的方向也沿转轴，$\alpha>0$ 时与 ω 方向相同，$\alpha<0$ 时与 ω 方向相反。

当刚体定轴转动时，其上各点都在作圆周运动。若其中某点到轴的距离为 r，则其速度 v、法向加速度 a_n 和切向加速度 a_t 等线量和角量的数值关系分别为

$$v = r\omega$$

$$a_n = \frac{v^2}{r} = \omega^2 r$$

$$a_t = \frac{dv}{dt} = r\alpha$$

上述各式表示出描述整个刚体转动的角量与描述刚体内任一点作圆周运动的相应线量的关系。

当刚体绕定轴转动时，如果在任意相等时间间隔 Δt 内角速度的增量都相等，这种变速转动叫做**匀变速转动**。匀变速转动的角加速度为一恒量，即 $\alpha=$恒量。由式(3-1)和式(3-2)可求得刚体绕定轴作匀变速转动时角位移、角速度、角加速度和时间之间的关系式。它们与质点匀变速直线运动公式对比如表 3-1 所示。

表 3-1 匀变速直线运动和匀变速转动公式对比

匀变速直线运动	匀变速转动
$v=v_0+at$	$\omega=\omega_0+\alpha t$
$v^2=v_0^2+2a(r-r_0)$	$\omega^2=\omega_0^2+2\alpha(\theta-\theta_0)$
$r=r_0+v_0t+\frac{1}{2}at^2$	$\theta=\theta_0+\omega_0t+\frac{1}{2}\alpha t^2$

［例题 3-1］

一砂轮在电动机驱动下，以每分钟 1800 转的转速绕定轴作逆时针转动。关闭电源后，砂轮均匀地减速，经时间 $t=15\text{s}$ 而停止转动。求：(1)角加速度 α；(2)到停止转动时，砂轮转过的转数；(3)关闭电源后 $t=10\text{s}$ 时，砂轮的角速度 ω 以及此时砂轮边缘上一点的速度的大小、切向加速度和法向加速度的大小。设砂轮的半径 $r=250\text{mm}$。

解 (1) 选定逆时针转向的角量取正值，则由题设初角速度为正，其值为

$$\omega_0 = 2\pi\times\frac{1800}{60} = 60\pi(\text{rad/s})$$

按题意，在 $t=15\text{s}$ 时，末角速度 $\omega=0$，由匀变速转动的公式得

$$\alpha = \frac{\omega-\omega_0}{t} = \frac{0-60\pi}{15}$$
$$= -4\pi = -12.57(\text{rad/s}^2)$$

α 为负值，即 α 与 ω_0 异号，表明砂轮作匀减速转动。

(2) 砂轮从关闭电源到停止转动，其角位移 θ 及转数 N 分别为

$$\theta=\omega_0 t+\frac{1}{2}\alpha t^2=60\pi\times 15+\frac{1}{2}\times(-4\pi)\times(15)^2=450\pi(\text{rad})$$

$$N=\frac{\theta}{2\pi}=\frac{450\pi\ \text{rad}}{2\pi\ \text{rad}}=225(\text{转})$$

(3) 在时刻 $t=10\text{s}$ 时砂轮的角速度是

$$\omega=\omega_0+\alpha t=60\pi+(-4\pi)\times 10=20\pi=62.8(\text{rad/s})$$

ω 的转向与 ω_0 相同。

在时刻 $t=10\text{s}$ 时，砂轮边缘上一点的速度 v 的大小为

$$v=r\omega=0.25\times 20\pi=15.7(\text{m/s})$$

相应的切向加速度和法向加速度分别为

$$a_t=r\alpha=0.25\times(-4\pi)=-3.14(\text{m/s}^2)$$

$$a_n=r\omega^2=0.25\times(20\pi)^2=986(\text{m/s}^2)$$

3.2 力矩 转动定律 转动惯量

3.1 节只讨论了刚体定轴转动的运动学问题。本节将讨论刚体定轴转动的动力学问题，即研究刚体获得角加速度的原因以及刚体绕定轴转动时所遵守的定律。为此，我们先引入力矩这个物理量。

3.2.1 力矩

经验告诉我们，对绕定轴转动的刚体来说，外力对刚体转动的影响，不仅与力的大小有关，而且还与力的作用点的位置和力的方向有关。例如，用同样大小的力推门，当作用点靠近门轴时，不容易把门打开；当作用点远离门轴时，就容易把门打开；当力的作用线通过门轴，就不能把门推开。我们用**力矩**(**moment of force torque**)这个物理量来描述力对刚体转动的作用。

设质量为 m 的质点绕参考点 O 运动，某时刻质点的位置矢量为 $\boldsymbol{r}$，此处质点受到的合力是 $\boldsymbol{F}$，$\boldsymbol{r}$ 和 $\boldsymbol{F}$ 之间的夹角是 θ，如图 3-2 所示。定义力 $\boldsymbol{F}$ 对参考点 O 的力矩的大小为

$$M=Fd=Fr\sin\theta \tag{3-3}$$

参考点 O 到力 $\boldsymbol{F}$ 的作用的垂直距离 d 称为**力臂**。

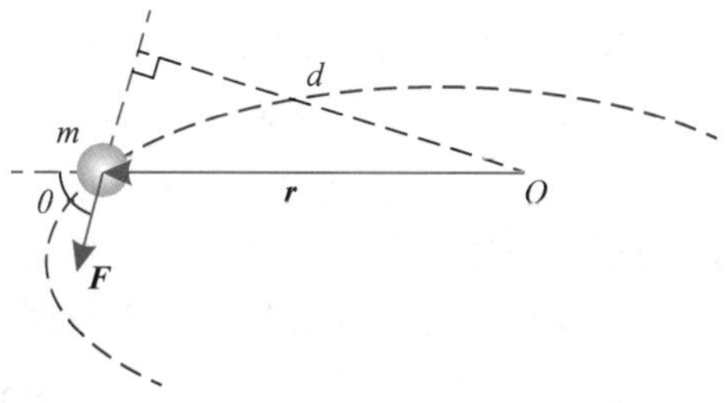

图 3-2 力矩的定义

力矩也是一个矢量，其大小和方向由下面的矢积定义

$$\boldsymbol{M}=\boldsymbol{r}\times\boldsymbol{F} \tag{3-4}$$

力矩 $\boldsymbol{M}$ 的大小为 $M=Fr\sin\theta$，力矩 $\boldsymbol{M}$ 的方向垂直于由 $\boldsymbol{r}$ 和 $\boldsymbol{F}$ 所决定的平面，指向按右手

螺旋定则确定：**把右手拇指伸直，其余四指弯曲，弯曲的方向是由位矢 r 通过小于 180°的角转向力 F 的方向，这时拇指所指的方向就是力矩的方向**。

在国际单位制中，力矩的单位是 N·m(牛顿·米)。

3.2.2 转动定律

在外力的作用下，质点的运动速度会发生变化，即产生加速度。那么是什么使刚体绕定轴转动的角速度发生变化呢？

动画：转动定律

从牛顿第二定律出发可导出刚体角加速度与所受力矩之间的关系。如图 3-3 所示，可以将刚体看成由无限多的质量元组成，其中任意一个质量为 Δm_i 的质量元绕定轴作圆周运动，圆心为 O 点，半径为 r_i，即 Δm_i 相对于参考点O 的位矢为$\boldsymbol{r}_i$。设 Δm_i 受到的外力为 $\boldsymbol{F}_i$，内力为 $\boldsymbol{F}'_i$，它们与位矢 $\boldsymbol{r}_i$ 的夹角分别为 φ_i 和 θ_i，$\boldsymbol{F}_i$ 和 $\boldsymbol{F}'_i$的作用线都位于 Δm_i 所在垂直于转轴的平面内。

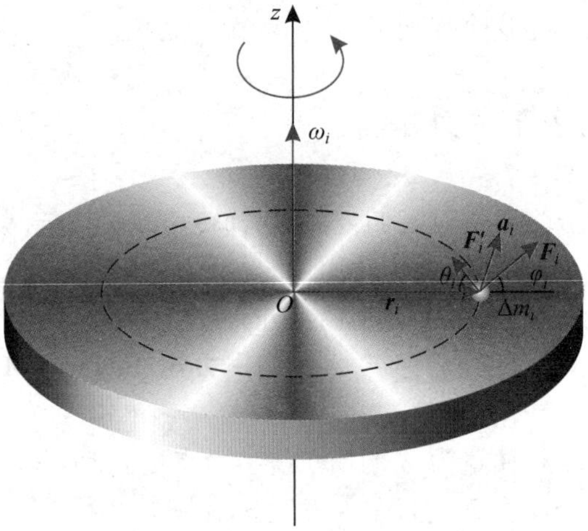

图 3-3 刚体定轴转动

质量元 Δm_i 绕转轴作圆周运动，设它的加速度为 $\boldsymbol{a}_i$，则根据牛顿第二定律，有

$$\boldsymbol{F}_i + \boldsymbol{F}'_i = \Delta m_i \boldsymbol{a}_i$$

因为 $\boldsymbol{F}_i$ 和 $\boldsymbol{F}'_i$的法向分量的作用线通过转轴，它们对定轴 Oz 的力矩为零，因此，只需考虑它们的切向分量

$$F_i \sin\varphi_i + F'_i \sin\theta_i = \Delta m_i a_{it} = \Delta m_i r_i \alpha$$

这里利用了关系式 $a_{it} = r_i\alpha$，其中 α 是刚体绕定轴转动的角加速度(对所有质元都一样)。将上式两边乘以 r_i，得

$$F_i r_i \sin\varphi_i + F'_i r_i \sin\theta_i = \Delta m_i r_i^2 \alpha$$

式左边第一项是外力 $\boldsymbol{F}_i$ 对转轴的力矩，第二项是内力 $\boldsymbol{F}'_i$对转轴的力矩。对刚体中的所有质元都可以写成这样的等式，将所有这些式子全部相加，得到

$$\sum_i F_i r_i \sin\varphi_i + \sum_i F'_i r_i \sin\theta_i = \left(\sum_i \Delta m_i r_i^2\right)\alpha \tag{3-5}$$

刚体内各质点之间的内力都是成对出现的，它们大小相等，方向相反，且力的作用线在同一条直线上，它们对转轴的力臂相等，每一对内力矩都因成对出现而相互抵消，因而所有的内力矩之和为零，即 $\sum_i F'_i r_i \sin\theta_i = 0$ 。我们把对转轴的所有外力矩之和，即合力矩的大小用 M 表示，$M = \sum_i F_i r_i \sin\varphi_i$ ，将式(3-5)右边括号中的求和用 J 表示，即

$$J = \sum_i \Delta m_i r_i^2 \tag{3-6}$$

J 称为刚体对定轴的**转动惯量**(**moment of inertia**)，即刚体对某一轴的转动惯量 J 等于此刚体所有各质元的质量与它们各自到该轴距离平方的乘积之总和。例如：如图 3-4 所示，刚体由质量为 m_1、m_2 的两小球构成，两小球距离转轴 O_1O_2 的距离分别为 r_1、r_2，则转动惯量为

$$J = m_1 r_1^2 + m_2 r_2^2$$

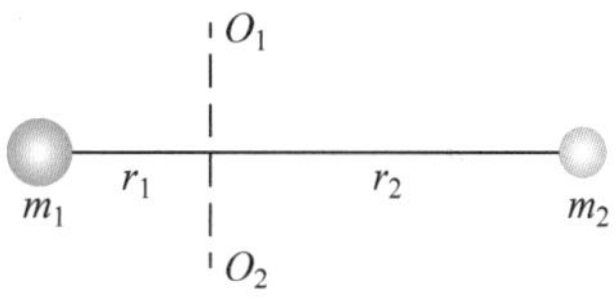

图 3-4 两小球绕 O_1O_2 轴的转动

这样，式(3-5)就可表示为

$$M = J\alpha \tag{3-7}$$

式(3-7)表明：**刚体在外力对定轴的合外力矩作用下，将获得角加速度，角加速度的大小与合外力矩的大小成正比，与刚体对该轴的转动惯量成反比**，这称为刚体的**定轴转动定律**(**law of rotation**)。该定律表述了刚体在合外力矩作用下绕定轴转动的瞬时效应，即某时刻的合外力矩将引起该时刻刚体转动状态的改变。当合外力矩为零时，角加速度也为零，则刚体处于静止或匀角速度转动状态；若合外力矩为一恒量，则刚体作匀角加速度转动；若合外力矩随时变化，则刚体将作变角加速度转动。

刚体定轴转动定律反映了外力矩对定轴转动刚体的瞬时作用规律，它在刚体力学中的地位相当于质点力学中的牛顿第二定律。

视频：刚体的转动惯量

3.2.3 转动惯量

刚体转动时也表现出惯性，将转动定律 $M=J\alpha$ 与牛顿第二定律 $F=ma$ 比较，可以看出，转动惯量 J 是量度刚体转动惯性的物理量。刚体的转动惯量可根据式(3-6)计算，对质量连续分布的刚体，式(3-6)可以写成

$$J = \int_m r^2 \mathrm{d}m = \int_V r^2 \rho \mathrm{d}V \tag{3-8}$$

式中，$\mathrm{d}V$ 是质元 $\mathrm{d}m$ 的体积，ρ 为体积元 $\mathrm{d}V$ 处的密度，积分遍及整个刚体。转动惯量 J 由刚体本身的几何形状、质量分布以及转轴的位置所决定。同样的质量分布，对于不同位置的转轴，有不同的转动惯量，同样的质量，离轴越远，则转动惯量越大。

转动惯量恒为正值。在国际单位制中它的单位是 $\mathrm{kg \cdot m^2}$(千克·米^2)。具有对称性、几何形状简单、密度均匀(均质)的刚体对不同轴转动的转动惯量都可以较为方便地用式(3-8)的积分计算出来。表 3-2 给出了几种刚体的转动惯量，读者可从中选择计算。

表 3-2 几种刚体的转动惯量

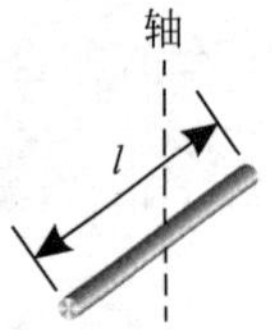 细棒 （转动轴通过中心与棒垂直） $J=\frac{1}{12}ml^2$ (a)	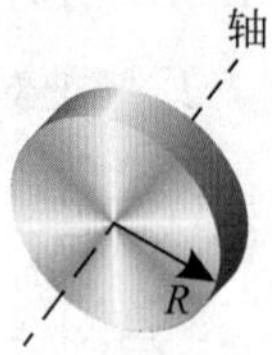 圆柱体 （转动轴沿几何轴） $J=\frac{1}{2}mR^2$ (b)	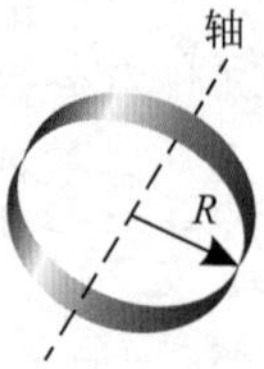 薄圆环 （转动轴沿几何轴） $J=mR^2$ (c)
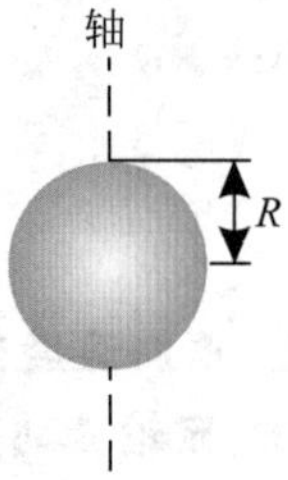 球体 （转动轴沿球的任意直径） $J=\frac{2}{5}mR^2$ (d)	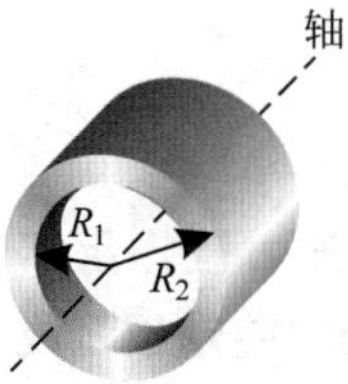 圆筒 （转动轴沿几何轴） $J=\frac{1}{2}m(R_2^2+R_1^2)$ (e)	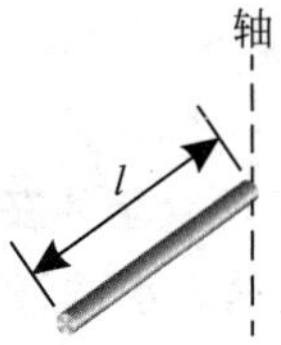 细棒 （转动轴通过棒的一端与棒垂直） $J=\frac{1}{3}ml^2$ (f)

[例题 3-2]

求质量 m 均匀分布、长为 l 的细棒分别绕中点和端点转动的转动惯量（转轴垂直于棒）。

解 在细棒上任取一线元 $\mathrm{d}r$，离转轴的距离为 r，质量元的质量为 $\mathrm{d}m=\lambda\mathrm{d}r$，其中 $\lambda=\frac{m}{l}$，为细棒的质量线密度。该质量元绕转轴的转动惯量为

$$\mathrm{d}J = r^2\mathrm{d}m$$

当转轴通过棒的中心并与棒垂直时，如图 3-5(a) 所示，转动惯量为

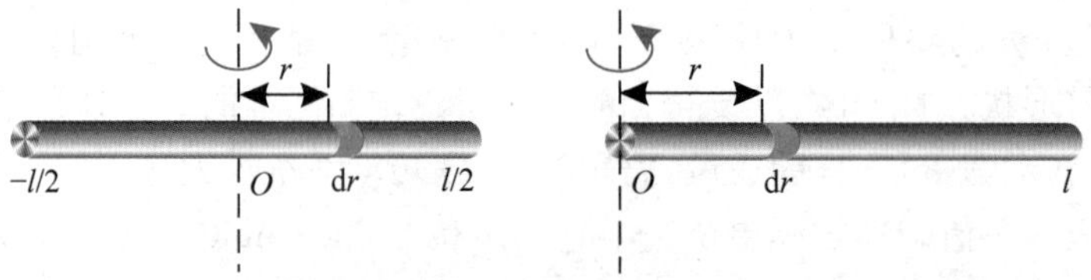

(a) (b)

图 3-5 例题 3-2 用图

$$J=\int r^2\,\mathrm{d}m=\int_{-\frac{l}{2}}^{\frac{l}{2}} r^2\lambda\mathrm{d}r=\frac{1}{12}ml^2$$

当转轴通过棒的一端并与棒垂直时，如图 3-5(b)所示，转动惯量为

$$J=\int r^2\,\mathrm{d}m=\int_0^l r^2\lambda\mathrm{d}r=\frac{1}{3}ml^2$$

分析比较说明：同一刚体对不同转轴的转动惯量不同，转动惯量与转轴有关。

[例题 3-3]

如图 3-6(a)所示，质量为 m、半径为 R 的定滑轮(当作均匀圆盘)上面绕有细绳。绳的两端分别悬挂质量为 m_1 和 m_2 的两个物体，$m_2>m_1$，绳与滑轮之间无相对滑动且绳子不伸长，忽略轴处摩擦。求物体的加速度及绳中的张力。

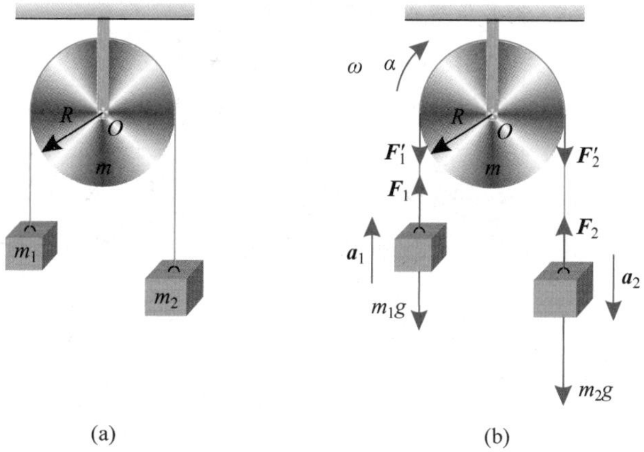

图 3-6 例题 3-3 用图

解 由题意可知，本题中有定滑轮和 m_1、m_2 两个物体，分别对它们进行受力分析，如图 3-6(b)所示。两边绳子中的张力的大小为 $F_1=F_1'$，$F_2=F_2'$，因 $m_2>m_1$，故 m_1 向上运动，m_2 向下运动，由于绳子不伸长，可以假设它们加速度的大小 $a_1=a_2=a$，而定滑轮在两边绳子拉力提供的力矩的作用下顺时针旋转，设定轴转动的角加速度为 α。

定滑轮 m 绕通过 O 的轴点转动，设使刚体顺时针方向转动的力矩为正，使刚体逆时针方向转动的力矩为负，应用刚体定轴转动定律式(3-7)有

$$RF_2-RF_1=J\alpha=\frac{1}{2}mR^2\alpha$$

物体 m_1 和 m_2 作直线运动，根据牛顿第二定律分别得到

$$m_2g-F_2=m_2a$$

$$F_1-m_1g=m_1a$$

因为绳与滑轮之间无相对滑动，所以滑轮边缘处的切向加速度和两个物体运动的加速度相等，这样就得到滑轮和物体之间的运动学关系为

$$a=R\alpha$$

联立以上四式求解，可得物体运动的加速度为

$$a=\frac{m_2-m_1}{m_1+m_2+m/2}g$$

两滑轮两边绳中的张力分别为

$$F_1=\frac{(2m_2+m/2)m_1}{m_1+m_2+m/2}g$$

$$F_2=\frac{(2m_1+m/2)m_2}{m_1+m_2+m/2}g$$

[例题 3-4]

如图 3-7 所示，一长为 l、质量为 m 的匀质细杆竖直放置，其下端与一固定铰链 O 相连，并可绕其转动。当其受到微小扰动时，细杆将在重力的作用下由静止开始绕铰链 O 转动。试计算细杆转到水平位置时的角加速度。

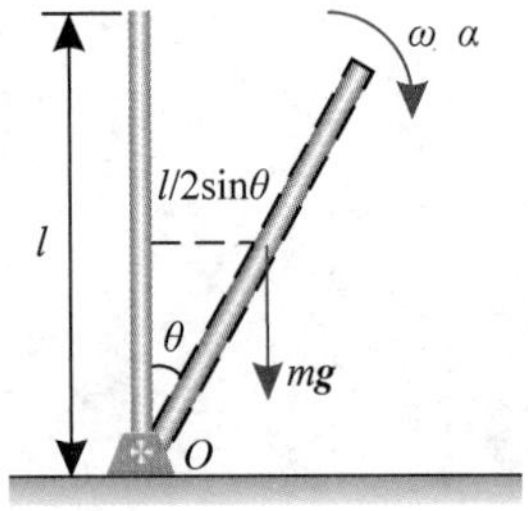

图 3-7 例题 3-4 用图

解 在细杆转动过程中，它受到自身重力和铰链的支持力，铰链的支持力始终通过 O 点，对细杆的定轴转动不产生力矩，因此，唯一的外力矩是重力 mg 产生的。

取转动过程中的任一状态，细杆与竖直线夹角为 θ，此时外力矩的大小为 $M=\frac{1}{2}mgl\sin\theta$。由刚体定轴转动定律式(3-7)，有

$$\frac{1}{2}mgl\sin\theta=J\alpha=\frac{1}{3}ml^2\alpha$$

解出转动过程中任意时刻的角加速度

$$\alpha=\frac{3g}{2l}\sin\theta$$

当细杆转到水平位置时，$\theta=\pi/2$，此时角加速度 $\alpha=\frac{3g}{2l}$。

3.3 角动量 角动量守恒定律

第 2 章研究了力对改变质点运动状态所起的作用。我们曾从力对时间的累积作用出发，引出动量定理，从而得到动量守恒定律；还从力对空间的累积作用出发，引出动能定理，从而得到机械能守恒定律和能量守恒定律。对于刚体，3.2 节讨论了在外力矩作用下刚体绕定轴转动的转动定律，同样力矩作用于刚体总是在一定的时间和空间里进行的。为此，这一节将讨论力矩对时间的累积作用，得出角动量定理和角动量守恒定律。3.4 节将讨论力矩对空间的累积作用，得出刚体的转动动能定理。

3.3.1 质点的角动量和刚体的角动量

1. 质点的角动量

设有一质量为 m 的质点在与 Oz 轴相垂直的平面 S 上相对于某一参考点 O 作半径为 r 的圆周运动，如图 3-8 所示，在某时刻，质点相对于点 O 的位矢为 $\boldsymbol{r}$，其速度为 $\boldsymbol{v}$(动量为 $\boldsymbol{p}=m\boldsymbol{v}$)，且 $\boldsymbol{r}$ 与 $\boldsymbol{v}$ 相互垂直。我们定义位置矢量 $\boldsymbol{r}$ 与动量 $\boldsymbol{p}$ 的矢积为质点 m 相对于点 O 的**角动量**(**angular momentum**)，用 $\boldsymbol{L}$ 表示。即

$$\boldsymbol{L}=\boldsymbol{r}\times\boldsymbol{p}=m\boldsymbol{r}\times\boldsymbol{v} \tag{3-9}$$

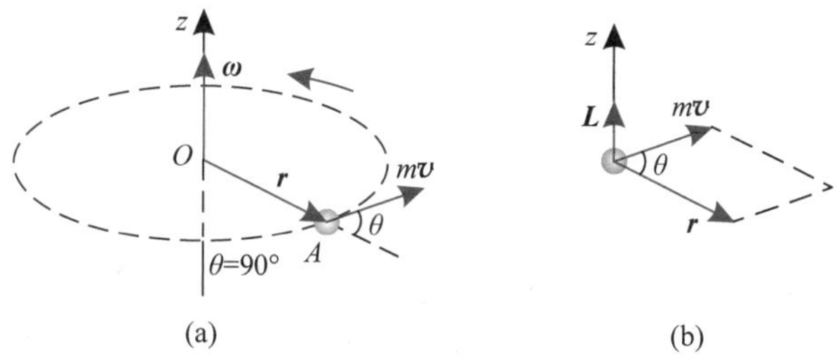

图 3-8 质点作圆周运动的角动量

显然，角动量是一个有大小有方向的矢量，由矢量的矢积法则，角动量的大小为

$$L=rmv\sin\theta \tag{3-10}$$

式中 θ 为 $\boldsymbol{r}$ 与 $\boldsymbol{v}$(或 $\boldsymbol{p}$)之间小于 180°的夹角。因为质点绕点 O 作圆周运动时，$\boldsymbol{r}$ 与 $\boldsymbol{v}$ 之间的夹角 $\theta=90°$，由式(3-10)可得质点对点 O 的角动量的大小为

$$L=rmv=mr^2\omega \tag{3-11}$$

式中 ω 为质点绕 Oz 轴转动的角速度。至于**角动量 L 的方向则是垂直于如图 3-8 所示的 r 与 v 构成的平面，并遵守右手法则，即：右手拇指伸直，当四指由 r 经小于 180°的角 θ 转向 v(或 p)时，拇指的指向即是 L 的方向**。

应当指出，式(3-9)及式(3-10)虽然是从讨论质点作圆周运动时给出的，实际上它们适用于质点对任意参考点的角动量的计算。而式(3-11)只适用圆周运动，故式(3-9)和式(3-10)的使用范围更广泛些。角动量概念的引入最初是出于研究物体转动的需要，但角动量的定义本身并不要求一定绕一固定点转动，对于任何运动，只要存在速度，就存在角动量。

在国际单位制中，角动量的单位是 kg·m²/s。

2. 刚体绕定轴转动的角动量

设有一刚体以角速度 ω 绕定轴 Oz 转动，如图 3-9 所示，刚体上所有质量元都以相同的角速度 ω 绕定轴 Oz 作圆周运动，因而都具有一定的角动量。设第 i 个质量元的质量为 m_i，它到转轴的垂直距离为 r_i，则质量元 m_i 对轴 Oz 的角动量为

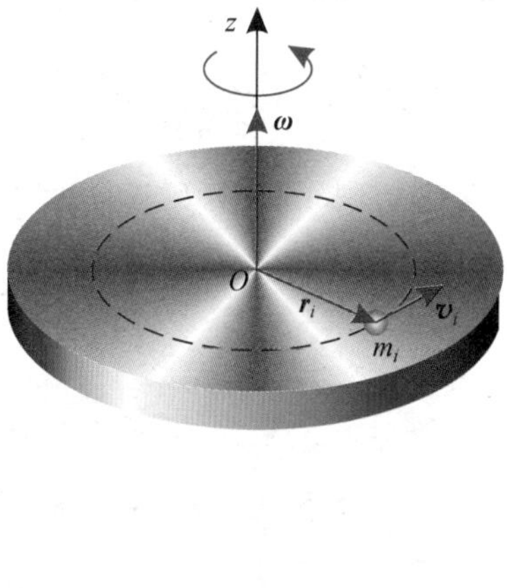

图 3-9 刚体的角动量

$$L_i = r_i m_i v_i = m_i r_i^2 \omega$$

刚体中所有质量元对转轴 Oz 的角动量之和称为刚体对转轴 Oz 的角动量，即

$$L = \sum m_i r_i^2 \omega = \left(\sum m_i r_i^2\right)\omega$$

式中 $\sum m_i r_i^2$ 为刚体绕定轴 Oz 的转动惯量 J，于是刚体对定轴 Oz 的角动量为

$$L = J\omega \tag{3-12}$$

这表明，刚体对固定转动轴 Oz 的角动量等于它对该轴的转动惯量和绕该轴转动的角速度的乘积。

3.3.2 刚体绕定轴转动的角动量定理

将式(3-12)对时间取一阶导数，可得

$$\frac{\mathrm{d}L}{\mathrm{d}t} = \frac{\mathrm{d}(J\omega)}{\mathrm{d}t}$$

将此式与刚体绕定轴转动的转动定律式(3-7)相比较，考虑到 $\alpha = \mathrm{d}\omega/\mathrm{d}t$，可以得出

$$M = J\alpha = J\frac{\mathrm{d}\omega}{\mathrm{d}t} = \frac{\mathrm{d}L}{\mathrm{d}t} \tag{3-13}$$

这表明，**刚体绕定轴转动时，作用于刚体的合外力矩 M 等于刚体绕此轴的角动量 L 随时间的变化率**，这就是**刚体的角动量定理**(theorem of angular momentum)。

式(3-13)两端同乘以 $\mathrm{d}t$ 并积分，设合外力矩作用的时间为 $t_2 - t_1$，使刚体的角动量从 L_1 变化到 L_2，有

$$\int_{t_1}^{t_2} M\mathrm{d}t = L_2 - L_1 \tag{3-14}$$

定义 $\int_{t_1}^{t_2} M\mathrm{d}t$ 为**冲量矩**(moment of impulse)，为力矩对时间的累积。式(3-14)为刚体的角动量定理的另一种表示，即**对同一参考点，刚体所受的冲量矩等于在作用时间内刚体角动量的增量**。式(3-14)是刚体角动量定理的积分表达式。

[例题 3-5]

如图 3-10 所示，一根长为 1m、质量为 3kg 的均质细棒，垂直悬挂在转轴 O 上，用 $F = 1\times 10^4 t$ 的水平力撞击棒的下端，式中 t 的单位为 s，F 的单位为 N，该力的作用时间为 0.02s。求：(1)棒所获得的冲量矩；(2)棒所获得的角速度。

解 (1) 冲量矩

$$\int_{t_1}^{t_2} M\mathrm{d}t = \int_{t_1}^{t_2} Fl\,\mathrm{d}t = \int_{0}^{0.02} (1\times 10^4 t \times 1)\mathrm{d}t$$

$$= \frac{1}{2}\times 10^4 t^2 \Big|_0^{0.02} = 2(\mathrm{kg\cdot m^2/s})$$

(2) 由刚体绕定轴转动的角动量定理，由于撞击前的角速度为零，所以

$$\int_{t_1}^{t_2} M\mathrm{d}t = J\omega - 0 = J\omega$$

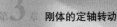

棒所获得的角速度

$$\omega=\frac{\int_{t_1}^{t_2}M\mathrm{d}t}{J}=\frac{2}{\frac{1}{3}ml^2}=2(\mathrm{rad/s})$$

视频：角动量守恒定律

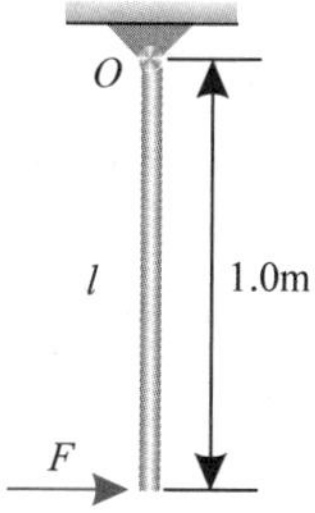

图 3-10 例题 3-5 用图

3.3.3 刚体绕定轴转动的角动量守恒定律

由式(3-13)可以看出，当合力矩为零时，可得

$$\frac{\mathrm{d}L}{\mathrm{d}t}=0 \quad 或 \quad J\omega=恒量 \tag{3-15}$$

这就是说，**如果物体所受的合外力矩等于零，或者不受外力矩的作用，则物体的角动量保持不变**。这个结论叫做**角动量守恒定律**(law of conservation of angular momentum)。

有许多现象都可以用角动量守恒定律来说明。例如，地球上经常能观察到流星，但是绝大多数流星是不会直接撞击地球的，因为它们受到地球的引力矩为零，角动量守恒，故只有极少数开始时相对于地球的角动量为零的那些流星才会掉到地球上。另外的原因是摩擦，流星在运行过程中受到的微弱摩擦作用使原来的角动量逐渐减小，最终变为零，从而能落到地球上成为陨石。

人造地球卫星运行一段时间后，会掉回地球上来，这主要也是与大气的摩擦。大气摩擦力与卫星运动方向相反，它对地心的力矩不为零，在此力矩的作用下，卫星的角动量逐渐减小，最后掉回地球。

关于角动量守恒定律需要注意的是：

(1) 刚体定轴转动的角动量守恒定律，其表达式与动量守恒定律相似。在具体运用角动量守恒定律时，必须在分析刚体或转动系统受力情况的基础上，明确指出它的适用条件，即刚体或转动系统所受外力对轴的合外力矩为零。

(2) 对于单个刚体，它对定轴的转动惯量 J 保持不变。如果所受合外力矩 $\boldsymbol{M}$ 为零，则该刚体对同轴的角动量是守恒的，即任一时刻的角动量 $J\omega$ 应等于初始时刻的角动量 $J\omega_0$，即 $J\omega=J\omega_0$，因而 $\omega=\omega_0$，这时物体绕定轴作匀角速度转动。

(3) 对于非刚体系统，如果组成它的各质量元或各个部分以相同的角速度绕共同轴转动，此时，转动系统对共同轴的转动惯量可能会变化，刚体定轴转动定律不再适用，而刚体定轴转动的角动量守恒定律在这里仍然是成立的。因此当物体绕定轴转动时，如果它对轴的转动惯量是可变的，则在满足角动量守恒的条件下，物体的角速度 ω 随转动惯量 J 的改变而改变，但两者之乘积 $J\omega$ 却保持不变，因而当 J 变大时，ω 变小；J 变小时，ω 变大。如芭蕾舞演员表演时就利用了这样的原理，她伸展或收缩手臂和腿来改变对转动轴的转动惯量，从而达到使转速加快或减慢的目的。人手持哑铃在转台上的自由转动也是属于系统定轴转动的角动量守恒定律的一个例子，因为人、转台和一对哑铃的重力以及地面对转台的支持力都平行于转轴，不产生力矩，即 $M=0$，故系统对转轴的角动量应始终保持不变。

应该指出，前面关于角动量守恒定律、动量守恒定律和能量守恒定律，都是在不同的理想化条件（如质点、刚体……）下，用经典的牛顿力学原理"推证"出来的。但它们的使用范围却远远超出原有条件的限制，它们不仅适用于牛顿力学所研究的宏观、低速（远小于光速）的领域，而且通过相应的扩展和修正后也适用于牛顿力学失效的微观、高速（接近光速）的领域，即量子力学和相对论中。这就充分说明，上述三条守恒定律有其时空特征，是近代物理理论的基础，是更为普适的物理定律。

[例题 3-6]

如图 3-11 所示，有两个转动惯量分别为 J_1 和 J_2 的圆盘 A 和 B。A 是机器的飞轮，B 是用以改变飞轮转速的离合器的圆盘。开始时，它们分别以角速度 ω_1 和 ω_2 绕水平轴转动。然后，两圆盘在水平轴方向的外力作用下，啮合为一体，其角速度为 ω，求啮合后的两圆盘的角速度 ω。

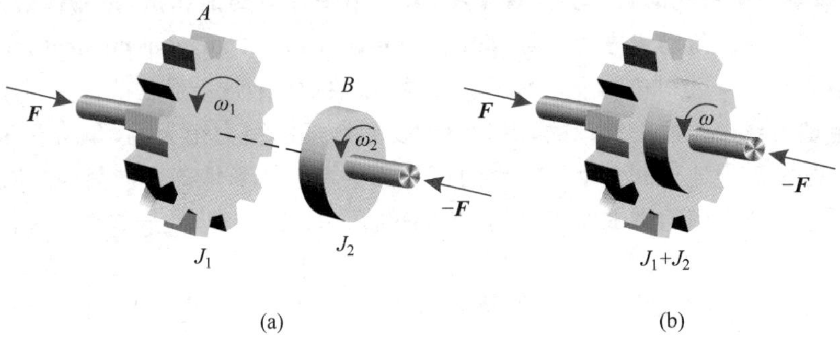

图 3-11 例题 3-6 用图

解 取两圆盘为一个系统，它们啮合后的转动惯量为 $J=J_1+J_2$，其角速度为 ω。在它们啮合过程中，相互之间作用的摩擦力矩为系统的内力矩，内力矩对系统的角动量没有影响，而作用在两圆盘上的外力又是沿轴向，所以外力矩为零。基于上述原因系统中两圆盘在啮合过程中，角动量是守恒的，有

$$J_1\omega_1 + J_2\omega_2 = (J_1 + J_2)\omega$$

因此，啮合后两圆盘的角速度为

$$\omega = \frac{J_1\omega_1 + J_2\omega_2}{J_1 + J_2}$$

3.4 力矩做功 刚体绕定轴转动的动能定理

3.4.1 力矩做功

质点在外力的作用下发生位移时，我们说力对质点做了功，当刚体受到力矩作用并绕轴转动时，力矩对刚体也要做功，做功的结果使刚体的角速度发生变化，因而动能也相应变化，这就是力矩的空间累积作用。

设刚体在切向力 F_t 的作用下，绕转轴 OO' 转过的角位移为 $d\theta$，如图 3-12 所示，这时力 F_t 的作用点的位移大小为 $ds=rd\theta$。根据功的定义，力 F_t 在这段位移内所做的元功为

$$dW = F_t ds = F_t r d\theta$$

由于力 F_t 对转轴的力矩为 $M=F_t r$，所以

$$dW = M d\theta$$

上式表明，**力矩所做的元功 dW 等于力矩 M 与角位移 $d\theta$ 的乘积**。

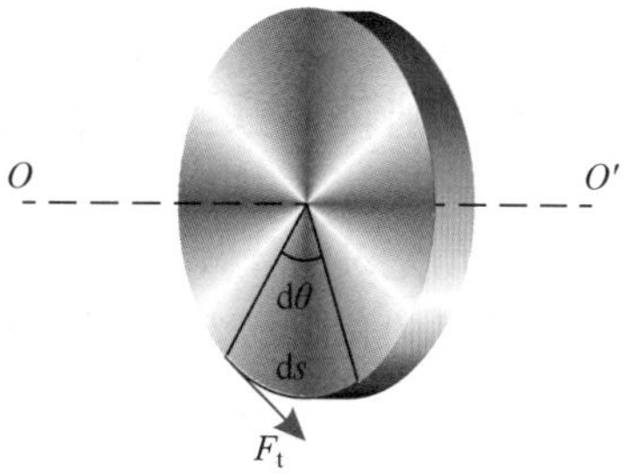

图 3-12 力矩做功

如果力矩的大小和方向都不变，当刚体在此力矩作用下转过角 θ 时，则力矩所做的功为

$$W = \int_0^\theta dW = M\int_0^\theta d\theta = M\theta \tag{3-16}$$

即恒力矩对绕定轴转动的刚体所做的功，等于力矩的大小与转过的角度 θ 的乘积。

如果作用在绕定轴转动的刚体上的力矩是变化的，那么，变力矩所做的功为

$$W = \int M d\theta \tag{3-17}$$

应当指出，式(3-16)和式(3-17)中的 M 是作用在绕定轴转动刚体上诸外力的合力矩。故上述两式应理解为合外力矩对刚体所做的功。

力矩的瞬时功率可表示为

$$P = \frac{dW}{dt} = M\frac{d\theta}{dt} = M\omega \tag{3-18}$$

即**力矩的功率等于力矩与角速度的乘积**。当功率一定时，转速越低，力矩越大；反之，转速越高，力矩越小。

3.4.2 转动动能

刚体绕定轴转动时，其上每一质量元都绕轴作圆周运动，都具有一定的动能，刚体的转动动能就等于各质量元动能的总和。设刚体上第 i 个质量元的质量为 Δm_i，它的线速度为 v_i，该质量元到转轴的垂直距离为 r_i。当刚体以角速度 ω 绕定轴转动时，第 i 个质量元的动能为

$$\frac{1}{2}\Delta m_i v_i^2 = \frac{1}{2}\Delta m_i r_i^2 \omega^2$$

将所有质量元的动能加起来，就是整个刚体的动能，即

$$E_k = \sum \frac{1}{2}\Delta m_i r_i^2 \omega^2 = \frac{1}{2}\left(\sum \Delta m_i r_i^2\right)\omega^2$$

因为 $\sum \Delta m_i r_i^2 = J$ 为刚体的转动惯量，故

$$E_k = \frac{1}{2}J\omega^2 \tag{3-19}$$

即**刚体绕定轴转动动能等于刚体的转动惯量与角速度二次方的乘积的一半**，这与质点的动能 $E_k = \frac{1}{2}mv^2$，在形式上是完全相似的。

3.4.3 刚体绕定轴转动的动能定理

当外力矩对刚体做功时，刚体的转动动能发生变化。设在合外力矩 M 的作用下，刚体绕定轴转过的角位移为 $d\theta$，则合外力矩对刚体所做的元功为

$$dW = Md\theta$$

由转动定律 $M = J\alpha = J\frac{d\omega}{dt}$，上式亦可写成

$$dW = J\frac{d\omega}{dt}d\theta = J\frac{d\theta}{dt}d\omega = J\omega d\omega$$

若设上式中的 J 为常量，那么在 Δt 时间内，由合外力矩对刚体做功，使得刚体的角速度从 ω_1 变到 ω_2，合外力矩对刚体所做的功为

$$W = \int dW = J\int_{\omega_1}^{\omega_2} \omega d\omega$$

即

$$W = \frac{1}{2}J\omega_2^2 - \frac{1}{2}J\omega_1^2 \tag{3-20}$$

式(3-20)表明，**合外力矩对绕定轴转动的刚体所做的功等于刚体转动动能的增量，这就是刚体绕定轴转动的动能定理。**

为了便于理解刚体绕定轴转动的规律性，必须注意规律形式和研究思路的类比方法。下面我们把质点运动与刚体定轴转动的一些重要物理量和重要公式类比列于表3-3，供读者参考。

表 3-3 质点运动与刚体定轴转动对照表

质点运动		刚体定轴转动	
速度	$\boldsymbol{v} = d\boldsymbol{r}/dt$	角速度	$\omega = d\theta/dt$
加速度	$\boldsymbol{a} = d\boldsymbol{v}/dt$	角加速度	$\alpha = d\omega/dt$
力	$\boldsymbol{F}$	力矩	M
质量	m	转动惯量	$J = \int r^2 dm$
动量	$\boldsymbol{p} = m\boldsymbol{v}$	角动量	$L = J\omega$

[例题 3-7]

有一吊扇第一挡转速为 $n_1=7\text{r/s}$,第二挡转速为 $n_2=10\text{r/s}$。吊扇转动时要受到阻力矩 M_f 的作用,一般来说,阻力矩与转速之间的关系要由实验测定,但作为近似计算,我们取阻力矩与角速度之间的关系为 $M_f=k\omega^2$,其中系数 $k=2.74\times10^{-4}\text{N}\cdot\text{m}\cdot\text{s}^2/\text{rad}^2$。(1)试求吊扇的电机在这两种转速下所消耗的功率;(2)设吊扇由静止匀加速地达到第二挡转速经历的时间为 5s,在此时间内阻力矩做了多少功?

解 (1) 由刚体绕定轴转动的力矩做功的功率公式可知,吊扇按一挡和二挡转动时阻力矩的功率分别为

$$P_1=M_{f1}\omega_1=k\omega_1^3=k(2n_1\pi)^3=23.3(\text{W})$$

$$P_2=M_{f2}\omega_2=k\omega_2^3=k(2n_2\pi)^3=60.0(\text{W})$$

可见,吊扇的转速从每秒 7 转增加到每秒 10 转,也就是说转速只增加了 1/2 还不到,而消耗的功率却几乎增加了两倍之多。所以,在没有特别需要的情况下,应尽可能降低吊扇的转速,这对节省能源是十分有益的。

(2) 由于吊扇的角速度是由静止匀加速增大的,故其角加速度 $\alpha=\omega/t=2n_2\pi/5$。阻力矩在时间 t 内所做的功为

$$W=\int M_{f2}\,\mathrm{d}\theta=\int k\omega^3\,\mathrm{d}t=\int k\alpha^3t^3\,\mathrm{d}t$$

于是可得

$$W=k\alpha^3\int_0^t t^3\,\mathrm{d}t=\frac{1}{4}k\alpha^3t^4$$

把已知数值代入,可得在 $t=5\text{s}$ 时间内阻力矩做的功为 $W=84.96(\text{J})$。

[例题 3-8]

如图 3-13 所示,有一根长为 l、质量为 m 的均匀细棒,棒的一端可绕通过垂直于纸平面的轴转动,棒的另一端固定-质量为 m 的小球。开始时,棒静止地处于水平位置 A。当棒转过角 θ 到达位置 B 时,棒的角速度为多少?

解 由题意知,细棒和小球在转动过程中其形状是不改变的,也就是说它们的转动惯量是一常量。对通过点 O 的轴来说,它们的转动惯量应为细棒的转动惯量 J_1 与小球的转动惯量 J_2 之和,即

$$J=J_1+J_2=\frac{1}{3}ml^2+ml^2=\frac{4}{3}ml^2$$

如取连有小球的细棒和地球为一个系统,并取棒在水平位置时的重力势能为零,即 $E_{pA}=0$。若略去转轴阻力矩做功,那么,棒在转动过程中机械能守恒,即棒和小球的转动动能和重力势能之和为一恒量,有

$$E_{pB}+E_{kB}=E_{pA}+E_{kA}=0 \tag{a}$$

其中 E_{kB} 和 E_{pB} 分别为

$$E_{kB}=\frac{1}{2}J\omega^2$$

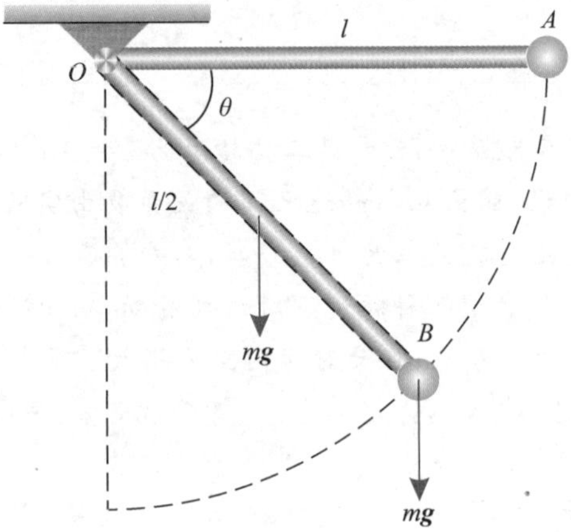

图 3-13　例题 3-8 用图

$$E_{pB}=-\left(mg\frac{l}{2}\sin\theta+mgl\sin\theta\right)=-\frac{3}{2}mgl\sin\theta$$

把以上两式代入式(a)可得棒转到位置 B 时，棒的角速度为

$$\omega=\frac{3}{2}(g\sin\theta/l)^{\frac{1}{2}}$$

原理应用

力学新进展——对称性的破缺

南部阳一郎，1921 年出生于日本的美国理论物理学家，芝加哥大学教授。他首先把凝聚态物理方法运用于粒子物理理论，提出了著名的南部-Jona-Lasinio 模型。他因此获得了 1994—1995 年度的沃尔夫奖。2008 年 10 月 7 日南部阳一郎因为发现次原子物理的对称性自发破缺机制而获得 2008 年度诺贝尔物理学奖。

日本科学家小林诚和益川敏英合作，提出"小林-益川理论"，在标准模型的框架内解释了宇

南部阳一郎

小林诚和益川敏英

称和电荷破缺现象。他们认为,造成宇宙中正粒子多于反粒子的原因是夸克的反应衰变速率不同。他们因发现对称性破缺的起源和南部阳一郎一起获得2008年度诺贝尔物理学奖。

一个原先具有较高对称性的系统,在没有受到任何不对称因素的影响突然间对称性明显下降的现象称为对称性的**自发破缺**。对称性自发破缺突然开始,带有偶然性。比如水和水蒸气在各个不同空间方向上都是一样的,具有球对称性。将水慢慢冷却,在冰点的时候水会结成冰,而冰中的水分子是有择优取向的。这时,它的对称性变低了。在水结成冰的过程中发生了对称性破缺。再有,设想我们削一支铅笔,铅笔本身均匀,笔头和笔杆可看作具有轴对称的圆锥体和圆柱体。设桌面是严格水平的,室内空气绝对宁静,我们小心翼翼地用手将此铅笔尖朝下地竖立在桌面上,尽量使其轴线没有一点偏斜。将手放开后笔倒下了,倒向哪一边?那就难以预料了。铅笔未倒之前,它对于铅垂线具有轴对称性;倒下后,这种对称性突然打破了。显然,这也可以说是一种对称性的自发破缺。下面介绍两个对称性自发破缺问题。

1. 粒子物理中的对称性自发破缺

粒子物理学家认为,我们所处的世界相对于理论物理中的某些能量是一个能量很低的状态。因此,只要构成我们世界的基本规律允许,我们完全有可能处在一个对称性自发破缺了的世界。理论物理学家用对称性自发破缺解释弱相互作用和电磁相互作用的分离,其中最重要的机制是西格斯机制。涉及的一系列理论被称为粒子物理的标准模型。在该理论下,电磁相互作用和弱相互作用原本是同一个相互作用,称为电弱相互作用。电弱相互作用与西格斯场耦合,由于西格斯场具有特殊的势函数,而世界又要选择能量低的状态,那么,西格斯场将会由原来具有SU(2)对称性的场破缺变为没有对称性的场。破缺使得传递弱相互作用的粒子获得很大的质量,从而弱相互作用比电磁作用弱得多。

1956年李政道和杨振宁提出弱相互作用(发生在一些衰变过程中)不存在空间反演对称性,不服从宇称守恒定律,后被吴健雄用实验证明。因此,李政道、杨振宁于1957年获得了诺贝尔物理学奖。

2. 顺磁铁磁相变中的对称性自发破缺

大家常见的永磁铁通常都是铁磁体。铁磁体随着温度的升高,磁性会逐渐下降。直到超过某个特定的温度后,磁性会完全消失。在这个温度以上,只要没有外界磁场,磁体不能自己产生磁场,这时铁磁体已经变成顺磁体。这个转变温度称为居里温度。将居里温度以上的材料逐渐降温,材料又会从不能自己保留磁场的顺磁体变回能够自己产生磁场的铁磁体。只要温度降得足够缓慢,恢复后的铁磁体往往会带有磁场。考虑材料在居里温度以上到居里温度以下这个转变。在居里温度以上,磁体往往是各向同性的(某些特殊材料除外)。物理体系具有很大的对称性。从宏观上看,这时材料没有磁性,因此也不存在特定的方向。当温度降低时,磁体恢复磁性。如果没有外界磁场诱导,恢复的磁场方向将是随机的,这跟之前处在一个没有特殊方向的状态相关。材料恢复磁场,说明它内部选择了某一个特定的方向作为体系的特定方向,对称性不再保持。这一相变,由具有对称性的状态自动变到了不具有对称性的状态,就是顺磁铁磁相变中的对称性自发破缺。

由上面两个对称性自发破缺的例子可以看出,对称性破缺起因于系统中存在或受到破坏对称性的微扰。微扰通常会引起系统三种不同情况:稳定、随动、不稳定。

稳定：系统会使偏离对称性的因素衰减掉，它们在结果中不体现出来。现今的太阳系属于这种例子。各行星的轨道大体上在同一平面内，从而对此平面太阳系有镜像对称，尽管有破坏这一对称性的内部或外部的众多微扰。但据科学家考证，太阳系的这一对称性从行星诞生时就保持着，直到现在，预计它还会长久保持下去。这表明，太阳系有抗拒这些微扰的稳定性。

随动：系统有多大的不对称原因，相应地产生多大的不对称后果，既不放大，也不衰减。直流电路属于这种例子。电路中电阻的布局偏离对称到什么程度，电流分布的不对称就达到相应的程度。

不稳定：系统放大破坏对称性的微扰，最终在现象中表现出明显的后果，对称性的自发破缺就是这样产生的。

总之，当系统中存在或受到破坏对称性的微扰时，若这种小微扰会被不断的放大，最终就会出现明显的不对称，对称性的自发破缺就是这样产生的。时空、不同种类的粒子、不同种类的相互作用、整个复杂纷纭的自然界，包括人类自身，都是对称性自发破缺的产物。在基本粒子物理学中，对于对称和破缺的矛盾曾进行了深入的研究，揭示出基本粒子间的各种对称性。但是，对整体对称性向对称破缺转化，定域对称性向对称破缺转化，究竟需要什么条件和是什么原因出现的还缺乏有力的说明。对称性自发破缺对于认识自然具有重要的意义。

内容提要

1. 质点的角动量、力矩和质点的角动量定理

角动量：$\boldsymbol{L}=\boldsymbol{r}\times\boldsymbol{p}$

力矩：$\boldsymbol{M}=\boldsymbol{r}\times\boldsymbol{F}$

质点的角动量定理：$\boldsymbol{M}=\dfrac{\mathrm{d}\boldsymbol{L}}{\mathrm{d}t}$ 或者 $\int_{t_1}^{t_2}\boldsymbol{M}\mathrm{d}t=\boldsymbol{L}_2-\boldsymbol{L}_1$

质点的角动量守恒定律：质点所受的力矩 $\boldsymbol{M}=0$ 时，$\dfrac{\mathrm{d}\boldsymbol{L}}{\mathrm{d}t}=0$ 或 $\boldsymbol{L}=$常矢量。

2. 刚体的定轴转动

转动惯量：$J=\sum_i \Delta m_i r_i^2$ 或者 $J=\int_m r^2\mathrm{d}m=\int_V r^2\rho\mathrm{d}V$

刚体定轴转动定律：$M=J\alpha$

刚体定轴转动角动量定理：$\boldsymbol{M}=\dfrac{\mathrm{d}\boldsymbol{L}}{\mathrm{d}t}$或者 $\int_0^t\boldsymbol{M}\mathrm{d}t=\boldsymbol{L}-\boldsymbol{L}_0=J\boldsymbol{\omega}-J\boldsymbol{\omega}_0$

刚体定轴转动的角动量守恒定律：合外力矩 $\boldsymbol{M}$ 为零时，$\boldsymbol{L}=J\boldsymbol{\omega}=$常量。

习题

一、选择题

3-1 有两个力作用在一个有固定转轴的刚体下，对此有以下几种说法：(1)这两个力都平行于轴作用时，它们对轴的合力矩一定是零；(2)这两个力都垂直于轴作用时，它们对轴的合力矩可能是零；(3)当这两个力的合力为零时，它们对轴的合力矩也一定是零；(4)当这两个力对轴的合力矩为零时，它们的合力也一定是零。以上说法，正确的是(　　)。

(A) 只有(1)是正确的　　(B) (1)、(2)正确，(3)、(4)错误

(C) (1)、(2)、(3)都正确　　(D) (1)、(2)、(3)、(4)都正确

3-2 有两个质量与厚度均相同的匀质圆盘A和B，但它们的密度不同，$\rho_A>\rho_B$。则它们对通过盘心垂直于盘面的转轴的转动惯量J_A和J_B满足(　　)。

(A) $J_A>J_B$　　(B) $J_A=J_B$

(C) $J_A<J_B$　　(D) 不能确定哪个大

3-3 均匀细棒OA可绕通过其一端O而与棒垂直的水平固定光滑轴转动，如图所示。今使棒从水平位置由静止开始自由下落，在棒摆到竖直位置的过程中，下述说法正确的是(　　)。

(A) 角速度从小到大，角加速度不变

(B) 角速度从小到大，角加速度从小到大

(C) 角速度从小到大，角加速度从大到小

(D) 角速度不变，角加速度为零

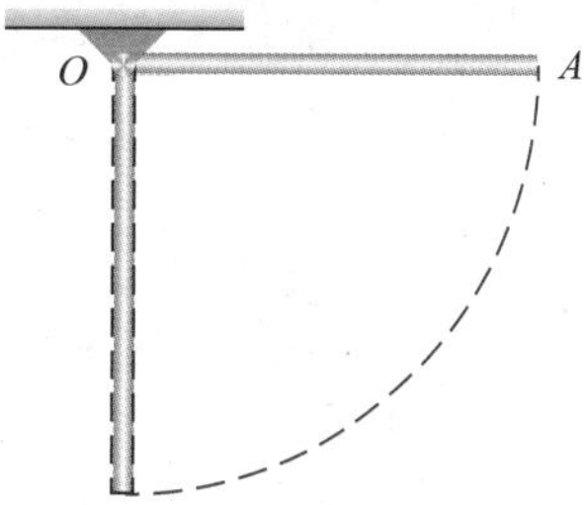

习题3-3图

3-4 一圆盘绕通过盘心且垂直于盘面的水平轴转动，轴间摩擦不计。如图射来两个质量相同、速度大小相同、方向相反并在一条直线上的子弹，它们同时射入圆盘并且留在盘内，在子弹射入后的瞬间，对于圆盘和子弹系统的角动量L以及圆盘的角速度ω则有(　　)。

(A) L不变，ω增大　(B) 两者均不变　(C) L不变，ω减少　(D) 两者均不确定

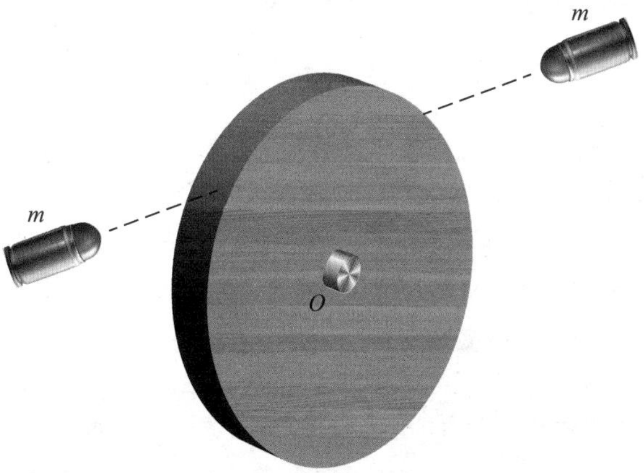

习题3-4图

3-5 如图所示，在光滑的水平桌面上有一质量为m、长为l的匀质细杆，该细杆可绕通过中点O且垂直于桌面的竖直固定轴自由转动。开始时细杆处于静止状态，有一质量为m的小球沿桌面正对着杆的一端，在垂直于杆长的方向上，以速度v运动。当小球与杆端点发生碰撞后，就与杆粘在一起随杆转动。则碰撞后这一系统的角速度为(　　)

(A) $\frac{3v}{2l}$　　(B) $\frac{2v}{3l}$　　(C) $\frac{3v}{4l}$　　(D) $\frac{v}{6l}$

3-6 假设卫星环绕地球中心作椭圆运动，则在运动过程中，卫星对地球中心的(　　)。

(A) 角动量守恒，动量守恒　　(B) 角动量守恒，机械能守恒

(C) 角动量不守恒，机械能守恒　　(D) 角动量不守恒，动量也不守恒

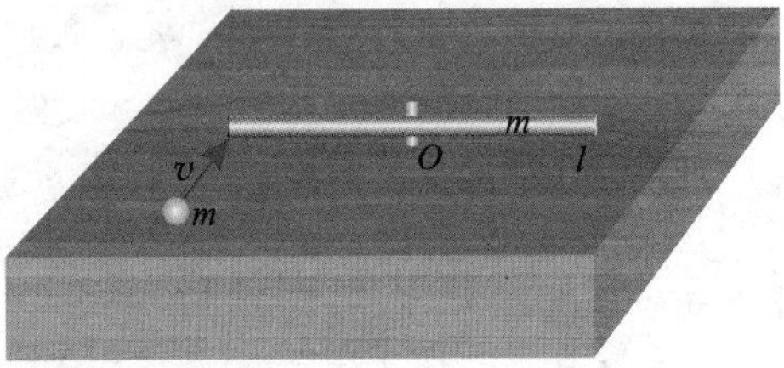

习题 3-5 图

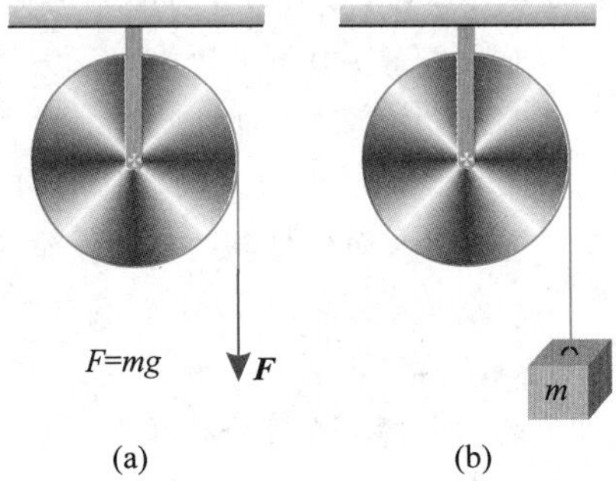

习题 3-7 图

二、填空题

3-7 如图所示，两个质量和半径都相同的均匀滑轮，轴处无摩擦，α_1和α_2分别表示图(a)、图(b)中滑轮的角加速度，则α_1 ________ α_2(填<、=或>)。

3-8 质量为m的均匀圆盘，半径为r，绕中心轴的转动惯量$J_1=$________；质量为M、半径为R、长度为l的均匀圆柱，绕中心轴的转动惯量$J_2=$________。如果$M=m$，$r=R$，则J_1与J_2之间的关系是J_1 ________ J_2。

3-9 光滑水平桌面上有一小孔，孔中穿一轻绳，绳的一端栓一质量为m的小球，另一端用手拉住。若小球开始在光滑桌面上作半径为R_1、速率为v_1的圆周运动，今用力F慢慢往下拉绳子，当圆周运动的半径减小到R_2时，则小球的速率为________，力F做的功为________。

三、计算题

3-10 在时间间隔t内发电机的飞轮转过的角度$\theta=at+bt^3+ct^4$，其中a、b和c是常量。写出飞轮的角速度和角加速度的表达式。

3-11 在一个转轮边上的一点的角位置给出为$\theta=t^2+3$，其中θ的单位为rad，t的单位为s。求：(1)$t=2.0$s和(2)$t=4.0$s时的角速度为多少？(3)在从$t=2.0$s到$t=4.0$s期间的平均角加速度为多少？

3-12 一飞轮由一直径为30cm、厚度为2.0cm的圆盘和两个直径都为10cm、长为8cm的共轴圆柱体组成，设飞轮的密度为$7.8\times10^3\text{kg/m}^3$，求飞轮对轴的转动惯量。

3-13 质量为m_1和m_2的两物体A、B分别悬挂在如图所示的组合轮两端。设两轮的半径分别为R和r，两轮的转动惯量分别为J_1和J_2，轮与轴承间、绳索与轮间的摩擦力均略去不计，

绳的质量也略去不计。试求两物体的加速度和绳的张力。

3-14 如图所示装置，定滑轮的半径为 r，绕转轴的转动惯量为 J，滑轮两边分别悬挂质量为 m_1 和 m_2 的物体 A、B。A 置于倾角为 θ 的斜面上，它和斜面间的摩擦因数为 μ，若 B 向下作加速运动时，求：(1)其下落的加速度大小；(2)滑轮两边绳子的张力。(设绳的质量及伸长均不计，绳与滑轮间无滑动，滑轮轴光滑)

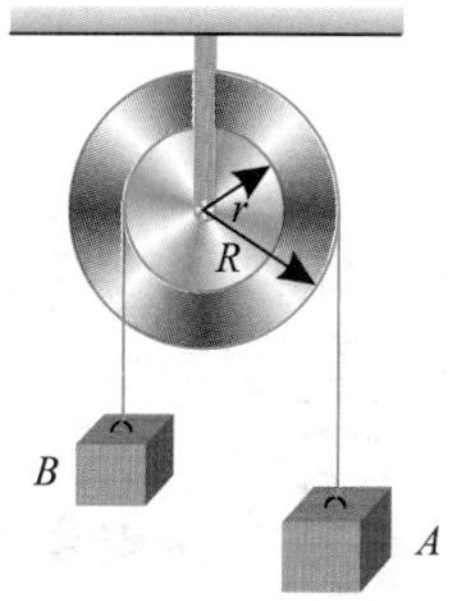

习题 3-13 图

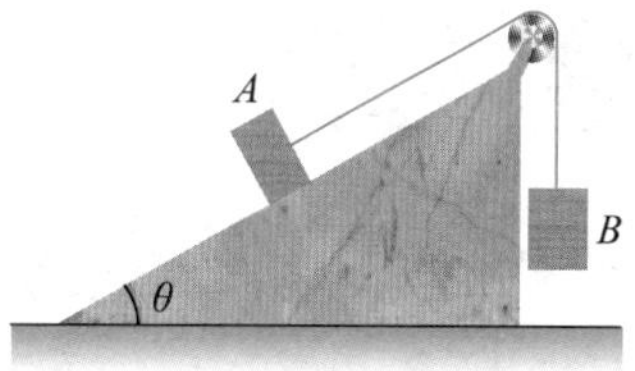

习题 3-14 图

3-15 长为 L、质量为 m 的均质杆，可绕过垂直于纸向的 O 轴转动，令杆至水平位置由静止摆下，在铅垂位置与质量为 $\frac{m}{2}$ 的物体发生完全非弹性碰撞(如图所示)。碰后物体沿摩擦因数为 μ 的水平面滑动，试求此物体滑过的距离 S。

3-16 一位溜冰者伸开双臂以 1.0r/s 的转速绕身体中心轴转动，此时的转动惯量为 $1.33\text{kg}\cdot\text{m}^2$。她收起双臂来增加转速，如收起双臂后的转动惯量变为 $0.48\text{kg}\cdot\text{m}^2$，求：(1)她收起双臂后的转速；(2)她收起双臂前后绕身体中心轴的转动动能各是多少。

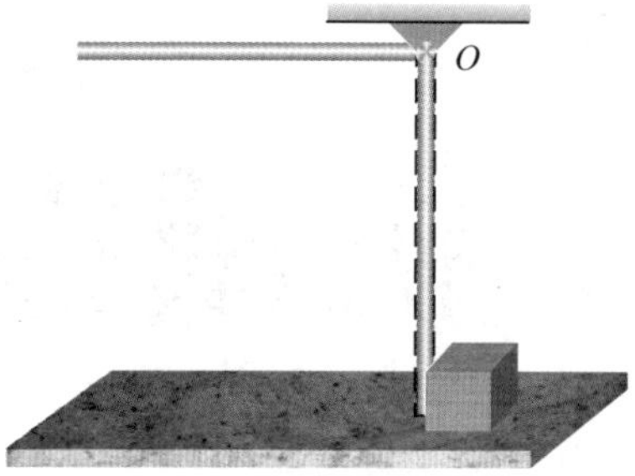

习题 3-15 图

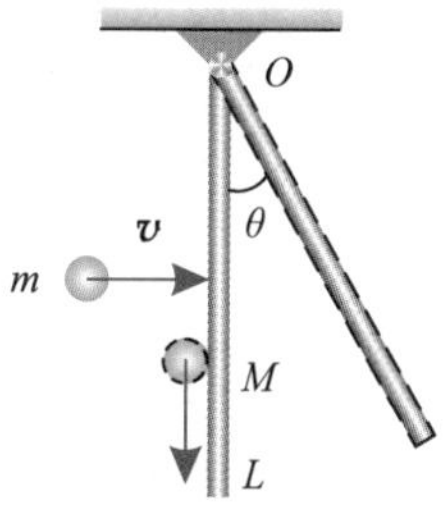

习题 3-17 图

3-17 如图所示，质量为 M 的均匀细棒，长为 L，可绕过端点 O 的水平光滑轴在竖直面内转动，当棒竖直静止下垂时，有一质量为 m 的小球飞来，垂直击中棒的中点。由于碰撞，小球碰后以初速度为零自由下落，而细棒碰撞后的最大偏角为 θ，求小球击中细棒前的速度值。

Chapter 4

第4章

机械振动

振动(vibration)是物质的一种很普遍的运动形式,自然界中存在着各种各样的振动,例如,分子热运动、电磁运动、晶体中原子的运动及机械振动等。**物体在某一确定位置附近作来回往复的运动**称为**机械振动**(mechanical vibration)。机械振动具有平衡位置和往复性两个特点,即围绕平衡位置作来回振动。机械振动有许多不同的分类。按振动规律可分为简谐振动、非简谐振动、随机振动;按振动位移可分为角振动、线振动;按系统参数特征分为线性振动、非线性振动。因此振动是自然界及人类生产实践中经常发生的一种普遍运动形式,其基本规律不仅是光学、电学、声学等基础学科中的基础知识,也是机械、造船、建筑、地震、无线电等工程技术中的重要基础知识。

本章主要学习机械振动中最基本的简谐振动,并介绍同方向同频率简谐振动的合成。

莱昂哈德·欧拉(Leonhard Euler,1707—1783 年),瑞士的数学家和物理学家,1736 年,欧拉出版了《力学,或解析地叙述运动的理论》一书,在这里他最早明确地提出质点或粒子的概念,最早研究质点沿任意一曲线运动时的速度,并在有关速度与加速度问题上应用矢量的概念。同时,他创立了分析力学、刚体力学,研究和发展了弹性理论、振动理论以及材料力学。并且他把振动理论应用到音乐的理论中去,1739 年,出版了一部音乐理论的著作。在欧拉的"论火"这篇文章中,他把热本质看成是分子的振动。

4.1 简谐振动的描述

4.1.1 简谐振动

机械振动的形式是多种多样的,情况大多比较复杂。**简谐振动**(simple harmonic motion)是一种最简单、最基本的振动,一切复杂振动均可看作多个简单简谐振动的合成,简谐振动是研究振动的基础。下面以弹簧振子为例来研究简谐振动的规律。

视频:简谐振动

视频:单摆

如图 4-1 所示,**弹簧振子**由劲度系数为 k、质量不计的轻弹簧和质量为 m 的物体(视为质点)组成。弹簧一端固定,另一端连接物体。在弹簧的弹性限度内物体在无摩擦的水平面上受到的合力就是弹簧的弹性力。当物体在位置 O 时,弹簧具有自然长度,此时物体在水平方向所受的合外力为零,位置 O 叫**平衡位置**。取平衡位置 O 为坐标原点,水平向右为 Ox 轴的正方向。将物体偏离其平衡位置 O 到位置 B,此时,由于弹簧被拉长而使物体受到一个指向平衡位置的弹性力,撤去外力后,物体将会在弹性力的作用下向左运动,抵达平衡位置时,物体所受的弹性力减小到零,但物体的惯性会使它继续向左运动,致使弹簧被压缩而出现的弹性力将阻碍物体的运动,使物体的运动速度减小,到达 C 点时,速度减小到零,此时物体又将在弹力的作用下从 C 点返回,向右运动。这样,在弹性力作用下,物体将在水平位置附近作往复运动。由于弹簧振子作一维运动,根据胡克定律,因此我们可以把物体在离开平衡位置的某点 x 处所受到的弹性力 F 写为

$$F=-kx \tag{4-1}$$

这种力与位移大小成正比而方向相反,具有这种特征的力称为**线性回复力**。

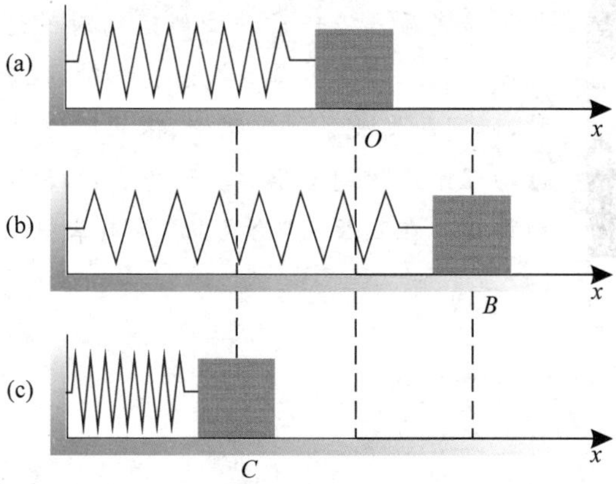

图 4-1　弹簧振子的振动

根据牛顿第二定律有

$$F=-kx=ma=m\frac{\mathrm{d}^2x}{\mathrm{d}t^2} \tag{4-2}$$

令 $\omega^2=\dfrac{k}{m}$,即

$$\omega=\sqrt{\frac{k}{m}} \tag{4-3}$$

这样式(4-2)可写成

$$a=-\omega^2x$$

上式说明,**弹簧振子的加速度与位移的大小成正比,而方向相反**。人们把具有这种特征的振动叫做**简谐振动**。因此,弹簧振子的这种运动又可称为**线性谐振子运动**。

这样也可得到弹簧振子振动的动力学方程

$$\frac{\mathrm{d}^2x}{\mathrm{d}t^2}+\omega^2x=0 \tag{4-4}$$

解式(4-4)可求得弹簧振子的位移 x 与时间 t 的函数关系为

$$x = A\cos(\omega t + \varphi) \tag{4-5}$$

式中，A、φ 为积分常数，可由初始条件确定，其意义在后面叙述。显然，弹簧振子的位移按余弦函数的规律随时间变化，故弹簧振子的运动就是简谐振动，式(4-5)就是简谐振动的运动学方程。

根据简谐振动运动学方程式(4-5)，不难得到弹簧振子的速度、加速度与时间的函数关系。将式(4-5)对时间求一阶导数，得到振子的运动速度

$$v = \frac{\mathrm{d}x}{\mathrm{d}t} = -\omega A\sin(\omega t + \varphi) \tag{4-6}$$

将式(4-6)对时间求一阶导数，得到振子的运动加速度

$$a = \frac{\mathrm{d}^2 x}{\mathrm{d}t^2} = -\omega^2 A\cos(\omega t + \varphi) \tag{4-7}$$

可以把以上两式改写为

$$v = -\omega A\sin(\omega t + \varphi) = \omega A\cos\left(\omega t + \varphi + \frac{\pi}{2}\right) \tag{4-8}$$

及

$$a = -\omega^2 A\cos(\omega t + \varphi) = \omega^2 A\cos(\omega t + \varphi + \pi) \tag{4-9}$$

因此，简谐振子的速度、加速度随时间的变化也是简谐振动，我们把 $v_m = \omega A$ 称为速度振幅，把 $a_m = \omega^2 A$ 称为加速度振幅。简谐振动的位移、速度、加速度随时间的变化如图 4-2 所示。

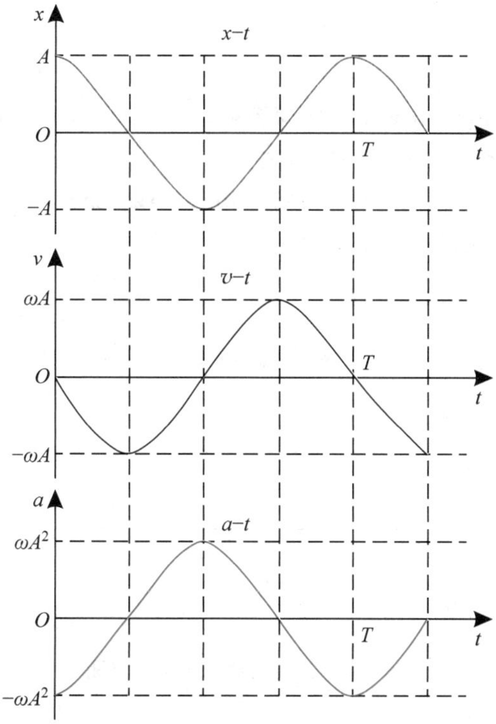

图 4-2 简谐振动的位移、速度和加速度

一般地，物体只在线性回复力作用下的运动是简谐振动，也就是说判断质点作简谐振动的动力学依据是式(4-1)。

下面详细分析简谐振动运动学方程式(4-5)中各个物理量的含义。

4.1.2 描述简谐振动的基本物理量

1. 振幅

显然，式(4-5)中的常数 A 是**简谐振子离开平衡位置最大位移的绝对值**，A 称为简谐振动的**振幅**(amplitude)。振幅可以反映振动体能量的大小。

2. 周期 频率

简谐振动具有时间周期性，用周期和频率表示。**振动物体完成一次完全振动所需的时间**称为**简谐振动的周期**(period)，用 T 表示，周期的单位为秒(s)。故振子在 t 时刻和经过时间 T 后 $(t+T)$ 时刻的振动状态完全相同，即有

$$x = A\cos(\omega t + \varphi) = A\cos[\omega(t + T) + \varphi]$$

根据余弦函数的周期性，由上式得到 $\omega T=2\pi$，即

$$\omega = \frac{2\pi}{T} \tag{4-10}$$

单位时间内物体所作的完全振动的次数称为**简谐振动的频率**(vibration frequency)，用 ν 表示，频率的单位为赫兹(Hz)。因为频率等于周期的倒数，即 $T=\dfrac{1}{\nu}$，所以

$$\omega = \frac{2\pi}{T} = 2\pi\nu \tag{4-11}$$

由式(4-11)可见，式(4-3)定义的常量 ω 的意义是：在 2π 秒内物体所作的完全振动次数。ω 称为振动的**角频率**(angular frequency)或**圆频率**，其单位是 rad/s(弧度/秒)。简谐振动的周期和频率**仅与振动系统本身的物理性质有关**。这种只由振动系统本身固有属性所决定的周期和频率，称为振动的固有周期和**固有频率**(natural frequency)。

根据以上关系，简谐振动的余弦表达式(4-5)又可写成如下形式：

$$x = A\cos(2\pi\nu t + \varphi) = A\cos\left(\frac{2\pi}{T}t + \varphi\right) \tag{4-12}$$

描述简谐振动位移 x 随时间 t 的变化及其振幅、周期如图 4-3 所示。

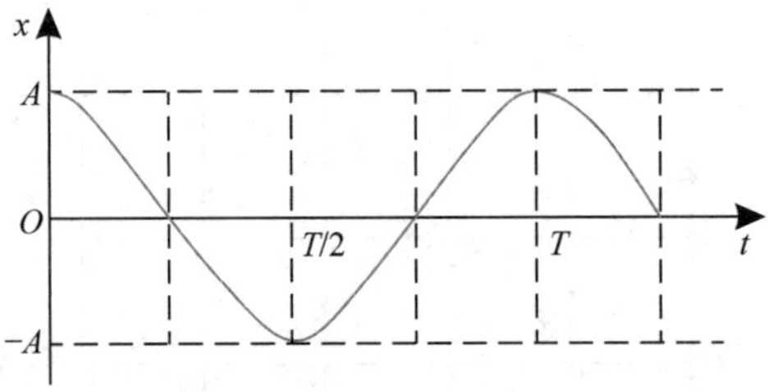

图 4-3 简谐振动的振幅和周期

3. 相位和初相位

在质点运动中，物体的运动状态可用物体所在的位置和速度来确定，而在简谐运动中，

根据简谐振动运动学方程式(4-5)，在振幅确定的情况下，简谐振子的运动状态由$(\omega t+\varphi)$完全决定。在一次完全振动过程中，作简谐振动物体的运动状态在任何时刻都不相同，由式(4-5)可知，每一个状态分别与$(\omega t+\varphi)$在$0\sim 2\pi$范围内的一个值对应。取$\varphi=0$(参见图4-3)，我们得到如表4-1所示的对应关系。

表4-1　t、x、$\omega t+\varphi$ 对应关系

t	x	$\omega t+\varphi$
0	A	0
$\frac{T}{4}$	0	$\frac{\pi}{2}$
$\frac{T}{2}$	$-A$	π
T	A	2π

因此，将简谐振动运动学方程式(4-5)中的$(\omega t+\varphi)$称为简谐振动的**相位**(**phase**)。相位是决定简谐振子运动状态的重要物理量。初始时刻$t=0$时的相位称为**初相位**，显然初相位就是φ。初相位φ决定了开始时刻振子的运动状态。相位的单位为弧度(rad)。

将式(4-5)和式(4-8)、式(4-9)进行比较可知，位移、速度、加速度都作简谐振动，它们的角频率相同，但是它们的振幅和初相位都不同。速度v的初相位是$(\varphi+\pi/2)$，加速度a的初相位是$(\varphi+\pi)$。

必须注意，在简谐振子的一个完全振动周期中，有一些时刻(如在图4-2中的$t=T/4$和$t=3T/4$时刻)振子具有相同的位移，但是在这些时刻振子却是处于不同的运动状态，因为在这些时刻振子具有不同的振动速度，因此，仅由位移不能唯一地确定振动状态，而需要由位移和速度来共同描述。在一次完全振动过程中，每一个状态的相位$(\omega t+\varphi)$是唯一的，这就是我们用相位来确定振动状态的原因。

4. 振幅和初相的确定

如前所述，简谐振动方程$x=A\cos(\omega t+\varphi)$中的角频率$\omega$是由振动系统本身的性质所决定的，而振幅$A$和初相位$\varphi$则是由振动的初始条件确定。设$t=0$时，振子的初始位移为$x_0$，初始速度为$v_0$，将此初始条件分别代入弹簧振子的位移、速度的表示式(4-5)和式(4-6)得

$$\begin{cases} x_0 = A\cos\varphi \\ v_0 = -\omega A\sin\varphi \end{cases}$$

由此两式可得A、φ的解为

$$\begin{cases} A = \sqrt{x_0^2 + \dfrac{v_0^2}{\omega^2}} \\ \varphi = \arctan\left(-\dfrac{v_0}{\omega x_0}\right) \end{cases} \tag{4-13}$$

另外，应用后面叙述的简谐振动的旋转矢量表示法，确定A、φ将更为方便。

总之，对于给定的振动系统，周期(或频率)由振动系统本身的性质决定，而振幅和初相位则由初始条件决定。

[例题 4-1]

一个轻弹簧一端固定，另一端竖直悬挂一质量 $m=0.1\text{kg}$ 的物体，平衡时可使弹簧伸长 $l=9.8\times10^{-2}\text{m}$，如图 4-4 所示。今使物体在平衡位置获得大小 $v_0=3\text{m/s}$、方向向下的初速度，则物体将在竖直方向运动。(1)试证物体作简谐振动，并写出振动的运动学方程；(2)求速度和加速度及其最大值；(3)求最大回复力。

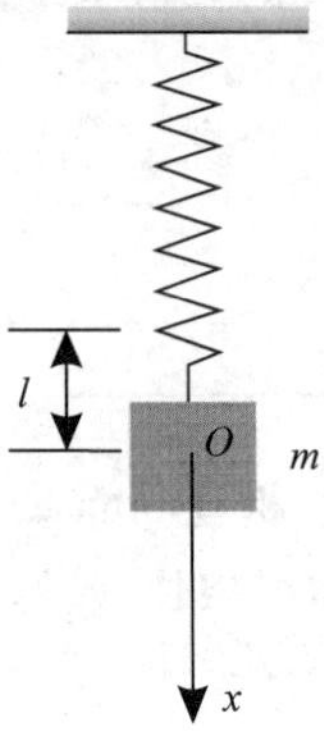

图 4-4 例题 4-1 用图

解 (1) 由题意可知，物体受竖直向下的重力 mg 和竖直向上的弹力的作用，取物体平衡时的位置为坐标原点 O，竖直向下为 x 轴正方向，如图 4-4 所示。物体在平衡位置时所受合力为零，即

$$mg-kl=0 \tag{a}$$

在任一位置 x 处，物体所受合力为

$$F=mg-k(l+x) \tag{b}$$

其中 $-k(l+x)$ 为弹性力，劲度系数 $k=mg/l$。联立式(a)和式(b)求解得

$$F=-kx$$

即物体所受外力与位移成正比，而方向相反，所以该物体作简谐振动。由牛顿第二定律得

$$m\frac{\mathrm{d}^2x}{\mathrm{d}t^2}=-kx$$

或

$$\frac{\mathrm{d}^2x}{\mathrm{d}t^2}+\omega^2x=0 \tag{c}$$

式中，$\omega=\sqrt{\dfrac{k}{m}}$。因 $k=mg/l$，故得

$$\omega=\sqrt{\frac{g}{l}}=\sqrt{\frac{9.8}{9.8\times10^{-2}}}=10(\text{rad/s})$$

设方程(c)的解为

$$x=A\cos(\omega t+\varphi) \tag{d}$$

依题意，$t=0$ 时，有

$$x_0=A\cos\varphi=0$$
$$v_0=-\omega A\sin\varphi=3(\text{m/s})$$

由此可得

$$A=\sqrt{x_0^2+\left(\frac{v_0}{\omega}\right)^2}=\frac{v_0}{\omega}=\frac{3}{10}=0.3(\text{m})$$

由 $\cos\varphi=0$，得 $\varphi=\pm\dfrac{\pi}{2}$，但因 $\sin\varphi<0$，所以只能取 $\varphi=-\dfrac{\pi}{2}$。将 ω、A、φ 代入式(d)，得简谐振动的运动学方程为

$$x=0.3\cos\left(10t-\frac{\pi}{2}\right)(\text{m})$$

(2) 物体的速度和加速度分别为

$$v=\frac{dx}{dt}=-\omega A\sin(\omega t+\varphi)=-3\sin\left(10t-\frac{\pi}{2}\right)(m/s)$$

$$a=\frac{dv}{dt}=-\omega^2 A\cos(\omega t+\varphi)=-30\cos\left(10t-\frac{\pi}{2}\right)(m/s^2)$$

速度和加速度的最大值为

$$v_{max}=\omega A=3(m/s)$$

$$a_{max}=\omega^2 A=30(m/s^2)$$

(3) 最大回复力与最大位移相对应，即

$$F_{max}=|kx_{max}|=m\omega^2 A=0.1\times10^2\times0.3=3(N)$$

由本题可知，凡是运动系统除本身的回复力之外还有恒力作用时，该系统仍可作简谐振动，只要以振子所受合力为零的位置作为坐标原点，则可按式(4-5)立即写出简谐振动的运动方程。从数学上看，只是一个坐标平移的变换。

[例题 4-2]

一质点作简谐振动，其振动曲线如图 4-5 所示。求：(1)此振动的振幅、周期、角频率、初相；(2)写出简谐振动运动学方程。

解　(1) 由图 4-5 所示的振动曲线可知，振幅 $A=2cm$，$T=4s$，可求得

$$\omega=\frac{2\pi}{T}=\frac{\pi}{2}(rad/s)$$

当 $t=0$ 时，$x_0=0$，$v_0>0$，代入简谐振动的运动方程和速度公式得

$$x_0=A\cos\varphi=0$$

$$v_0=-A\omega\sin\varphi>0$$

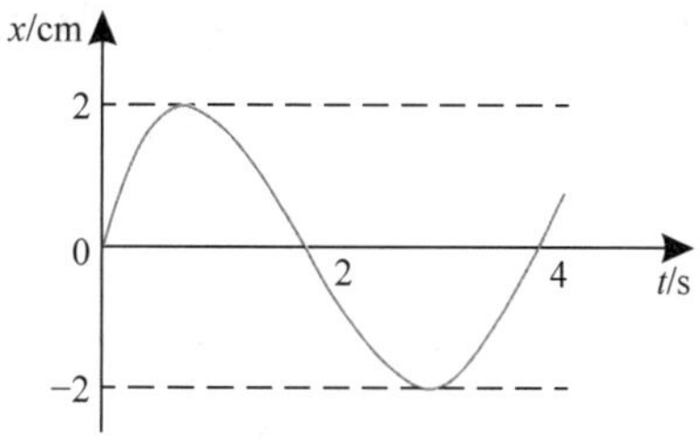

图 4-5　例题 4-2 用图

由上面两式可得

$$\varphi=-\frac{\pi}{2}$$

(2) 简谐振动的运动学方程为

$$x=A\cos(\omega t+\varphi)=2\cos\left(\frac{\pi}{2}t-\frac{\pi}{2}\right)(cm)$$

4.2　简谐振动的旋转矢量表示法

简谐振动的规律除了用简谐振动的运动学方程和振动曲线表示外，还可以采用旋转矢量表示法表示。旋转矢量表示法可以更直观地说明简谐振动运动学方程中各个特征物理量

的意义。

视频：旋转矢量法　　动画：旋转矢量法

如图 4-6 所示，设 x 轴为参考方向，由原点 O 作一矢量 $\boldsymbol{A}$，其模长恰等于振幅 A，使其绕点 O 以角速度 ω 逆时针匀角速转动，其矢端 M 作匀速率圆周运动，该圆称为参考圆，M 点称为参考点，矢量 $\boldsymbol{A}$ 称为**旋转矢量**（**rotating vector**）。$t=0$ 时刻，$\boldsymbol{A}$ 与 Ox 轴夹角为 φ，t 时刻，$\boldsymbol{A}$ 转过 ωt 角，此时它与 Ox 轴的夹角为 $\omega t+\varphi$，则参考点 M 在 x 轴上投影点的坐标为 $x=A\cos(\omega t+\varphi)$。显然投影点将作简谐振动，简谐振动的振幅、角频率、初相位分别与旋转矢量 $\boldsymbol{A}$ 的大小、旋转角速度、初始时刻 $\boldsymbol{A}$ 与 x 轴夹角一一对应。$\boldsymbol{A}$ 旋转一周，其投影点作一次完全振动，所需时间 $T=\dfrac{2\pi}{\omega}$ 为简谐振动周期，一秒内 $\boldsymbol{A}$ 转过的周数为简谐振动频率。简谐振动的这种表示法为**旋转矢量法**或**振幅矢量法**。

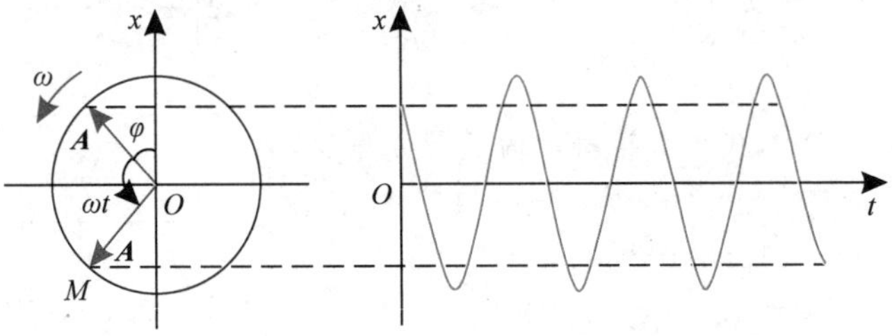

(a)　　(b)

图 4-6　简谐振动的旋转矢量表示法

用旋转矢量 $\boldsymbol{A}$ 来表示简谐振动形象直观，一目了然，用它来确定振幅 A 和初相位 φ 十分方便，在后面分析两个以上简谐振动的合成时更为有用。

利用旋转矢量还可以比较两个同频率简谐振动的“步调”。设有下列两个简谐振动：

$$x_1=A_1\cos(\omega t+\varphi_1)$$

$$x_2=A_2\cos(\omega t+\varphi_2)$$

它们的相位之差叫**相位差**，用 $\Delta\varphi$ 表示，

$$\Delta\varphi=(\omega t+\varphi_2)-(\omega t+\varphi_1)=\varphi_2-\varphi_1$$

即两个同频率的简谐运动在任意时刻的相位差，都等于其**初相位差**。如果 $\Delta\varphi=\varphi_2-\varphi_1>0$（见图 4-7(a)），我们就说 x_2 振动超前 x_1 振动 $\Delta\varphi$，或者说 x_1 振动落后于 x_2 振动 $\Delta\varphi$。另一

方面，由于简谐振动具有连续性。所以为简便计，常把$|\Delta\varphi|$的值说成是$\leqslant\pi$的值。例如当$\Delta\varphi=3\pi/2$时(见图4-7(b))，我们通常不说x_2振动超前x_1振动$3\pi/2$，而是说成x_2振动落后x_1振动$\pi/2$，或说x_1振动超前x_2振动$\pi/2$。

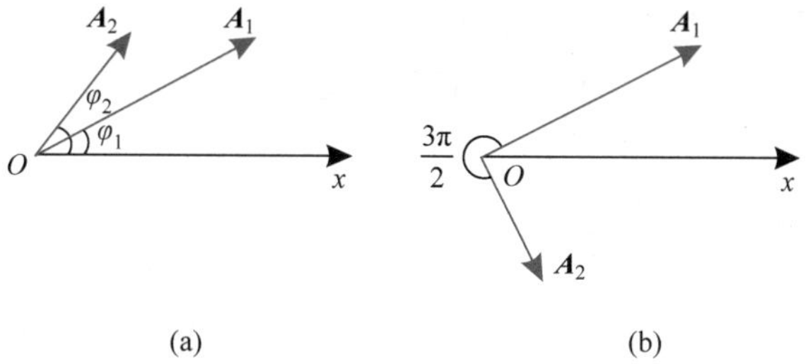

图 4-7　两个简谐振动的相位差

如果$\Delta\varphi=0$(或2π的整数倍)，我们就说两个振动是**同相**的，即它们将同时到达正最大位移处，同时到达平衡位置，又同时到达负最大位移处，两个振动的"步调"完全一致。如果$\Delta\varphi=\pi$(或者π的奇数倍)，就说两个振动是**反相**的，即当它们中的一个到达正最大位移处时，另一个却到达负最大位移处，两个振动的"步调"完全相反。同相和反相的旋转矢量及x-t曲线如图4-8所示。

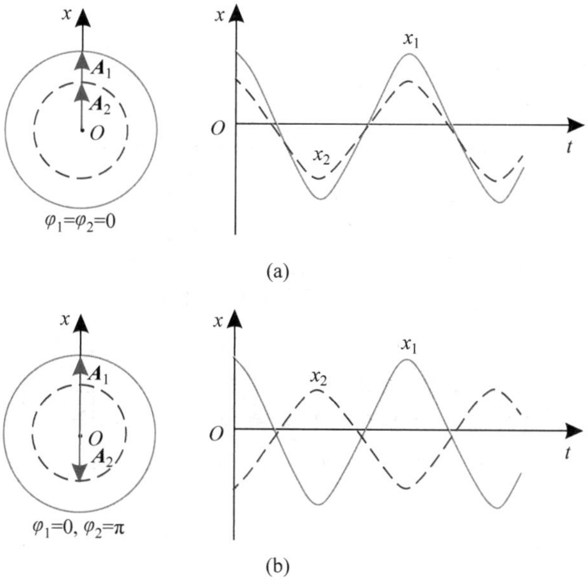

图 4-8　同相和反相的旋转矢量及 x-t 曲线

[例题 4-3]

一放置在水平桌面上的弹簧振子，振幅$A=1.0\times10^{-2}\,\text{m}$，周期$T=1\text{s}$。当$t=0$时，试分别写出以下两种初始条件下简谐振动的运动学方程：(1)质点位于$x_0=5.0\times10^{-3}\,\text{m}$处，向$x$轴负方向运动；(2)质点位于$x_0=-5.0\times10^{-3}\,\text{m}$处，向$x$轴正方向运动。

解 (1) 根据题意，$t=0$ 时，$x_0=\dfrac{A}{2}$，且 $v_0<0$，可得旋转矢量的初始位置如图 4-9(a)所示。由图 4-9(a)可得简谐振动的初相位 $\varphi=\dfrac{\pi}{3}$。又 $\omega=2\pi/T=2\pi(\text{rad/s})$，$A=1.0\times10^{-2}(\text{m})$，可得简谐振动的运动学方程为

$$x=1.0\times10^{-2}\cos\left(2\pi t+\frac{\pi}{3}\right)(\text{m})$$

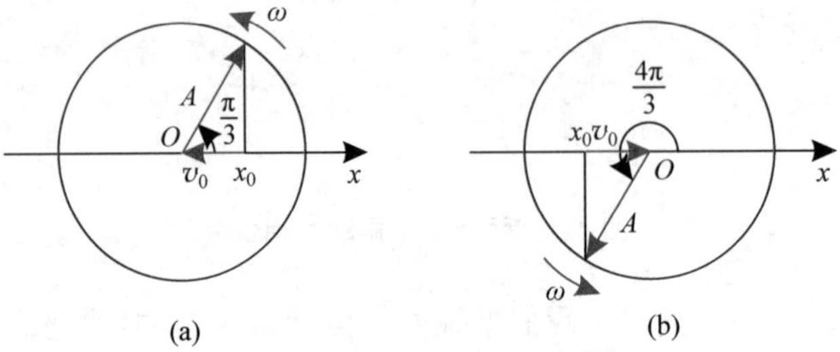

图 4-9 例题 4-3 用图

(2) 根据题意，$x_0=-\dfrac{A}{2}$，且 $v_0>0$，可得旋转矢量的初始位置如图 4-9(b)所示。由图 4-9(b)可得振动初相位 $\varphi=\dfrac{4\pi}{3}$ 或 $\varphi=-\dfrac{2\pi}{3}$。因此，简谐振动的运动学方程为

$$x=1.0\times10^{-2}\cos\left(2\pi t-\frac{2\pi}{3}\right)(\text{m})$$

[例题 4-4]

某振动质点的 x-t 曲线如图 4-10 所示，试求：(1)振动方程；(2)点 P 对应的相位；(3)到达点 P 相应位置所需的时间。

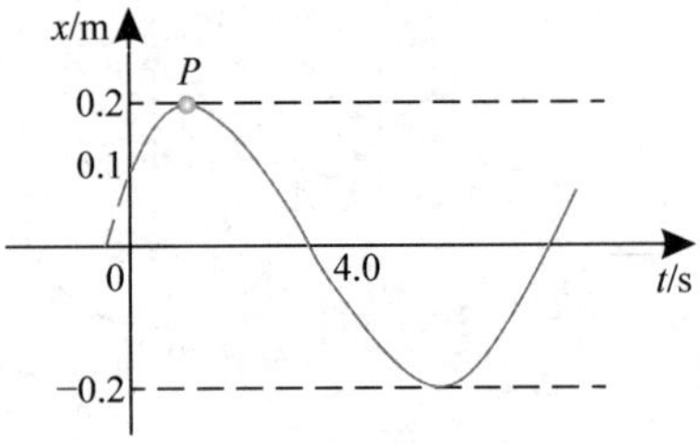

图 4-10 例题 4-4 用图

解 由振动曲线求振动方程，是简谐振动中的一类重要问题，而振动方程中的三个特征量则需要通过振动曲线的相关信息来求得。本题计算振动方程、振动相位及振动时间除了可用解析法外，也可以用旋转矢量法十分方便地求得。

方法一 解析法

(1) 由图 4-10 的振动曲线 x-t 可知，$A=0.2\text{m}$，当 $t=0$ 时，$x_0=0.1$，$x_0=\dfrac{A}{2}=A\cos\varphi$，求得 $\varphi=\pm\dfrac{\pi}{3}$，而 $v_0=-A\omega\sin\varphi$ 且 $v_0>0$，即 $\sin\varphi<0$，得

$$\varphi=-\frac{\pi}{3}$$

当 $t=4\text{s}$ 时，$x=0=A\cos(\omega t+\varphi)$，得

$$\omega t+\varphi=\frac{\pi}{2}\quad 或\quad \frac{3\pi}{2}$$

而 $v=-A\omega\sin(\omega t+\varphi)<0$，因而 $\omega t+\varphi=\frac{\pi}{2}$，得

$$\omega=\frac{5}{24}\pi(\text{rad/s})$$

所以振动方程为

$$x=0.2\cos\left(\frac{5}{24}\pi t-\frac{\pi}{3}\right)(\text{m})$$

（2）对于点 P：$x_P=A\cos\varphi_P=A$，得相位

$$\varphi_P=0$$

（3）$\varphi_P=\omega t_P+\varphi=\frac{5}{24}\pi t_P-\frac{\pi}{3}=0$，因而

$$t_P=1.6(\text{s})$$

方法二　旋转矢量法

（1）振幅 $A=0.2\text{m}$，当 $t=0$，$t=t_P$ 及 $t=4\text{s}$ 时，旋转矢量的位置如图 4-11 所示，当 $t=0$ 时，由旋转矢量图可确定

$$\varphi=-\frac{\pi}{3}$$

从 $t=0\to4\text{s}$，在旋转矢量图中，旋转矢量转过的角度

$$\Delta\varphi=\frac{\pi}{3}+\frac{\pi}{2}=\frac{5\pi}{6}$$

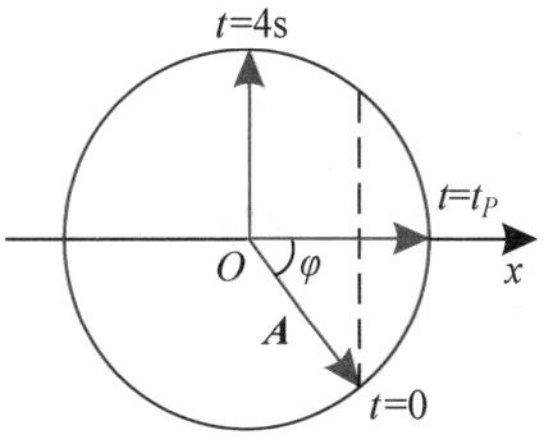

图 4-11　例题 4-4 用图

所以

$$\omega=\frac{\Delta\varphi}{\Delta t}=\frac{5}{24}\pi(\text{rad/s})$$

则振动方程

$$x=0.2\cos\left(\frac{5}{24}\pi t-\frac{\pi}{3}\right)(\text{m})$$

（2）由旋转矢量图，$x_P=A$ 时，P 点相位

$$\varphi_P=0$$

（3）质点从初始位置到达 P 点，在旋转矢量图上旋转矢量转过的角度

$$\Delta\varphi_P=\frac{\pi}{3}$$

得

$$t_P=\frac{\Delta\varphi_P}{\omega}=1.6(\text{s})$$

4.3 简谐振动的能量

下面仍以在水平面上作简谐振动的弹簧振子为例，分析简谐振动的能量及其变化。设在任一时刻 t，物体的速度为 v，则系统的动能 E_k 为

$$E_k = \frac{1}{2}mv^2 = \frac{1}{2}m\omega^2 A^2 \sin^2(\omega t + \varphi) = \frac{1}{2}kA^2 \sin^2(\omega t + \varphi) \tag{4-14}$$

其中利用了关系 $k=m\omega^2$，由式(4-14)可见动能的变化幅值为$\frac{1}{2}kA^2$，由于动能总是正值，只要振动物体的速度达到最大值，不管速度的方向如何，动能都能达到最大值。因此在位移或速度的一个振动周期内，动能要两次达到最大值。

若该时刻物体的位移为 x，则系统的弹性势能 E_p 为

$$E_p = \frac{1}{2}kx^2 = \frac{1}{2}kA^2 \cos^2(\omega t + \varphi) \tag{4-15}$$

可见势能的变化周期和变化幅度与动能相同，但它们的变化相反，表示动能最大时，势能最小；势能最大时，动能最小。弹簧振子系统的总机械能为

$$E = E_p + E_k = \frac{1}{2}kA^2 = \frac{1}{2}m\omega^2 A^2 \tag{4-16}$$

式(5-16)表明，弹簧振子的**总机械能 E 与振幅的平方成正比**，由于振子只受到弹性力这一个保守力作用，故系统的能量守恒。即系统的动能与势能在不停地相互转换，不随时间变化，总能量却不变。

简谐振动的动能、势能随时间的变化如图 4-12 所示，请注意势能曲线与 x-t 曲线、动能曲线与 v-t 曲线之间的对应关系。

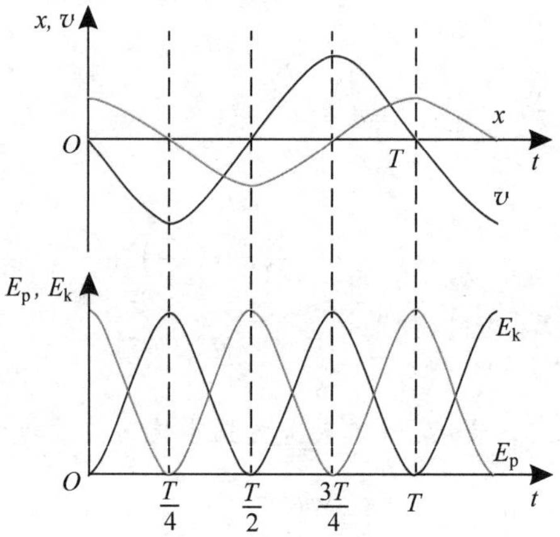

图 4-12 弹簧振子的能量和时间的关系($\varphi=0$)

[例题 4-5]

质量为 1×10^{-2}kg 的物体作简谐振动，其振幅为 2.4×10^{-2}m，周期为 4s，$t=0$ 时，位移为 2.4×10^{-2}m，求：(1) $t=0.5$s 时物体所在的位置和所受的力；(2)由起始位置运动到 -1.2×10^{-2}m 处所需的最短时间；(3)物体在 1.2×10^{-2}m 处的动能、势能和总能量。

解 本题是一个较综合的题目，求振动位置、振动时间，振动方程的求解是关键；而计算振动过程中的受力及能量需要确定常数 k 的取值，可通过 $k=m\omega^2$ 来算。

(1) 物体的振幅 $A=2.4\times10^{-2}$m，圆频率 $\omega=\frac{2\pi}{T}=\frac{\pi}{2}$(rad/s)，$t=0$ 时，$x=A=A\cos\varphi$，得

$$\varphi=0$$

或者由旋转矢量图，$t=0$ 时，$x=A$，亦可知初相位

$$\varphi=0$$

因此，振动方程为

$$x=2.4\times10^{-2}\cos\left(\frac{\pi}{2}t\right)(\mathrm{m})$$

当 $t=0.5$s 时，代入振动方程，得物体所在的位置

$$x=1.7\times10^{-2}(\mathrm{m})$$

物体所受的力

$$F=-kx$$

其中 $k=m\omega^2=2.46\times10^{-2}$(N/m)，当 $x=1.7\times10^{-2}$m 时，$F=-4.18\times10^{-4}$(N)。

(2) 当 $x=-1.2\times10^{-2}=-\frac{A}{2}$ 时，由振动方程得

$$-\frac{A}{2}=A\cos\left(\frac{\pi}{2}t\right)$$

解得

$$\frac{\pi}{2}t=\frac{2}{3}\pi \text{ 或 } \frac{4}{3}\pi$$

要使时间最短，取 $\frac{\pi}{2}t=\frac{2}{3}\pi$，求得

$$t=1.33(\mathrm{s})$$

(3) 当 $x=1.2\times10^{-2}$m 时，物体的总能量

$$E=\frac{1}{2}kA^2=7.08\times10^{-6}(\mathrm{J})$$

势能

$$E_p=\frac{1}{2}kx^2=1.77\times10^{-6}(\mathrm{J})$$

动能

$$E_k=E-E_p=5.31\times10^{-6}(\mathrm{J})$$

4.4 同方向同频率简谐振动的合成

在实际问题和具体过程中，振动往往是由几个振动合成的。当一个质点同时参与几个振动时，这时质点所作的振动就是这几个振动的合成。例如，当两列声波同时传到某点时，该点处空气的振动就同时参与了两个振动。一般的振动合成比较复杂，本节只学习同方向同频率的简谐振动的合成。“同方向”指的是质点的位移在同一直线上。

若两个同方向的简谐振动 x_1 和 x_2，它们的频率都是 ω，振幅和初相分别为 A_1、A_2 和

φ_1、φ_2，则它们的运动学方程分别为

$$x_1 = A_1\cos(\omega t + \varphi_1)$$

$$x_2 = A_2\cos(\omega t + \varphi_2)$$

这两个振动发生在同一直线上，其合振动的位移 x 应等于上述两位移 x_1 和 x_2 的代数和，即

$$x = x_1 + x_2 = A_1\cos(\omega t + \varphi_1) + A_2\cos(\omega t + \varphi_2)$$

进行三角函数运算，得

$$x = A\cos(\omega t + \varphi) \tag{4-17}$$

其中

$$A = \sqrt{A_1^2 + A_2^2 + 2A_1A_2\cos(\varphi_2 - \varphi_1)} \tag{4-18}$$

$$\varphi = \arctan\frac{A_1\sin\varphi_1 + A_2\sin\varphi_2}{A_1\cos\varphi_1 + A_2\cos\varphi_2} \tag{4-19}$$

式(4-17)表明，合振动 x 仍为简谐振动，其振动频率仍与原来的振动相同。A 和 φ 分别是合振动的振幅与初相位。

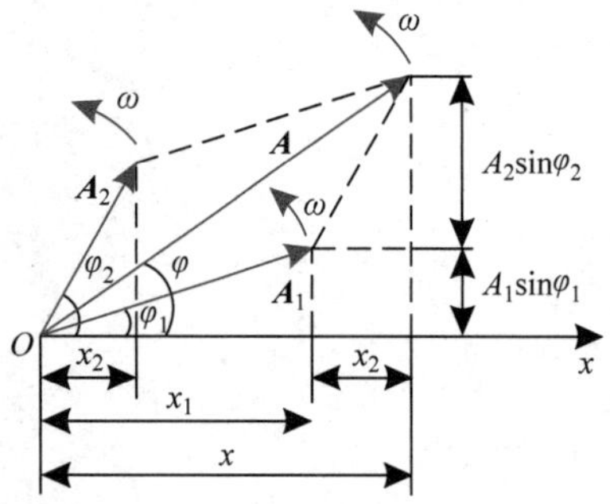

图 4-13 两个同方向同频率简谐振动的合成

式(4-17)表示的合成振动，也可用简谐振动的旋转矢量直观地表示。如图 4-13 所示，用旋转矢量 $\boldsymbol{A}_1$ 和 $\boldsymbol{A}_2$ 分别表示两个简谐振动 x_1 和 x_2，$\boldsymbol{A}_1$ 和 $\boldsymbol{A}_2$ 的合矢量 $\boldsymbol{A}$ 按矢量合成的平行四边形法则确定，$\boldsymbol{A}$ 表示合振动 $x=x_1+x_2$。由于 $\boldsymbol{A}_1$、$\boldsymbol{A}_2$ 的长度一定，并且以相同的角速度 ω 绕 O 点作逆时针旋转，所以 $\boldsymbol{A}_1$ 和 $\boldsymbol{A}_2$ 之间的夹角 $\varphi_2-\varphi_1$ 在旋转过程中始终保持不变。由此可见，合矢量 $\boldsymbol{A}$ 的长度不变，且以相同的角速度 ω 绕 O 点作逆时针旋转，即 $\boldsymbol{A}$ 表示的合振动 x 也是简谐振动，矢量 $\boldsymbol{A}$ 即为合振动的旋转矢量，其大小 A 就是合振动的振幅，初始时刻 $\boldsymbol{A}$ 与 x 轴之间的夹角 φ 即为合振动的初相位角。从图 4-13 中的几何关系不难求出合振动的振幅 A 和初相位 φ，它们的值与式(4-18)和式(4-19)相同。

总之，**同方向同频率的两个简谐运动的合成振动仍然是一个简谐运动**。合振动的频率等于两分振动的频率，合振动的振幅 A 不仅与原来两个分振动的振幅有关，而且与两分振动的相位差($\varphi_2-\varphi_1$)有关。下面讨论几种典型情形。

(1) 同相振动：即两个分振动的相位差 $\varphi_2-\varphi_1=2k\pi, k=0,\pm1,\pm2,\cdots$，这时 $\cos(\varphi_2-\varphi_1)=1$，代入式(4-18)，得

$$A = A_1 + A_2$$

由此可见，两分振动同相时，振动相长，合振动的振幅最大，合成后振动加强。

(2) 反相振动：即两个分振动的相位差 $\varphi_2-\varphi_1=(2k+1)\pi, k=0,\pm1,\pm2,\cdots$，$\cos(\varphi_2-\varphi_1)=-1$，代入式(4-18)，得

$$A = |A_1 - A_2|$$

由此可见，两分振动反相时，振动相消，合振动的振幅最小，合成后振动减弱。

(3) 若两分振动的相位既不同相也不反相，即当($\varphi_2-\varphi_1$)为其他值时，合振动的振幅介

于 $A=A_1+A_2$ 和 $A=|A_1-A_2|$ 之间。

图 4-14 表示了以上三种情况的两个同方向、同频率的简谐振动及其合成的简谐振动，相应的旋转矢量。

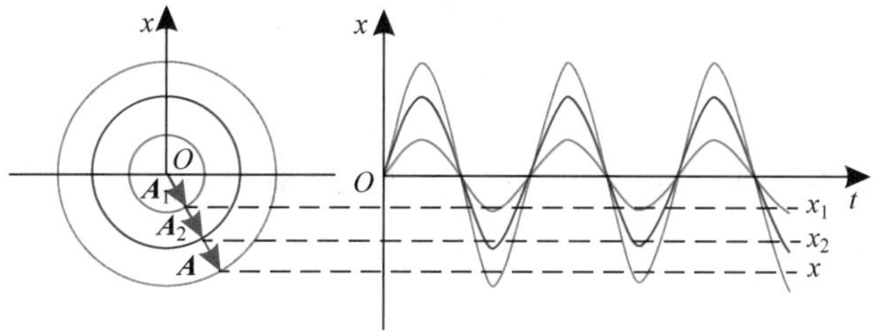

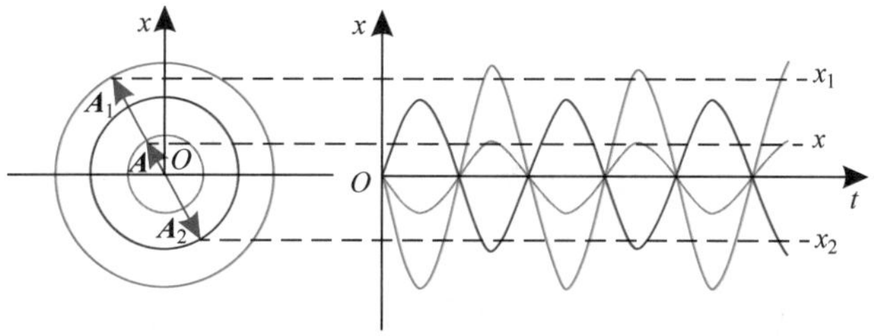

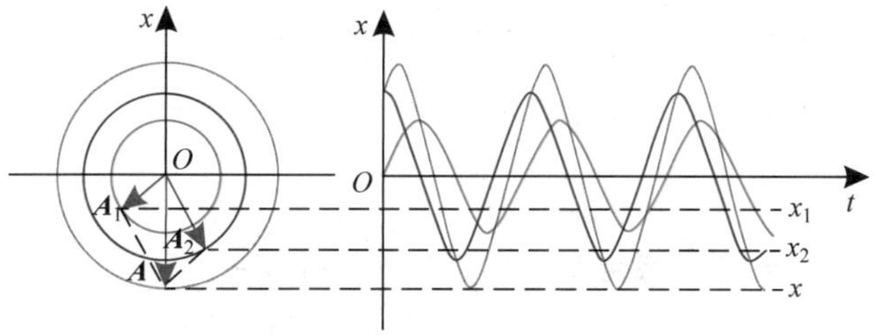

图 4-14 相位差对简谐振动的合成的影响

(a) 同相；(b) 反相；(c) 其他

图 4-13 所示的合振动旋转矢量 $\boldsymbol{A}$ 也可以看成将 $\boldsymbol{A}_1$、$\boldsymbol{A}_2$ 首尾相连后，从 $\boldsymbol{A}_1$ 始端到 $\boldsymbol{A}_2$ 的末端所画出的矢量，即 $\boldsymbol{A}_1$、$\boldsymbol{A}_2$ 和 $\boldsymbol{A}$ 构成一个三角形，这就是矢量合成的三角形法则，如图 4-15 所示。上面所讲的用旋转矢量求简谐振动合成的方法，可以推广到多个同方向同频率简谐振动的合成。运用矢量合成的多边形法则求合振动更为方便，此时各分矢量首尾相连，从第一个矢量的始端到最后一个矢量的末端所画出的矢量即为合矢量。如果多个矢量依次相接而构成一个闭合图形，合振幅应为零。读者可验证之。

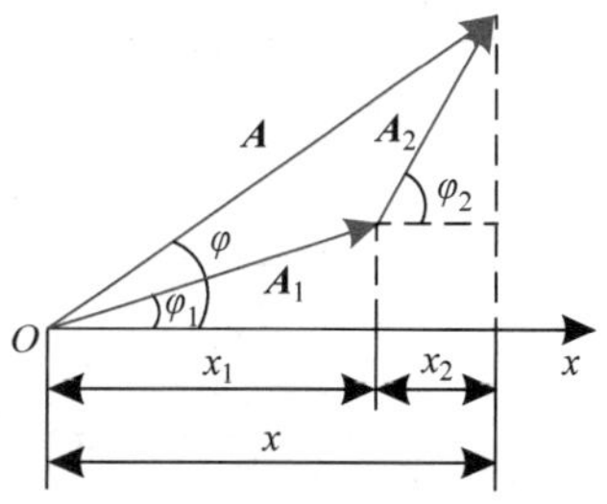

图 4-15 矢量合成的三角形法则

[例题 4-6]

有两个振动方向相同的简谐振动,其振动方程分别为

$$x_1 = 4\cos(2\pi t + \pi)(\text{cm})$$

$$x_2 = 3\cos\left(2\pi t + \frac{\pi}{2}\right)(\text{cm})$$

(1) 求它们的合振动方程;(2)另有一同方向的简谐振动 $x_3=2\cos(2\pi t+\varphi_3)(\text{cm})$,问当 φ_3 为何值时,x_1+x_3 的振幅为最大值?当 φ_3 为何值时,x_1+x_3 的振幅为最小值?

解 (1) 同方向同频率的简谐振动的合成可用解析方法求解,若这两个简谐振动对应的旋转矢量沿着一直线或相互垂直,利用旋转矢量法亦可求解合振动,这两种方法都可用于本题求解合振动。合振动圆频率与分振动的圆频率相同,即 $\omega=2\pi$。

由题意知

$$A_1 = 4\text{cm},\quad \varphi_1 = \pi,\quad A_2 = 3\text{cm},\quad \varphi_2 = \frac{\pi}{2}$$

合振动的振幅为

$$A = \sqrt{A_1^2 + A_2^2 + 2A_1A_2\cos(\varphi_2 - \varphi_1)} = 5(\text{cm})$$

合振动的初相位为

$$\tan\varphi = \frac{A_1\sin\varphi_1 + A_2\sin\varphi_2}{A_1\cos\varphi_1 + A_2\cos\varphi_2} = -\frac{3}{4}$$

φ 的取值在 φ_1 和 φ_2 之间,所求的初相位 φ_0 应在第二象限,解得

$$\varphi = \frac{4}{5}\pi$$

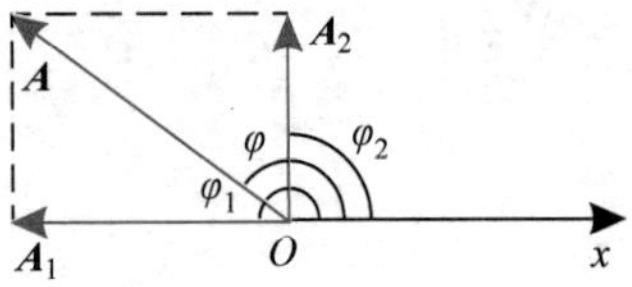

图 4-16 例题 4-6 用图

或由旋转矢量图(图 4-16)易得

$$A = \sqrt{A_1^2 + A_2^2} = 5(\text{cm})$$

$$\varphi = \frac{\pi}{2} + \arctan\frac{A_1}{A_2} = \frac{4}{5}\pi$$

故所求的振动方程为

$$x = 5\cos\left(2\pi t + \frac{4}{5}\pi\right)(\text{cm})$$

(2) 当 $\varphi_3-\varphi_1=2k\pi, k=0,\pm1,\pm2,\cdots$ 时,即 x_1 与 x_3 相位相同时,合振动的振幅最大,由于 $\varphi_1=\pi$,所以

$$\varphi_3 = 2k\pi + \pi,\quad k = 0, \pm1, \pm2, \cdots$$

当 $\varphi_3-\varphi_1=(2k+1)\pi, k=0,\pm1,\pm2,\cdots$ 时,即 x_1 与 x_3 相位相反时,合振动的振幅最小,由于 $\varphi_1=\pi$,故

$$\varphi_3 = (2k+1)\pi + \pi,\quad k = 0, \pm1, \pm2, \cdots$$

即

$$\varphi_3 = 2k\pi,\quad k = 0, \pm1, \pm2, \cdots$$

原理应用

混　沌

1. 确定性和可预测性

科学的任务是寻找事物发展的规律，从而预言事物的发展并进而加以控制，以满足人们的特定需要。规律是一种确定性，事物按照确定的规律发展。当我们掌握了规律之后，就可以对事物的发展进行预测。这是我们早已熟知而且习以为常的确定性和可预测性的关系，也是一种传统的思维习惯。确定性和可预测性的这种直接关系，在经典力学中表现得特别明显。例如，质点在重力场中作斜抛运动。根据例题1-5的结果可知，质点在水平方向作匀速运动，在垂直方向作匀变速运动。只要知道了初始条件，就可以计算和确定斜抛物体在此后任意时刻的位置、速度、加速度等。这说明斜抛物体的运动是有规律的，是提前可预测的。经典力学的这种可预测性，威力极大。1757年哈雷彗星在预定的时间回归，1846年海王星在预言轨道上被发现，都惊人地证明了这一点。这样的威力曾使得伟大的法国数学家拉普拉斯夸下海口：给定宇宙的初始条件，我们就能预言它的未来。当今日食、月食的准确预测，人造地球卫星的成功发射，可以说是在较小范围内实现了拉普拉斯的预言。经典力学的原理在各种技术中得到了广泛的成功应用。这使得人们对自然现象的这种确定性、可预测性深信不疑。

但是，这种传统的思想信念、思维习惯，在20世纪60年代遇到了严重的挑战，这就是非线性动力系统中混沌现象的发现。

2. 弹簧振子受迫振动中出现的混沌现象

在弹簧振子的平衡位置处设置一质量较大的刚性砧，当物体撞击它以后，以同样的速度反跳。物体所受的撞击力显然不再与位移成正比，因而是非线性的。当这种反跳振子在**策动力**(**driving force**)的大小不变而改变其频率时，在任一频率的策动力驱动下，都先让反跳振子振动若干次，以便使它达到稳定状态，然后记录100次物体反跳的最大高度（振幅）。其结果是在某些频率值时，这100次的振幅都一样。即对应于这些相应的频率都只有一个确定的振幅。出人意料的是在某些频率值时，出现了两个、四个……不同的振幅，在某些频率区域甚至出现了振幅完全不确定。这时物体反跳的振幅变得十分混乱，貌似随机。这种反跳振幅十分混乱的“稳定”运动，就是一种**混沌运动**。混沌现象存在于绝大多数非线性系统中。

在出现混沌的频率范围内，振子的跳动也并不是完全彻底的混乱或随机，它具有某种整体上的规律性。另外，当策动力的频率达到某些值时，反跳振子又会从混沌状态中走出来，回到简单的周期运动。反跳振子的混沌运动，除了每一次实验表现得振幅变化无常、十分混乱外，即使在同一频率的策动力驱动下的几次混沌运动，由于初始条件的不同，其混乱程度也各不相同。

3. 混沌系统的特征

混沌理论的进展，无疑是20世纪末非线性科学研究最重要的成就之一。人们发现，自然界宏观领域大量存在着一类混沌现象，完全确定性的方程，得出的却是不确定的结果。完全满足决定论方程的物理系统,其整体特征却表现出随机特征的不可预测性。而且这种随机性是完全来自系统内部的,与外界无关。对初始条件的敏感依赖性是混沌系统的一大特征。比如三体问题,每个星体都严格地遵照牛顿定律按确定的规律运动,但在整体上却呈现出复杂的不稳定随机运动。地月系统中,地球和月球的受力和方程都可以精确确定和求解,月球环绕地球的轨道可以准确给定而且是稳定的。不过这里我们忽略了太阳及其他星体对这个理想的二体系统的影响。迈出一步,如果我们把太阳也考虑进去,二体系统成为三体系统,三体系统的牛顿方程在数学上就不可能精确求解了。现在一般采用"摄动方法"来近似求解。人们还惊奇地发现,来自其中任何一颗星体的引力的微小变化,都可以使得其他星体的轨道发生很大的摇摆不定。小的扰动可能产生大的效果,这就是混沌系统对初始条件的敏感依赖性。

这种对初始条件的敏感依赖性,人们曾形象地把它称为"蝴蝶效应"。它出自美国气象学家E. N. 洛伦兹的研究:"在巴西的一只蝴蝶扇一下翅膀,所引起的微弱气流对地球大气的影响就可能放大而不是逐渐减弱,最终在德克萨斯引起一场大风暴。"以此说明长时期大范围确切的天气预报,在原则上是不可能的。因为影响天气变化的地球大气的温度、湿度、压强等测量值总不可能是完全精确的,而微小的偏差就有可能造成难以预测的后果。当然,人们更关心的是长期预报的平均行为,而混沌吸引子的遍历行为又恰好保证了这个平均值的稳定性和与初始条件的无关性。在数学上人们通常通过逻辑斯蒂(gistic)映射描述上述混沌现象。人们发现,系统演化到最后,要么趋向于在某个值上稳定下来(吸引子),要么出现周期性的振荡而进入混沌。

4. 混沌现象的应用

人们对混沌现象经过近几十年的深入研究,已经取得了许多突破。目前,混沌理论已广泛应用于物理、天文、化学、生物、医学、气象等自然科学学科。同时也已经开始应用于激光、超导等众多高科技领域,还创建了混沌工科学等分支学科,甚至已经拓展到社会科学的众多方面。比如股市行情的风云变幻,市场经济的潮涨潮落就或多或少地有着蝴蝶效应(图 P4-1)的味道,在这些方面应用混沌理论相信是很有前途的。

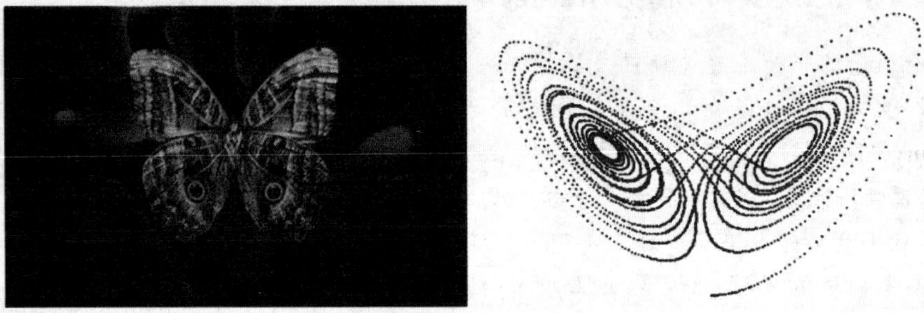

图 P4-1　蝴蝶效应

混沌的出现,一方面预示着人们认识世界的预测能力将受到根本性的限制,另一方面则又大大转变了人们的传统观念,向人们提供了研究问题的新思路、新方法。

过去人们往往认为搜集到的许多复杂的随机信息是一种偶然现象的反映,甚至认为是"噪声",是实验的失败,因而弃置一旁,不予理睬。现在,人们意识到以前可能错了,这些信息里有相当一部分或许可以归入混沌一类,而可以另辟蹊径,用混沌的方法去进行研究,或者能从混沌中找到出路,甚至取得令人意想不到的结果。另外,鉴于混沌的复杂性,要用好它往往也不是一件轻而易举的事,对此我们应当认真研究。

内容提要

1. 简谐振动

弹簧振子的动力学特征：受到线性回复力 $F=-kx$ 作用。

简谐振动的运动学方程：$x=A\cos(\omega t+\varphi)$

2. 简谐振动的特征量

由初始条件确定振幅和初相位：$\begin{cases} A=\sqrt{x_0^2+\dfrac{v_0^2}{\omega^2}} \\ \varphi=\arctan\left(-\dfrac{v_0}{\omega x_0}\right) \end{cases}$

简谐振动的相位：$\omega t+\varphi$

角频率：$\omega=\sqrt{\dfrac{k}{m}}$；角频率、频率和周期的关系：$\omega=2\pi\nu=\dfrac{2\pi}{T}$

3. 简谐振动的速度和加速度

速度：$v=\dfrac{\mathrm{d}x}{\mathrm{d}t}=-\omega A\sin(\omega t+\varphi)$

加速度：$a=\dfrac{\mathrm{d}^2x}{\mathrm{d}t^2}=-\omega^2A\cos(\omega t+\varphi)=-\omega^2x$

4. 简谐振动的旋转矢量表示法

旋转矢量 $\boldsymbol{A}$ 的投影点作简谐振动，简谐振动的振幅、角频率、初相位分别与旋转矢量 $\boldsymbol{A}$ 的大小、旋转角速度、初始时刻 $\boldsymbol{A}$ 与 x 轴的夹角一一对应。

5. 简谐振动的能量

势能：$E_\mathrm{p}=\dfrac{1}{2}kx^2=\dfrac{1}{2}kA^2\cos^2(\omega t+\varphi)$

动能：$E_\mathrm{k}=\dfrac{1}{2}mv^2=\dfrac{1}{2}m\omega^2A^2\sin^2(\omega t+\varphi)=\dfrac{1}{2}kA^2\sin^2(\omega t+\varphi)$

总能量守恒：$E=E_\mathrm{p}+E_\mathrm{k}=\dfrac{1}{2}kA^2=\dfrac{1}{2}m\omega^2A^2$

6. 同方向同频率简谐振动的合成

同方向同频率两个简谐振动 $x_1=A_1\cos(\omega t+\varphi_1)$，$x_2=A_2\cos(\omega t+\varphi_2)$ 合成后仍为同频率的简谐振动。

合振动：$x=A\cos(\omega t+\varphi)$

合振动的振幅：$A=\sqrt{A_1^2+A_2^2+2A_1A_2\cos(\varphi_2-\varphi_1)}$

合振动的初相位：$\varphi=\arctan\dfrac{A_1\sin\varphi_1+A_2\sin\varphi_2}{A_1\cos\varphi_1+A_2\cos\varphi_2}$

合振幅最大条件：两分振动的相位相同，即 $\varphi_2-\varphi_1=2k\pi, k=0,\pm1,\pm2,\cdots$

合振幅最小条件：两分振动的相位相反，即 $\varphi_2-\varphi_1=(2k+1)\pi, k=0,\pm1,\pm2,\cdots$

习题

一、选择题

4-1 一个质点作简谐振动，振幅为 A，在起始时刻质点的位移为 $-\dfrac{A}{2}$，且向 x 轴的正方向运动，代表这个简谐振动的旋转矢量图为(　　)。

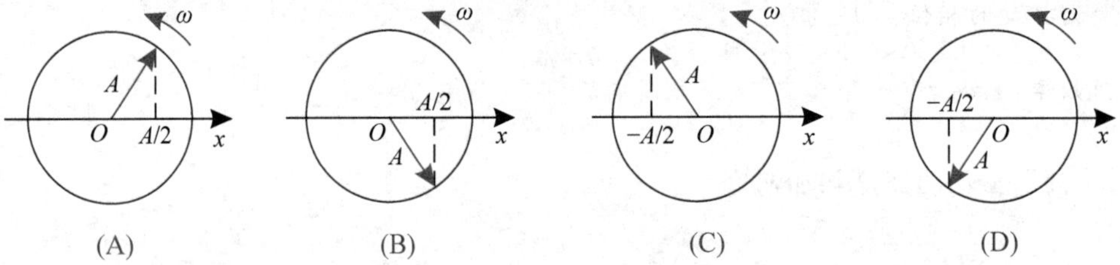

习题 4-1 图

4-2 作简谐振动的物体，振幅为 A，由平衡位置向 x 轴正方向运动，则物体由平衡位置运动到 $x=\dfrac{\sqrt{3}A}{2}$ 处时，所需的最短时间为周期的(　　)。

(A) 1 /2　　(B) 1/4　　(C) 1/6　　(D) 1/12

4-3 两个同周期简谐振动曲线如图所示，x_1 的相位比 x_2 的相位(　　)。

(A) 落后$\dfrac{\pi}{2}$　　(B) 超前$\dfrac{\pi}{2}$

(C) 落后 π　　(D) 超前 π

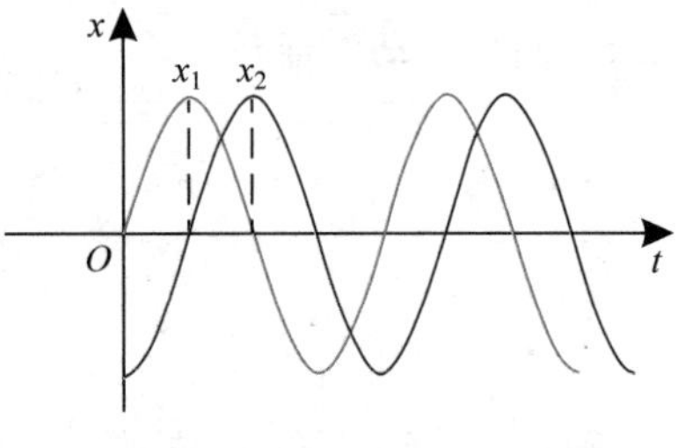

习题 4-3 图

4-4 一弹簧振子作简谐振动，总能量为 E，若振幅增加为原来的 2 倍，振子的质量增加为原来的 4 倍，则它的总能量为(　　)。

(A) $2E$　　(B) $4E$

(C) E　　(D) $16E$

4-5 两个同振动方向、同频率、振幅均为 A 的简谐振动合成后，振幅仍为 A，则这两个简谐振动的相位差为(　　)。

(A) 60°　　(B) 90°　　(C) 120°　　(D) 180°

二、填空题

4-6 一质量为 m 的质点在力 $F=-\pi^2 x$ 作用下沿 x 轴运动，其运动的周期为________。

4-7　一物体作简谐振动，其运动方程为 $x=0.04\cos\left(\frac{5\pi t}{3}-\frac{\pi}{2}\right)$(m)。(1)此简谐振动的周期 $T=$________；(2)当 $t=0.6$s 时，物体的速度 $v=$________。

4-8　一质点沿 x 轴作简谐振动，振动范围的中心点为 x 轴的原点，已知周期为 T，振幅为 A。若 $t=0$ 时质点处于 $x=A/2$ 处，且向 x 轴负方向运动，则简谐振动的运动学方程为 $x=$________。

4-9　质量为 m 的物体和一个弹簧组成的弹簧振子，其振动周期为 T，当它作振幅为 A 的简谐振动时，此系统的振动能量 $E=$________。

4-10　已知弹簧的劲度系数 $k=1.3$N/cm，振幅为 2.4cm，这一弹簧振子的机械能为________。

三、计算题

4-11　若简谐振动的运动学方程为 $x=0.10\cos\left(20\pi t+\frac{\pi}{4}\right)$，式中 x 的单位为 m，t 的单位为 s，求：(1)振幅、角频率、周期和初相；(2)速度的最大值。

4-12　一物体沿 x 轴作简谐振动，振幅为 10cm，周期为 2s，在 $t=0$ 时，$x=5$cm，且向 x 轴负方向运动，求运动学方程。

4-13　有一弹簧，当其下端挂一质量为 m 的物体时，伸长量为 9.8×10^{-2}m。若使物体上下振动，且规定向下为正方向。(1)当 $t=0$ 时，物体在平衡位置上方 8.0×10^{-2}m 处，由静止开始向下运动，求运动学方程；(2)当 $t=0$ 时，物体在平衡位置并以 0.60m/s 的速度向上运动，求运动学方程。

4-14　有一条简谐振动曲线如图所示，求：(1)该简谐振动的角频率 ω，初相位 φ_0；(2)该简谐振动的运动学方程、振动速度和振动加速度的表达式。

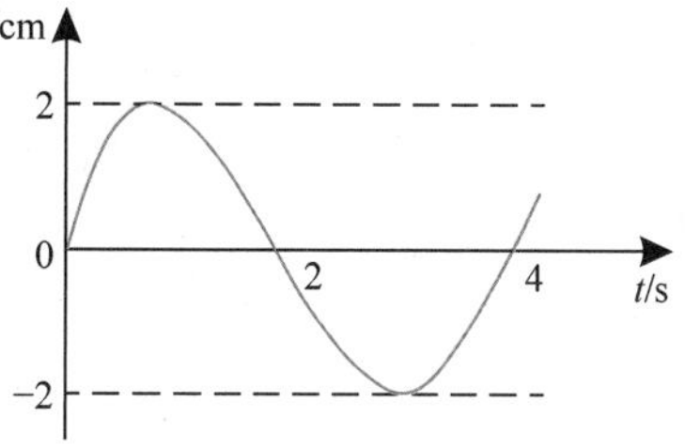

习题 4-14 图

4-15　质量为 10g 的物体沿 x 轴作简谐振动，振幅 $A=10$cm，周期 $T=4.0$s，$t=0$ 时物体的位移为 $x_0=-5.0$cm，且物体朝 x 轴负方向运动，求：(1)$t=1.0$s 时物体的位移；(2)$t=1.0$s 时物体所受的力；(3)$t=0$ 之后何时物体第一次到达 $x=5.0$cm 处；(4)第二次和第一次经过 $x=5.0$cm 处的时间间隔。

4-16　如图所示，质量为 1.00×10^{-2}kg 的子弹以 500m/s 的速度射入并嵌在木块中，同时使弹簧压缩从而作简谐振动。设木块的质量为 4.99kg，弹簧的劲度系数为 8.00×10^{3}N/m，若以弹簧原长时物体所在处为坐标原点，向左为 x 轴正向，求简谐振动的运动学方程。

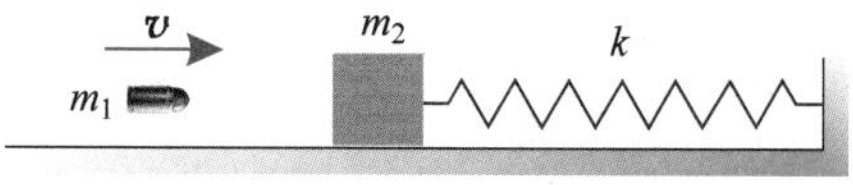

习题 4-16 图

4-17　一物块悬于弹簧下端并作简谐振动，当物块位移大小为振幅的一半时，这个振动系统的势能占总能量的多少？动能占总能量的多少？又位移大小为多少时，动能、势能各占总能量的一半？

4-18　一劲度系数 $k=312$N/m 的轻弹簧，一端固定，另一端联结一质量 $m_0=0.3$kg 的物体，放在光滑的水平面上，上面放一质量为 $m=0.2\text{kg}$ 的物体，两物体间的最大静摩擦因数 $\mu=0.5$，求两物体间无相对滑动时，系统振动的最大能量。

4-19 已知两同方向同频率的简谐振动的运动方程分别为 $x_1=0.05\cos(10t+0.75\pi)$，$x_2=0.06\cos(10t+0.25\pi)$，式中 x_1、x_2 的单位为 m，t 的单位为 s。求：(1)合振动的振幅及初相；(2)若有另一同方向同频率的简谐振动 $x_3=0.07\cos(10t+\varphi_3)$，式中 x_3 的单位为 m，t 的单位为 s，则 φ_3 为多少时，x_1+x_3 的振幅最大？又 φ_3 为多少时，x_2+x_3 的振幅最小？

Chapter 5

第5章

机械波

在第4章讨论振动的基础上，本章将进一步研究**振动状态在空间的传播过程——波动**（**wave motion**），简称**波**。激发波动的振动系统称为波源。波是自然界广泛存在的一种运动形式，通常将波动分为两大类：一类是**机械振动在介质中的传播**，称为**机械波**（**mechanical wave**），如水面波、声波（sound wave）、绳波等；另一类是**变化的电磁场在空间的传播**，称为**电磁波**（**electromagnetic wave**），如无线电波、光波、X射线等。

机械波与电磁波在本质上是不同的，但它们都具有波动的共同特征，即都具有一定的传播速度，并伴随着能量的传播；都具有时空周期性，对空间某一定点，振动随时间的变化具有时间周期性，而固定一个时刻来看，空间各点的振动分布也具有空间周期性；都具有可入性和可叠加性，可入性指在空间同一区域可同时经历两个或两个以上的波，因而波可以叠加；都能产生反射、折射、干涉和衍射等现象，观察干涉、衍射现象是鉴别波动过程最有力的手段。近代物理研究发现，微观粒子具有明显的二象性——粒子性与波动性，因此研究微观粒子的运动规律时，波动概念也是重要的基础。

本章主要内容有：机械波的产生，波函数和波的能量，惠更斯原理及其在波的衍射、干涉等方面的应用。

克里斯蒂安·惠更斯（Christian Huygens，1629—1695年）荷兰物理学家、天文学家、数学家。他在碰撞、钟摆、离心力和光的波动说、光学仪器等多方面作出了贡献，是近代自然科学的一位重要开拓者。

5.1 机械波的产生和传播

5.1.1 机械波的形成

机械振动在弹性介质中传播时形成机械波。这是因为弹性介质内各质点之间有弹性力相互作用着，故也称为**弹性波**。当介质中某一点离开平衡位置时，就发生形变，于是，一方面邻近质点将对它施加弹性恢复力，使它回到平衡位置，并在平衡位置附近振动；另一方面根据牛顿第三定律，这个质点也将对邻近质点施加弹性力，迫使邻近质点也在自己的平衡位置附近振动。这样，某点的振动借助于弹性力带动邻近质点振动，进而又带动更远一点的质点振动，于是在空间形成波动。波动过程中介质各质点均在各自的平衡位置附近作振动，质点本身并不传播，只是振动状态在空间的逐点传递。

5.1.2 横波和纵波

按照质点振动的方向和波的传播方向的关系，机械波可分为横波与纵波，这是波动的两种最基本的形式。

如图 5-1 所示，一根轻弹簧一端固定，另一端被拉至水平后上下抖动。轻弹簧可看作是一系列由弹性力联系起来的质元组成，可进一步将质元视为一个个质点，质点振动方向与波的传播方向相互垂直的波，称为**横波**(**transverse wave**)；类似地，抓住弹性介质(如一根轻弹簧)的一端沿长度方向来回振动，质点振动方向与波的传播方向相互平行的波，称为**纵波**(**longitudinal wave**)，如图 5-2 所示。

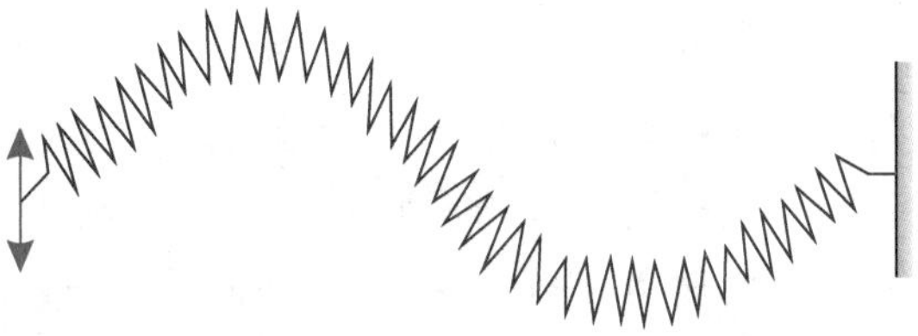

图 5-1　轻弹簧上的横波

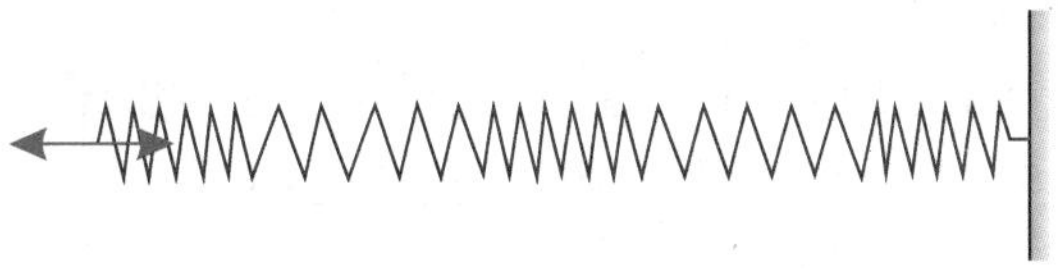

图 5-2　轻弹簧中的纵波

动画：机械波的传播

在机械波中，横波是由于介质的切变弹性引起的，因此固体可以传播横波，柔软的弦线也能传播横波。由于液体和气体没有切变弹性，所以横波不能在液体和气体中传播。

在机械波中，纵波是由介质的体变弹性或长变弹性引起的，所以固体、液体和气体中都能传播纵波。例如声音在空气中传播时，气体分子的振动方向与波传播的方向平行，所以它是一种纵波。

5.1.3 波长　周期和频率　波速

描述波动的几个主要物理量是波长、频率、周期和波速。沿波传播方向两个相邻的、相位差为 2π 的振动质点之间的距离，即一个完整波形的长度，叫做**波长**(**wavelength**)，用 λ 表示。显然，横波上相邻两个波峰之间或两个波谷之间的距离，都是一个波长；纵波上相邻两个密部或相邻两个疏部对应点之间的距离，也是一个波长。

波的**周期**是波前进一个波长的距离所需的时间，用 T 表示。波的周期也就是一个完整的波形通过波线上某一固定点所需的时间。单位时间内通过波线上某一固定点的完整波形的数目称为波的**频率**，用 ν 表示。周期和频率互为倒数关系，即

$$\nu = \frac{1}{T} \tag{5-1}$$

在波源静止的情况下，由于波源作一次完全振动，波就前进一个波长的距离，所以波源激发的波的周期和频率等于波源的振动周期和频率，但它们的物理意义不同。

波是波源振动状态(相位)的传播过程，单位时间内某一振动状态传播的距离即某一振动状态在介质中的传播速度称为**波速**，用 u 表示，也称为相速。波速的大小取决于介质的性质，在不同的介质中，波速是不同的。

应该指出，波速和波动过程中某一介质质点的振动速度是物理含义完全不同的两个物理量，必须注意两者的区别。

波动理论和实验都证明，机械波的波速取决于传播介质的弹性和密度，与波源的振动频率无关。下面给出几种各向同性的均匀介质中的波速公式。

绳或弦上的横波波速

$$u = \sqrt{\frac{T}{\rho}} \tag{5-2}$$

式中，T 为绳或弦中的张力；ρ 为单位长度的绳或弦的质量。

固体中的波速

$$u = \sqrt{\frac{G}{\rho}}\text{(横波)} \tag{5-3}$$

$$u = \sqrt{\frac{E}{\rho}}\text{(纵波)} \tag{5-4}$$

式中，G 和 E 分别为介质的切变模量和弹性模量，ρ 为介质的质量密度。需要指出，式(5-4)是近似的，仅当纵波沿细棒长度方向传播时才是准确的。

液体和气体中纵波波速

$$u = \sqrt{\frac{K}{\rho}} \tag{5-5}$$

式中，K 为介质的体积模量，ρ 为介质的质量密度。

以上各式说明，机械波的波速决定于介质的性质，而与振源无关。表 5-1 给出了几种介质中的声速。

表 5-1 几种介质中的声速

介质	温度/℃	声速/(m/s)
空气(1.013×10^5 Pa)	0	331
空气(1.013×10^5 Pa)	20	343
氢气(1.013×10^5 Pa)	0	1270
玻璃	0	5500
花岗岩	0	3950
冰	0	5100
水	20	1460
铝	20	5100
黄铜	20	3500

根据上述各个物理量的定义，在一个波动周期内，某一振动状态传播的距离就是一个波长，因此波长、频率、周期和波速之间有如下关系：

$$\lambda = uT = \frac{u}{\nu} \tag{5-6}$$

式(5-6)具有普遍的意义，对各类波都适用。必须指出，波速虽由介质决定，但波的频率是波源的频率，却与介质无关，因此，由式(5-6)可知，同一频率的波，其波长将随介质的不同而不同。

5.1.4 波面 波前 波线

波源在弹性介质中振动时，振动将向各个方向传播，形成波动。为了便于讨论波的传播情况，我们引入波面、波前和波线的概念。

在波动传播过程中，介质中振动相位相同的各点组成的面叫做**波阵面**或**波面**(wave surface)。由于波阵面上所有质点振动的相位都相同，所以波阵面又称为**同相面**。在任一时刻，波面可以有任意多个，一般使相邻两个波面之间的距离等于一个波长。在某时刻，由波源最初振动状态传到的各点所连成的曲面，叫做**波前**(wave front)。显然，波前是波面的特例，但它是传到最前面的那个波面。随着波的传播，波阵面在空间不断推进。在各向同性介质中，波的传播方向与波阵面垂直，称为**波射线**或**波线**(wave ray)。

波阵面为一平面的波称为**平面波**(plane wave)，平面波的同相面为一系列平行平面。波阵面为一球面的波称为**球面波**(spherical wave)，例如由点光源发出的光波就是一种球面波。远离球面波源中心的波阵面近似为平面，例如到达地面的太阳光波可看成为平面波。

[例题 5-1]

在室温下，已知空气中的声速 u_1 为 340m/s，水中的声速 u_2 为 1450m/s，求频率为 200Hz 和 2000Hz 的声波在空气中和水中的波长。

解 由 $\lambda=\frac{u}{\nu}$，频率为 200Hz 和 2000Hz 的声波在空气中的波长分别为

$$\lambda_1 = \frac{u_1}{\nu_1} = \frac{340}{200} = 1.7(\text{m})$$

$$\lambda_2=\frac{u_1}{\nu_2}=\frac{340}{2000}=0.17(\text{m})$$

在水中它们的波长分别为

$$\lambda_1'=\frac{u_2}{\nu_1}=\frac{1450}{200}=7.25(\text{m})$$

$$\lambda_2'=\frac{u_2}{\nu_2}=\frac{1450}{2000}=0.725(\text{m})$$

可见，同一频率的声波，在水中的波长比在空气中波长要长得多。

5.2 平面简谐波

机械波是机械振动在弹性介质内的传播，它是弹性介质内大量质点参与的一种集体运动形式。如果波沿 x 轴方向传播，那么，要描述它，就应该知道 x 处的质点在任意时刻 t 的位移 y，换句话说，应该知道 $y(x,t)$。我们把这种描述波传播的函数 $y(x,t)$ 叫做**波动函数**，简称**波函数**(**wave function**)。

普通的波函数表达式是比较复杂的。如果波源作简谐振动，那么在均匀介质中所形成的波就是**简谐波**(**simple harmonic wave**)。简谐波是最简单、最基本的波。波源和波动所到达的各点均作简谐振动，这样的平面波称为**平面简谐波**。理论分析表明，严格的简谐波只是理想化的模型，它不仅具有单一的频率和振幅，而且必须在空间和时间上都是无限延展的。所以严格的简谐波是无法实现的。对于作简谐振动的波源在均匀、无吸收的介质中所形成的波，只可近似地看成是简谐波。然而可以证明，任何非简谐复杂的波都可以看成是由若干个频率不同的简谐波叠加而成的。因此，研究简谐波仍具有特别重要的意义。

5.2.1 平面简谐波的波函数

下面讨论在均匀介质中以速度 $\boldsymbol{u}$ 沿 x 轴正方向传播的简谐波，如图 5-3 所示。

设坐标原点 O 处的简谐振动的运动学方程为

$$y_0(t)=A\cos(\omega t+\varphi_0) \tag{5-7}$$

式中，ω 为振动圆频率，φ_0 为原点处振动的初相位。

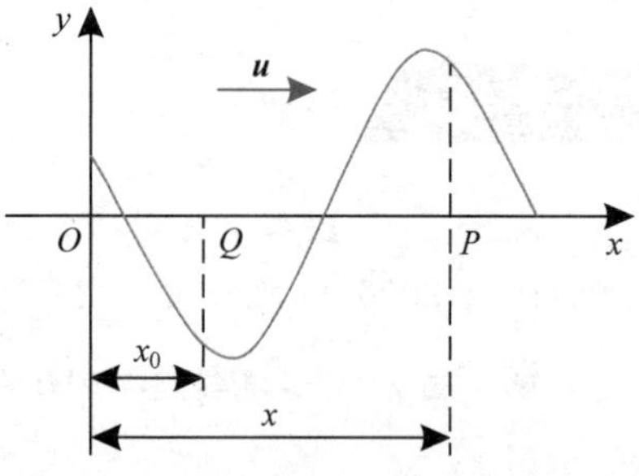

图 5-3　t 时刻的简谐波波形图

假设介质是均匀的、无吸收的，那么各质点的振幅保持不变。在 Ox 轴上取一点 P，它距点 O 的距离为 x，当振动传到点 P 时，该处的质点将以相同的振幅和频率重复点 O 的振动。但振动从原点 O 传到点 P 所需要的时间是 $\frac{x}{u}$，点 P 的振动比点 O 要晚 $\frac{x}{u}$ 这样一段时间。也就是说点 P 在 t 时刻的相位和点 O

在$\left(t-\frac{x}{u}\right)$时刻的相位相同。于是点 P 在时刻 t 的位移为

$$y(x,t)=A\cos\left[\omega\left(t-\frac{x}{u}\right)+\varphi_0\right] \tag{5-8}$$

式(5-8)反映了介质中各质点不同时刻的振动，即在任一时刻 t，x 处质点的位移 $y(x,t)$，它就是**平面简谐波的波函数**，也常称为**平面简谐波的波动方程**(**wave equation**)(平面简谐波的表达式)。注意 y 是指质点离开其平衡位置的位移，横波是 y 轴与 x 轴方向垂直，纵波是 y 轴与 x 轴方向平行。

利用关系式 $\omega=2\pi/T=2\pi\nu$ 以及 $uT=\lambda$，沿 x 轴正方向传播平面简谐波的波动表达式还可写成以下形式：

$$y(x,t)=A\cos\left[2\pi\left(\frac{t}{T}-\frac{x}{\lambda}\right)+\varphi_0\right] \tag{5-9a}$$

$$y(x,t)=A\cos\left[2\pi\left(\nu t-\frac{x}{\lambda}\right)+\varphi_0\right] \tag{5-9b}$$

如果波沿 x 轴负方向传播，则 t 时刻在坐标 x 处的振动状态，就是$\left(t+\frac{x}{u}\right)$时刻原点处的振动状态，这样得到沿 x 轴负方向传播的波的波函数

$$y(x,t)=A\cos\left[\omega\left(t+\frac{x}{u}\right)+\varphi_0\right] \tag{5-10}$$

至此，不难将以上的讨论推广到更一般的情形，若波沿 Ox 轴的正方向传播，且已知与点 O 距离为 x_0 的点 Q 的振动规律为

$$y_Q=A\cos(\omega t+\varphi_0)$$

则相应的波函数

$$y=A\cos\left[\omega\left(t-\frac{x-x_0}{u}\right)+\varphi_0\right] \tag{5-11}$$

5.2.2 波函数的物理意义

为了进一步理解波动方程的物理意义，我们讨论以下几种情况：

(1) 当 t 为某一定值时，即在某一特定时刻(定时)，式(5-8)表示的是该时刻介质质点的位移 y 随质点位置 x 的变化，用图画出即为周期为 λ 的波形图 $y(x)$，如图 5-4 所示。在任意时刻，波形都是余弦曲线。

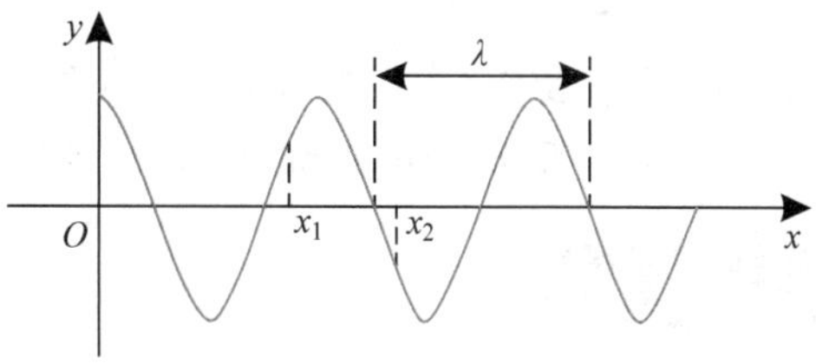

图 5-4 给定时刻各质点的位移

由波形图可以看出，在同一时刻，距离坐标原点 O 分别为 x_1、x_2 的两点的相位是不同的。由式(5-9b)可得两点的相位差为

$$\Delta\varphi=\varphi_1-\varphi_2=\left[2\pi\left(\nu t-\frac{x_1}{\lambda}\right)+\varphi_0\right]-\left[2\pi\left(\nu t-\frac{x_2}{\lambda}\right)+\varphi_0\right]$$

$$=2\pi\frac{x_2-x_1}{\lambda}=2\pi\frac{\Delta x}{\lambda}$$

式中，$\Delta x=x_2-x_1$ 称为**波程差**。上式即

$$\Delta\varphi = 2\pi\frac{\Delta x}{\lambda} \tag{5-12}$$

这表明相位差是波程差的 $\frac{2\pi}{\lambda}$ 倍，或者说波程差是波长的多少倍，其相位差就是 2π 的多少倍。式(5-12)就是相位差与波程差的关系式。对于沿 x 轴正方向传播的简谐波，当 x_2 大于 x_1 时，有 $\Delta\varphi=\varphi_1-\varphi_2>0$，即 $\varphi_2<\varphi_1$，表明 x_2 处相位 φ_2 落后于 x_1 处相位 φ_1。

(2) 当 x 一定时，即波线上的某一定点 x，式(5-8)表示的是质点位移 y 随时间 t 变化的运动学方程，这就是位移对时间的余弦振动曲线 $y(t)$，如图 5-5 所示。介质中任一质点都作简谐振动，不同位置处质点振动的周期均为 T，振幅均为 A，但初相位 $\left(\varphi_0-\frac{\omega x}{u}\right)$ 因点 x 不同而不同。

(3) 当 x 和 t 都变化时，式(5-8)表示任一质点在任一时刻的位移 $y(x,t)$。图 5-6 分别画出了 t 时刻和稍后的 $t+\Delta t$ 时刻的波形图，从而描绘出在 Δt 时间内传播了 Δx 距离的情形。

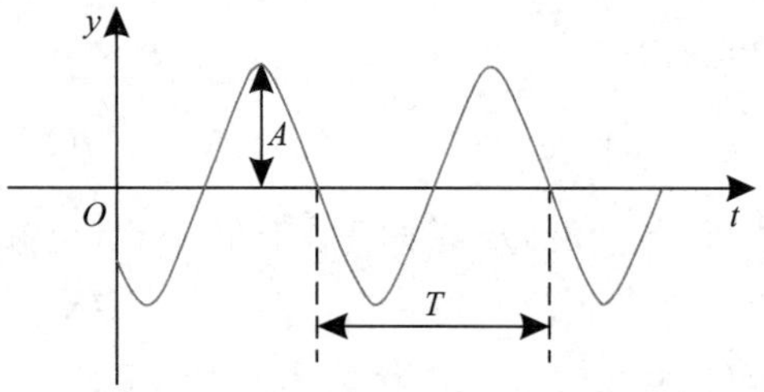

图 5-5 给定质点的位移时间曲线

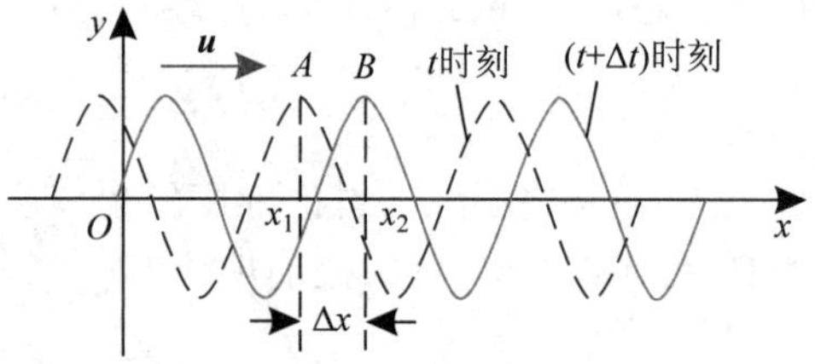

图 5-6 波的传播

考虑这两个时刻的波形图上两个相邻的相位相同的点 A 和 B，A 表示 t 时刻 x_1 处质点的某个振动状态，B 表示 $(t+\Delta t)$ 时刻 x_2 处质点具有相同的相位，应用式(5-9a)有

$$2\pi\left(\frac{t}{T}-\frac{x_1}{\lambda}\right)+\varphi_0 = 2\pi\left[\frac{1}{T}(t+\Delta t)-\frac{x_2}{\lambda}\right]+\varphi_0$$

可得到

$$x_2-x_1=\frac{\lambda}{T}\Delta t = u\Delta t$$

这就告诉我们，波的传播是相位的传播，是运动状态的传播，或者是整个波形的传播，所以这种波又叫**行波**(**travelling wave**)或**前进波**，波速 u 又称为**相速**(**phase velocity**)。

[例题 5-2]

设一平面简谐波的波动方程为 $y=0.1\cos\pi\left(10t-\frac{x}{10}\right)$m，求：(1)该波的波速、波长、周期和振幅；(2)$x=10$m 处质点振动的运动学方程及该质点在 $t=2$s 时的振动速度。

解 (1) 将波动方程 $y=0.1\cos\pi\left(10t-\frac{x}{10}\right)$(m)写成标准形式

$$y = 0.1\cos2\pi\left(\frac{t}{0.2}-\frac{x}{20}\right)(\text{m}) \tag{a}$$

与式(5-9a)比较，得振幅 $A=0.1\text{m}$，波长 $\lambda=20\text{m}$，周期 $T=0.2\text{s}$，波速 $u=\lambda/T=100(\text{m/s})$。

(2) 将 $x=10\text{m}$ 代入式(a)，整理后可得

$$y=0.1\cos(10\pi t-\pi)(\text{m}) \tag{b}$$

这就是距原点 10m 处质点振动的运动学方程。

将式(b)对时间 t 求一阶导数，可得距原点 10m 处质点的振动速度为

$$v=-1.0\pi\sin(10\pi t-\pi)(\text{m/s})$$

将 $t=2\text{s}$ 代入，得到 $v=0$，故该处质点在 $t=2\text{s}$ 时的振动速度为零。

[例题 5-3]

波源作简谐振动，频率为 50Hz，振幅为 0.2m，并以它经平衡位置向负方向运动时为时间起点，形成的简谐波沿直线以 200m/s 的速度向 x 轴正方向传播，求：(1)波动方程；(2)距波源为 2m 处的点 P 的振动方程和初相位；(3)距波源分别为 1m 和 2m 的两质点间的相位差。

解 已知坐标原点的振动方程 $y_0=A\cos(\omega t+\varphi)$，则波动方程可表示为 $y=A\cos\left[\omega\left(t-\frac{x}{u}\right)+\varphi\right]$；本题中波源(坐标原点)的振动方程未知，应先通过题设条件求出波源的振动方程，继而求出波动方程。某一位置处的振动方程，可将该处的位置代入波动方程来求得，而振动的初相位则可由振动方程来确定；波线上相距 Δx 两质点的相位差可由 $\Delta\varphi=2\pi\frac{\Delta x}{\lambda}$ 来计算。

(1) 已知该简谐波振幅 $A=0.2\text{m}$，频率 $\nu=50\text{Hz}$，得圆频率 $\omega=2\pi\cdot\nu=100\pi(\text{rad/s})$，当 $t=0$ 时，波源 $y_0=0$，振动速度 $v_0<0$，由 $y_0=A\cos\varphi=0$ 解得 $\varphi=\pm\frac{\pi}{2}$，而 $v_0=-A\omega\sin\varphi<0$，$\sin\varphi>0$。所以

$$\varphi=\frac{\pi}{2}$$

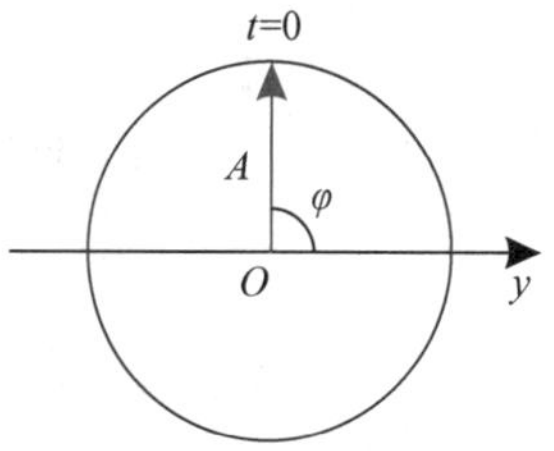

图 5-7 例题 5-3 用图

或者，由旋转矢量图(图 5-7)，易得 $\varphi=\frac{\pi}{2}$。

所以波源的振动方程为

$$y=0.2\cos\left(100\pi t+\frac{\pi}{2}\right)(\text{m})$$

由此得波动方程

$$y=0.2\cos\left[100\pi\left(t-\frac{x}{200}\right)+\frac{\pi}{2}\right](\text{m})$$

(2) 对于 P 点，$x_P=2\text{m}$，代入波动方程得到振动方程

$$y=0.2\cos\left(100\pi t+\frac{3\pi}{2}\right)(\text{m})$$

故 $t=0$ 时，P 点初相位为

$$\varphi_{P0}=\frac{3\pi}{2}$$

(3) 该波的波长

$$\lambda=u\cdot T=\frac{u}{\nu}=4(\mathrm{m})$$

距波源分别为1m和2m的两质点间的相位差

$$\Delta\varphi=2\pi\frac{\Delta x}{\lambda}=\frac{\pi}{2}$$

[例题 5-4]

如图5-8所示，一平面简谐波以速度 $u=20\mathrm{m/s}$ 沿直线传播，波线上 A 点的振动方程为

$$y=3\times10^{-2}\cos4\pi t(\mathrm{m})$$

(1) 以 A 为坐标原点，写出波动方程；

(2) 以 B 为坐标原点，写出波动方程。

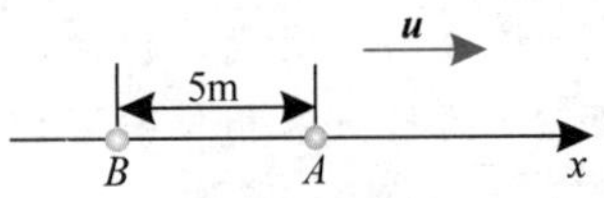

图5-8 例题5-4用图

解 A 点的振动方程已知，以 A 点为坐标原点，求波动方程比较容易；而以 B 为坐标原点，求波动方程时，需要求出 B 点的振动方程，可以通过以 A 为坐标原点时的波动方程求 B 点的振动方程，也可以比较 A、B 两点的相位差来求。

(1) A 点振动方程为

$$y=3\times10^{-2}\cos4\pi t(\mathrm{m})$$

该波沿 x 轴正方向传播，以 A 为坐标原点的波动方程表示为

$$y=3\times10^{-2}\cos4\pi\left(t-\frac{x}{20}\right)(\mathrm{m})$$

(2) 以 B 为坐标原点

方法一 以 A 为坐标原点时，波动方程为

$$y=3\times10^{-2}\cos4\pi\left(t-\frac{x}{20}\right)(\mathrm{m})$$

将 $x=-5\mathrm{m}$ 代入得 B 点振动方程

$$y=3\times10^{-2}\cos(4\pi t+\pi)(\mathrm{m})$$

方法二 A、B 两点的相位差 $\Delta\varphi=2\pi\frac{\Delta x}{\lambda}$，其中 $\Delta x=5\mathrm{m}$，该简谐波圆频率 $\omega=4\pi\mathrm{rad/s}$，则周期

$$T=\frac{2\pi}{\omega}=\frac{2\pi}{4\pi}=0.5(\mathrm{s})$$

波长 $\lambda=Tu=0.5\times20=10(\mathrm{m})$，得

$$\Delta\varphi=\pi$$

令 φ_B 为 B 点的振动初相位，φ_A 为 A 点的振动初相位，该波沿 x 轴正方向传播，B 点振动比 A 点振动超前，所以

$$\Delta\varphi = \varphi_B - \varphi_A = \varphi_B = \pi(\varphi_A = 0)$$

所以 B 点振动方程

$$y = 3\times 10^{-2}\cos(4\pi t + \pi)(\mathrm{m})$$

因此，以 B 为坐标原点的波动方程表示为

$$y = 3\times 10^{-2}\cos\left[4\pi\left(t - \frac{x}{20}\right) + \pi\right](\mathrm{m})$$

5.3 波的能量　波的能量密度

在波动过程中，波源的振动通过弹性介质由近及远地传播出去，使介质中各质点都在各自的平衡位置附近振动。由于各质点有振动速渡，因而它们具有振动动能。同时因介质发生形变，它们还具有弹性势能。下面以平面简谐纵波在固体细长棒中的传播为例，计算波的能量。

5.3.1 波的能量

设平面简谐波在密度为 ρ 的细棒中传播，细棒截面积为 S，在棒上距原点为 x 处选取介质中一个很小的质元 ΔV，其质量 $\Delta m = \rho\Delta V$。当平面简谐波

$$y = A\cos\omega\left(t - \frac{x}{u}\right)$$

在介质中传播时，此质元在时刻 t 的振动速率为

$$v = \frac{\partial y}{\partial t} = -A\omega\sin\omega\left(t - \frac{x}{u}\right)$$

而这段质元的振动动能为

$$\Delta E_k = \frac{1}{2}(\Delta m)v^2$$

将速度 v 代入上式得到

$$\Delta E_k = \frac{1}{2}(\rho\Delta V)A^2\omega^2\sin^2\omega\left(t - \frac{x}{u}\right) \tag{5-13}$$

可以证明(证明过程较复杂，这里从略，有兴趣的同学可参看其他相关书籍)，质元由于形变而具有的势能等于动能，即

$$\Delta E_p = \Delta E_k = \frac{1}{2}(\rho\Delta V)A^2\omega^2\sin^2\omega\left(t - \frac{x}{u}\right) \tag{5-14}$$

则质元的总机械能 ΔE 为

$$\Delta E = \Delta E_k + \Delta E_p = \rho A^2\omega^2(\Delta V)\sin^2\omega\left(t - \frac{x}{u}\right) \tag{5-15}$$

由式(5-13)和式(5-14)可见，在波传播过程中，介质中任一质元的动能和势能同相地随时间变化，它们在任一时刻都有完全相同的值。在质元通过平衡位置时，速度有了最大

值，因此其动能、势能和总机械能均同时达到最大值，在质元的位移最大时，速度为零，因此其动能、势能和总机械能均又同时为零。

由式(5-15)可见，质元的总能量是不守恒的，而是随时间作周期性变化。对于给定的时刻，所有质元的总能量又随 x 作周期性变化。这表明，沿着波动传播的方向，每一质元都在不断地从后方介质获得能量，使能量从零逐渐增大到最大值，又不断地把能量传递给前方的介质，其能量从最大变为零。如此周期性地重复，能量就随着波动过程从介质的这一部分传到另一部分。所以波动是能量传递的一种方式。波动过程中，每个质元本身的能量并不守恒，这与简谐振动的能量守恒不同。

5.3.2 波的能量密度

为了精确地描述波的能量分布情况，引入波的能量密度概念。波传播时，介质中单位体积内的能量叫波的**能量密度**，用 w 表示。由式(5-15)可得 t 时刻、x 处介质的能量密度

$$w=\frac{\Delta E}{\Delta V}=\rho A^2\omega^2\sin^2\omega\left(t-\frac{x}{u}\right) \tag{5-16}$$

能量密度在一个周期内的平均值称为**平均能量密度**，以$\bar{w}$表示，即

$$\bar{w}=\frac{1}{T}\int_0^T\rho A^2\omega^2\sin^2\omega\left(t-\frac{x}{u}\right)\mathrm{d}t=\frac{1}{2}\rho A^2\omega^2 \tag{5-17}$$

由以上各式可知，波的能量与介质的密度、振幅的平方以及角频率的平方成正比。

5.3.3 波的平均能流密度

为了描述波动过程中能量的传递情况，引入平均能流密度这个物理量。单位时间内，通过介质中垂直于波动传播方向上单位面积的平均能量称为**波的平均能流密度**(**energy flux density**)，用 I 表示。如图 5-9 所示，在介质中垂直于波速方向取一面积 S，则在单位时间内，通过面积 S 的平均能量就等于该面后方体积为 uS 的长方体介质中的平均能量。利用平均能量密度式(5-17)可得通过 S 面积的平均能流密度

$$I=\bar{w}u=\frac{1}{2}\rho A^2\omega^2u \tag{5-18}$$

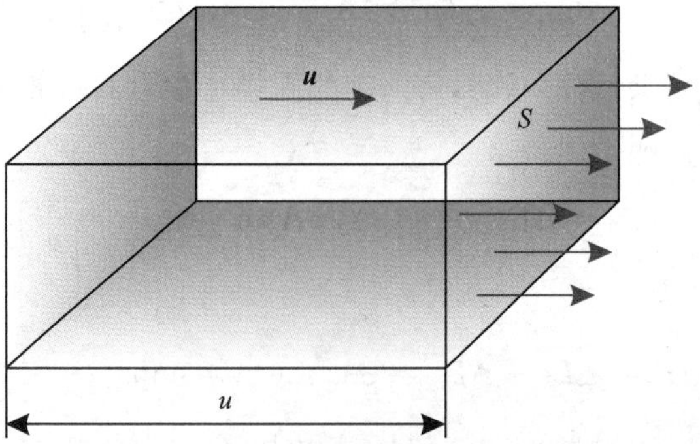

图 5-9 能流密度

由式(5-18)可以看出，平均能流密度与介质密度、振幅平方、角频率的平方以及波的传播速率成正比。平均能流密度越大，单位时间内通过单位面积的能量就越多，波就越强。因此平均能流密度是波的强弱的一种量度，平均能流密度又称为**波的强度**。在国际单位制中平均能流密度的单位是 $\mathrm{W/m^2}$。

[例题 5-5]

一频率为 500Hz 的平面简谐波，在密度为 $\rho=1.3\ \mathrm{kg/m^3}$ 的空气中以 $u=340\mathrm{m/s}$ 的速度传播，到达耳时的振幅为 $A=10^{-4}\mathrm{cm}$，试求：耳中的平均能量密度及声强。

解　平均能量密度为

$$\begin{aligned}\bar{w}&=\frac{1}{2}\rho A^2\omega^2\\&=\frac{1}{2}\times 1.3\times(10^{-4}\times 10^{-2})^2\times(2\pi\times 500)^2\\&=6.41\times 10^{-6}(\mathrm{J/m^3})\end{aligned}$$

声强 I(即平均能流密度)的大小为

$$\begin{aligned}I&=\bar{w}\cdot u\\&=6.41\times 10^{-6}\times 340\\&=2.18\times 10^{-3}(\mathrm{W/m^2})\end{aligned}$$

原理应用

孤　子　波

1. 孤子波简介

孤子又称**孤立子**，对它的研究在很长一段时间如同它的名字一样，孤独寂寞地飘零在科学发展的主流之外。直到 20 世纪下半叶，人们才开始逐渐认识到这位超级剑侠的巨大威力，甚至有人提出了它就像 19 世纪末飘在物理学晴空上的两朵乌云，正在孕育着科技的重大突破。

1834 年 8 月的一天，英国爱丁堡一条运河边，当时的造船工程师罗素正在骑着马观察一条船的运动。当船突然停下来时，罗素看到了一个不可思议的奇妙现象：被船推动的水团并未停止前进，而是变成一个滚圆光滑、轮廓分明的、巨大的、孤立耸起的“水峰”继续向前行进。罗素立即驱马跟踪，而这个“水峰”保持其长约 1 米、高近半米的原始形状前进了二三千米后才渐渐消失。罗素称之为“平移波”，后来人们叫它为“**孤立波**”。像很多重大科学发现一样，罗素的这一发现并没有被科学界的主流理解。1982 年，在罗素逝世 100 周年之际，人们在他发现孤立波的运河边竖立了一座纪念碑。

孤子研究的春天 20 世纪 50 年代才到来。3 位美国物理学家利用当时美国用来设计氢弹的计算机，对由64个谐振子组成的、振子间存在微弱非线性相互作用的系统进行了数值计算实验。实验中，他们先给其中一个振子能量，而其他63个振子没有能量；按照经典的理论，经过足够长时间的相互作用，这一能量最终将被均匀地分布到64个振子上。实验结果让他们大吃一惊，能量并没有均分，而是绝大部分能量又集中到最初那个有能量的振子上。这就是著名的FPU问题。1965年，美国科学家经计算机数值计算又发现，以不同速度运行的两个孤波在碰撞后，仍保持原有的能量和能量的集中形态等，因此发现完全可以把孤波当作刚性粒子看待，所以可以把孤波称为孤子。以后，人们进一步发现，孤子是一个普遍现象，如木星的大红斑旋涡、神经元轴突上传递的冲动电信号、大气中的台风、激光在介质中的自聚焦，甚至在生命和人类社会中也普遍存在，如物种的相对稳定，财富和权力的相对稳定，文化习俗的相对稳定等。1982年到21世纪初，世界范围内形成了孤子研究浪潮，大家期待着它能带来像相对论和量子论这样的伟大突破。

层次最低也是最小的一类孤子是基本粒子。基本粒子本质是波，是一种能量波。这可以解释大量单个电子分别通过双缝形成的干涉图案的实验。波动性是孤子的本质，粒子性只是孤子的外在表现形式，正如同浪花只是水的一种外在表现形状一样。

2. 孤子波的形成及其应用

1895年两位德国科学家Korteweg和de Vries对孤子波的形成作出了合理的解释，他们认为是介质的色散效应和非线性效应共同产生了孤子波。并且设计了一个数学模型，取介质中的波动方程为

$$\frac{\partial y}{\partial t}-6y\frac{\partial y}{\partial x}+\frac{\partial^3 y}{\partial x^3}=0 \tag{P5-1}$$

此波动方程的一个特解是

$$y=-\frac{u}{2}\operatorname{sech}^2\left[\frac{\sqrt{u}}{2}(x-ut)\right] \tag{P5-2}$$

式(P5-2)是一种孤子波的数学表示式。根据式(P5-2)就可以作出如图P5-1所示的波形，由图可以看出波形就是一个波包，它以恒定速度 $\boldsymbol{u}$ 向前传播，其振幅 $u/2$ 为定值，由此可以得到孤子波的振幅和速度有关的非线性效应。

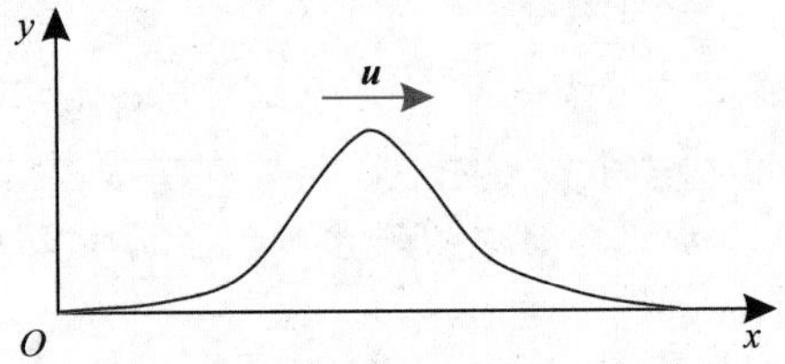

图 P5-1　孤立波的波形

式(P5-1)可以合理解释“单孤子”形成的原因。式(P5-1)中第二项叫非线性项，它使波包能量重新分配从而使频率扩展，空间坐标收缩，波包被挤压；式(P5-1)中的第三项叫做色散项，它表示介质的色散作用，它使波包弥散。当这两种相反的效应相互抵消，就会形成形状不变的单孤子。

式(P5-1)的双孤子解还可以解释“双孤子”的碰撞不变性，即两个孤子在传播过程中相遇，碰撞后各自的波形和速度都不变。建立如图P5-2所示的坐标系，有两个振幅一大一小的孤子波

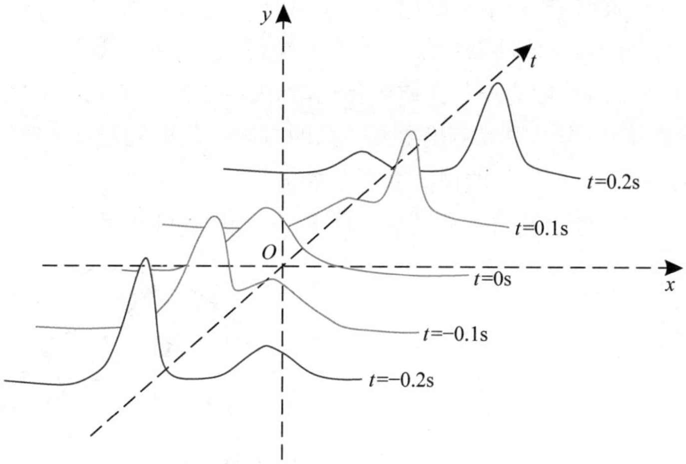

图 P5-2 两个孤子的碰撞

向 x 轴正方向传播，设振幅大的孤子波的速度比振幅小的孤子波的速度大，且振幅大的孤子波追赶振幅小的孤子波。当 $t=0$ 时，在 $x\approx 0$ 处振幅大的孤子波追上振幅小的孤子波并发生碰撞，而后各自仍以原有的振幅和速度传播，不过振幅小的孤子波落在了后边。由此说明，孤子波的这种碰撞不变性类似于两个粒子的碰撞，也表明了孤子波的稳定性。

自 20 世纪 60 年代人们开始注意研究非线性条件下的孤子以来，已发现了其他类型的孤子。目前许多领域中都在用孤子理论开展研究。例如，等离子体中的电磁波和声波，晶体中位错的传播，蛋白质能量的高效率传播，神经系统中信号的传播，高温超导的孤子理论解释，介子的非线性场论模型，等等。由于光纤中光学孤子可以进行压缩而且传输过程中光学孤子形状不变，利用光纤孤子进行通信就有容量大、误码率低、抗干扰能力强、传输距离长等优点。所以目前各国都在竞相研究光纤孤子通信，有的实验室已实现了距离为 10^6 km 的信号传输。

5.4 惠更斯原理　波的衍射

5.4.1 惠更斯原理

在波动中，波源的振动引起介质中邻近各点的振动，故可以将波动到达的任一点都看作新的波源。例如水面波传播时，遇到一个障碍物，当障碍物上的小孔与波长相差不多时，水波可以通过障碍物的小孔，在小孔后面出现圆形的波，原来的波阵面将改变，就好像是以小孔为新的波源一样。荷兰物理学家惠更斯总结了这方面的现象，于 1679 年提出了关于波动传播的**惠更斯原理**(**Huygens principle**)，**波动传到的各点都可以看作是发射子波(wavelet)的新波源，其后任意时刻，这些子波的包络就是新的波阵面，过子波中心向子波和包络面切点所引的射线即为新的波线**。

对于任何波动过程(机械波或电磁波),不论其介质是否均匀,是各向同性(isotropy)还是各向异性(anisotropy),子波的波面形状可能不同,但惠更斯原理总是适用的。根据惠更斯原理可知,当波在各向同性的均匀介质中传播时,保持波阵面的几何形状不变。

按照惠更斯原理,用作图法就能确定波传播的方向。只要知道某一时刻的波阵面,就可用几何方法来解决以后任一时刻的波阵面和新的波射线,因而在很广泛的范围内解决了波的传播问题。平面波和球面波的传播过程如图 5-10 和图 5-11 所示。

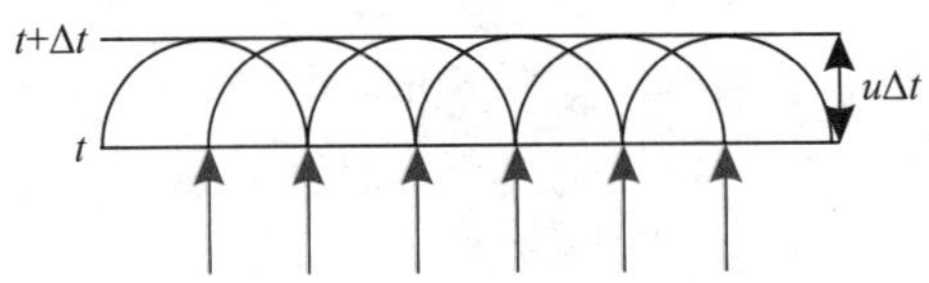

图 5-10　平面波的传播过程

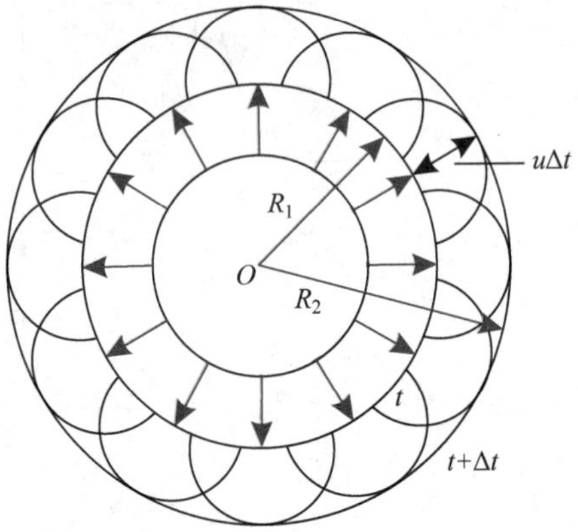

图 5-11　球面波的传播过程

5.4.2　波的衍射

用惠更斯原理可以定性解释波的衍射现象。当波在传播过程中遇到障碍物时,能绕过障碍物的边缘,在障碍物的阴影区内继续传播,这种现象叫做波的**衍射**(**wave diffraction**)。衍射是波动的一个重要特征。如图 5-12 所示,当平面波到达一狭缝时,缝上各点都可看作是子波的波源。作出这些子波的包络,就是新的波前。若缝的宽度远大于波的波长,波表现为直线传播;若缝的宽度略大于波长,在缝中部,波的传播仍保持原来的方向,在缝的边缘处,波前与原来的平面略有不同,波阵面弯曲,波的传播方向改变,波绕过障碍物向前传播;若缝的宽度小于波长(相当于小孔),衍射现象更加明显,波阵面由平面变成球面。衍

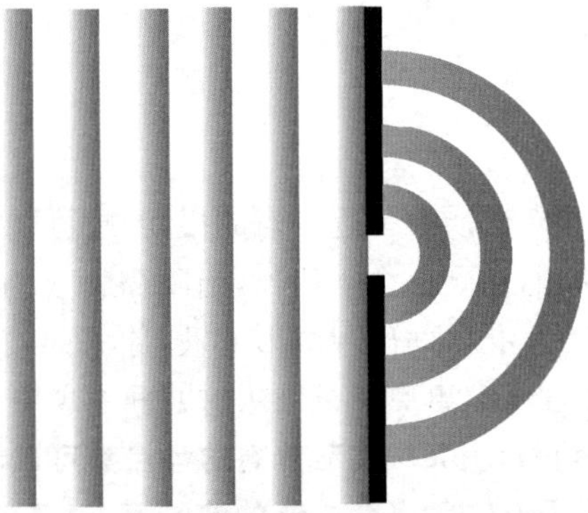

图 5-12　平面波的小孔衍射

射现象明显与否，和障碍物的尺寸有关。声波的波长与所遇到的障碍物尺寸相当，因此声波的衍射现象较明显。例如在屋内能够听到室外的声音，就是声波能够绕过窗（或门）缝的缘故。

应该指出，惠更斯原理很好地解释了波的传播方向问题，但却没有给出子波强度的分布，后来菲涅耳对惠更斯原理作了重要补充，解决了波强度分布问题，这就是在光学中有重要应用的惠更斯-菲涅耳原理。

5.5 波的叠加原理 波的干涉 驻波

波动的一个重要特征是具有可叠加性，从本节起我们从波的叠加原理出发，来研究波干涉和衍射的重要特性。

5.5.1 波的叠加原理

实验证明，当几列波同时在一种介质中传播时，每列波的特征量如振幅、频率、波长、振动方向等，都不会因为有其他的波存在而改变。例如，乐队合奏或几个人同时谈话时，声波并不因在空间互相交叠而变成另一种什么声音。所以我们能够辨别出各种乐器或各人的声音来。

几个波源产生的波，如果波强度不太大，它们在传播过程中相遇之后，每个波的波长、频率、振动方向、传播方向等保持不变，并按照原来的方向继续前进，好像没有遇到过其他波一样。或者说，各个波互相间没有影响，每个波的传播就像其单独存在一样。这称为波传播的**独立性原理**。

当几列波在介质中某点相遇时，该点的振动是各个波单独存在时在该点引起振动的合振动，即该点的位移是各个波单独存在时在该点引起的位移的矢量和。这种波动传播过程中出现的各分振动独立地参与叠加的事实称为**波的叠加原理**（superposition principle）。

应该明确，波的叠加原理只对各向同性的线性介质适用。

5.5.2 波的干涉

我们首先观察水波的干涉实验，把两个小球装在同一支架上，使小球的下端紧靠水面。当支架沿垂直方向以一定的频率振动时，各自发出一列圆形的水面波。在它们相遇的水面上，呈现如图 5-13 所示的现象。由图可以看出，有些地方的水面起伏得很厉害（图中亮处），说明这些地方的振动加强了；而有些地方的水面只有微弱的起伏，甚至平静不动（图中暗处），说明这些地方振动减弱，甚至完全抵消。在这两波相遇的区域内，振动的强弱是按一定的规律分布的。

当**频率相同、振动方向相同、相位相同或相位差恒定的两列波相遇时，使空间某些点处，振动始终加强，而在另一些点处，振动始终减弱或完全抵消**，这种现象称为**干涉**（**interference**）。

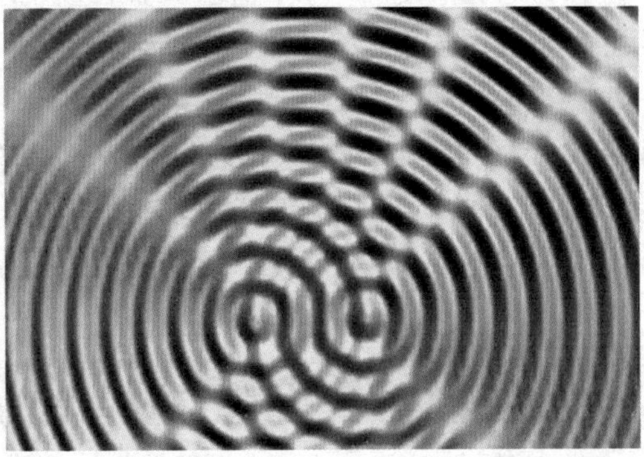

图 5-13　水面波的干涉现象

两个波源的振动频率相同、振动方向相同、相位相同或相位差恒定，这样的两个波源称为**相干波源**，从相干波源发出的波称为**相干波**(coherent wave)。

下面从波的叠加原理出发，应用同方向、同频率振动合成的结论，来分析干涉现象的产生，并确定干涉加强和减弱的条件。

如图 5-14 所示，设有两个频率相同的波源 S_1 和 S_2，其振动表达式分别为

$$y_{10}(S_1,t)=A_1\cos(\omega t+\varphi_{10}) \tag{5-19a}$$

$$y_{20}(S_2,t)=A_2\cos(\omega t+\varphi_{20}) \tag{5-19b}$$

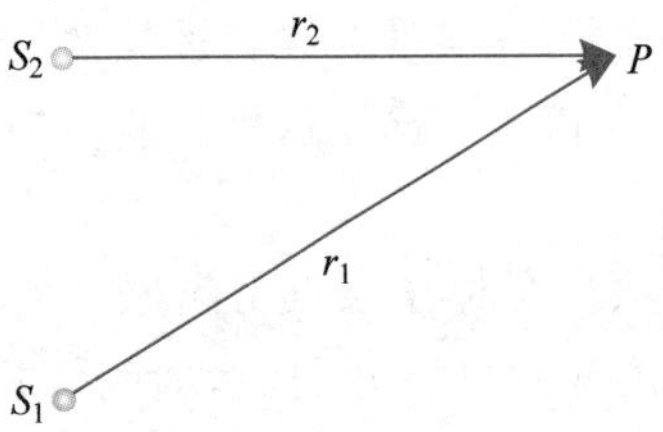

图 5-14　波的叠加

两个波源的振动传播到点 P 后，它们的相位比波源处相位落后，设 S_1 和 S_2 到 P 点的距离分别是 r_1 和 r_2，根据式(5-12)，它们在 P 点独自所引起的振动分别比各自的波源处落后$\frac{2\pi r_1}{\lambda}$、$\frac{2\pi r_2}{\lambda}$。因此 t 时刻它们在 P 点独自所引起的振动分别为

$$y_1(P,t)=A_1\cos\left(\omega t+\varphi_{10}-\frac{2\pi}{\lambda}r_1\right) \tag{5-20a}$$

$$y_2(P,t)=A_2\cos\left(\omega t+\varphi_{20}-\frac{2\pi}{\lambda}r_2\right) \tag{5-20b}$$

上两式表明，点 P 同时参与两个同方向、同频率的简谐振动，其合振动亦应为简谐振动，设合振动的运动方程为

$$y=y_1+y_2=A\cos(\omega t+\varphi_0) \tag{5-21}$$

其中 A 由下式确定：

$$A^2=A_1^2+A_2^2+2A_1A_2\cos\Delta\varphi \tag{5-22}$$

式中，$\Delta\varphi$ 定义了在相遇点两个振动的相位差，

$$\Delta\varphi=(\varphi_{20}-\varphi_{10})-\frac{2\pi}{\lambda}(r_2-r_1) \tag{5-23}$$

所以，由式(5-23)可以看出，在满足

$$\Delta\varphi=(\varphi_{20}-\varphi_{10})-\frac{2\pi}{\lambda}(r_2-r_1)=2k\pi,\quad k=0,\pm1,\pm2,\cdots \tag{5-24}$$

的空间各点，合振幅最大，其值为 $A=A_1+A_2$，即合振动加强，式(5-24)称为**干涉相长的条件**；而在满足

$$\Delta\varphi=(\varphi_{20}-\varphi_{10})-\frac{2\pi}{\lambda}(r_2-r_1)=(2k+1)\pi,\quad k=0,\pm1,\pm2,\cdots \tag{5-25}$$

的空间各点，合振幅最小，其值为 $A=|A_1-A_2|$，即合振动减弱，式(5-25)称为**干涉相消的条件**。

如果两相干波源初相相同，即 $\varphi_{20}-\varphi_{10}=0$，干涉相长条件可简化为

$$\Delta=r_2-r_1=k\lambda,\quad k=0,\pm1,\pm2,\cdots \tag{5-26}$$

式中 $\Delta=r_2-r_1$ 是**波程差**。由式(5-26)可知，当两列相干波在空间叠加时，若波源振动的相位相同，则在波程差等于零或等于波长的整数倍的各点振幅为极大(干涉加强)。

干涉相消的条件为

$$\Delta=r_2-r_1=(2k+1)\frac{\lambda}{2},\quad k=0,\pm1,\pm2,\cdots \tag{5-27}$$

式(5-27)表明，在波程差等于半波长的奇数倍的各点，振幅为极小(干涉减弱)。

在其他情况下，合振幅的数值则在最大值(A_1+A_2)和最小值$|A_1-A_2|$之间。

从式(5-23)看到，两列波在空间的振动相位差 $\Delta\varphi$ 不随时间变化，仅随空间点 P 的位置变化。由于波的强度正比于振幅的平方，因而合振动的强度将在空间形成稳定的分布，从而在两列波交叠区的不同点形成振动加强或减弱的干涉现象。

由以上讨论可知，两相干波在空间任一点相遇时，其干涉加强和减弱的条件，除了两波源的初相位之差外，只取决于该点至两相干波源间的波程差。必须注意，如果两波源不是相干波源，则不会出现干涉现象。

[例题 5-6]

如图 5-15 所示，在同一介质中，相距为 20m 的两点(A、B)处各有一个波源，它们作同频率($\nu=100$Hz)、同方向的振动。设它们激起的波为平面简谐波，振幅均为 5cm，且 A 点为波峰时，B 点恰为波谷，求 AB 连线上因干涉而静止的各点的位置。设波速为 200m/s。

解 首先选定坐标系，水平向右为 x 轴正方向，选择 A 点为坐标原点，设 A 点振动的初相为零，由已知条件，则 A 点和 B 点的振动表达式分别为

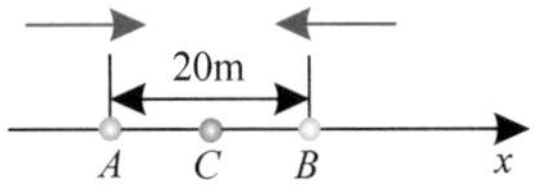

图 5-15 例题 5-6 用图

$$y_A=A\cos2\pi\nu t$$

$$y_B=A\cos(2\pi\nu t+\pi)$$

以 A 点为波源向 C 点传播的波动表达式为

$$y_{A\to C}(x,t)=A\cos2\pi\left(\nu t-\frac{x}{\lambda}\right)$$

其中 $x=AC$，以 B 点为波源（仍以 A 点为原点）向 C 点传播的波动表达式为（考虑到 $BC=AB-x=20-x$）

$$y_{B\to C}(x,t)=A\cos\left[2\pi\left(\nu t-\frac{20-x}{\lambda}\right)+\pi\right]$$

因干涉而静止的条件是相位差

$$\Delta\varphi=\left[2\pi\left(\nu t-\frac{20-x}{\lambda}\right)+\pi\right]-2\pi\left(\nu t-\frac{x}{\lambda}\right)$$
$$=(2k+1)\pi$$

化简后，得

$$x=\frac{k}{2}\lambda+10,\quad k=0,\pm1,\pm2,\cdots$$

将 $\lambda=\frac{u}{\nu}=\frac{200}{100}=2(\text{m})$ 代入上式得

$$x=k+10(\text{m}),\quad k=0,\pm1,\pm2,\cdots$$

解出在 AB 连线上因干涉而静止的各点的位置（$0<x<20\text{m}$）

$$x=1,2,3,\cdots,17,18,19(\text{m})$$

*5.5.3 驻波

驻波(standing wave)是波的干涉的特例，**是由振幅、频率和传播速度都相同的两列相干波在同一直线上沿相反方向传播时叠加而成的一种特殊形式的干涉现象。**

下面推求驻波的函数表达式，如图5-16所示，设有振幅相同、频率相同、波速相同，沿 x 轴正、反两方向传播的两列简谐波，两列简谐波的表达式分别为

$$y_1=A\cos\left(\omega t-\frac{2\pi}{\lambda}x\right) \tag{5-28}$$

$$y_2=A\cos\left(\omega t+\frac{2\pi}{\lambda}x\right) \tag{5-29}$$

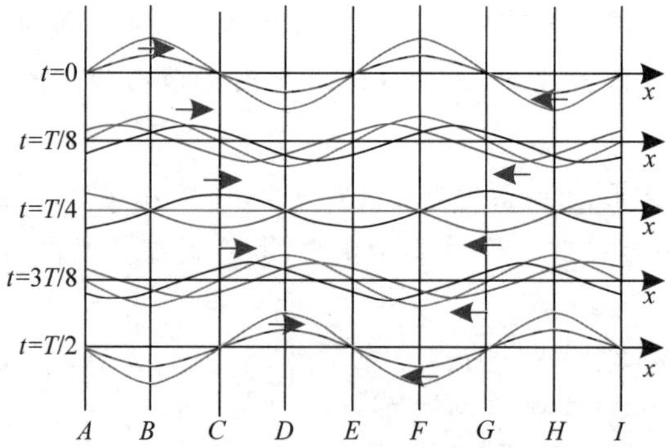

图5-16 驻波的形成

上述两列波的合成波为驻波，即

$$
\begin{aligned}
y &= y_1 + y_2 \\
&= A\cos\left(\omega t - \frac{2\pi}{\lambda}x\right) + A\cos\left(\omega t + \frac{2\pi}{\lambda}x\right)
\end{aligned}
$$

应用三角关系式，可得到驻波的表达式（驻波方程）

$$
y = 2A\cos\frac{2\pi}{\lambda}x\cos\omega t \tag{5-30}
$$

从驻波的表达式可以看出，驻波上各点（即给定一个 x）都在作简谐振动，各点振动的频率相同，就是原来两个波的频率。但各点振幅随位置的不同而不同，按 $\left|2A\cos\frac{2\pi}{\lambda}x\right|$ 的规律随 x 变化。图 5-16 所示的是驻波在一些时刻的波形（粗曲线），图中 B 点是坐标原点。

在驻波中那些振幅最大的点，如图 5-16 中的 B、D、F、H，称为**波腹**（**wave loop**）。这些点对应于 $\left|\cos\frac{2\pi}{\lambda}x\right| = 1$，即 $\frac{2\pi x}{\lambda} = k\pi$，根据式（5-30）可得波腹的位置：

$$
x = k\frac{\lambda}{2}, \quad k = 0, \pm 1, \pm 2, \cdots
$$

驻波中有些质点始终静止，即振幅为零，如图 5-16 中的 A、C、E、G、I 这些点，称为**波节**（**wave node**）。这些点对应于 $\cos\frac{2\pi}{\lambda}x = 0$，即 $\frac{2\pi}{\lambda}x = (2k+1)\frac{\pi}{2}$，根据式（5-30）可得波节的位置：

$$
x = (2k+1)\frac{\lambda}{4}, \quad k = 0, \pm 1, \pm 2, \cdots
$$

从波腹和波节的位置不难看出，相邻两波腹间或相邻两波节的距离都是 $\lambda/2$，两相邻波腹与波节间的距离都是 $\lambda/4$。因此，可通过测量波节间的距离，来确定波长。

图 5-17 表示某个时刻的一段驻波，由图可知，在相邻两波节之间具有相同的符号，而在一个波节两侧的符号相反。也就是说，在相邻两波节之间，所有质点的振动相位都相同，振动的速度方向相同，在波节两侧，质点的振动相反，振动的速度方向相反。

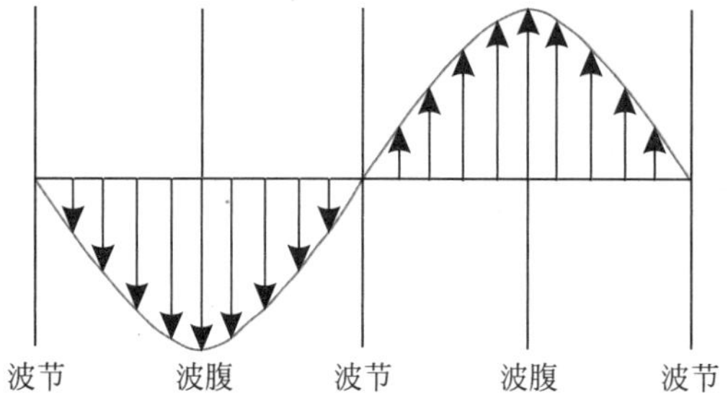

图 5-17 驻波的相位

视频：驻波

综上所述，**在驻波中，两相邻波节之间各质元振幅不同，但具有相同的相位；在同一波节两侧的各质元振幅不同，且其振动相位相反。**

在波向前传播途中垂直地遇到障碍物（或遇到另一种介质的边界面）发生反射时，由于反射波和入射波是传播方向相反的相干波，因而干涉叠加的结果，就会形成驻波。当入射波垂直入射到界面，且界面为固定端（其位移始终为零）时，端点处一定为波节，即入射波与反射波在端点的振动相位差一定是 π，说明入射波在固定端反射时其相位有 π 的突变。因为相距半个波长的两点间相位差为 π，故这种现象又称为**半波损失**（half-wave loss）。例如，弹性弦上的横波固定端反射时，由于反射点固定不动，而该点的振动是入射波和反射波在此引起振动的合振动，故反射波和入射波在反射点的振动相位一定相反，即存在半波损失。

动画：半波损失

当界面为自由端时，该处出现波腹，入射波和反射波同相位，说明反射时没有相位突变，不产生半波损失。

一般情况下，入射波在两种介质的分界面上反射时是否产生半波损失，取决于介质的密度 ρ 与波速 u 的乘积，ρu 相对较大的称为**波密介质**，ρu 相对较小的称为**波疏介质**。当波从波疏介质向波密介质入射时，反射波就会出现半波损失，反之，无半波损失。

电磁波（包括光波）在反射时也存在相位突变现象，这将在以后讨论。

原理应用

消声器及其控制噪声的原理

消声器（muffler）是一种阻止声音传播而允许气流通过的器件，是降低空气动力性噪声的常用装置。为降低在排放各种高速气流的过程中伴随有的噪声，在内燃机、通风机、鼓风机、压缩机和燃气轮机等中都装有消声器。评价消声器消声性能的指标是消声量，主要有两种表达形式：**插入损失**（insertion loss）与**传递损失**（transmission loss）。消声器的形式很多，主要有阻性和抗性、阻抗复合型以及喷注耗散型等。

1. 阻性消声器

阻性消声器，亦称**吸收消声器**（absorptive muffler），是利用吸声材料的吸声作用，使沿通道传播的噪声不断被吸收而逐渐衰减的装置。把吸声材料固定在气流通过的管道周壁，或按一定方式在通道中排列起来，就构成阻性消声器。其消声原理是：当声波进入消声器，便引起阻性消声器内多孔材料中的空气和纤维振动，由于摩擦阻力和粘滞阻力，使一部分声能转化为热能而散失掉，起到消声作用。阻性消声器对中高频范围的噪声具有较好的消声效果，应用范围很广。

2. 抗性消声器

抗性消声器，亦称**反应消声器**（**reactive muffler**），是由声抗性元件组成的消声器。声抗性元件类似于交流电路中的电抗性元件电容或电感，是对声压的变化、声振速度变化起反抗作用的元件，它们不消耗声能，但可储蓄与反射声能。抗性消声器的特点是：它不使用吸声材料，而是在管道上连接截面突变的管段或旁接共振腔，利用声阻抗失配，使某些频率的声波在声阻抗突变的界面处发生反射、干涉等现象，从而达到消声的目的。抗性消声器对低中频范围的噪声具有较好的消声效果。

干涉型抗性消声器的消声原理是：由两相干声源发出的两列相干波，若两列相干声波的振幅相同，它们在介质中某处相遇，当两列波的波长差等于半波长的奇数倍时，该处的合振幅为零，即两列声波因相干而抵消。

图 P5-3 是干涉型消声器的结构原理图。一列波长为 λ 的声波，沿水平管道自左向右传播。当入射波到达 A 处时，分成两束相干波，它们分别向上和向下沿着图 P5-3 中箭头所示的方向传播，经过了不同的距离 r_1 和 r_2，再在 B 处相遇，使 $\Delta r=r_2-r_1=(2k+1)\lambda/2$，这时该频率的声波能量几乎减小为零了，这样就达到了控制噪声的目的。

为了使这类消声器在低频范围内具有较宽的消声频率，往往将不同结构的消声单元串接起来，并使每一单元的 Δr 不等，就可以对不同波长的噪声加以控制。例如，在摩托车的排气系统中，常安装如图 P5-4 所示的干涉型消声器。

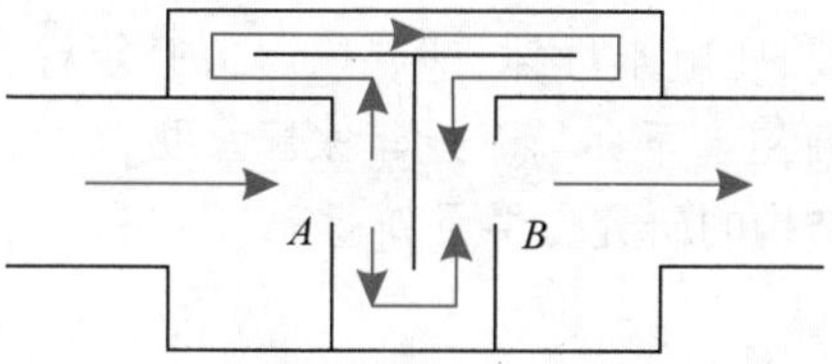

图 P5-3　干涉型消声器的结构原理图

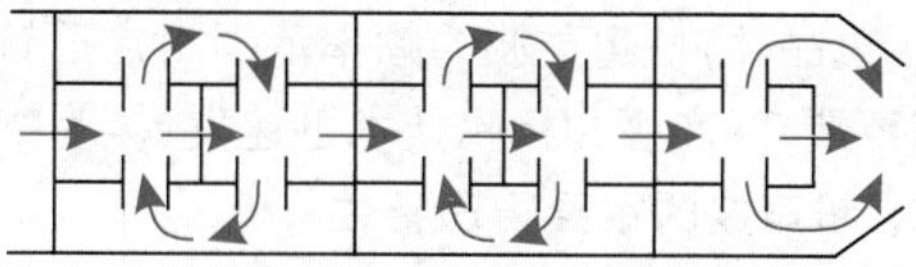

图 P5-4　干涉型消声器的串联

3. 阻抗复合型消声器

阻抗复合型消声器（**hybrid muffler**），就是将阻性消声部分与抗性消声部分串联组合而形成。一般阻抗复合型消声器的抗性在前，阻性在后，即先消低频声，然后消高频声，总消声量可以认为是两者之和。但由于声波在传播过程中具有反射、绕射、折射、干涉等特性，其消声量并不是简单的叠加关系。阻抗复合型消声器兼有阻性和抗性消声器的特点，可以在低、中、高的宽广频率范围获得较好的消声效果。

4. 喷注耗散型消声器

喷注耗散型消声器（jetting muffler）用于控制喷注噪声（也即排气放空噪声），它是从声源上降低噪声的。

*5.6 超声波简介

声学是一门渗透性很强的学科，超声技术是声学领域中发展最迅速、应用最广泛的现代声学技术。科学家们将每秒钟振动的次数称为声音的频率，它的单位是 Hz(赫兹)。人类耳朵能听到的声波频率为 20～20000Hz。当声波的振动频率大于 20000Hz 或小于 20Hz 时，我们便听不见了。人们把频率高于 20000Hz 的声波称为“超声波”。理论研究表明，在振幅相同的条件下，一个物体振动的能量与振动频率成正比，超声波在介质中传播时，介质质点振动的频率很高，因而能量很大。图 5-18 所示为超声波照片。

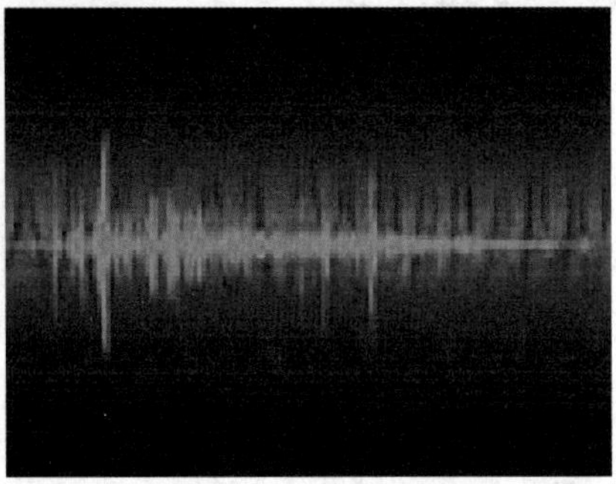

图 5-18 超声波照片

1. 超声波的产生

声波是物体机械振动状态(或能量)的传播形式。超声和可闻声本质上是一致的，它们的共同点都是一种机械振动，通常以纵波的方式在弹性介质内传播，是一种能量的传播形式，超声波是声波大家族中的一员。

最早的超声波是 1833 年由通过狭缝的高速气流吹到一锐利的刀口上而产生的，称为葛尔登·哈特曼哨。超声波的产生方法大致可分为电声型和机械型两类。电声型超声波发生器是利用具有磁致伸缩或压电效应的晶体的振动产生的；机械型超声波发生器是用高压流体为动力来产生超声波。随着材料科学的发展，人们利用压电陶瓷、压电半导体、塑料压电薄膜等材料代替天然压电晶体，使超声波的频率范围由几千赫提高到上千兆赫。近年来频率更高的超声波(特超声波)的产生和接收技术迅速发展，为物质结构的研究提供了新途径。

2. 超声波的重要物理特性

超声波在媒质中的反射、折射、衍射、散射等传播规律，与可听声波的规律并没有本质上的区别。但是超声波的波长很短，只有几厘米，甚至千分之几毫米。与可听声波比较，超声波具有许多奇异特性：**传播特性**——超声波的波长很短，通常的障碍物的尺寸要比超声波的波长大好多倍，因此超声波的衍射本领很差，它在均匀介质中能够定向直线传播，超声波的波长越短，这一特性就越显著。**功率特性**——当声音在空气中传播时，推动空气中的微粒往复振动而对微粒做功。声波功率就是表示声波做功快慢的物理量。在相同强度下，声波的频率越高，它所具有的功率就越大。由于超声波频率很高，所以超声波与一般声波相比，它的功率是非常大的。**空化作用**——当超声波在液体中传播时，由于液体微粒的剧烈振动，会在液体内部产生小空洞。这些小空洞迅速胀大和闭合，会使液体微粒之间发生猛烈的撞击作用，从而产生几千到上万个大气压的压强。微粒间这种剧烈的相互作用，会使液体的温度骤然升高，起到了很好的搅拌作用，从而使两种不相溶的液体(如水和油)发生乳化，并且加速溶质的溶解，加速化学反应。这种由超声波作用在液体中所引起的各种效应称为超声波的空化作用。

3. 超声波的应用

(1) 超声焊接

超声波焊接是一种新颖的加工技术，以其高效、优质、美观、节能等优越性而得以发展起来。应用超声波可以对热塑性工件使用熔接、铆焊、成形焊或点焊等多种方法进行焊接。超声焊接塑料既不要添加任何粘接剂、填料或溶剂，也不消耗大量热源，具有操作简便、焊接速度快、焊接强度与本体一样强、生产效果高等优点，并且超声波焊接设备既可以独立操作，也可以用于自动化生产环境。

超声焊接的原理为当超声波作用于热塑性的塑料接触面时，会产生每秒几万次的高频振动，这种达到一定振幅的高频振动，通过上焊件把超声能量传送到焊区，由于焊区即两个焊接的交界面处声阻大，因此会产生局部高温。又由于塑料导热性差，一时还不能及时散发，便将热量聚集在焊区，致使两个塑料的接触面迅速熔化，加上一定压力后，使其融合成一体。当超声波停止作用后，让压力持续几秒钟，使其凝固成型，这样就形成一个坚固的分子链，达到焊接的目的，焊接强度能接近于原材料强度。

超声金属焊接可以焊接异种金属，能够把金属薄片焊接到较厚的金属板上，焊区中金属性能变化很小，可以焊接表面有氧化膜的金属。超声振动使焊件在固体状态下连接起来。

(2) 超声清洗

由于超声波清洗速度快、质量好，又能大大降低环境污染，因此，超声波清洗技术正在越来越多的工业部门中得到应用，例如，超声波清洗在机电行业、轻纺行业、表面处理行业、军事装备领域、电镀、喷涂前工艺等领域的应用。

超声清洗是将超声振动加到清洗液中，使液体产生空化。液体中发生空化时，局部压力可高达上千大气压，局部温度可高达5000K。依靠这些物理过程，加上洗液中的化学洗涤剂的充分搅拌作用，将物体表面的杂质、污垢和油垢等清洗干净，其洁净程度无与伦比，特别是其他方法难以进入的小孔及缝隙中的污垢，声波一到即可除掉。超声清洗可以不用强酸、强碱，是对传统清洗方法的重大改革，也是环境保护的理想清洗设备。

(3) 超声加工

超声加工包括钻孔、切割、套料、振动切削、研磨、抛光、金属塑性成形等。超声加工对玻璃、石英、陶瓷、半导体等硬脆材料特别有效，它需要在工具头与工件之间加上磨料。工具头振动时，冲击磨料颗粒，而由磨料颗粒冲击工件。虽然工具头振幅很小，但频率很高，因此磨料颗粒的加速度是很大的，足以去除工件上被加工部分。

超声振动切削是通过激发切削刀具产生超声振动，从而提高切削效能和加工质量，其特点是降低切削力，刀具上不粘切削瘤，切削表面具有耐磨性和耐蚀性，提高了加工精度，延长了刀具寿命，提高了切削效率。

(4) 超声检验

超声波的波长比一般声波要短，具有较好的方向性，而且能透过不透明物质，这一特性已被广泛用于超声波探伤、测厚、测距、遥控和超声成像技术。超声成像是利用超声波呈现不透明物内部形象的技术。把从换能器发出的超声波经声透镜聚焦在不透明试样上，从试样透出的超声波携带了被照部位的信息(如对声波的反射、吸收和散射的能力)，经声透镜汇聚在压电接收器上，所得电信号输入放大器，利用扫描系统可把不透明试样的形象显示在荧光屏上。上述装置称为超声显微镜。超声成像技术已在医疗检查方面获得普遍应用，在微电子器件制造业中用来对大规模集成电路进行检查，在材料科学中用来显示合金中不同组分的区域和晶粒间界等。声全息术是利用超声波的干涉原理记录和重现不透明物的立体图像的声成像技术，其原理与光波的全息术基本相同，只是记录手段不同而已。

(5) 超声波美容

超声波具有频率高、方向性好、穿透力强、张力大等特点。当传播到物质中会产生剧烈的强迫振动，并产生定向力和热能。超声波作用于人体皮肤时便会加强皮肤的血液循环，促进新陈代谢，改善皮肤的渗透性，同时促进药物或各种营养及活性物质经皮肤或粘膜透入而达到养护皮肤的美容目的。其机械作用可引起细胞振动，增强细胞膜的新陈代谢和通透性，改善血液与淋巴循环，提高组织再生能力，使结缔组织变软。其理化作用主要表现在聚合反应和解聚反应。聚合反应表现可对损坏组织的再生有较强的促进作用。解聚反应使大分子粘度下降，在超声波作用下药物解聚。药物粘稠度下降，有利于药物的渗透及吸收，增加药物疗效。

超声波的应用还很多，这里就不再一一列举。在自然界中超声波也是广泛存在的，如蝙蝠能利用微弱的超声回波在黑夜中飞行并捕捉小昆虫。

原理应用

声悬浮技术及其应用

1. 声悬浮技术

声悬浮技术是地面和空间条件下实现材料无容器处理的关键技术之一，和电磁悬浮技术相比，它不受材料导电与否的限制，且悬浮和加热分别控制，因而可用以研究非金属材料和低熔点合金的无容器凝固。

声悬浮现象最早是1886年由Kundt发现的，后由King、Gorkov等人对其物理机理进行了比较全面的理论阐述。20世纪80年代以来，随着航天技术的进步和空间资源的开发利用，声悬浮逐渐发展成为一项很有潜力的无容器处理技术。声悬浮是高声强条件下的一种非线性效应，其基本原理是利用声驻波与物体的相互作用产生竖直方向的悬浮力以克服物体的重量，同时产生水平方向的定位力将物体固定于声压波节处。声悬浮技术分为三轴式和单轴式两种，前者是在空间三个正交方向分别激发一列驻波以控制物体的位置，后者只在竖直方向产生一列驻波，其悬浮定位力由圆柱形谐振腔所激发的一定模式的声场来提供。声波产生的辐射压力是惊人的，它可以使密度比空气大几百甚至几万倍的常见固体和液体克服地球引力而悬浮于空气中，也可以将密度很小的气泡定位于液体中某一位置而不漂浮到液面上。

早在2002年，西北工业大学的材料物理学家解文军和同事就曾经利用声波悬浮起了固体铱和液体汞。从2003年起，他们开始关注有生命物体的声悬浮。他们巧妙利用了声波使活甲虫悬浮在空中(见图P5-5)。在实验中，他们使上面的声发射端发出声波，声波抵达下端的声反射端后被反射回来，反射回来的声波与继续向反射端传播的声波重叠，如此就形成了驻波。只要把鱼和蚂蚁等小动物放到波节处，它们也就静止不动了。

2. 声悬浮技术的应用

声悬浮不只是一个有趣的物理现象，它在材料制备和科学研究中具有重要的应用。和电磁悬浮相比较，声悬浮不仅可以悬浮起金属材料，也可以悬浮起各种非金属材料。采用声悬浮方法，可以使材料的熔化和凝固在无容器环境下进行，从而消除容器壁对材料的不利影响。例如，在声悬浮条件下，可以使水冷却到零下二十多度还不结冰，从而获得深过冷状态的水。声悬浮状态的液滴完全在自由表面的约束下运动，是流体动力学研究的一个重要领域。利用声悬浮技术，可以对液体的表面张力、粘度、比热等物理参数进行非接触测定，不仅提高了精度，还可获得液体在亚稳态的物理性质。在太空微重力环境中，可以用声悬浮对样品进行定位。声悬浮技术在生物医学领域也有一定应用。例如，可以使培养液中的细胞或微生物在固定区域浓集，以提高检测效率。

月球存在的太阳风静电微粒物质和紫外线辐射，使得锋利的灰尘微粒可以附着在包括宇航服在内的任何物体上，同时灰尘也可以渗透进入密封的手套中，附着在探测器和其他仪器上的太阳能板上。科学家近日研究出一种清除外星球探测仪器和宇航服上灰尘的方法，使用高声扩音器制造出高音调噪声，通过管道这种声波形成足够大的压力，可消除附着在外星球人类探测仪器装置和宇航服上的灰尘，如图 P5-6 所示。

图 P5-5 活甲虫被超声波浮在空中

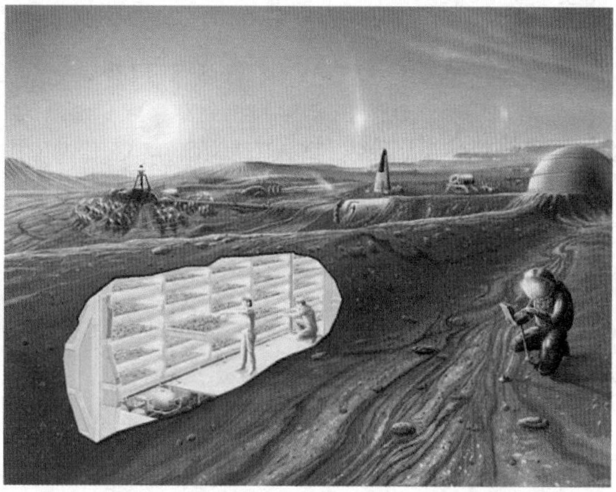

图 P5-6 声悬浮测试应用于外太空环境

内容提要

1. 机械波

产生机械波需要波源和弹性介质。描述波动的特征量是波速 u、波长 λ、周期 T(或频率 ν)、角频率 ω。其关系式为

$$\lambda = uT, \quad \omega = 2\pi/T = 2\pi\nu$$

2. 平面简谐波

沿 x 轴正方向传播的平面简谐波动表达式：

$$y(x,t)=A\cos\left[\omega\left(t-\frac{x}{u}\right)+\varphi_0\right]$$

3. 波的能量　能流

能量：平面简谐波中任一质元的动能和势能相等，质元的总能量是不守恒的，而是随时间作周期性变化。

4. 惠更斯原理

波动传到的各点都可以看作是发射子波的新波源，其后任意时刻这些子波的包络面就是新的波阵面。

5. 波的干涉

波的独立传播和叠加原理。

相干条件：频率相同、振动方向相同、相位相同或相位差恒定。

干涉相长的条件：$\Delta\varphi=(\varphi_{20}-\varphi_{10})-\frac{2\pi}{\lambda}(r_2-r_1)=\pm 2k\pi,\quad k=0,1,2,\cdots$

干涉相消的条件：$\Delta\varphi=(\varphi_{20}-\varphi_{10})-\frac{2\pi}{\lambda}(r_2-r_1)=\pm(2k+1)\pi,\quad k=0,1,2,\cdots$

如果两列波为同相波源，干涉相长条件为 $\Delta=r_2-r_1=\pm k\lambda, k=0,1,2,\cdots$，干涉相消的条件为 $\Delta=r_2-r_1=\pm(2k+1)\frac{\lambda}{2},\quad k=0,1,2,\cdots$。

驻波的产生：沿 x 轴正、反两方向传播的两列简谐波，如果它们的振动频率、振动方向和振幅都相同，初相位差恒定，就会叠加形成驻波。

驻波的特征：有波腹和波节，相邻波腹和相邻波节之间间隔均为半个波长，相邻波节之间质点相位相同，波节两侧质点相位相反。

6. 超声波简介

习题

一、选择题

5-1　图(a)所示为 $t=0$ 时简谐波的波形图，波沿 x 轴正方向传播，图(b)所示为一质点的振动曲线。则图(a)中所表示的 $x=0$ 处质点振动的初相位与图(b)所表示的振动的初相位分别为(　　)。

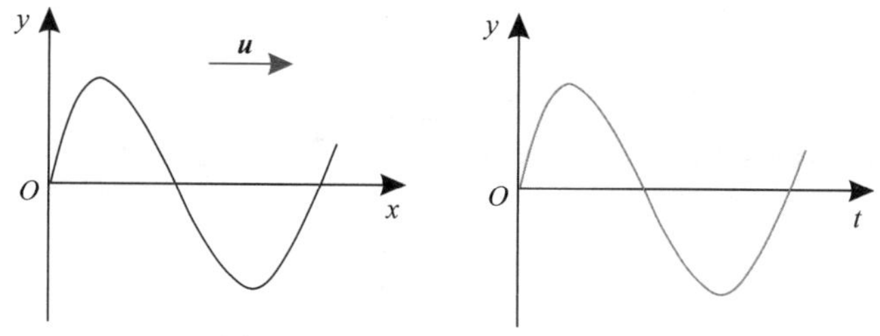

(a) (b)

习题 5-1 图

(A) 均为零　(B) 均为$\frac{\pi}{2}$　(C) 均为$-\frac{\pi}{2}$　(D) 分别为$\frac{\pi}{2}$与$-\frac{\pi}{2}$

5-2 一横波以速度 u 沿 x 轴负方向传播，t 时刻波形曲线如图所示，则该时刻(　　)。

(A) A 点相位为 π　(B) B 点静止不动

(C) C 点相位为$\frac{3\pi}{2}$　(D) D 点向上运动

5-3 如图所示，两列波长为 λ 的相干波在点 P 相遇。波在点 S_1 振动的初相是 φ_1，点 S_1 到点 P 的距离是 r_1；波在点 S_2 的初相是 φ_2，点 S_2 到点 P 的距离是 r_2，以 k 代表零或正、负整数，则点 P 是干涉极大的条件是(　　)。

(A) $r_2-r_1=k\pi$　(B) $\varphi_2-\varphi_1=2k\pi$

(C) $\varphi_2-\varphi_1+2\pi(r_1-r_2)/\lambda=2k\pi$　(D) $\varphi_2-\varphi_1+2\pi(r_2-r_1)/\lambda=2k\pi$

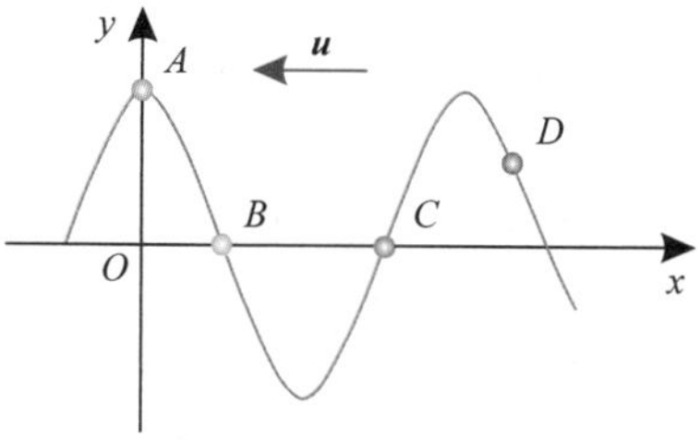

习题 5-2 图

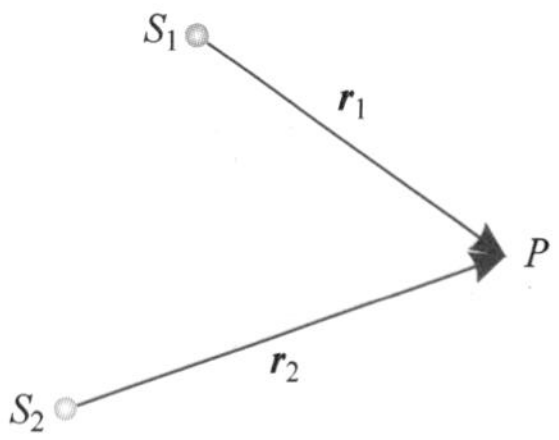

习题 5-3 图

5-4 波的能量随平面简谐波传播，下列几种说法中正确的是(　　)。

(A) 因简谐波传播到的各介质质元都作简谐运动，故其能量守恒

(B) 各介质质元在平衡位置处的动能和势能都最大，总能量也最大

(C) 各介质质元在平衡位置处的动能最大，势能最小

(D) 各介质质元在最大位移处的势能最大，动能为零

5-5 在波长为 λ 的驻波中，两个相邻波腹之间的距离为(　　)。

(A) $\frac{\lambda}{4}$　(B) $\frac{\lambda}{2}$　(C) $\frac{3}{4}\lambda$　(D) λ

二、填空题

5-6 一平面简谐波沿 x 轴正方向传播，已知 $x=0$ 处振动的运动学方程为 $y=\cos(\omega t+\varphi_0)$，波速为 u，坐标为 x_1 和 x_2 两点的振动相位差是________。

5-7 一平面简谐波沿 x 轴正方向传播，波动表达式为 $y=0.2\cos\left(\pi t-\dfrac{\pi x}{2}\right)$(m)，则 $x=-3$m 处介质质点的振动加速度 a 的表达式为________。

5-8 沿 x 轴正方向传播的平面简谐波在 $t=0$ 时刻的波形图如图所示。由图可知原点 O 和 1、2、3、4 各点的振动初相位分别为________，________，________，________，________。

5-9 如图所示，两相干波源处在 P、Q 两点，间距为 $\dfrac{3}{4}\lambda$，波长为 λ，初相相同，振幅相同且均为 A，R 是 PQ 连线上的一点，则两列波在 R 处的相位差的大小为________，两列波在 R 处干涉时的合振幅为________。

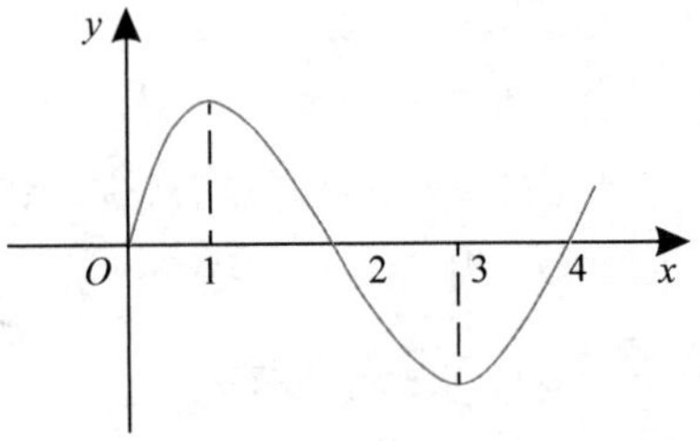

习题 5-8 图

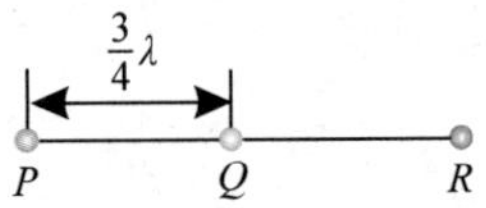

习题 5-9 图

5-10 一弹性波在介质中以速度 $u=10^3$ m/s 传播，振幅 $A=1.0\times10^{-4}$ m，频率 $\nu=10^3$ Hz。若该介质的密度为 800kg/m^3，则该波的平均能流密度为________。

三、计算题

5-11 一横波在沿绳子传播时的波动方程为 $y=0.20\cos(2.5\pi t-\pi x)$，式中 y 和 x 的单位为 m，t 的单位为 s。求：(1)波的振幅、波速、频率及波长；(2)绳上的质点振动时，速度的最大值。

5-12 波源作简谐运动，其运动方程为 $y=4.0\times10^{-3}\cos240\pi t$，式中 y 的单位为 m，t 的单位为 s，它所形成的波以 30m/s 的速度沿 x 轴正方向传播。求：(1)波的周期及波长；(2)波动方程。

5-13 波源作简谐运动，周期为 1.0×10^{-2} s，振幅为 0.1m，并以它经平衡位置向正方向运动时为时间起点，若此振动以 $u=400$m/s 的速度沿 x 轴正方向传播，求：(1)距波源为 8.0m 处点 P 的运动方程和初相；(2)距波源为 9.0m 和 10.0m 处两点的相位差。

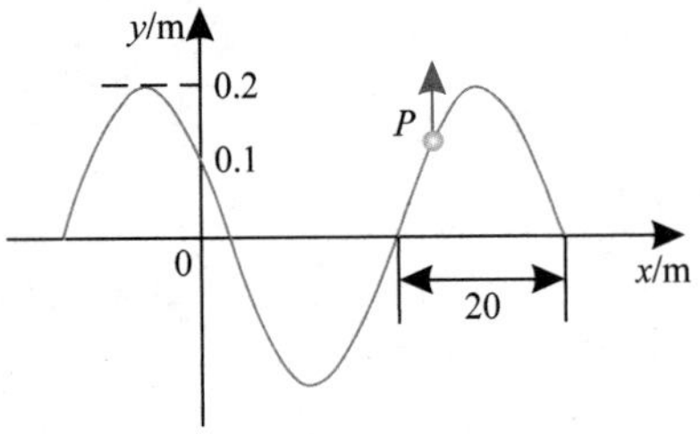

习题 5-14 图

5-14 如图所示为平面简谐波在 $t=0$ 时的波形图，设此简谐波的频率为 250Hz，且此时图中质点 P 的运动方向向上，求：(1)该波的波动方程；(2)在距原点 O 为 10m 处质点的运动方程与 $t=0$ 时该点的振动速度。

5-15 平面简谐波的波动方程为 $y=0.08\cos(4\pi t-2\pi x)$，式中 y 和 x 的单位为 m，t 的单位为 s，求：(1)$t=2.1$s 时波源及距波源 0.10m 两处的相位；(2)离波源 0.80m 及 0.30m 两处的相位差。

5-16 为了保持波源的振动不变，需要消耗 4.0W 的功率。若波源发出的是球面波(设介质不吸收波的能量)，求距离波源 5.0m 和 10.0m 处的平均能流密度。

5-17 两相干波源位于同一介质中的 A、B 两点，如图所示。其振幅均为 0.01m，频率均为

100Hz，波速为 800m/s，B 比 A 的相位超前 π。若取 A 点为坐标原点，B 点的坐标 $x_B=44\text{m}$，求：(1)两波源的振动方程；(2)AB 连线上因干涉而静止的各点的位置。

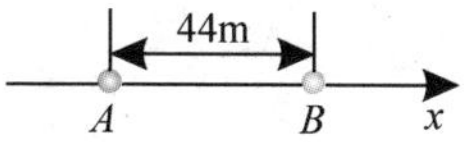

习题 5-17 图

5-18　两列波在一很长的弦线上传播。设其波动表达式为

$$y_1=0.06\cos\frac{\pi}{2}(8t-2x)(\text{m})$$

$$y_2=0.06\cos\frac{\pi}{2}(8t+2x)(\text{m})$$

式中 y 和 x 的单位为 m，t 的单位为 s。求：(1)节点的位置；(2)在哪些位置上，振幅最大？

Chapter 6

第6章

光　学

光学(optics)是研究光的本性,光的发射、传播和接收,光与物质的相互作用和应用的科学,它是物理学中发展较早的学科之一。我们已经知道光是一种电磁波,但是历史上人们对光的本性的认识有两种不同的学说,这就是以牛顿为代表的微粒说(corpuscular theory)和以惠更斯为代表的波动说(undulatory theory)。微粒说认为光是发光体发出的以一定速度在空间传播的微粒。尽管牛顿在后期也认识到光的微粒说所存在的缺陷,但光的微粒说却能解释光的反射与折射现象。波动说认为光是在介质中传播的一种波动。惠更斯用子波理论不仅能解释光的反射与折射现象,而且还能解释光的干涉和衍射现象。波动说和微粒说虽然都能解释光的反射和折射现象,但是在解释光从空气进入水中的折射现象时两种观点得出的结论不同。波动说认为水中的光速小于空气中的光速,微粒说却认为水中的光速大于空气中的光速。在当时由于光速没办法精确测量,所以难以判断是非。从 17 世纪到 18 世纪末牛顿的微粒说占据了统治地位,直到 19 世纪初,由于光的偏振、光的干涉、光的衍射等现象的发现,以及由实验测量出水中的光速小于空气中的光速,光的波动说才进入它的辉煌时期。

19 世纪 60 年代麦克斯韦建立了光的电磁理论,1905 年爱因斯坦对光的本质提出新的观点,即认为光具有一定能量和动能的粒子流,这种粒子称为光子。光子理论得到了光电效应等一系列新现象的验证。

现在人们认识到光具有波动和粒子的两重性质:一方面光的干涉、衍射和偏振现象表明光具有波动性;另一方面,在热辐射、光电效应和康普顿效应等现象中光表现出粒子性。这就是光的波粒二象性。

本章首先介绍几何光学的基本原理和光学成像规律,然后主要以光的波动说为基础,研究光的性质及其传播的规律。

奥古斯汀-让·菲涅耳(Augustin-Jean Fresnel,1788—1827年),法国物理学家。菲涅耳的科学成就主要有两个方面。一是衍射。他以惠更斯原理和干涉原理为基础,用新的定量形式建立了惠更斯-菲涅耳原理,完善了光的衍射理论。他的实验具有很强的直观性、敏锐性,很多现仍通行的实验和光学元件都冠有菲涅耳的姓氏,如双面镜干涉、波带片、菲涅耳透镜、圆孔衍射等。另一成就是偏振。他与阿拉果一起研究了偏振光的干涉,确定了光是横波;他发现了光的圆偏振和椭圆偏振现象,用波动说解释了偏振面的旋转;他推出了反射定律和折射定律的定量规律,即菲涅耳公式;他解释了马吕斯的反射光偏振现象和双折射现象,奠定了晶体光学的基础。

*6.1 几何光学的基本原理

以光的直线传播性质为基础,来研究光的传播和成像问题,这便是**几何光学**(geometrical optics)。在几何光学中,把组成物体的物点(object point)看作是几何点,把它所发出的光束看作是无数几何光线的集合，而光线的方向就代表了光能的传播方向。于是，根据光线的传播规律，在研究物体被透镜或其他光学元件成像，以及设计光学仪器的光学系统等方面都显得十分方便和实用。实际上，由几何光学得出的结果仅仅是**波动光学**(wave optics)在某些条件下的近似或极限。

6.1.1 光的直线传播定律

在均匀介质中，光沿直线传播，也可表述为：在均匀介质中，光线是一直线。可以说，光的直线传播是我们日常生活中司空见惯的现象。

6.1.2 光的反射和折射定律

光在均匀介质中沿直线传播，而在遇到两种不同介质的分界面时，一般会同时产生反射和折射现象，光线分为两条光线。一条由界面返回到原介质中，称为**反射光线**(reflected ray)。另一条由界面折射入另一介质中，称为**折射光线**(refracted ray)(见图6-1)。关于这两条光线的进行方向，可分别由反射定律和折射定律来描述。

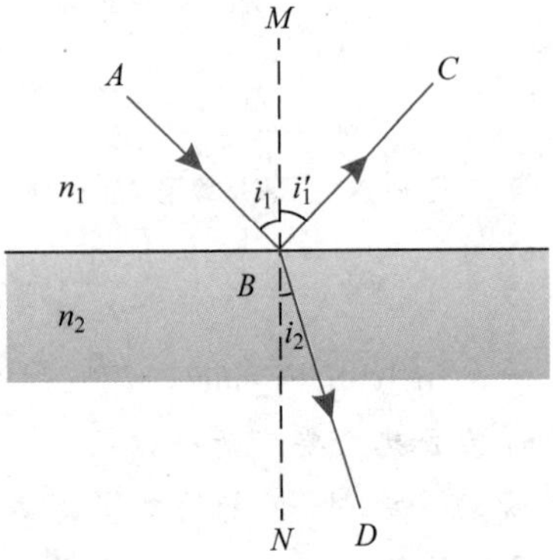

图6-1 光的反射和折射

实验发现，对一般的两个均匀介质而言，反射光线、折射光线都在由入射光线与分界面法线所构成的平面(入射面)内，且与入射光线分处法线的两侧，图6-1中的 i_1、i_1' 和 i_2 分别是法线与入射线、反射线和折射线的夹角，依次称为**入射角**(incident angle)、**反射角**(reflection angle)和**折射角**(refraction angle)。

实验发现，当光从一种均匀介质入射到另一种均匀介质表面时，反射角等于入射角，即

$$i_1 = i_1' \tag{6-1}$$

这就是**光的反射定律**。

由反射定律可知，若光线逆着反射光线入射，则它被反射后必逆着原入射光线进行，我们将这一现象称为**光路的可逆性**。

实验还发现，当光从一种均匀介质入射到另一种均匀介质时，入射角与折射角的正弦之比是一个取决于两介质光学性质和光的波长的常量，即

$$\frac{\sin i_1}{\sin i_2} = n_{12} \tag{6-2}$$

式中，比例常量 n_{12} 称为第二种介质相对于第一种介质的折射率(refractive index)。式(6-2)是斯涅耳(W. Snell，1591—1626年)在实验时发现的，称为**斯涅耳定律**。这就是**光的折射定律**。

人们把任何介质相对于真空的折射率称为介质的**绝对折射率**(absolute index of refraction)，简称**折射率**(refractive index)。介质的折射率与光在这种介质中传播速度的关系为

$$n = \frac{c}{v} \tag{6-3}$$

式中，c 为光在真空中的传播速度，v 为光在介质中的传播速度。

介质的折射率反映了光在介质中的传播特性。两种介质相比较，折射率大的介质，光在其中速度小，叫**光密介质**(**optically denser medium**)；折射率小的介质，光在其中速度大，叫**光疏介质**(**optically thinner medium**)。

实验表明，两种介质的相对折射率等于它们各自的绝对折射率之比，即

$$n_{12} = \frac{n_2}{n_1} = \frac{v_1}{v_2} \tag{6-4}$$

因此，式(6-2)可以写成如下形式：

$$n_1 \sin i_1 = n_2 \sin i_2 \tag{6-5}$$

介质折射率不仅与介质种类有关，而且与光波波长有关，通常由实验测定。在同一种介质中，长波的折射率小，短波的折射率大。当一束白光入射到两种介质的界面上，在折射时不同波长的光将分散开来形成光谱，这种现象称为**色散**(**dispersion**)。

表 6-1 所示为几种常用介质的折射率。

表 6-1　几种常用介质的折射率

介　　质	折　射　率
空气	1.00029
水	1.333
普通玻璃	1.468
冕牌玻璃	1.516
火石玻璃	1.603
重火石玻璃	1.755

应该指出，光在传播过程中与其他光线相遇时，不改变传播方向，各光线之间互不受影响，各自独立传播。而当两光线会聚于同一点时，在该点上的光能量是简单的相加。另外，如果折射光的方向反转，光线将按原路返回。这是在折射现象中显示出的光路可逆性。光路具有可逆性对于更复杂的光路也适用。

6.1.3　全反射

由折射定律可知，当入射角为零，光线垂直地投射到两种介质的分界面上时，进入另一种介质的光线并不改变原来的方向，折射将不发生。当折射角等于 90°时，相对应的入射角称为**临界角**。当入射角大于临界角时，其光线不能透过界面进入另一种介质中，而是被全部反射回原介质中(见图 6-2)，这种现象称为**光的全反射**现象。这种现象只会发生在光线从光密介质射向光疏介质的情况中，此时，$n_2 < n_1$，$i_2 = 90°$。

由折射定律可知，临界角为

$$i_c = \arcsin \frac{n_2}{n_1} \tag{6-6}$$

对于光线从 $n_1 = 1.5$ 的玻璃入射到空气这种情况，其临界角 $i_c = 42°$，而由水入射到空

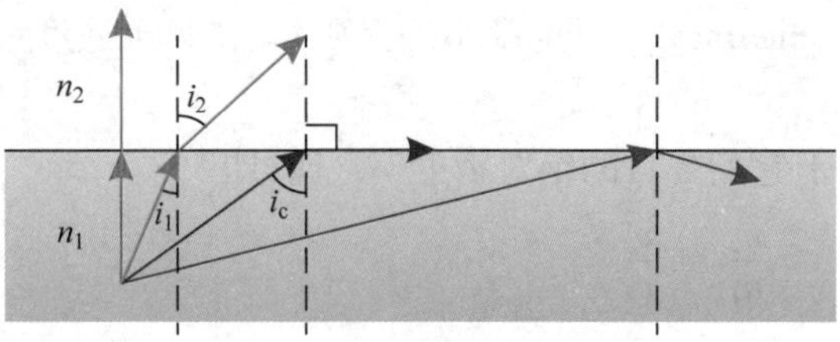

(a)

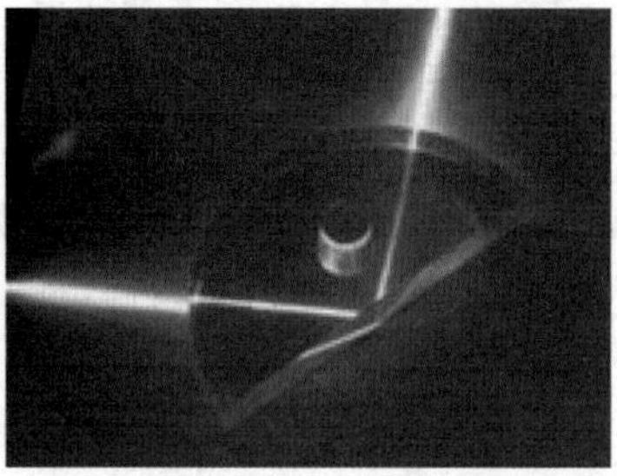
(b)

图 6-2 光的全反射
(a) 全反射光路图；(b) 全反射实物图

气的全反射临界角约为 49°。

光的全反射在自然界中经常可见，如钻石之所以如此光彩夺目是由于它具有高折射率、小临界角的特点。当光线进入钻石后会在钻石的各内表面发生全反射，当光再从钻石表面射出时就非常明亮。

全反射的应用很广，光导纤维就是利用全反射规律而使光线沿弯曲的路径传播的光学元件。一般光导纤维由直径约为几微米的单根玻璃(或透明塑料)纤维组成，每根纤维外面包一层折射率低的玻璃介质，这样光线经过多次全反射后可沿着它从一端传到另一端，而光的能量损失非常小。

由于光导纤维柔软，不怕震，而且光导纤维弯曲时也能传播光和图像，所以目前在医学、国防和通信等许多领域都得到广泛应用。其中，最重要的应用之一是在医学领域内，应用内窥镜之类的仪器，使外科医生有可能深入到人体内部某一小范围，通过遥控进行观察和做手术。

*6.2 光在平面和球面上的成像以及薄透镜成像规律

几何光学中大部分内容都是讨论成像(imaging)问题。为了讨论光学系统的成像问题，除了前面所述几何光学的基本定律之外，还需要引入有关成像的基本概念。

有一个发射光线的光源(light source)，如果它本身的几何线度比它到观察点的距离要小得多，这时光源的形状已无关紧要，因此，我们可以把它抽象成一个几何点，只考虑它的几何位置而不考虑大小，这样的光源称为**点光源**。实际的光源总是有一定大小的，所以点光源是为了使用上的方便而引入的理想化模型。若光线实际发自某点光源，则该点光源为**实点光源**；若某点光源并不发出光线，而是诸光线延长线的交点，则该点光源为**虚点光源**。

物体可以自己发光，也可以反射光或透射光。从物体发出的光经过一定的光学系统后，由出射的实际光线或实际光线的反向延长线会聚成的与物体形状相似的图形就叫**像**(image)。

6.2.1 光在平面上的反射、折射成像

1. 光在平面上的反射成像

下面我们来研究平面上反射光的成像。如图 6-3(a)所示，有一点光源 S(即物)发出的光束，被平面镜反射，根据反射定律，其反射光的反向延长线都将在点 S'处相交，S'为 S 的像。S'与平面之间的距离和 S 与平面之间的距离相等，平面反射镜中的像总是虚像。从日常生活的经验可知，这种像是十分“真实”的，其所成的像与对称于镜面的原物大小是相同的。平面镜能获得“完善”的物之虚像，如图 6-3(b)所示的水中倒影。

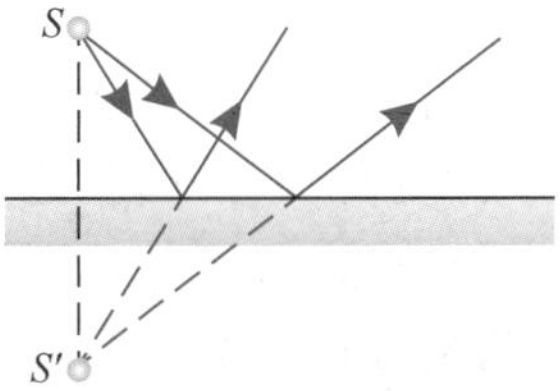

(a)

(b)

图 6-3 光在平面上的反射

(a) 在平面上的反射光路图；(b) 水中倒影

2. 光在平面上的折射成像

对于光线在平面上的折射光，与反射光不同，折射光的折射角与入射角不能形成线性关系变化。所以，点光源的折射光的反向延长线一般不会相交于同一点。因此，折射不能形成“完善”的像。这可以用一个例子来说明。

如图 6-4(a)所示，在水深度为 y 处有一发光点 S，从 S 发出的光射向空气，其入射角为 i，射出水面的折射角为 i'。作 OS 垂直于水面，折射线延长线与 OS 相交处 S'的深度为 y'，设水相对于空气的折射率为 $n(\approx 4/3)$，根据折射定律有

$$n\sin i = \sin i'$$

设入射角 i 的光线与水面相遇于 M 点，则 $y = x\cot i$，$y' = x\cot i'$，故

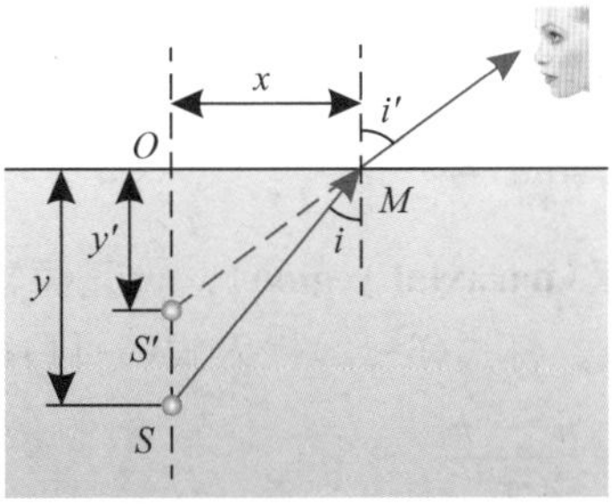

(a)

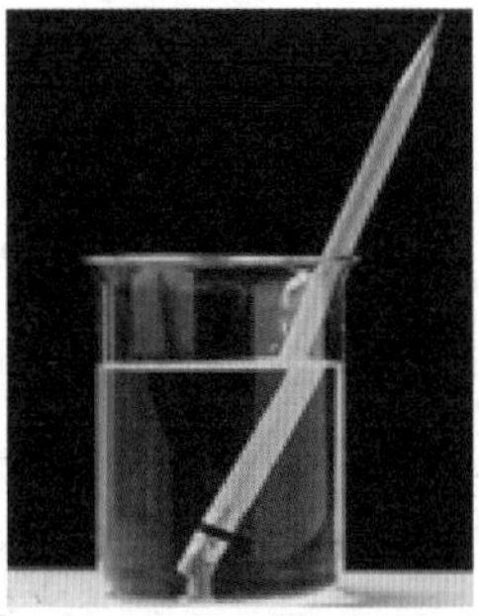

(b)

图 6-4 光在平面上的折射

(a) 眼睛看水中的物体；(b) 插入水中的一段筷子的像

$$y' = y\frac{\sin i\cos i'}{\sin i'\cos i} = \frac{y\sqrt{1-n^2\sin^2 i}}{n\cos i} \tag{6-7}$$

这就表明，由 S 发出的不同方向的入射光线，折射后的反向延长线不再相交于同一点。这就是说，当我们从空气中垂直俯视水中物体时，像的位置较实物所在位置为高。通常把一根筷子斜插入水中时，在水面上方可以看到插入水中的一段筷子的像与水面上一段筷子好像被屈折了。这就是光的折射成像使得视深度减小的缘故。

6.2.2 光在球面上的折射和反射成像

1. 光在球面上的折射成像

(1) 单球面折射成像公式

单球面既是一个简单的光学系统，又是组成许多光学仪器的基本元件。下面我们就单球面的折射进行讨论。如图 6-5 所示，球面将两种不同的介质分开，左边介质的折射率为 n_1，右边介质的折射率为 n_2，球表面的曲率半径为 r，通过点光源 S 与球面的曲率中心 C 作一直线称为**主光轴**(**principal optical axis**)，主光轴与折射球面相交于 O 点。从点光源 S 作一条光线与球面相交于点 M，经球面折射后与光轴相交于点 S'。

在三角形 SMC 中，由正弦定律得

$$\frac{s+r}{\sin(\pi-i_1)} = \frac{r}{\sin u} = \frac{s+r}{\sin i_1} \tag{6-8}$$

同理，由三角形 $S'MC$ 得

$$\frac{s'-r}{\sin i_2} = \frac{r}{\sin u'} \tag{6-9}$$

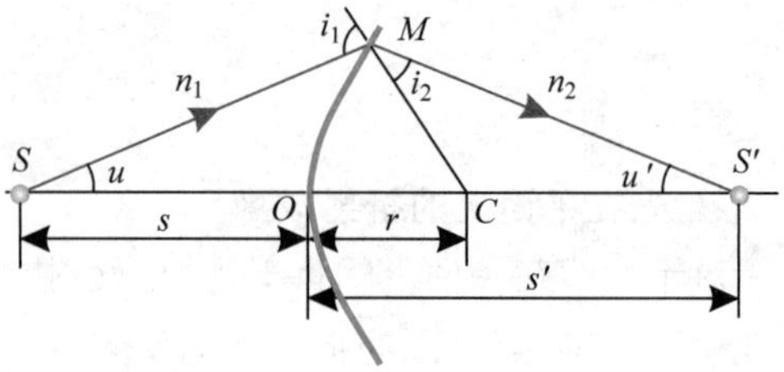

图 6-5 单球面折射成像

根据折射定律

$$n_1\sin i_1 = n_2\sin i_2 \tag{6-10}$$

将式(6-8)、式(6-9)代入式(6-10)，可得

$$s' = r + \frac{n_1}{n_2}(s+r)\frac{\sin u}{\sin u'} \tag{6-11}$$

由此可知，s'不仅取决于 s 的数值，而且还与倾角 u、u'有关，也就是说由点光源发出的不同倾角的光线，经单球面折射后不再与光轴相交于同一点，变成了非同心的光束，不能给出完善的像。

但是，如果我们考虑 u 和 u'都很小的情况，此时 $\sin u \approx \tan u \approx u$，因此有

$$\sin u \approx \frac{\overline{MO}}{s}, \quad \sin u' \approx \frac{\overline{MO}}{s'} \tag{6-12}$$

光学系统中满足这样条件的区域称**傍轴区**(**paraxial region**)。研究傍轴区域内的物像关系的光学，称为**"高斯光学"**(**Ganssian optics**)。将式(6-12)代入式(6-11)得

$$\frac{n_1}{s} + \frac{n_2}{s'} = \frac{n_2-n_1}{r} \tag{6-13}$$

式(6-13)为傍轴条件下的单球面成像公式，可以看出，s'仅取决于 s 的数值。因此，在傍轴条件下，由主光轴发光点发出的同心光束经球面折射后，仍保持为同心光束，即能得到完善的像。

以上我们讨论的是一种特殊情况(凸球面),一般情况下,球面也可能是凹球面。为了不管是凸球面还是凹球面,在傍轴条件下,式(6-13)都是成立的,需要约定一种正负号法则。设入射光从左到右,规定:①若物点 S 在顶点 O 的左边,则 $s>0$;若 S 在顶点的右边,则 $s<0$;②若像点 S' 在顶点 O 的左边,则 $s'<0$;若 S' 在顶点的右边,则 $s'>0$;③若球心 C 在顶点 O 的左边,则 $r<0$;若球心 C 在顶点 O 的右边,则 $r>0$。

(2) 傍轴物点成像的横向放大率

现在我们用解析法分析单球面折射中共轭线或点之间的几何上的比例关系。如图 6-6 所示,S 和 S' 为单球面主轴上的一对共轭点,过 S 点作垂直于主轴的线段 SP,其物高为 h_1,经过单面球成像为 $S'P'$,像高为 h_2,h_1 和 h_2 的正负号作如下规定:若 P(或 P')在光轴的上方,h_1(或 h_2)大于零;若 P(或 P')在光轴的下方,h_1(或 h_2)小于零。

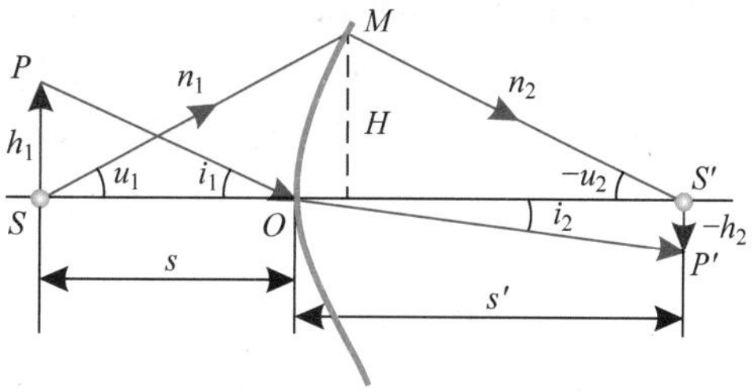

图 6-6 单球面成像放大率

由三角形 OPS 和 $OP'S'$ 可得

$$\frac{-h_2}{h_1} = \frac{s' \cdot i_2}{s \cdot i_1}$$

根据傍轴近似下的折射定律 $n_1 i_1 \approx n_2 i_2$,上式可改写为

$$\frac{-h_2}{h_1} = \frac{s' \cdot n_1}{s \cdot n_2} \tag{6-14}$$

引入单球面成像的**横向放大率**(**lateral magnification**)的概念,其定义为

$$\beta = \frac{h_2}{h_1} = -\frac{s' \cdot n_1}{s \cdot n_2} \tag{6-15}$$

式(6-15)表示在傍轴条件下,横向放大率取决于像距与物距。也就是说,在通过物点并垂直于主轴的平面(称为物平面)上的各点,当成像于通过对应像点并垂直于主轴的平面(称为像平面)上的各点时,其放大率是相同的,所以像和物应该是相似的。

当 $\beta>0$ 时,像与物在主光轴的同一侧,为正立的像;当 $\beta<0$ 时,像与物在主光轴的两侧,为倒立的像。$|\beta|>1$ 表示放大,$|\beta|<1$ 表示缩小。

2. 光在球面上的反射成像

对于光线在球面反射镜上的反射情况,物空间与像空间重合,且反射光线与入射光线的进行方向恰好相反,可以把反射看作是折射的特例,认为 $n_2=-n_1$,这样通过式(6-13)可以得到曲率半径为 r 的球面反射镜在傍轴条件下的反射公式

$$\frac{1}{s'} - \frac{1}{s} = \frac{2}{r} \tag{6-16}$$

由于式(6-16)中不包含折射率,这表明球面反射成像的情况与所处的介质无关,而只与球面曲率半径有关。

6.2.3 薄透镜

大多数光学仪器都是由一系列单球面(折射面和反射面)所构成。各个单球面的曲率中

心又都处在同一条直线上，这条直线就是光学系统的主光轴，这种光学系统称为**共轴光具组**。

由两个共轴单球面组成的光学系统称为**透镜**(**lens**)，透镜是一个最简单的共轴光具组。透镜两表面在其主轴上的间隔称为透镜的厚度。若透镜的厚度远小于球面的曲率半径，这种透镜称为**薄透镜**(**thin lens**)，反之称为**厚透镜**(**thick lens**)。常用的光学仪器上的透镜，一般都是薄透镜。

1. 薄透镜的成像公式

图6-7示出了一个透镜，其厚度为t，透镜材料的折射率为n，透镜前后两种介质的折射率分别为n_1和n_2。前后二球面的曲率半径分别为r_1和r_2，当物点S发出的光线经过第一球面成像于S''，根据单球面成像公式(6-13)，则有

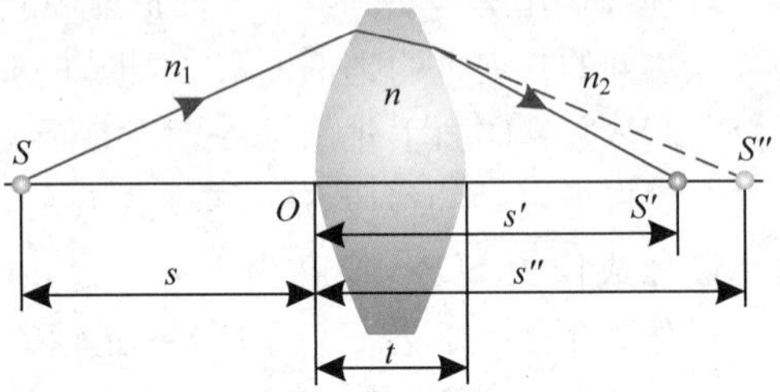

图6-7 透镜成像

$$\frac{n}{s''}+\frac{n_1}{s}=\frac{n-n_1}{r_1} \tag{6-17}$$

经第一球面折射形成的像S''对第二球面来说是虚物，经第二球面折射后成像在S'点，由式(6-13)可得

$$\frac{n_2}{s'}+\frac{n}{-(s''-t)}=\frac{n_2-n}{r_2} \tag{6-18}$$

由于薄透镜厚度极薄，$t\ll s''$，故可忽略不计，从式(6-17)和式(6-18)中消去s''得

$$\frac{n_2}{s'}+\frac{n_1}{s}=\frac{n-n_1}{r_1}+\frac{n_2-n}{r_2} \tag{6-19}$$

这就是薄透镜的成像公式。

如果薄透镜置于空气中，$n_1=n_2=1$，则式(6-19)可改写为

$$\frac{1}{s'}+\frac{1}{s}=(n-1)\left(\frac{1}{r_1}-\frac{1}{r_2}\right) \tag{6-20}$$

根据焦距的定义，当$s\to\infty$时，$s'=f'$。同理，当$s'\to\infty$时，可得$s=f$，且$f=f'$。由式(6-20)得

$$f=f'=\frac{1}{(n-1)\left(\frac{1}{r_1}-\frac{1}{r_2}\right)} \tag{6-21}$$

式(6-21)给出薄透镜焦距f与其自身的折射率n和曲率半径的关系，称为磨镜者公式，显然，我们可以用这个方程由曲率半径和材料的折射率计算薄透镜的焦距。

由式(6-21)可知，如果$\frac{1}{r_1}>\frac{1}{r_2}$，透镜的焦距$f=f'>0$，这样的透镜叫做**正透镜**(**positive lens**)或**会聚透镜**(**convergent lens**)。会聚透镜可以是双凸、平凸和凹凸三种形状，它们的共同特点是中央厚，边缘薄，这类透镜统称**凸透镜**(**convex lens**)。如果$\frac{1}{r_1}<\frac{1}{r_2}$，透镜的焦距$f=f'<0$，这种透镜叫做**负透镜**(**negative lens**)或**发散透镜**(**divergent lens**)。发散透镜可以有双凹、平凹和凸凹三种形状，它们的共同特点是边缘厚，中央薄，这类透镜统称**凹透镜**(**concave lens**)。图6-8画出了这几种透镜的形状。

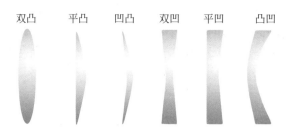

图 6-8 透镜的种类

薄透镜的两个顶点可以看作是重合在一点 O 上，通常在透镜两边折射率相同的情况下，通过 O 点的光线不改变原来的方向，O 点称为透镜的**光心**(**optical center**)。在薄透镜中，物距 s、像距 s' 和焦距 f、f' 都从光心算起。通过光心的任一直线称为薄透镜的副光轴(secondary optic axis)。通过焦点 F、F' 分别作一垂直于主光轴的平面，在傍轴条件下，这两个平面分别称物方焦平面和像方焦平面。

2. 薄透镜成像的作图法

在傍轴区域，求物像关系的另一种方法是作图法。按照成像的含义，通过物点每条光线的共轭光线或其延长线都应通过像点。于是，对光轴外的物点的成像，可有三条特殊的光线以供选择：①平行于主光轴的光线，折射后通过像方焦点 F'(图 6-9 中的光线 1)；②通过物方焦点 F 的光线，折射后平行于主光轴(图 6-9 中的光线 3)；③通过光心的光线，按原方向传播不发生偏折(图 6-9 中的光线 2)。

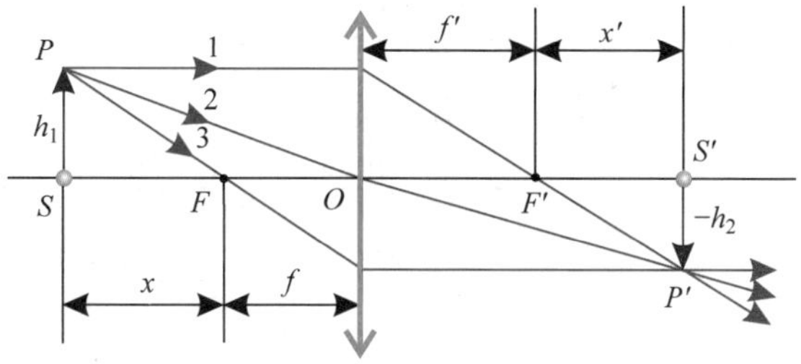

图 6-9 轴外物点的成像

由图 6-9 可知，根据三角形相似原理，薄透镜的横向放大率可以写成

$$\beta = \frac{h_2}{h_1} = -\frac{s'}{s} = -\frac{x'}{f'} = -\frac{f}{x} \tag{6-22}$$

必须指出，物像之间具有等光程性。如图 6-10 所示，物点 S 和像点 S' 之间各光线的光

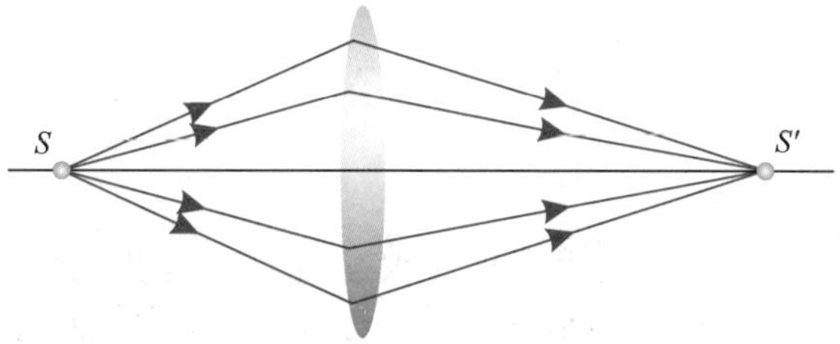

图 6-10 物像之间的等光程性

程都相等。从光轴上的物点 S 发出的同心光束经过透镜后会聚在像点 S'。这可以由费马原理证明，读者可以自己证明。由此我们可以得出如下结论：透镜的使用可以改变光线的传播路径，但对各光线不会引起附加的光程差，这一结论在后面的波动光学中要用到。

[例题 6-1]

一高为 h 的发光体位于一个焦距为 10cm 的会聚透镜的左侧 40cm 处，第二个焦距为 20cm 的会聚透镜位于第一个透镜的右侧 30cm 处。(1)计算最终成像的位置；(2)计算最终成像的高度与物体高度 h 之比。

解 (1) 将式(6-21)代入式(6-20)得

$$\frac{1}{s'}+\frac{1}{s}=\frac{1}{f}$$

则可得通过第一个透镜成像的位置 s_1' 为

$$\frac{1}{s_1'}+\frac{1}{40}=\frac{1}{10}$$

$$s_1'=\frac{40}{3}(\text{cm})$$

对于第二个透镜来说，物体位于 $s_2=30-40/3=50/3(\text{cm})$ 处，其焦距为 $f_2=20(\text{cm})$，同样可以得到通过第二透镜成像的位置 s_2' 为

$$\frac{1}{s_2'}+\frac{1}{50/3}=\frac{1}{20}$$

$$s_2'=-100(\text{cm})$$

由以上计算可知，最终成像位于第二个透镜左侧 100cm 处，也就是在物体的左侧 30(cm)处。

(2) 根据式(6-22)可以得到第一次成像的横向放大率

$$\beta_1=\frac{s_1'}{s_1}=-\frac{40/3}{40}=-\frac{1}{3}$$

可知，这是一个缩小 3 倍、倒立的实像。同样第二次成像的横向放大率为

$$\beta_2=-\frac{s_2'}{s_2}=-\frac{-100}{50/3}=6$$

这是一个放大 6 倍、正立的虚像。总的横向放大率为

$$\beta=\beta_1\beta_2=\left(-\frac{1}{3}\right)\times 6=-2$$

这说明，最终物体成像为放大 2 倍的倒立虚像。

*6.3 光学仪器

照相机、显微镜和望远镜都是常用的光学仪器，它们都是由几个透镜组合而成的。根据它们的用途，显微镜所成的像必然是放大的虚像，而照相机所成的像却是缩小的实像。处理透镜组合的基本方法是利用单透镜成像公式及放大率公式，逐次计算，按具体要求构建所要

求的组合形式。以下将不加证明地介绍照相机、显微镜和望远镜的工作原理及放大率的计算。

6.3.1 照相机

照相机(camera)的光学原理就是利用会聚透镜将远处的物聚成缩小的实像于照相胶片上。然后,再经过显影等步骤而得到最后的照片。图 6-11 所示单反数码相机。照相机的主要部分有:①照相物镜(objective),俗称镜头。光学玻璃聚集来自前面的光束,并在胶片上聚焦,形成清晰可辨的影像。简单的镜头是由一片曲面玻璃或塑料制成的。更复杂些的镜头是由称做透镜单元的两片或更多片光学玻璃组成的,并将所有透镜单元组装在一起,成为一个整体。②光圈,这个装置根据镜头孔径大小的变化,控制到达胶片的光量。"虹膜"类型的光圈是由一系列相互重叠的薄金属叶片组成的,叶片的离合能够改变中心圆形孔径的大小。可大可小的孔径可以增加或减少通过镜头到达胶片的光量。③快门,这是一个控制进入照相机光线时间长短的机械或电子装置。有些照相机,转动一个旋钮或者按动一个按钮就可以设置快门速度,而另外一些照相机的快门速度是自动设定的。

图 6-11　单反数码相机

目前,市场上流行的数码照相机与上述传统照相机具有很多相似之处,但它们的工作原理却有着很大的不同。数码照相机不是直接将镜头聚焦的影像储存在化学胶片上,而是投射到光电转换器芯片 CCD(称为电荷耦合半导体器件)上,CCD 将投射而来的景物光信号转化成电流信号,然后将数据传输到模拟电子信号处理器上,转化成电脑能识别的数码信号,通过数码压缩处理、模块压缩处理后储存在闪烁式电子芯片上,最后经过各种运算转换为图像的数码文件,供后期处理使用。

6.3.2 显微镜

显微镜的功能是使近距离微小物体成放大的像。简单放大镜的放大率太小,最多 10～20 倍,甚至不能满足观察一般生物切片的要求。为了提高放大率,必须采用组合放大镜——**显微镜**(microscope)。显微镜是伽利略于 1610 年发明的,它的构造比较复杂,其放大倍数也比较大,可达到 1500 倍以上。

图 6-12(a)所示为一种简单显微镜的外形图。显微镜系统的光路图如图 6-12(b)所示,在放大镜(目镜)前面再加一个焦距极短的会聚透镜组,称为物镜(objective)。通过调节各透镜相对于物的距离,使被观察的物体处在物镜物方焦点 F_1 外侧附近,并使它经物镜放大成实像于目镜物方焦点 F_2 内侧附近,再经目镜放大成虚像于明视距离 s_0(明视距离是国际上规定的正常照明条件下正常人眼能观察到的距离。$s_0=25\text{cm}$)以外。这样,就达到了显微镜观物的作用。为简单起见,显微镜的目镜和物镜都以一块会聚透镜表示。

由于显微镜、望远镜等的作用是通过透镜放大物体对人眼的视角,从而达到获得放大了

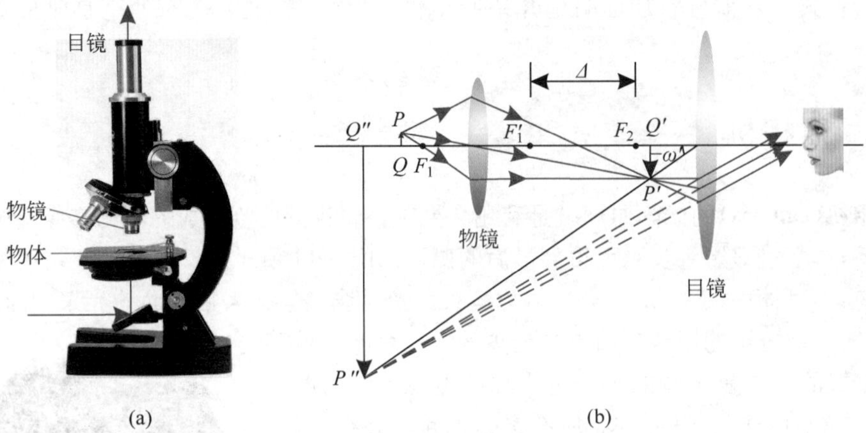

图 6-12 显微镜及其光路图

的物体像的目的，因此，定义显微镜的视角放大率为 $M=\omega'/\omega$，其中 ω 为无显微镜时物体在明视距离 s_0 处所张的视角，即 $\omega=h_1/s_0$（h_1 为物体 PQ 的高度），而 ω'为通过显微镜最后成的虚像对人眼所张的视角，它近似为前述实像对目镜的视角，即 $-\omega'=-h_2/f_2$（h_2 为实像 $P'Q'$的高度，f_2 为目镜的焦距），则显微镜的视角放大率为

$$M=\frac{\omega'}{\omega}=\frac{h_2}{h_1}\frac{s_0}{f_2}=\beta_0 M_E \tag{6-23}$$

式中，$\beta_0=\dfrac{h_2}{h_1}$为物镜的横向放大率，$M_E=\dfrac{s_0}{f_2}$为目镜的视角放大率，即显微镜的视角放大率等于物镜的横向放大率和目镜的视角放大率的乘积。通常在显微镜物镜和目镜上分别刻有 10×、20×等字样，以便我们计算显微镜的视角放大率。

设 Δ 为物镜像方焦点 F_1'到目镜物方焦点 F_2 的距离（称光学间隔），f_1 为物镜的焦距，则物镜的横向放大率可写为

$$\beta_0=\frac{h_2}{h_1}=-\frac{\Delta}{f_1}$$

这样，显微镜的视角放大率可写为

$$M=-\frac{\Delta}{f_1}\frac{s_0}{f_2} \tag{6-24}$$

由此可见，显微镜的光学间隔愈大，物镜和目镜的焦距愈短，显微镜的放大倍数就愈高。但是光学间隔也不能太大（一般为 16～18cm）。若 $\Delta=18\text{cm}$，物镜焦距 $f_1=3\text{mm}$，目镜焦距 $f_2=15\text{mm}$，则此显微镜的放大率是 1000 倍。常用显微镜的放大率可达 1500 倍，如倍数要再加大，则需要用油浸物镜，再加灯光会聚照明，其放大率可达 2000 倍，这类显微镜称为超级显微镜。

6.3.3 望远镜

望远镜的结构与显微镜有些类似，只是望远镜的功能是对远处物体成视角放大的像。正常人眼虽然可观察的远点能达到无限远，但此时在眼球视网膜上形成的像太小，以至很难

分辨。要清晰地观察远方物体，必须借助于望远镜。人们在望远镜中所观察到的像，实际上并不比原物体大，望远镜起的作用只是把远处的物体移近，增大视角，原来看不清楚的物体就能被看清楚了，这是与显微镜有本质不同的地方。

望远镜也是由物镜和目镜所组成的。从远处物体上射来的光线可看作平行光线，它们通过长焦距物镜后，在物镜的像方焦平面上形成了倒立的实像，如图 6-13 所示。目镜在望远镜和显微镜中都起放大镜的作用，如果调节目镜，使物镜所成之像恰好在目镜第一焦平面的内侧，则经过目镜后，在明视距离处形成一个放大虚像。不过通常是把实像正好调节在两透镜的共同焦点上，使通过目镜出射的光线成为平行光而虚像在无穷远处。最后的像总是成在视网膜上。从图 6-13 中可以看出物体对眼睛所张的视角为 $\omega=-h/f_1$，最后的虚像对目镜所张的视角为 $-\omega'=-h/f_2$。

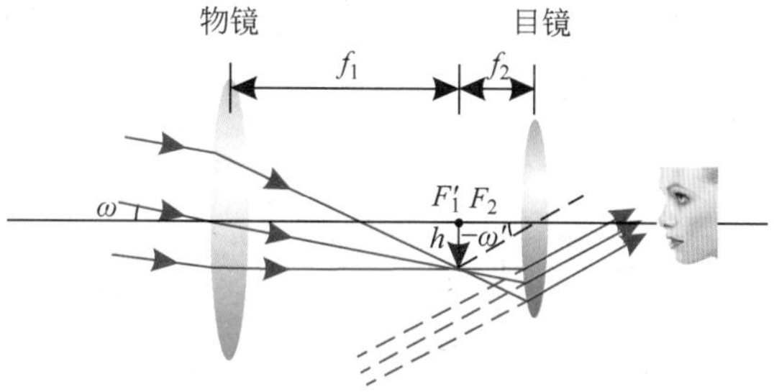

图 6-13 望远镜的光路图

望远镜的视角放大率定义为最后的虚像对目镜所张的视角和物体本身对眼睛所张的视角之比值，即

$$M=\frac{\omega'}{\omega}=-\frac{f_1}{f_2} \tag{6-25}$$

由此可知，物镜的焦距越长，目镜的焦距越短，则望远镜的放大率就越大。由两个会聚透镜分别作为物镜和目镜所组成的天文望远镜称为开普勒望远镜，此时物镜和目镜的焦距都为正值，望远镜的视角放大率为负值，故形成的是倒立的像。用发散透镜作为目镜的望远镜称为伽利略望远镜。对于伽利略望远镜，由于目镜的焦距为负，放大率为正值，故形成正立的像。

开普勒望远镜(或伽利略望远镜)的物镜和目镜所成的复合光学系统的光学间隔等于零，这样的光学系统叫做望远光学系统，即无焦系统。它的特点是平行光束通过时，透射出来的仍是平行光束，但方向改变。

6.4 相干光

6.4.1 光的相干性

干涉现象是波动过程的基本特征之一。在第 5 章已经指出：由频率相同、振动方向相同、相位相同或相位差保持恒定的两个波源所发出的波是相干波，在相干波相遇的区域内，有些点的振动始终加强，有些点的振动始终减弱或完全消失，即产生干涉现象。尽管人们对光的本性争论不休，但实际上早就发现了光的干涉现象，例如水面上的油膜呈现的彩色图案等，只是当时人们试图以各种其他方法来解释这种现象。

由于光是一种电磁波，所以对于光波来说，振动和传播的是电场强度 $\boldsymbol{E}$ 和磁感应强度 $\boldsymbol{B}$，其中能引起人眼视觉或感光设备起作用的主要是电场强度矢量 $\boldsymbol{E}$，故通常把 $\boldsymbol{E}$ 矢量叫做**光矢量**(light vector)。若两束光的光矢量满足相干条件，则它们是**相干光**(coherent light)，其光源叫做**相干光源**(coherent source)。

虽然光波的相干条件与机械波相同，但光的相干性却有些特殊。机械波或无线电源的波源可以连续地振动，发出连续不断的正弦波，相干条件比较容易满足，因此比较容易产生干涉现象。对于普通光源，情况有所不同。例如，若在房间里放着两个发光频率完全相同的钠光灯，在它们所发出的光都能传到的区域，却观察不到**光强**(intensity of light)分布有明暗相间的变化。这表明两个独立的光源即使频率相同，也不能构成相干光源。这是由普通光源发光本质的复杂性所决定的。

6.4.2 普通光源的发光机制

光源就是发射光波的物体，星体、萤火虫、灯都是光源。普通光源发光的机制是处于激发态的原子或分子(以原子为例)的**自发辐射**(spontaneous radiation)。近代物理理论和实验都表明，原子的能量具有不连续的一系列分立值，这些分立值称为**能级**(energy level)。原子通常总是趋于处在能量最低的**基态**(ground state)，如果它们受到外界的某种激励，就会吸收一定的能量从基态跃迁到能量较高的**激发态**(excited state)。处在激发态的原子是不稳定的。它们会自发地跃迁回到基态或较低能量的激发态。在这个过程中每个原子将多余的能量以电磁波的形式辐射出来，或者说辐射出光子，发出了光。这个辐射过程很短，为 $10^{-10}\sim10^{-8}$s。一般来说，各个原子的激发与辐射是彼此独立的、随机的(randomness)，是间歇(intermittence)进行的。因而，同一瞬间不同原子发射的电磁波，或同一原子先后发射的电磁波，其频率、相位、振动方向各不相同。另一方面，光源中每个原子每次发光为持续时间很短、长度有限的**波列**(wave train)，如图 6-14 所示为原子光波列的示意图。按傅里叶变换，一个有限长的波列可以表示为许多不同频率、不同振幅的简谐波的叠加。因此，普通光源发出的光波是大量简谐波叠加起来的。

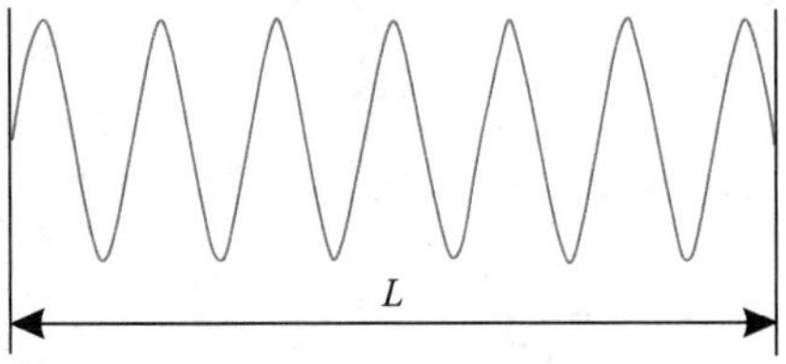

图 6-14 原子跃迁发出的光波列

综上所述，原子是物质发光的基元，它们每次发出一个有限长的波列，这些波列是不相干的，这就是普通光源的发光机制。

只具有单一波长(或频率)的光称为**单色光**，由各种波长(或频率)的单色光复合而成的光称为**复色光**。显然，普通光源发出的光是复色光。太阳光中的可见光是波长连续分布的白光，波长范围为 400～760nm，相应的频率范围为 $4.3\times10^{14}\sim7.5\times10^{14}$ Hz。白光通过三棱镜时发生色散，形成一个连续光谱。有些物质的光谱是分立的线光谱。

严格的单色光是不存在的，任何光源发出的光都有一定的频率范围，且每种频率的光所对应的强度是不同的。实用上常用一些设备从复色光中获得近似单色光的准单色光,例如使用滤光片、三棱镜、光栅等得到准单色光。准单色光是由一些波长(或频率)相差很小的单色光组成,所以,准单色光有一定的波长(或频率)范围。以波长(频率)为横坐标,光的谱强度(指单位波长间隔的光波强度)为纵坐标画出的如图 6-15 所示的曲线称为**光谱曲线**(谱线)。设最大谱强度 I_0 对应的波长为 λ_0,将谱强度下降到 $I_0/2$ 的两点之间的波长范围 $\Delta\lambda$ 称为**谱线宽度**。我们常用谱线宽度来表征准单色光的单色程度。$\Delta\lambda$ 越小,谱线就越尖锐,光的单色性就越好。例如钠光灯、汞灯等普通光源谱线宽度的数量级为 $10^{-3}\sim 10^{-1}$ nm,而**激光**(laser)谱线宽度的数量级为 10^{-9} nm。

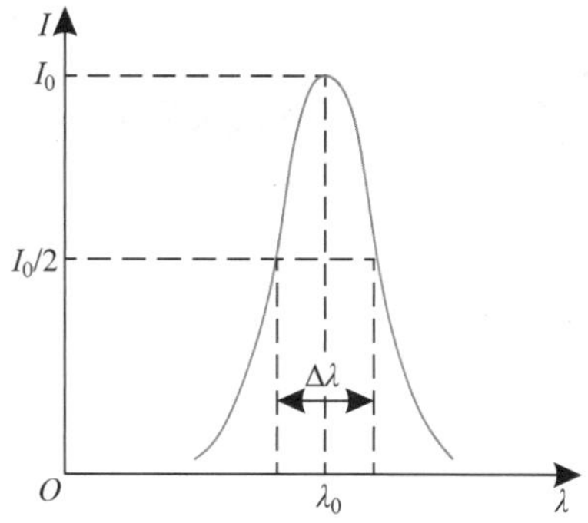

图 6-15 光谱曲线

6.4.3 相干光的获得

从普通光源的发光机制可知,来自两个独立光源的光是非相干光,而来自同一光源的两个不同部分的光也不是相干光。但是可以利用普通光源获得相干光,其基本原理是:把光源上某一点发出的同一个光波列设法分成两部分,并沿两条不同的路径传播,然后再使它们相遇,从而使这两部分的光叠加起来。由于这两部分光实际上来自点光源发出的同一波列,所以它们满足相干条件,因而是相干光。把同一光源发出的光分成两部分的方法有两种。其一是从一点光源(或线源)发出的光波波阵面上分离出两个点(或两条线),由于波阵面上任一点都可视为新光源,而且这些新光源具有相同的相位,所以这两个新光源发出的光是相干光,这种方法称为**分割波阵面方法**。杨氏双缝干涉就采用了这种方法;其二是利用反射和折射把一光源上同一点发出的光波波面上某处的振幅分成两部分,反射光和折射光沿两条不同路径传播并相遇,这时,原来的每一波列都分成了频率相同、振动方向相同、相位差恒定的两部分,当它们相遇时,就能产生干涉现象,这种方法称为**分割振幅方法**。薄膜干涉就是利用这种方法获得相干光。

图 6-16 肥皂膜的彩色图案

我们在日常生活中看到油膜、肥皂泡所呈现的彩色,就是一种光的干涉现象,如图 6-16 所示。因太阳光中含有各种波长的光,当太阳光照射油膜时,经油膜上、下两表面反射的光形成相干光束,有些地方红光加强,有些地方绿光加强,等等,这样就可以看到油膜呈现出彩色条纹。如果用单色光照射在竖立的肥皂膜上,由于干涉,在膜表面可以看到明暗相间的横条纹。

上面讨论的是普通光源,对于单频的激光光源,由于从激光窗口输出的光都具有相干性,从而用激光可以方便地演示光的干涉现象。

动画：双光束干涉

6.5 杨氏双缝干涉 劳埃德镜

6.5.1 杨氏双缝干涉实验

1801 年，英国物理学家托马斯·杨（Thomas Young）通过双缝干涉实验观察到光的干涉现象。图 6-17(a)所示为杨氏双缝干涉实验示意图，在单色点光源前放一狭缝 S，使 S 成为实施本实验的缝光源。S 前对称地放置两个相距很近与 S 平行的狭缝 S_1 和 S_2，S_1 和 S_2 位于从 S 出发的子波的同一波阵面上，因此 S_1 和 S_2 构成一对相干光源。这里采用的是分割波阵面法来获得相干光。这样，由 S_1 和 S_2 发出的光在空间相遇，将产生干涉现象。

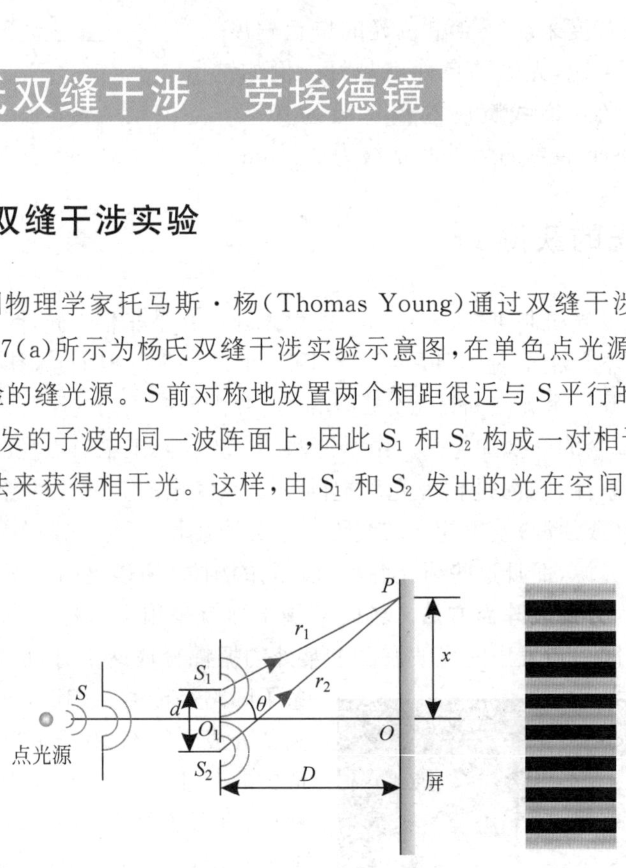

图 6-17 杨氏双缝干涉

(a) 干涉实验示意图；(b) 干涉条纹

实验中在与狭缝相距约为 1m 处的观察屏上出现了一系列稳定的明暗相间的条纹，即干涉条纹，如图 6-17(b)所示，条纹间的距离（确切地说是相应条纹中心间的距离）彼此相等，且都与狭缝平行，O 处的中央条纹是明条纹。

下面定量分析屏幕上形成干涉明、暗条纹所应满足的条件。如图 6-17(a)所示，设双缝 S_1 和 S_2 的间距为 d，双缝到屏的距离为 $D(D\gg d)$，O 为屏幕中心，双缝 S_1 和 S_2 到屏幕上 P 点的距离分别为 r_1 和 r_2，P 点到 O 点的距离为 x，从同相波源 S_1 和 S_2 发出的两束光到

达 P 点处的波程差为

$$\Delta = r_2 - r_1$$

由几何关系得到

$$r_1^2 = D^2 + \left(x - \frac{d}{2}\right)^2, \quad r_2^2 = D^2 + \left(x + \frac{d}{2}\right)^2$$

两式相减，得到

$$r_2^2 - r_1^2 = (r_2 + r_1)(r_2 - r_1) = 2xd$$

由于 $D \gg d$，所以当 $D \gg x$ 时，$r_2 + r_1 \approx 2D$。则

$$\Delta = r_2 - r_1 = \frac{d}{D}x \tag{6-26}$$

设入射光波长为 λ，由两相干同相波源干涉相长和相消的条件，可得两束光到达 P 点的波程差为

$$\Delta = \begin{cases} \pm k\lambda, & k = 0,1,2,\cdots, \quad \text{干涉相长(明纹中心)} & (6\text{-}27) \\ \pm (2k+1)\dfrac{\lambda}{2}, & k = 0,1,2,\cdots, \quad \text{干涉相消(暗纹中心)} & (6\text{-}28) \end{cases}$$

将式(6-26)代入式(6-27)中就得到干涉明条纹所在的位置

$$x = \pm k\frac{D\lambda}{d}, \quad k = 0,1,2,\cdots \tag{6-29}$$

满足上述条件的点在屏幕上是一条条平行于狭缝的直线，因此在屏上出现直线明条纹，式中正负号表明干涉明条纹是在点 O 两侧对称分布的。对于点 O，$\Delta = 0$，$k = 0$，因此，点 O 处也为一明纹的中心，此明纹叫做中央明条纹。在点 O 两侧，与 $k = 1,2,\cdots$ 相应的明条纹分别叫做第 1、2、……级明条纹，它们对称分布在中央明纹的两侧。

将式(6-26)代入式(6-28)中就得到干涉暗条纹所在的位置

$$x = \pm\left(k + \frac{1}{2}\right)\frac{D\lambda}{d}, \quad k = 0,1,2,\cdots \tag{6-30}$$

满足上述条件的点在屏幕上也是一条条平行于狭缝的直线，因此在屏幕上出现直线暗条纹。$k = 0,1,2,\cdots$ 分别对应于第 1、2、3、……级暗条纹。式中正负号表明干涉暗条纹是相对中央明条纹两侧对称分布的。若 S_1 和 S_2 在点 P 的波程差既不满足式(6-29)，也不满足式(6-30)，则点 P 处既不是最明，也不是最暗。

从式(6-29)和式(6-30)看到，相邻明条纹中心之间、相邻暗条纹中心之间的间距都是

$$\Delta x = \frac{D\lambda}{d} \tag{6-31}$$

因此干涉条纹是**等距离分布的直条纹**。从式(6-31)还可以看到，当 D、λ 一定时，条纹间距 Δx 与 d 成反比，所以双缝间距要小，否则条纹间距会因过密而无法分辨；当 D、d 一定时，条纹间距 Δx 与入射光的波长 λ 成正比，波长不同，其明纹中心的位置就不同，据此可以区分不同波长的入射光。如果用白光照射，从式(6-29)可知，各单色光的中央明条纹位置都在屏幕中央，各色光合成后仍为白光，而其他各级明条纹的位置和条纹间距都与波长成正比。因此，除了中央明条纹仍为白光外，其两侧因各色光的波长不同而呈现彩

色条纹，同一级各单色光明条纹形成一个内紫外红的**彩色光谱**(spectrum)，如图 6-18 所示。

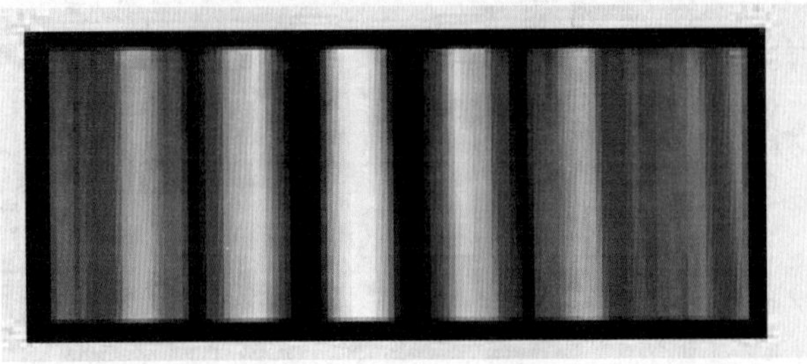

图 6-18 白光干涉条纹

6.5.2 劳埃德镜实验

劳埃德镜实验的原理本质上与杨氏双缝实验类似。

如图 6-19 所示，M 为一反射镜，S 为狭缝光源，从狭缝 S 发出的光一部分直接照射到屏幕 E 上，另一部分射到反射镜 M 上，反射后到达屏幕 E 上。于是，处在这两束相干光的交叠区域里的屏幕上将出现干涉条纹，反射光可看成是由虚光源 S_1 发出的，S、S_1 构成一对相干光源，相当于杨氏实验中的双缝。

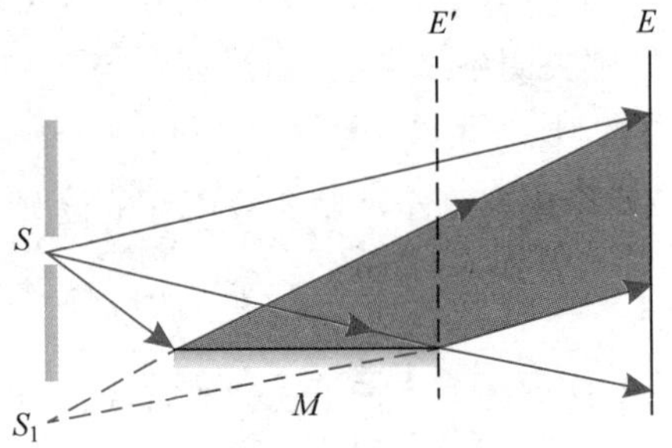

图 6-19 劳埃德镜实验示意图

劳埃德镜实验结果的分析方法与杨氏双缝实验基本相同，唯一的区别是在计算反射光的波程时必须加$\frac{\lambda}{2}$$\left(或减\frac{\lambda}{2}\right)$，这是因为当光从光疏介质(折射率较小的介质)射向光密介质(折射率较大的介质)而被反射时，就会发生相位为 π 的突变，这相当于反射光多(或少)走了半个波长的波程，这个现象称为**半波损失**(half-wave loss)。在劳埃德镜实验中，若将观察屏 E 移至与反射镜 M 接触(图中 E' 位置)，此时从 S、S_1 发出的光到达的几何波程相等，因此这里本来应该出现明条纹，而实验上却观察到暗条纹，这说明在该处入射光和反射光相位相反，两者相消。从另一方面讲，劳埃德镜实验是半波损失的一个实验验证。

[例题 6-2]

在双缝干涉实验中，以单色光垂直照射到相距为 0.2mm 的双缝上，双缝与屏幕的垂直距离为 10m。(1)若屏上第一级干涉明条纹到同侧的第四级明条纹中心间的距离为 75mm，求单色光的波长；(2)若入射光的波长为 600nm，求相邻两暗条纹中心间的距离。

解 (1) 根据杨氏双缝干涉明条纹的条件，第 k 级明纹中心的坐标

$$x_k = \pm k\frac{D\lambda}{d},\quad k = 0,1,2,\cdots$$

以 $k=1$ 和 $k=4$ 代入，得第一级干涉明条纹到同侧的第四级明条纹中心间的距离为

$$\Delta x_{14} = x_4 - x_1 = \frac{D\lambda}{d}(4-1) = \frac{3D\lambda}{d}$$

将已知数据代入，可得单色光的波长为

$$\lambda = \frac{\Delta x_{14} d}{3D} = \frac{75\times 10^{-3}\times 2\times 10^{-4}}{3\times 10} = 5\times 10^{-7}(\mathrm{m}) = 500(\mathrm{nm})$$

(2) 当 $\lambda=600\mathrm{nm}$ 时，相邻两暗条纹中心间的距离为

$$\Delta x = \frac{D\lambda}{d} = \frac{10\times 600\times 10^{-9}}{2\times 10^{-4}} = 0.03(\mathrm{m}) = 30(\mathrm{mm})$$

[例题 6-3]

使一束水平的氦氖激光器发出的波长为 632.8nm 的激光垂直照射到一双缝上。在缝后 2.0m 处的墙上观察到中央明纹和第 1 级明纹的间隔为 14cm。(1)求两缝的间距；(2)在中央条纹以上还能看到几条明纹？

解 (1) 由双缝干涉的基本公式 $\Delta x=\frac{D}{d}\lambda$，得

$$d = \frac{D}{\Delta x}\lambda = 9.0(\mu\mathrm{m})$$

(2) 因为 $\Delta=d\sin\theta=\pm k\lambda$，$\theta$ 为图 6-17 中 O_1O 和 O_1P 之间的夹角，所以能在屏上看到的 θ 角的极限为 $\pm\frac{\pi}{2}$，即

$$\pm 1 = \pm k\frac{\lambda}{d},\quad k = \frac{d}{\lambda} = 14(\text{条})$$

因此，在中央条纹以上还能看到 14 条明纹。

6.6 光程 薄膜干涉

6.6.1 光程

以上所讨论的双缝干涉，两束相干光都在同一种介质中传播，光的波长不发生变化，所以只要计算出两相干光到达相遇点时的波程差 Δ，就可根据 $\Delta\varphi=\frac{2\pi}{\lambda}\Delta$ 确定两相干光的相位差 $\Delta\varphi$。当光不是很强、不发生非线性效应时，光的频率是不随介质而改变的，但当两束同频率的光在传播过程中经历了不同的介质，那么由于光在不同介质中折射率不同，光的波长也不同，因此就不能直接由波程差来计算相位差了。为此，需要引入光程的概念。

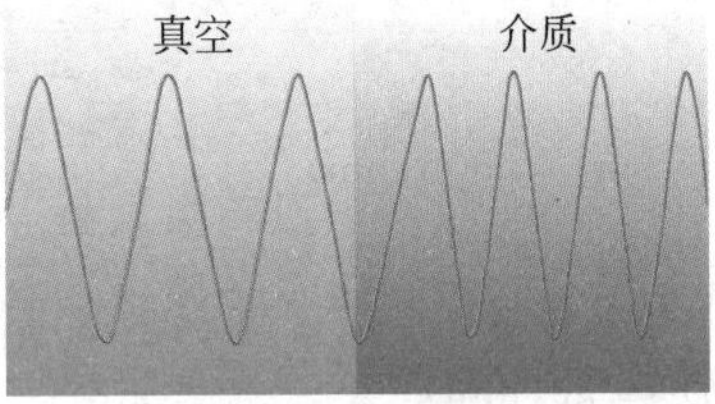

图 6-20 光在不同介质中的波长

设频率为 ν 的单色光在折射率为 n 的介质中的传播速率为 u，波长为 λ_n，在真空中的传播速度为 c，波长为 λ。因为 $n=c/u=(\lambda\nu)/(\lambda_n\nu)=\lambda/\lambda_n$，则有

$$\lambda_n=\frac{\lambda}{n} \tag{6-32}$$

由于 $n>1$，光在介质中的波长 λ_n 要比光在真空中的波长 λ 短。图 6-20 所示的是光从真空入射到折射率为 1.5 的介质后的波长变化。

设光在介质中传播几何路程 r 所需时间为 t，则 $r=ut=ct/n$，即 $nr=ct$，由此定义**光程**(**optical path**)

$$L=nr \tag{6-33}$$

因此介质中的光程就是**几何路程与介质折射率的乘积，它等于相同的时间内光在真空中所通过的路程**。光程实质是将光在介质中传播的距离换算成真空中的长度。

有了光程这一概念，当光通过几种不同介质时，就不必考虑光在不同介质中波长的差别，而统一用光在真空中的波长计算相位差。如图 6-21 所示，设两束相干光分别在折射率为 n_1 和 n_2 的介质中传播了几何路程 r_1 和 r_2 后相遇，则它们之间的光程差为

$$\delta=n_2r_2-n_1r_1 \tag{6-34}$$

若两束光的初相位相同，则它们在相遇时的相位差

$$\Delta\varphi=2\pi\left(\frac{r_2}{\lambda_2}-\frac{r_1}{\lambda_1}\right)=\frac{2\pi}{\lambda}(n_2r_2-n_1r_1)$$

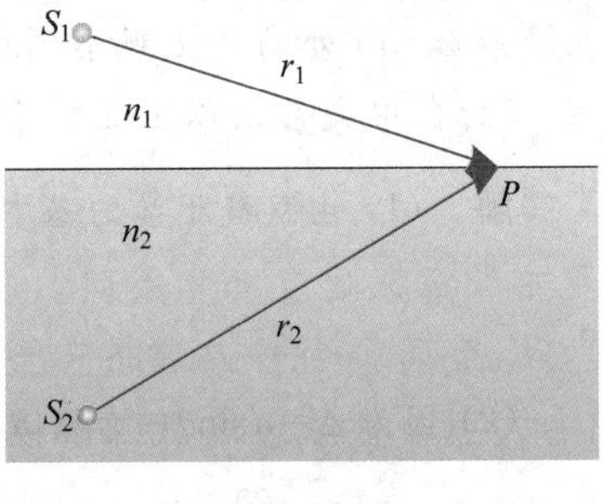

图 6-21 光在两个介质中的光程差

式中，λ_1 和 λ_2 分别是光在两种介质中的波长，λ 是光在真空中的波长。利用式(6-34)，得到相位差与相应的光程差之间的关系为

$$\Delta\varphi=\frac{2\pi}{\lambda}\delta \tag{6-35}$$

所以，当

$$\delta = \pm k\lambda, \quad k = 0,1,2,\cdots \tag{6-36}$$

时，有 $\Delta\varphi = \pm 2k\pi$，干涉相长(最强)；当

$$\delta = \pm (2k+1)\frac{\lambda}{2}, \quad k = 0,1,2,\cdots \tag{6-37}$$

时，有 $\Delta\varphi = \pm(2k+1)\pi$，干涉相消(最弱)。

在干涉和衍射装置中，透镜是经常用到的光学器件。我们来简单说明薄透镜的等光程性。我们知道，平行光线或物点(object point)发出的不同光线，经不同路径通过薄透镜后会聚成为一个明亮的实像。说明从物点到像点，各光线具有相等的光程。如图 6-22 所示，当平行光束通过透镜后，在图 6-22(a)中会聚于焦点 F 点，在图 6-22(b)中会聚于焦平面上 P 点，相互加强成为一个亮点，这是由于在垂直于平行光的某一波阵面 GH 上各点的相位相同，从这些点发出的光线到达焦平面后相位仍然相同，因而互相加强。由此可见，从同相面 GH 上的 A、B、C、D、E 各点经透镜到达 P 点的各光线，虽然它们的几何路程长度不同，但透镜的折射率比空气的折射率大，几何路程较长的光线在透镜内的路程较短，而几何路程较短的光线在透镜内的路程较长。这样就使得从同相面 GH 上各点到达会聚点的各光线的光程总是相等的。由此可见，**使用透镜只能改变光波的传播路径，但不引起附加的光程差**。

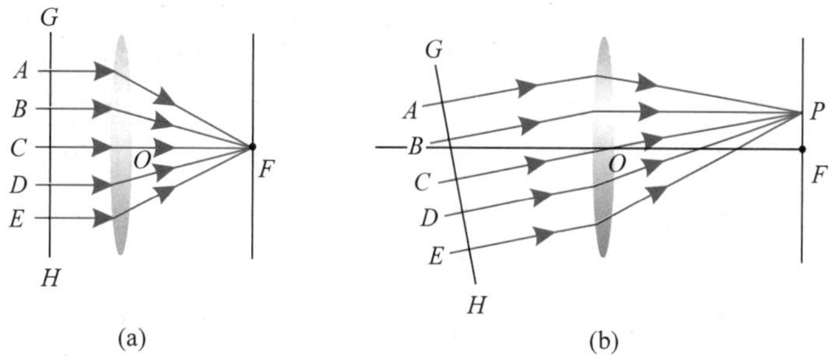

图 6-22 光通过透镜时的光程

[例题 6-4]

如图 6-23 所示，一双缝装置的一个缝被折射率为 1.4 的薄玻璃片所遮盖，另一个缝被折射率为 1.7 的薄玻璃片所遮盖，在薄玻璃片插入以后，屏上原来的中央明纹处现变为第五级明纹，假定 $\lambda = 480\text{nm}$，且两薄玻璃片厚度均为 d，求 d。

解 玻璃片插入前后，通过狭缝的两束光到达屏幕上的原中央明纹位置处的光程差分别为

$$\delta_1 = r_2 - r_1 = 0$$

$$\delta_2 = (n_2 - n_1)d + r_2 - r_1$$

在原中央明纹位置处光程差的变化量为

$$\delta_2 - \delta_1 = (n_2 - n_1)d$$

由于这一光程差的变化量使原中央位置处 5 条明纹移过，因此，有

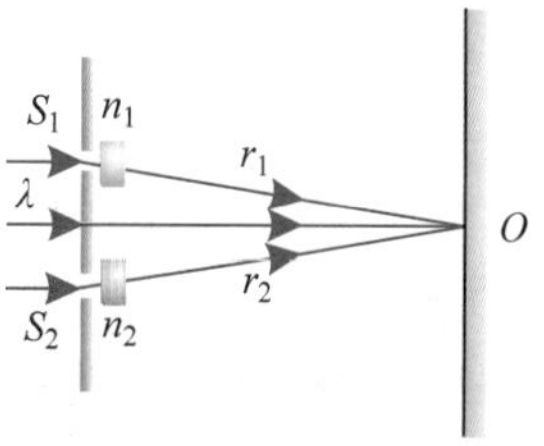

图 6-23 例题 6-4 用图

$$(n_2 - n_1)d = 5\lambda$$

将已知数据代入，可得

$$d = \frac{5\lambda}{n_2 - n_1} = 8000(\text{nm}) = 8(\mu\text{m})$$

由此可知，两薄玻璃片厚度为 8μm。

6.6.2 薄膜干涉

薄膜干涉(**film interference**)是日常生活中常见的光学现象，具有丰富多彩的内容。例如在太阳光下，肥皂泡或水面上的油膜上都呈现出彩色条纹。很多精密测量和检验都用到薄膜干涉的原理。例如照相机镜头、眼镜镜片的镀膜层上，劈尖和牛顿环等。下面介绍薄膜的等厚干涉条纹。

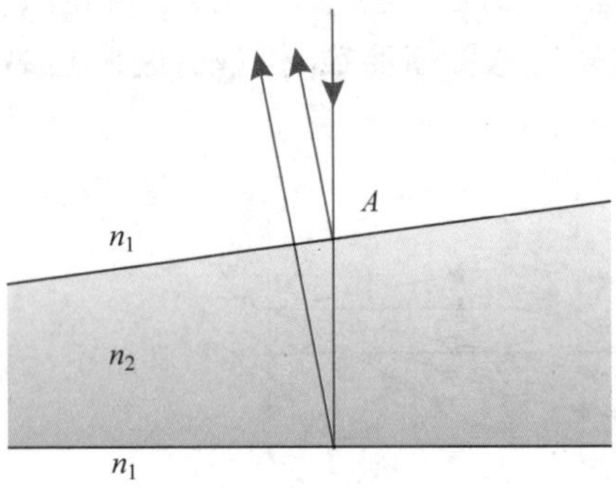

图 6-24 薄膜干涉

如图 6-24 所示，在折射率为 n_1 的均匀介质中，有一折射率为 n_2、厚度不均匀的薄膜，且 $n_2 > n_1$。当单色平行光垂直入射到薄膜表面时，上下两表面的反射光频率相同，光矢量振动方向基本平行，而且相位差保持不变，故它们是相干光，它们的强度都小于入射光线的强度，而光的强度与光矢量振幅的平方成正比，这相当于入射光线的振幅被分割了，这种分振幅的光线在薄膜表面 A 相遇(为看清光路，图中将两反射光分得很开，实际上薄膜上表面反射的光线和下表面反射的光线都可看作垂直于薄膜表面，因而两光与入射光重合)。由于光是从光疏介质入射到光密介质的界面，故存在半波损失。其光程差为

$$\delta = 2n_2 e + \frac{\lambda}{2} \tag{6-38}$$

式中 e 为该处膜厚。由式(6-38)可知，当入射光波长和薄膜折射率一定时，光程差仅与薄膜厚度有关，即膜上同一厚度的各点反射的各对相干光有相同的光程差，因而这些点对应于同一条纹，光强相等。由此，薄膜上的干涉条纹与薄膜表面的等厚线形状相同。这种干涉条纹称为**等厚干涉**(**equal thickness interference**)条纹。

产生等厚干涉条纹的典型装置是劈尖和牛顿环，分别介绍如下。

1. 劈尖

如图 6-25 所示，两块平面玻璃片，一端相叠合，另一端之间夹一薄纸片，两玻璃片之间就形成一劈形空气膜，称为**空气劈尖**(**wedge**)。因劈尖的等厚线与两玻璃片的交棱平行，故单色平行光垂直照射时，就会在劈尖表面形成与棱边平行的一系列平行于劈尖棱边的明暗相间的直条纹。

图 6-25 空气劈尖及干涉条纹

空气劈尖上下的介质都是玻璃，在劈尖的下表面光线反射时，由于光是从光疏介质空气几乎垂直入射到光密介质玻璃界面，故存在半波损失。因此在计算空气劈尖上下表面反射的光程差时，需要加上半个波长的附加光程差 $\lambda/2$。设空气的折射率为 n，由式(6-38)可得在空气劈尖厚度为 e 的地方光程差等于

$$\delta = 2ne + \frac{\lambda}{2} \tag{6-39}$$

根据干涉相长条件式(6-36)及相消条件式(6-37)，得到空气劈尖干涉明、暗条纹的条件是

$$\delta = 2ne + \frac{\lambda}{2} = \begin{cases} k\lambda, & k = 1,2,\cdots, \quad \text{明条纹} \\ (2k+1)\dfrac{\lambda}{2}, & k = 0,1,2,\cdots, \quad \text{暗条纹} \end{cases} \tag{6-40}$$

需要注意式(6-40)中 k 的取值范围。特别地，在劈尖的棱边即厚度 $e=0$ 处，由于光程差 $\delta=\dfrac{\lambda}{2}$，因此实际上观察到的是暗条纹。

下面分析劈尖干涉条纹的间距，如图 6-26 所示，设劈尖顶角为 θ，由式(6-40)可以看出，相邻的明条纹(或暗条纹)对应的空气层厚度差为半个波长即 $\lambda/2$。在劈尖表面上任意两相邻明条纹(或暗条纹)之间的距离 l 与相应的空气层厚度差 Δe 满足几何关系

$$\Delta e = l\sin\theta = \frac{\lambda}{2n}$$

$$l = \frac{\lambda}{2n\sin\theta} \approx \frac{\lambda}{2n\theta} \tag{6-41}$$

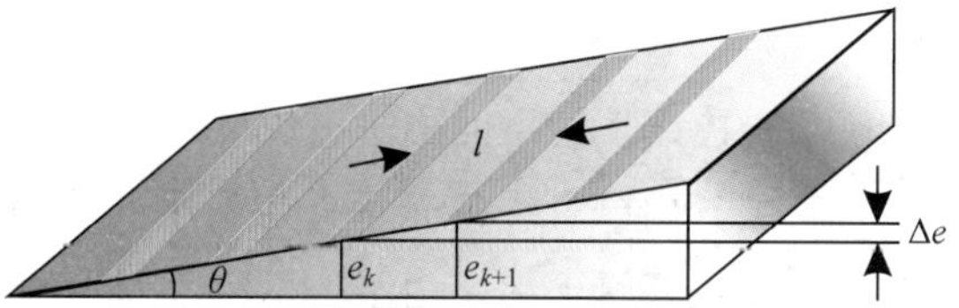

图 6-26 等厚干涉条纹的间距

这就是劈尖干涉条纹的间距与劈尖顶角 θ 的关系。从式(6-41)可以看到，干涉条纹是等间距明暗相间分布的，θ 越小，l 越大，条纹越疏；θ 越大，l 越小，条纹越密。劈尖顶角 θ 大到一定限度，条纹就不能区分，观察不到干涉条纹。通常要求 $\theta \ll 1$。

利用劈尖干涉可以检验光学表面的平整度，能查出约 0.1μm 的凹凸缺陷，还能测量微小角度、细丝的直径或薄片的厚度。图 6-27(a)所示为表面平整的工件的等厚干涉条纹，图 6-27(b)所示为存在极小凸凹不平的工件的等厚干涉条纹。观测干涉条纹弯曲情况，可判断工件表面是凹痕还是凸痕，以及痕的深度。这种光学测量方法的精度可达到光的波长的 1/10，即10^{-8} m 的量级，远高于机械方法测量的精度。

利用劈尖干涉还可以测定薄膜厚度。在制造半导体元件时，经常要在硅片上生成一层很薄的二氧化硅膜，要测量其厚度，可将二氧化硅膜制成劈尖形状，用图 6-25 所示的装置测出劈尖干涉明纹的数目，就可算出二氧化硅薄膜的厚度。

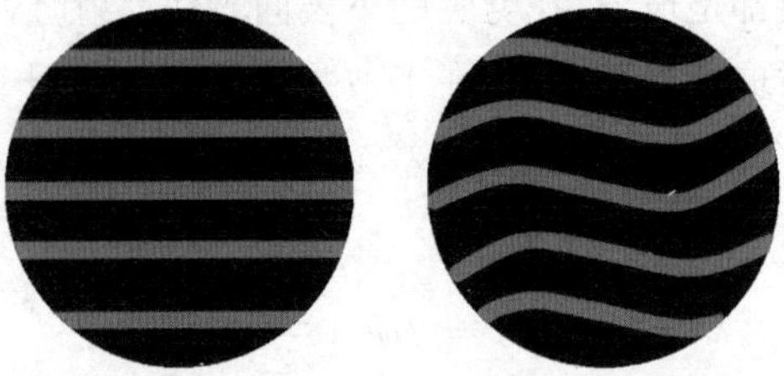

(a)　　　　(b)

图 6-27　用等厚干涉条纹检验表面质量

[例题 6-5]

两块玻璃夹一细金属丝形成空气劈尖,金属丝与棱边的距离 $L=3.0\text{cm}$。用波长 $\lambda=590\text{nm}$ 的黄光垂直照射,测得 30 条明纹的总距离为 4.3mm。求金属丝的直径。

解　由于空气劈尖的倾角 θ 很小,则有 $\theta\approx\sin\theta$,$D=L\theta$。根据式(6-41)可得

$$\theta=\frac{\lambda}{2l}$$

其中 l 是两相邻明条纹之间的距离。因此金属丝的直径为

$$D=L\theta=\frac{L\lambda}{2l}=\frac{3.0\times10^{-2}\times590\times10^{-9}}{2\times\dfrac{4.3\times10^{-3}}{30-1}}=6.0\times10^{-5}(\text{m})$$

2. 牛顿环

如图 6-28 所示,在一块平板玻璃上放一曲率半径 R 很大的平凸透镜,在两者之间形成厚度不均匀的球面形的空气薄层。用单色平行光垂直照射平凸透镜,透镜下表面反射的光和平板玻璃上表面所反射的光发生等厚干涉。由于这里空气劈尖的等厚轨迹是以平玻璃与平凸透镜的接触点为圆心的一系列同心圆,所以干涉条纹的形状是以接触点为圆心的一组同心圆环,因其最早是被牛顿观察到的,故称为**牛顿环**(**Newton ring**)。

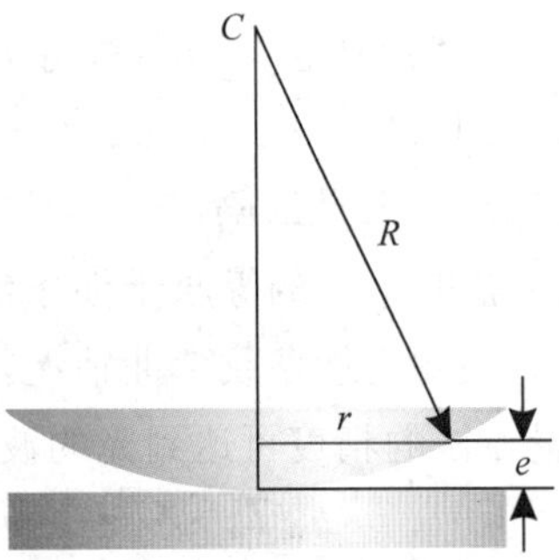

图 6-28　牛顿环装置的结构

下面推求干涉条纹的半径 r、光波波长 λ 和平凸透镜的曲率半径 R 之间的关系。考虑到空气劈尖的折射率($n\approx1$)小于玻璃的折射率,以及光垂直入射的情形,可知在厚度为 e 处,两相干光的光程差为

$$\delta=2e+\frac{\lambda}{2}$$

由图 6-28 可得

$$r^2=R^2-(R-e)^2=2eR-e^2$$

已知 $R\gg e$,略去二阶小量 e^2 得

$$e=r^2/2R$$

根据干涉相消条件式(6-37),即 $\delta=\frac{r^2}{R}+\frac{\lambda}{2}=(2k+1)\frac{\lambda}{2}(k=0,1,2,\cdots)$,可得牛顿环暗

条纹的半径

$$r=\sqrt{kR\lambda}\quad ,k=0,1,2,\cdots \tag{6-42}$$

牛顿环中心($r=0$)是暗环,k 越大,暗环的半径越大,即级数高的条纹在外。因暗环的半径正比于$\sqrt{k}$,因此 k 越大,相邻暗纹的半径之差越小,所以牛顿环是**内疏外密的一系列同心圆环**。

由于存在半波损失,牛顿环中心为暗环。图 6-29 所示为实际拍摄的牛顿环照片。

在牛顿环实验装置中,从平板玻璃透射出来的光也有干涉,其条纹与反射光的干涉条纹明暗互补。利用这个特性可以根据需要将薄膜制成增透膜(antireflection film)或增反膜。

视频:牛顿环

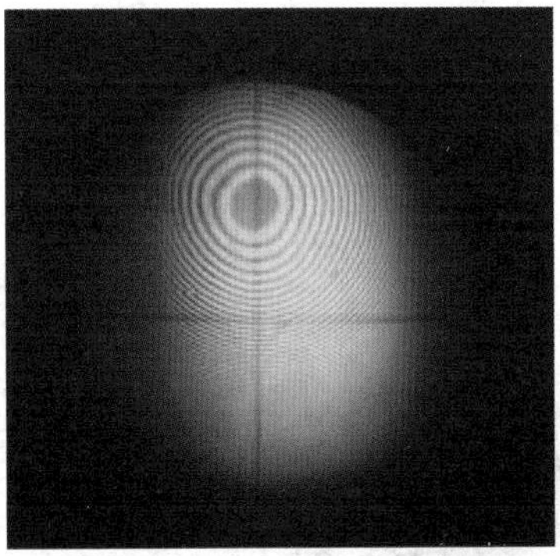

图 6-29 牛顿环照片

[例题 6-6]

观察牛顿环的装置如图 6-30 所示,入射平行光束的波长 $\lambda=589\text{nm}$,入射光束经部分反射部分透射的平面镜 M 反射后,垂直入射到牛顿环装置上。测得第 k 级暗环的半径 $r_k=4.0\text{mm}$,第 $k+5$ 级暗环半径为 $r_{k+5}=6.0\text{mm}$。求平凸透镜的球面曲率半径 R 及暗环的 k 值。

解 根据式(6-42),可得空气薄膜牛顿环的第 k 级和第 $k+5$ 级暗环半径分别为

$$r_k=\sqrt{kR\lambda},\quad r_{k+5}=\sqrt{(k+5)R\lambda}$$

将以上两式消去 k,便得到平凸透镜的曲率半径为

$$R=\frac{r_{k+5}^2-r_k^2}{5\lambda}$$

$$=\frac{(6.0^2-4.0^2)\times10^{-6}}{5\times589\times10^{-9}}=6.8(\text{m})$$

由式 $r_k=\sqrt{kR\lambda}$,得到级数 k 为

$$k=\frac{r_k^2}{R\lambda}=\frac{(4.0\times10^{-3})^2}{6.8\times589\times10^{-9}}=4$$

因此,第 4 级暗环的半径是 4.0mm。

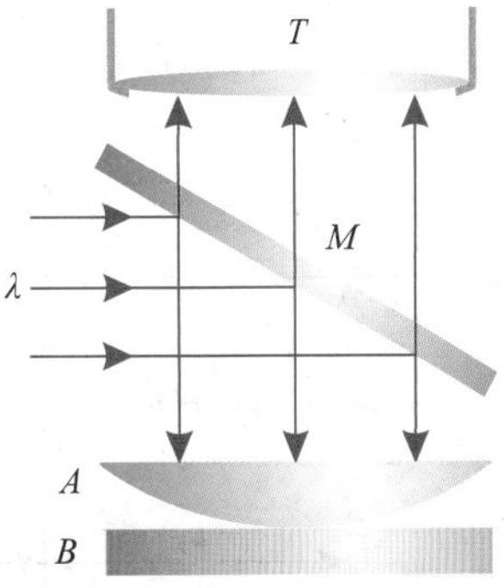

图 6-30 例题 6-6 用图

在实验室中，常用牛顿环来测定光波的波长或平凸透镜的曲率半径。在工业上常用牛顿环来检查透镜的加工质量，根据牛顿环的疏密来判断工件与样品的差异。

原理应用

激光干涉仪

干涉仪是根据光的干涉原理制成的精密仪器之一。在**迈克耳孙干涉仪**（**Michelson interferometer**）的基础上作各种改进，便可设计成各种干涉仪。由于激光具有高强度、高度方向性、空间同调性、窄带宽和高度单色性等优点，所以激光干涉仪在当前应用很广泛。激光干涉仪可配合各种折射镜、反射镜等来做线性位置、速度、角度、真平度、真直度、平行度和垂直度等测量工作，并可进行精密工具机或测量仪器的校正工作。激光干涉仪有单频的和双频的两种，如图 P6-1 和 P6-2 所示。

图 P6-1 单频的激光干涉仪

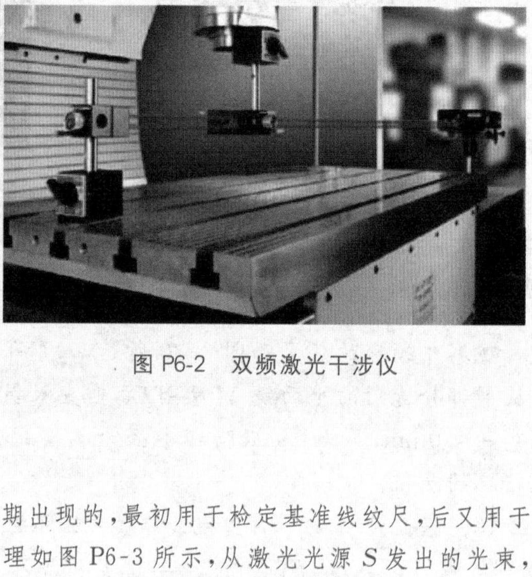

图 P6-2 双频激光干涉仪

1. 单频激光干涉仪

单频激光干涉仪是在 20 世纪 60 年代中期出现的，最初用于检定基准线纹尺，后又用于在计量室中精密测长。单频激光干涉仪的工作原理如图 P6-3 所示，从激光光源 S 发出的光束，经扩束准直后由分光镜 G（半透明的玻璃片）分为两路，并分别从固定平面反射镜 M_1 和可动平面反射镜 M_2 反射回来会合在分光镜上而产生干涉条纹。由于激光的相干性好，单色性好，故激光干涉仪无须像迈克耳孙干涉仪那样使用补偿玻璃片。此外，由于激光的方向性好，亮度高，故可采用光电计数器实现条纹计数的自动化测量。

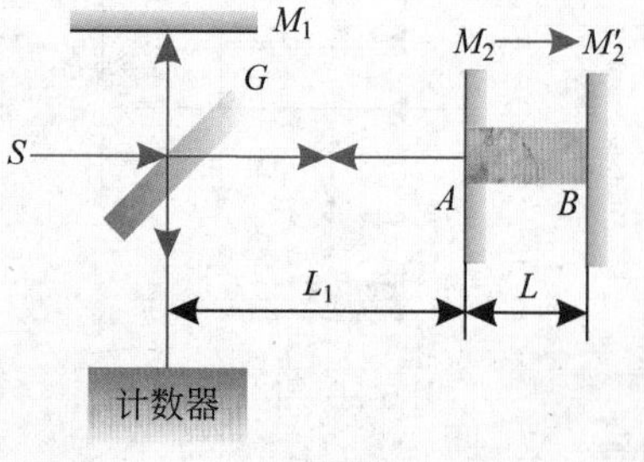

图 P6-3 激光干涉仪测长示意图

设待测物为 AB，其长度为 L，入射波长为 λ，n 为空气的折射率，当可动反射镜 M_2 移动时，干涉条纹的光强变化由接受器中的光电转换元件和电子线路等转换为电脉冲信号，经整形、放大后输入可逆计数器计算出总脉冲数为

$$m = \frac{2nL}{\lambda}$$

由电子计算机按上式算出可动反射镜 M_2 的位移量 L，即待测物 AB 的长度。若事先计算好 m 与 L 对应数值的表格，则由 m 的读数可直接查表求出待测物 AB 的长度 L。使用单频激光干涉仪时，要求周围大气处于稳定状态，各种空气湍流都会引起直流电平变化而影响测量结果。

2. 双频激光干涉仪

双频激光干涉仪是1970年出现的，它适宜在车间中使用。双频激光干涉仪的工作原理与单频激光干涉仪的工作原理不同之处是双频激光干涉仪在激光器上，加上一个约 0.03T 的轴向磁场。由于塞曼分裂效应和频率牵引效应，激光器产生 1 和 2 两个不同频率的左旋和右旋圆偏振光。经 1/4 波片后成为两个互相垂直的线偏振光，再经分光镜 G 分为两路。一路经偏振片 1 后成为含有频率为 f_1-f_2 的光的参考光束。另一路经偏振分光镜后又分为两路：一路成为仅含有 f_1 的光束，另一路成为仅含有 f_2 的光束。当可动反射镜 M_2 移动时，含有 f_2 的光束经可动反射镜反射后成为含有 $f_2\pm\Delta f$ 的光束，Δf 是可动反射镜移动时因多普勒效应产生的附加频率，正负号表示移动方向（多普勒效应是奥地利人 C. J. 多普勒提出的，即波的频率在波源或接收器运动时会产生变化）。这路光束和由固定反射镜 M_1 反射回来仅含有 f_1 的光的光束经偏振片 2 后会合成频率为 $f_1-(f_2\pm\Delta f)$ 的测量光束。测量光束和上述参考光束经各自的光电转换元件、放大器、整形器后进入减法器相减，输出成为仅含有 $\pm\Delta f$ 的电脉冲信号。经可逆计数器计数后，由电子计算机进行当量换算（乘 1/2 激光波长）后即可得出可动反射镜的位移量。双频激光干涉仪是应用频率变化来测量位移的，这种位移信息载于 f_1 和 f_2 的频差上，对由光强变化引起的直流电平变化不敏感，所以抗干扰能力强。它常用于检定测长机、三坐标测量机、光刻机和加工中心等的坐标精度，也可用作测长机、高精度三坐标测量机等的测量系统。利用相应附件，还可进行高精度直线度测量、平面度测量和小角度测量。

6.7 光的衍射　单缝衍射

6.7.1 光的衍射现象

日常生活中，我们看到光是沿直线传播的，当光波在传播的过程中遇到障碍物时，在障碍物后的光屏上呈现明晰的几何影，影内完全没有光，影外有均匀的光强分布。但是，当障碍物的线度减小到与光的波长可比拟时，不仅有光进入影内，而且出现光强的不均匀分布。我们把光偏离直线传播而进入阴影区域，光强重新分布的现象称为**光的衍射现象**（**diffraction**）。

根据光源和观察屏离障碍物的距离，可将光的衍射分为菲涅耳衍射和夫琅禾费衍射两类。

如图 6-31 所示，当障碍物（衍射孔）与光源、障碍物与观察屏之间的距离其中之一为有限远时，所发生的衍射称为**菲涅耳衍射**（**Fresnel diffraction**）。如图 6-32(a)所示，当障碍物（衍射孔）与光源、障碍物与观察屏之间的距离均为无限远时，所发生的衍射称为**夫琅禾费衍射**

(**Fraunhofer diffraction**)。这类衍射的特点是使用平行光，为压缩空间距离可以使用透镜，将入射到衍射孔以及从衍射孔出射的光线变成平行光并会聚到屏上，以实现夫琅禾费衍射，如图 6-32(b)所示。在实际场合，只要光源和屏幕到达衍射物体的距离远远大于衍射物的尺寸，也可以近似当作夫琅禾费衍射。例如，在教室内做衍射演示实验，将激光器发出的平行光照射到尺寸一般只有10^{-4}m 量级的衍射孔(或衍射缝)上，若衍射光不经过透镜直接照射到教室的墙壁上，这时所观察的衍射条纹可以认为是夫琅禾费衍射图样。

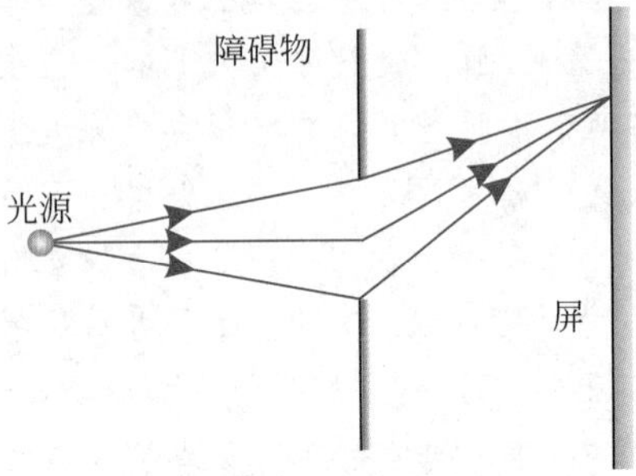

图 6-31　菲涅耳衍射

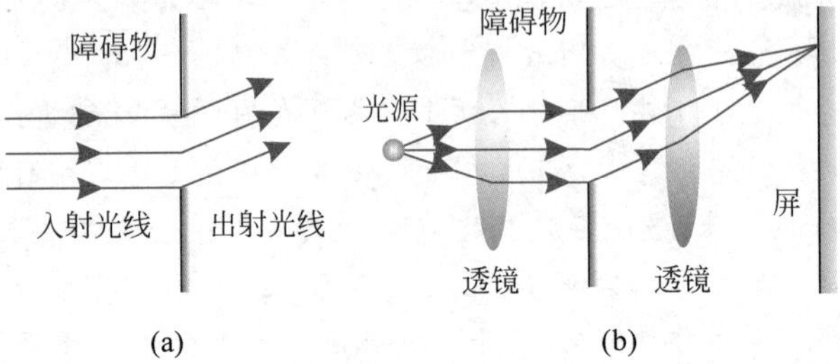

图 6-32　夫琅禾费衍射

衍射和干涉一样，也是波动的重要特征。从理论上分析，干涉和衍射都是光波发生相干叠加的结果，通常在实验中既有干涉现象又有衍射现象，它们之间并没有严格的区别，只是衍射的理论计算较为复杂一些。

6.7.2　惠更斯-菲涅耳原理

惠更斯原理指出，波阵面上各点都可看作子波波源。利用惠更斯原理，可以定性地从某时刻的已知波阵面位置求出下一时刻的波阵面位置。但惠更斯原理的子波假设不涉及子波的强度和相位，因而无法解释衍射图样中的光强分布。

菲涅耳在惠更斯的子波假设基础上，提出了子波相干叠加的思想，从而建立了反映光的衍射规律的**惠更斯-菲涅耳原理**(**Huyghens-Fresnel principle**)。这个原理指出：**波阵面前方空间某点处的光振动取决于到达该点的所有子波的相干叠加**。

根据惠更斯-菲涅耳原理可将某时刻的波前 S 分割成无数面元 $\mathrm{d}S$(见图 6-33)，每一面元可视为一子波源。所有面元发出的子波在空间某点 P 的叠加结果决定了该点的振动情况，即决定了该点的振幅或光强。因此，根据惠更斯-菲涅耳原理可进一步定量讨论衍射区的光强度分布，从而为解决衍射问题奠定了理论基础。由上述分析也可看到，衍射问题实际上是波面 S 发出的无数子波的相干叠加问题，其相应的数学处理应为积分运算。由于一般情况下此积分十分复杂，在讨论单缝夫琅禾费衍射时，我们将采用**菲涅耳半波带法**(**Fresnel zone construction**)作近似处理。

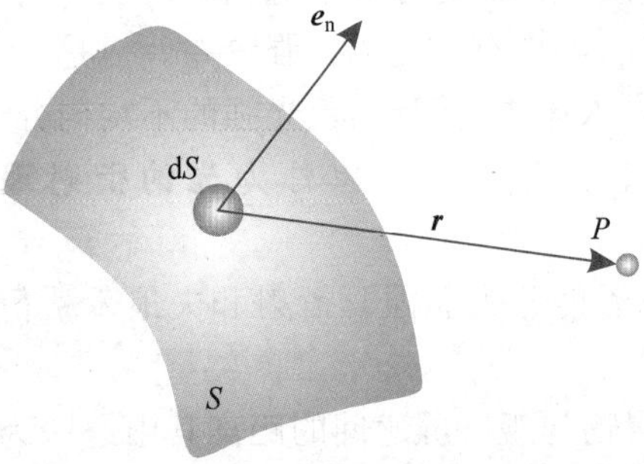

图 6-33　子波 $\mathrm{d}S$ 对 P 点光振动的贡献

6.7.3 单缝衍射

狭缝(slit)的宽度 a 远小于其长度的矩形孔叫做**单缝**。1821 年，夫琅禾费研究了一种单缝衍射。单缝夫琅禾费衍射的实验装置示意图及衍射图样如图 6-34 所示。当单色平行光垂直入射到单缝上时，从单缝出射的光可以看成是由一系列传播方向不同的平行光束组成。衍射光线和缝面法线的夹角称为**衍射角**(angle of diffraction)，每组这样的平行光束，都由缝面上各面元发出的同一方向传播的光组成，它们被单缝后的透镜会聚到位于透镜焦平面处的屏上某点，在屏上可以观察到一组平行于单缝的明暗相间的衍射条纹。屏幕中心为中央明条纹，两侧是对称分布的其他条纹。中央明条纹亮度很强，其宽度是两边明条纹的两倍，两边明条纹亮度很弱，且离中央明条纹越远，亮度越弱。

视频：单缝衍射

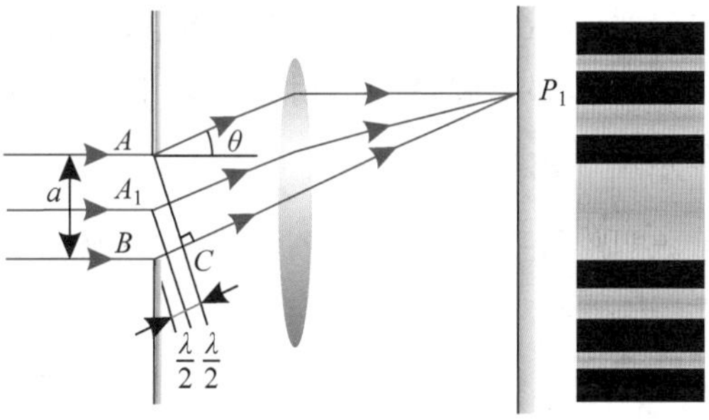

图 6-34 单缝衍射

下面用菲涅耳半波带法来解释夫琅禾费单缝衍射现象。平行光垂直入射到单缝，故单缝面与入射光的波阵面平行，根据惠更斯-菲涅耳原理，单缝缝面上每一面元都是子波源，它们向外发出球面子波，沿各方向传播，形成衍射光线。

先考察衍射角 $\theta=0$ 的一束平行光，如图 6-35 所示。由于这组平行光从单缝出发时相位相同，而透镜又不产生附加光程差，因此它们经透镜后同相位地到达 P_0 点，在 P_0 点干涉加强，光强最强，形成单缝衍射的中央明纹。

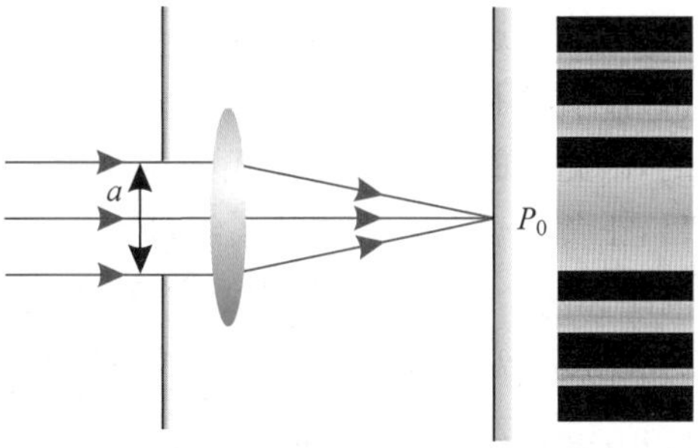

图 6-35 单缝衍射的中央明条纹

进一步考察衍射角 θ 不为零的一束平行光，如图 6-34 所示，它们经透镜会聚于屏上 P_1 点。1818 年，菲涅耳提出一种波带作图法，对波阵面进行有限的分割就能定性地得出衍射暗纹中心的位置。从缝的上边 A 点作缝的下边缘 B 点发出的衍射光的垂线，垂足为 C。用 $\lambda/2$ 来分割 BC，得到一个割点，过割点作 BC 的垂面，这个垂面与缝所截取的入射光的波阵面相交于 A_1 点，这样用相距为半个波长的平行于 AC 的平面，将波面 AB 划分为两个条带 AA_1、A_1B，这样的条带称为**菲涅耳半波带**(**Fresnel half wave zone**)。

因透镜不产生附加的光程差，即从 AC 面各点到达 P_1 点的光程都相等，因此，从波面 AB 上发出的这束平行光到达 P_1 点的光程差仅取决于它们从 AB 面到 AC 面时的光程差。由半波带的分割方法看出，从 AA_1、A_1B 这两个半波带上的任意两个对应点(例如，它们的顶点 A、A_1)发出的平行光线到达 P_1 点的光程差都是 $\lambda/2$，即相位差为 π，因此它们将因相互干涉而抵消。由此可见，从相邻两个半波带上所发出的平行衍射光到达 P_1 点的光振动将干涉相消，P_1 点处形成暗条纹，这是第 1 级暗条纹，其衍射角 θ 满足

$$BC = a\sin\theta = \lambda = 2\,\frac{\lambda}{2}$$

即 BC 等于半波长的 2 倍。

如果某个衍射角 θ 正好能使 BC 等于半波长的偶数倍，即波面 AB 正好能被划分为偶数个半波带，同上面分析，各个相邻半波带的衍射光成对干涉相消，因此在 P_1 点出现暗条纹。这样就得到出现单缝衍射暗条纹的条件

$$a\sin\theta = \pm\,2k\,\frac{\lambda}{2} = \pm\,k\lambda, \quad k = 1,2,\cdots \tag{6-43}$$

式中，k 为暗条纹的级数。

如果波面 AB 可分为三个半波带，此时，相邻两波带上各对应点的子波相互干涉抵消，只剩下一个半波带上的子波到达点 P_1 处时没有被抵消，因此点 P_1 将是明条纹。以此类推，如果某个衍射角 θ 正好能使 BC 等于半波长的奇数倍，即波面 AB 正好能被划分为奇数个半波带，同上面分析，各个相邻半波带的衍射光成对干涉相消，只剩下一个半波带上的子波到达点 P_1 处时没有被抵消，因此在 P_1 点出现明条纹。这样就得到出现单缝衍射明条纹的条件

$$a\sin\theta = \pm\,(2k+1)\,\frac{\lambda}{2}, \quad k = 1,2,\cdots \tag{6-44}$$

式中，k 为亮条纹的级数。注意 k 的最小取值为 1。

如果某个衍射角 θ 不能使 BC 等于半波长的整数倍，即波面 AB 不能被划分为整数个半波带，那么以衍射角 θ 出射的平行光束经透镜会聚在屏上时，其光强可介于明条纹和暗条纹之间。

用菲涅耳半波带可以很好地说明单缝衍射的光强分布特征。中央明条纹是单缝上所有子波在屏上干涉加强形成的，因此它的光强最大。式(6-43)和式(6-44)中 $2k$ 和 $(2k+1)$ 是波面被分成的半波带的数目，正负号表示各级明暗条纹对称分布在中央明条纹两侧。

下面分析明暗条纹的间距。两个第 1 暗条纹中心之间的衍射角，称为中央明条纹的角宽度，中央明条纹对应的半角宽度 $\Delta\theta_0$ 就是第 1 级暗条纹对应的衍射角 θ_1。由于 θ_1 通常很小，$\Delta\theta_0 = \theta_1 \approx \sin\theta_1 = \dfrac{\lambda}{a}$，因此中央明条纹的角宽度为

$$2\Delta\theta_0 = \frac{2\lambda}{a} \tag{6-45}$$

如果在缝后放一焦距为 f 的透镜，则在位于焦平面的观察屏上中央明条纹的线宽度为

$$l_0 = \frac{2\lambda}{a}f \tag{6-46}$$

通过类似的分析不难发现，其他各级明条纹的宽度都一样，且都是中央明条纹宽度的一半。这和杨氏干涉图样中条纹呈等宽等亮的分布不同，单缝衍射图样的中央明纹既宽又亮，两侧的明纹则窄而较暗。图 6-36 所示的曲线是单缝衍射的光强随衍射角的分布，可见单缝衍射光能量集中在中央明条纹处。

从以上诸式中可以看出，当缝越窄，条纹分散得越开，衍射现象越明显；反之，条纹向中央靠拢，衍射条纹宽度随波长的减小而变窄。如果用白光作为光源，各个波长的中央明条纹都在同一个位置，故中央明条纹仍然为白色。由于其他各级明条纹的衍射角与波长有关，故两侧各级明条纹都为彩色条纹。在两侧某一级彩色条纹中，各种彩色条纹将按波长排列，衍射角最小的是紫色，最大的是红色，形成内紫外红分布的衍射光谱，如图 6-37 所示。

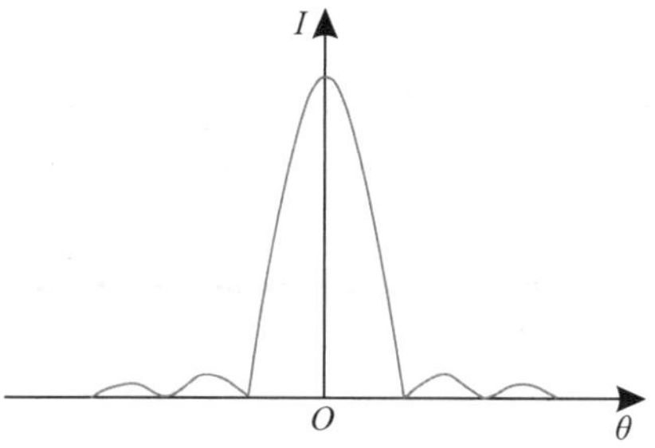

图 6-36 单缝夫琅禾费衍射的光强

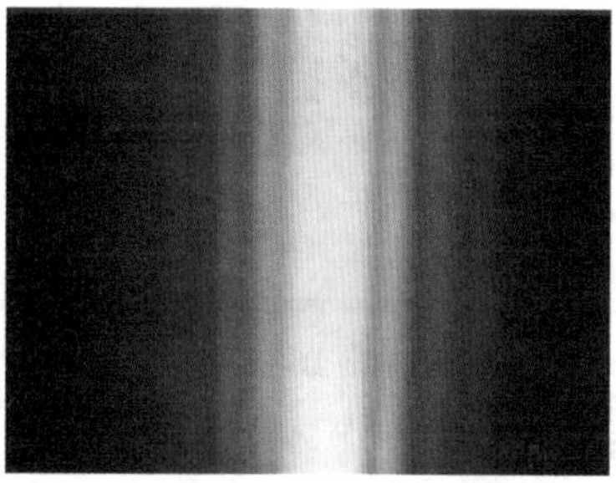

图 6-37 白光单缝衍射条纹

单缝衍射现象自从激光和计算机技术出现以来，在工程技术中得到了广泛的应用。众所周知，利用激光作光源照射单缝时，衍射条纹清晰、明亮，而且观察的衍射级次很高。当用一束激光照射在宽度可调节的狭缝上时，在数米外的接收屏上便可得到衍射图样。激光束在单缝上哪个方向受到限制，那么接收屏上的衍射图样就沿该方向扩展，且缝越窄，衍射图样越扩展，衍射现象越强。于是，我们说单缝宽度与接收屏上衍射图样的扩展之间存在着反比关系。这种衍射反比关系，提供了一种特殊的放大原理。当然这不是简单的几何相似放大，而是一种光学变换。我们可以先测量单缝衍射条纹，然后再由衍射反比关系推算单缝的宽度。在工程应用中，单缝实际上是反映了物体的间隔、位移、剖面以及构成温度、折射率等许多物理量的转换器。这种测量具有非接触、无损伤、测量精度高等优点，而且还可以连续动态监测、自动控制等。

[例题 6-7]

用单色平行可见光垂直照射到缝宽为 $a=0.6\text{mm}$ 的单缝上，在缝后放一焦距 $f=0.4\text{m}$ 的透镜，在光屏上离中央条纹中心 1.4mm 处的 P 点为明条纹。求：(1)入射光的波长；(2)P 点处明条纹的级次；(3)相对于 P 点，单缝波面可分出的半波带数；(4)中央明条纹的角宽度。

解 (1) 根据衍射装置上的几何关系，在屏上距离中央明纹中心 x 处的 P 点明条纹的衍射角可以近似由下式求出：

$$\tan\theta = \frac{x}{f} = \frac{1.4\times10^{-3}}{0.4} = 3.5\times10^{-3}$$

由于 θ 角很小，所以有 $\tan\theta\approx\sin\theta\approx\theta$，根据出现明条纹的条件式(6-44)，有

$$\lambda=\frac{2a\sin\theta}{2k+1}=\frac{2a\tan\theta}{2k+1}$$

可见光的波长范围为400～760nm。使 P 点成为明纹，入射光的波长有两个值

$$k=3\text{ 时},\quad \lambda_1=600(\text{nm});\quad k=4\text{ 时},\quad \lambda_2=467(\text{nm})$$

(2) 当波长是600nm时，P 点明条纹为第3级明条纹；当波长是467nm时，P 点明条纹为第4级明条纹。

(3) 对于 $k=3$，与其条纹对应的半波带数为 $(2k+1)$，故半波带数为7；对于 $k=4$，与其条纹对应的半波带数为 $(2k+1)$，故半波带数为9。

(4) 根据式(6-45)，当波长是600nm时，中央明条纹的角宽度为

$$2\Delta\theta_0=\frac{2\lambda}{a}=2\times\frac{600\times10^{-9}}{6\times10^{-4}}=2\times10^{-3}(\text{rad})$$

当波长是467nm时，中央明条纹的角宽度为

$$2\Delta\theta_0=\frac{2\lambda}{a}=2\times\frac{467\times10^{-9}}{6\times10^{-4}}=7.8\times10^{-4}(\text{rad})$$

可见，中央明条纹的角宽度与入射波长有关。

[例题 6-8]

一单色平行光垂直入射于一单缝，其衍射第3级明纹位置恰与波长为600nm的单色光垂直入射该缝时衍射的第2级明纹位置重合，试求该单色光的波长。

解 对应于同一观察点，两次衍射的光程差相同，由于衍射明条纹条件 $a\sin\theta=\pm(2k+1)\frac{\lambda}{2}$，故有 $(2k_1+1)\lambda_1=(2k_2+1)\lambda_2$，在两明纹级次和其中一种波长已知的情况下，即可求出另一种波长。将 $\lambda_2=600\text{nm}$，$k_2=2$，$k_1=3$ 代入

$$(2k_1+1)\lambda_1=(2k_2+1)\lambda_2$$

得

$$\lambda_1=\frac{5}{7}\lambda_2=429(\text{nm})$$

6.8 光栅 光栅衍射

在单缝衍射中，若缝较宽，明纹亮度虽然较强，但相邻明条纹的间隔很窄而不易分辨；若缝很窄，间隔虽可加宽，但明纹的亮度却显著减小。在这两种情况下，都很难精确地测定条纹的宽度，所以用单缝衍射并不能精确地测量光波波长。那么，我们是否可以使获得的明纹本身既亮又窄，且相邻明纹分得很开呢？利用**衍射光栅**(diffraction grating)可以获得这样的衍射条纹。

6.8.1 光栅

光栅是由大量等宽等间距的平行狭缝所组成的光学器件。光栅分为两类。一类是用金刚石尖端在玻璃板上刻划等间距的平行刻痕，由于刻痕毛糙，它们不透光，因此相邻刻痕之间的部分就相当于透光的狭缝。这样的装置就称为**透射光栅**。另一类是**反射光栅**，它是在高反射率金属板上刻出许多平行锯齿形槽，以每个槽面的反射光来替代透射光栅各缝的透射光。下面以透射光栅为例介绍光栅衍射。

如图 6-38 所示，光栅上每个狭缝的宽度 a 和相邻两缝间不透光部分的宽度 b 之和称为**光栅常数**(grating constant)，表示为

$$d=a+b \tag{6-47}$$

d 就是相邻两缝对应点之间的距离，它是表征光栅性能的一个重要常数。一个精制的光栅，在 1cm 内的刻痕可以达到一万多条以上。如在 1cm 宽度上分布有 1000 条缝的光栅，它的光栅常数等于 $d=1\times10^{-5}$m。一般光栅常数为$10^{-5}\sim10^{-6}$m 的数量级。

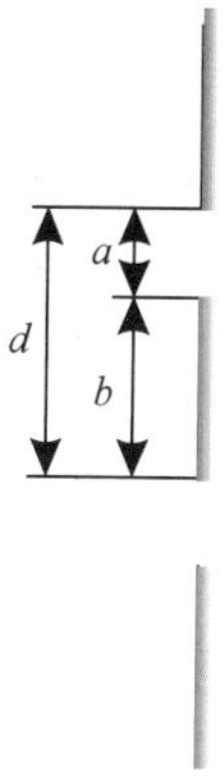

图 6-38 光栅示意图

6.8.2 光栅衍射

图 6-39(a)为透射光栅衍射的示意图，设光栅常数为 d，光栅的总缝数为 N。当一束平行单色光垂直照射在光栅上时，每个单缝都要发生单缝衍射，且每个缝的衍射条纹在屏上完全重合，而从各个单缝出发的光又是相干光，因此通过光栅不同缝的光在相遇的区域又要发生干涉。用透镜把光束会聚在屏幕上，屏幕放在透镜的焦平面上，就会呈现出夫琅禾费衍射图样，如图 6-39(b)所示。由图 6-39(b)可以看出，光栅衍射条纹与单缝衍射条纹有明显的不同。光栅衍射的明条纹细而明亮，明条纹之间的暗区较宽，易于分辨。实验表明，随着单缝数目的增多，明条纹的亮度将增大，且明纹也变细了。由此可见，**光栅衍射是衍射和干涉的综合结果**。

视频：光栅衍射

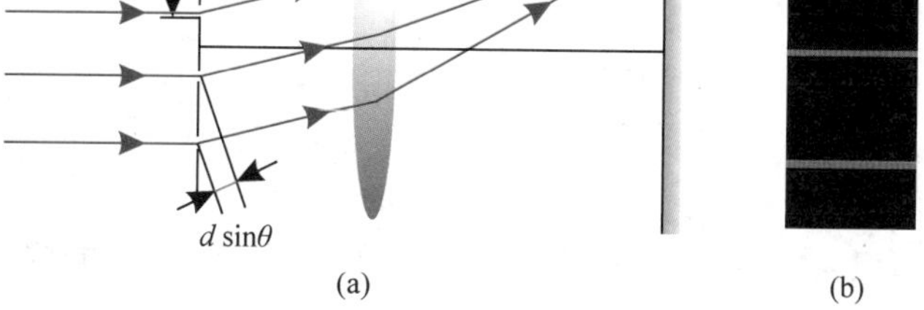

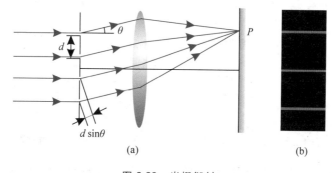

图 6-39 光栅衍射

(a) 光栅衍射示意图；(b) 光栅衍射条纹

下面简单讨论一下，在屏幕上某处出现光栅衍射明条纹所满足的条件。

如图 6-39(a)所示，从光栅上相邻两条缝中沿 θ 方向发射的两束相邻光束间的光程差都为 $\delta=d\sin\theta$，类似于双缝干涉，当

$$d\sin\theta=\pm k\lambda,\quad k=0,1,2,\cdots \tag{6-48}$$

时，从光栅各个缝发出的各束光强度都相等，它们因干涉而相互加强，在屏上出现明条纹。干涉极大时的合振幅是单个缝透过光的振幅的 N 倍，因此明条纹的光强为单缝衍射光强的 N^2 倍。故缝数越多，条纹越明亮。式(6-48)称为**光栅方程**(**grating equation**)，满足光栅方程的明条纹称为**主极大**(**principal maximum**)。式(6-48)中的 k 称为衍射级，相应于 $k=0$，1，2，…的明条纹称为中央主极大、1 级主极大、2 级主极大等，正负号表示各级主极大对称分布于中央主极大的两侧。理论分析和实验都表明，在两个主极大之间由于各个缝之间的光相互干涉还会产生 $N-2$ 个强度很小的次极大(secondary maximum)和 $N-1$ 个暗纹，如图 6-40 所示。

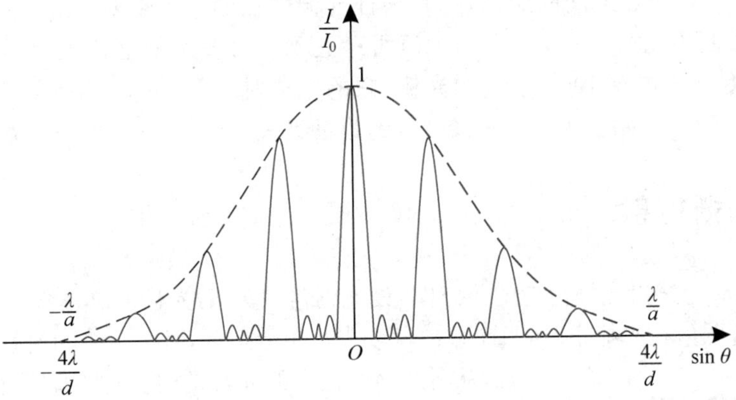

图 6-40　光栅衍射光强分布

光栅可以视为由许多单缝组成的，对于原来一个单缝衍射的中央明纹中有几条由光栅产生的明纹呢？首先看一下这个区域有多大，从单缝衍射暗纹条件 $a\sin\theta=\pm k'\lambda$ 可知，当 $k'=1$ 时，$\sin\theta=\pm\frac{\lambda}{a}$，在这个区域内是原中央明纹的范围，设光栅 $d=4a$，与光栅公式比较：

$k=0$,	$\sin\theta=0$,	0 级明纹
$k=1$,	$\sin\theta=\pm\frac{\lambda}{d}=\pm\frac{\lambda}{4a}$,	1 级明纹
$k=2$,	$\sin\theta=\pm\frac{2\lambda}{d}=\pm\frac{2\lambda}{4a}$,	2 级明纹
$k=3$,	$\sin\theta=\pm\frac{3\lambda}{d}=\pm\frac{3\lambda}{4a}$,	3 级明纹
$k=4$,	$\sin\theta=\pm\frac{4\lambda}{d}=\pm\frac{\lambda}{a}$，应为	4 级明纹

计算出有 9 条明纹，但只能看到 7 条明纹，第 4 条明纹看不到，称为**缺级**，因为这时单缝衍射 $\sin\theta=\pm\frac{\lambda}{a}$ 是暗纹。以此类推，在所有单缝衍射暗纹处没有光栅的主极大出现，称为光栅

缺级。

根据光栅方程式(6-48)，当复色光入射时，除中央明条纹外，不同波长的同级明条纹以不同的衍射角出现，这样就形成光栅光谱。例如当白光垂直入射时，由于各个波长的中央明条纹对应的衍射角都是零，因此它们并没有分开，仍为白光。对于其他各级主极大，不同波长的光对应的衍射角不同，因此除中央明条纹以外的各级明条纹都形成颜色连续变化的光谱。由光栅方程还可知，不同波长按由短到长的次序自中央向外侧依次分开排列，光栅常数 d 越小，或光谱级次越高，则同一级衍射光谱中的各色谱线分散得越开。由于不同元素(或化合物)各有自己特定的谱，所以根据谱线的成分，可分析出发光物质所含的元素或化合物，还可从谱线的强度定量分析出元素的含量。

光栅衍射的规律在实际生活中有较多的应用。例如，随着科学技术和工业生产的发展，产品出现了小型化、微型化的趋势。对微小尺寸的测量越来越重要，要求测量的精度也越来越高。因此，探索一些新的测量微小线度的方法越来越重要。目前，有许多直径小于0.1mm 的细丝，如电子器件中的金属细线、光学纤维、游丝等。这些细丝的直径测量若采用接触式机械测量法，即使测力很小也很容易使细丝变形，产生较大的测量误差；若采用非接触式的光学显微镜来测量，则由于光的衍射现象，被测件越细，测量误差就越大。然而，用光的衍射法测量便可达到无接触和高精度的目的。

[例题 6-9]

用每毫米刻有 1000 条栅纹的光栅，观察 $\lambda=589.3\text{nm}$ 的钠光谱线，试问在平行光线垂直入射光栅时，最多能看到第几级明条纹？总共有多少条明条纹？

解 由题意可知，每毫米有 1000 条栅纹，所以光栅常数为

$$d=a+b=\frac{1}{1000}(\text{mm})=1\times10^{-6}(\text{m})$$

根据光栅方程 $d\sin\theta=k\lambda$，可得

$$k=\frac{d}{\lambda}\sin\theta$$

由上式可知，当 $\sin\theta=1$ 时，k 为最大值。由于 $\sin\theta=1,\theta=\pi/2$，所以实际上这个衍射角的条纹是不会出现在屏幕上的。

将已知数据代入，并设 $\sin\theta=1$，得

$$k=\frac{1\times10^{-6}}{589.3\times10^{-9}}=1.7$$

由于 k 只能取整数，故取 $k=1$，即最多能看到第 1 级明条纹。根据光栅条纹对称分布的特点，总共有 $2k+1=3$ 条明条纹(其中加 1 是计入中央明条纹)。

[例题 6-10]

波长为 600nm 的单色光垂直入射在一光栅上，已知第二、第三级光谱级分别出现在衍射角 φ_2、φ_3 上，且 $\sin\varphi_2=0.2$，$\sin\varphi_3=0.3$，第四级缺级。求：(1)光栅常数等于

多少？(2)光栅上狭缝宽度有多大？(3)在屏幕上可能出现的全部光谱线的级数。

解 (1) 由题意可知光栅常数为

$$d = a + b = \frac{k\lambda}{\sin\varphi} = \frac{2 \times 6.00 \times 10^{-7}}{0.2} = 6.00 \times 10^{-6}(\text{m}) = 6.00(\mu\text{m})$$

(2) 由于第四级缺级，则

$$\frac{d}{a} = \frac{4\lambda}{\lambda} = 4$$

光栅上狭缝宽度

$$a = \frac{d}{4} = \frac{6.00}{4} = 1.50(\mu\text{m})$$

(3) 在屏幕上可能出现的全部光谱线的级数

$$k = \frac{d}{a}k' = 4k', \quad k' = 1,2,3,\cdots$$

$$k \leqslant k_{\max} \leqslant \frac{d}{\lambda} = \frac{6.00 \times 10^{-6}}{6.00 \times 10^{-7}} = 10$$

所以 $k=4,8$，缺级，当 $d=6\mu\text{m}$，$a=1.5\mu\text{m}$ 时，在屏幕上可能出现的全部光谱线的级数为

$$k = 0, \pm 1, \pm 2, \pm 3, \pm 5, \pm 6, \pm 7, \pm 9$$

6.9 光的偏振

在前面讨论光的干涉和衍射的规律时，并没有说明光是横波，还是纵波。这就是说无论是横波还是纵波，都可以产生干涉和衍射现象。因此，通过这两类现象无法判断光是横波还是纵波。从 17 世纪末到 19 世纪初，在这漫长的一百多年间，相信波动说的人们都将光波与声波相比较，无形中已把光波视为纵波了，惠更斯也是如此。对于纵波来说，在通过波的传播方向所作的一切平面内，没有一个平面较其他平面具有特殊性，这叫做波的振动对传播方向具有对称性；对于横波来说，通过波的传播方向且包含振动矢量的那个平面显然和其他不包含振动矢量的平面有区别，即振动对于传播方向的轴来说是不对称的，这种不对称性称为**偏振**(**polarization**)。只有横波才有偏振性。相信光为横波的论点是杨于 1817 年提出的，菲涅耳也运用横波理论解释了偏振光的干涉。光的偏振性有力地证明了光是横波。本节主要讨论偏振光的产生和检验及偏振光遵从的基本规律。

6.9.1 光的偏振 线偏振光和自然光

电磁波理论已经告诉我们，光波是电磁波，电磁波是变化的电场和变化的磁场在空间相互激发形成的。在电磁波传播过程中，电场强度 $\boldsymbol{E}$(光矢量，light vector)和磁感应强度 $\boldsymbol{B}$ 都始终与波的传播方向垂直，并构成右手螺旋关系。因此光波是横波。在远离波源的自由空间传播的电磁波可近似地看成是平面波，平面电磁波的传播方式如图 6-41 所示。

视频：光的偏振

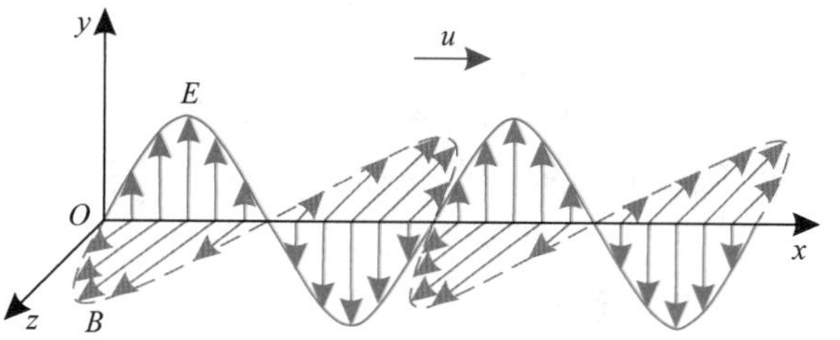

图 6-41 平面电磁波的传播

通过波的传播方向可以作无数个平面，光矢量始终在垂直于传播方向的平面内沿一个固定方向振动的光，称为**线偏振光**(linearly polarized light)，简称**偏振光**。原子每次自发辐射发出的光，一般都是线偏振光。偏振光的振动方向与传播方向组成的平面，叫做振动面。通常用短线和黑点分别表示与纸面平行和垂直的振动，如图 6-42 所示，图中 k 表示光的传播方向，图 6-42(a)中带箭头的短线表示光振动在纸面内，图 6-42(b)中黑点表示振动垂直于纸面。

普遍光源如太阳、白炽灯、钠灯等发出的光，包含各个方向的光矢量，在垂直于光传播方向的平面内，光矢量可以在任何方向振动，没有哪一个方向比其他方向更占优势，在所有的方向上光矢量振幅也相等。这样的光称为**自然光**(natural light)。在任意时刻，我们可以把各个光矢量分解成互相垂直的两个光矢量分量，每个光矢量分量的光强度都是自然光光强的一半，用图 6-43 所示的方法表示自然光。图 6-43 中的黑点表示垂直于纸面的光振动，带箭头的短线表示在纸面内的光振动，黑点和短线等距离分布，表示这两个方向的光振动强度相同，没有哪一个方向的光振动占优势。

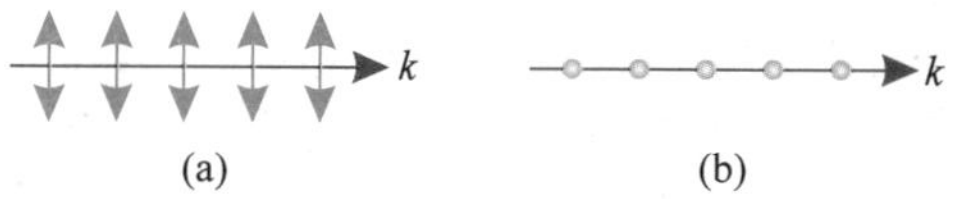

图 6-42 线偏振光示意图

(a) 光振动方向在纸面内；(b) 光振动方向垂直于纸面

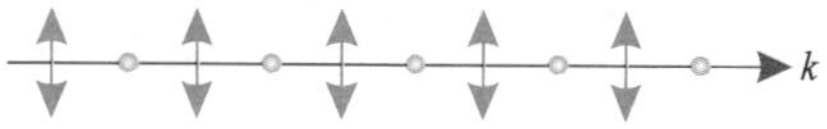

图 6-43 自然光示意图

应该指出，由于自然光中各个光矢量之间无固定的相位关系，所以分解的这两个相互垂直的光矢量之间并无固定的相位关系，不能把它们叠加成一个具有某一方向的合矢量。

若光波中虽然像自然光一样包含各种方向的振动，但是在某特定方向上的振动占优势，例如在某一方向上的振幅最大，而在与之垂直的另一方向上的振幅最小，则这种偏振光称为**部分偏振光**(partial polarized light)。这种优势越大，其偏振化程度越高。部分偏振光的两个相互垂直的光振动也没有任何固定的相位关系。

实际上，光的偏振态不止前面提到的三种情况，如果一束光可以分解为两个相互垂直的分量，而且两个分量间存在不等于零或 π 的相位差时，就可以得到椭圆偏振光，根据两个垂直分量之间相位的不同，可以得到不同形式的椭圆偏振光，其中两个分量振幅相等、相位差为 $\pi/2$ 对应的是圆偏振光。另外，线偏振光可以看作是相位差为 0 或 π 的椭圆偏振光。

相对于自然光、部分偏振光和线偏振光，椭圆偏振光和圆偏振光是较难得到的。一般是先得到线偏振光，再利用特殊光学元件(如波片等)改变两个垂直分量的相位差，从而得到各种椭圆偏振光。

除激光器等特殊光源外，一般光源(如太阳、日光灯等)发出的光都是自然光，使自然光成为偏振光的方法主要有以下三种：

(1) 由二向色性产生偏振光；

(2) 由反射和折射产生偏振光；

(3) 由双折射产生偏振光。

6.9.2 偏振片 起偏和检偏

某些物质(如硫酸金鸡钠碱)能吸收某一方向的光振动，而只让与这个方向垂直的光振动通过，这种性质称为**二向色性**(dichroism)。把具有二向色性的材料涂在透明薄片上，就成为**偏振片**(polaroid)。当自然光照射到偏振片上时，它只让某一特定方向的光振动通过，这一方向称为**偏振化方向**(polarizing direction)或**透振方向**。通常用如图 6-44 所示的记号把偏振化方向标示在偏振片上。图 6-45 所示为特大演示偏振片。

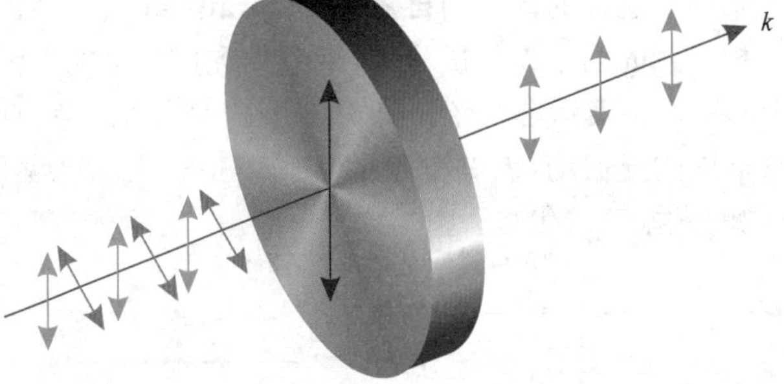

图 6-44 偏振片起偏

如图 6-44 所示，当自然光通过偏振片时，某一方向上的光矢量被吸收，只有与此方向垂直的光矢量能透过，从而使自然光成为线偏振光，这称为**起偏**，被用来起偏的偏振片称为**起偏器**(polarizer)。显然，从起偏器透出的线偏振光的光强是入射自然光光强的 1/2。

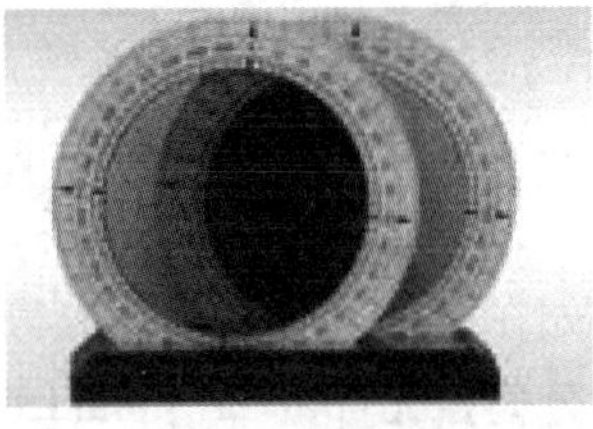

图 6-45 特大演示偏振片

设有一束强度为 I_0 的自然光垂直入射到起偏器上，出射后光强 $I_1=I_0/2$，如果让光强为 I_1 的线偏振光再通过一个偏振片，让此偏振片绕入射光旋转 360°，在此偏振片后观察，透过偏振片的光强呈现周期性变化，透射光强出现了最大和零，当两个偏振片的偏振化方向平行时，透过光强 $I_2=I_1$，如图 6-46(a)所示，当两个偏振片的偏振化方向垂直时，透过光强 $I_2=0$，如图 6-46(b)所示，由此可见，第二个偏振片起到了一个**检偏器**(analyzer)的作用，即可用偏振片来检查一束光是自然光还是线偏振光。因为对于自然光垂直入射偏振片，旋转偏振片透射光强保持不变。

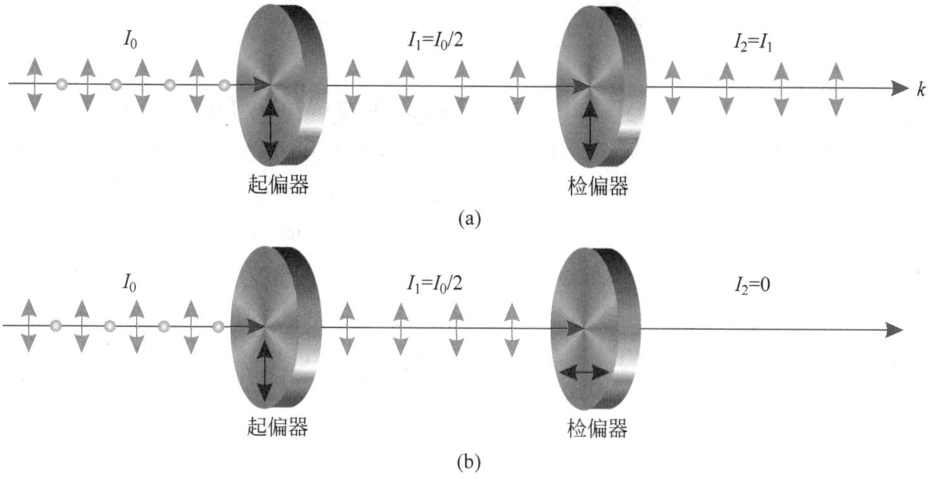

图 6-46 偏振片的检偏

动画：光的偏振

6.9.3 马吕斯定律

由起偏器产生的偏振光在通过检偏器以后，其光强的变化如何？如图 6-47 所示，设一束自然光经过起偏器后，成为一束光振幅为 A_0、光强为 I_0 的线偏振光，线偏振光的光矢量振动方向就是起偏器的偏振化方向 OM。设 α 为起偏器偏振化方向 OM 与检偏器偏振化方向 $O'N$ 之间的夹角，透过检偏器以后，透射光强变为 I。

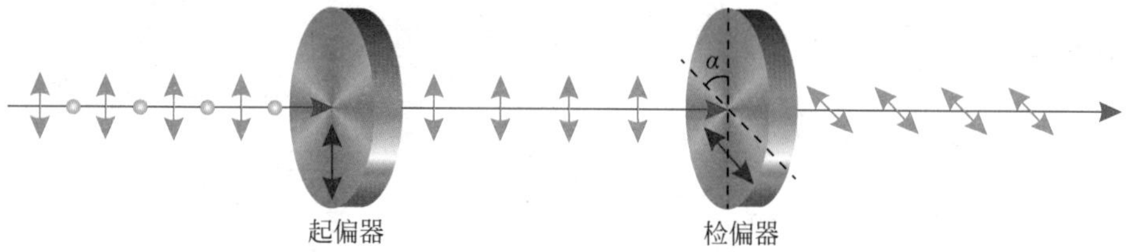

图 6-47 马吕斯定律

如图 6-48 所示，将入射到检偏器的光振动分解为平行于和垂直于 $O'N$ 的两个分量，垂直于 $O'N$ 的分量不能通过检偏器，只有平行于 $O'N$ 的分量 $A=A_0\cos\alpha$ 才能通过检偏器。因光强正比于光振动振幅的平方，所以从检偏器透射出来的光强 I 与 I_0 之比为

$$\frac{I}{I_0}=\frac{A^2}{A_0^2}=\frac{(A_0\cos\alpha)^2}{A_0^2}$$

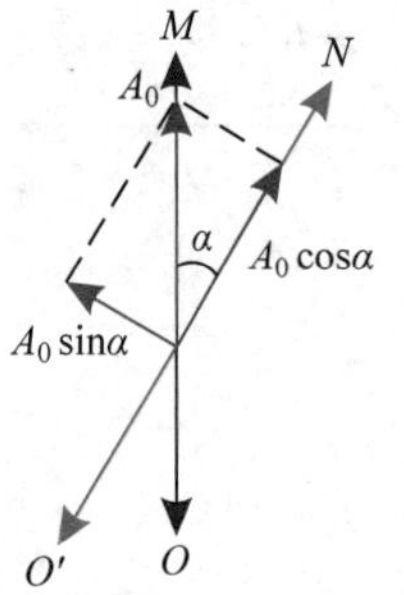

图 6-48 光振动振幅示意图

即

$$I = I_0 \cos^2\alpha \tag{6-49}$$

这一关系称为**马吕斯定律**(**Malus law**)，是由马吕斯(E. L. Malus，1775—1812 年)于 1808 年由实验发现的。

当起偏器和检偏器的偏振化方向平行，即 $\alpha=0°$ 或 180° 时，$I=I_0$，透射光最强；当起偏器和检偏器的偏振化方向垂直，即 $\alpha=90°$ 或 270° 时，透射光强为零；当 α 为其他值时，光强介于 0 和 I_0 之间。因此从检偏器透射出来的光强随检偏器的偏振化方向而变化。由此可检查入射光是否为偏振光，并确定其偏振化的方向。

[例题 6-11]

使一束部分偏振光垂直射向一偏振片，在保持偏振片平面方向不变而转动偏振片 360° 的过程中，发现透过偏振片的光的最大强度是最小强度的 3 倍。试问在入射光束中，线偏振光的强度是总强度的几分之几?

解 部分偏振光可由强度为 I_1 的自然光和强度为 I_2 的线偏振光混合而成。透过偏振片的总透射光强为

$$I = \frac{I_1}{2} + I_2 \cos^2\alpha$$

最大的透射光强

$$I_{max} = \frac{I_1}{2} + I_2$$

最小的透射光强

$$I_{min} = \frac{I_1}{2}$$

由题意可知

$$I_{max} = 3I_{min}$$

故

$$\frac{I_1}{2} + I_2 = 3\,\frac{I_1}{2}$$

解上式可得

$$I_1 = I_2$$

$$\frac{I_2}{I_1 + I_2} = \frac{1}{2}$$

即线偏振光的强度是总强度的 1/2。

6.9.4 反射光和折射光的偏振

实验发现，当自然光在两种各向同性介质分界面上反射、折射时，不仅光的传播方向要改变，而且光的振动状态也要改变。反射光和折射光不再是自然光，折射光变为部分偏振

光,反射光一般也是部分偏振光。反射光中垂直于入射面的光振动多于平行于入射面的光振动,折射光中平行于入射面的光振动多于垂直于入射面的光振动,如图 6-49 所示。

1812 年,布儒斯特发现,当改变入射角 i 时,反射光的偏振程度也随之改变。当 i 等于某一特定角 i_0 时,反射光中只有光振动垂直入射面的线偏振光,而折射光仍为平行于入射面的光振动多于垂直于入射面的光振动的部分偏振光,如图 6-50 所示。使反射光变为线偏振光的入射角 i_0 称为**起偏角**(**polarizing angle**),此时折射角为 r_0,入射角 i_0 与两介质折射率 n_1、n_2 符合以下关系:

$$\tan i_0 = \frac{n_2}{n_1} \tag{6-50}$$

式中,n_1 为入射光所经介质的折射率,n_2 为折射光所经介质的折射率。这一关系称为**布儒斯特定律**(**Brewster law**),因此起偏角 i_0 又称**布儒斯特角**(**Brewster angle**)。例如,光线自空气射向折射率为 $n=1.6$ 的玻璃,则布儒斯特角 $i_0=58°$。

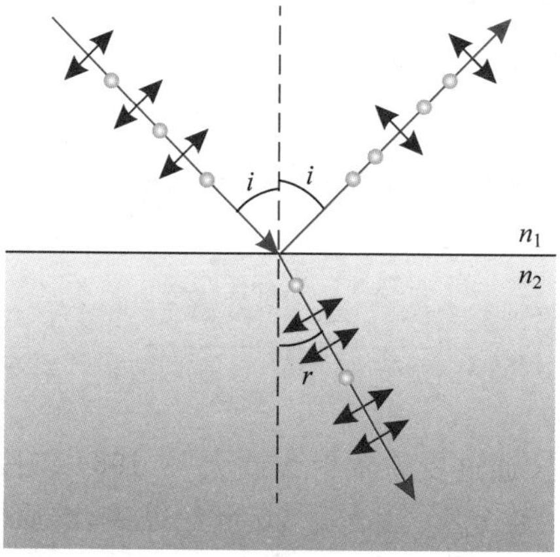

图 6-49　自然光反射折射

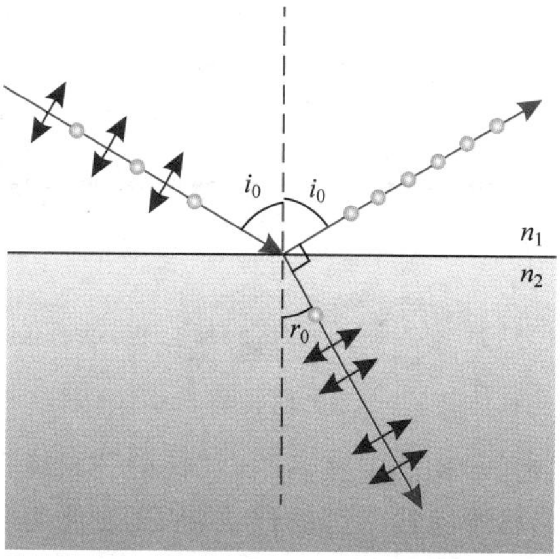

图 6-50　反射光起偏条件

根据折射定律

$$n_1 \sin i_0 = n_2 \sin r_0$$

又据布儒斯特定律,可得

$$\frac{n_2}{n_1} = \frac{\sin i_0}{\sin r_0} = \tan i_0$$

故有

$$\sin r_0 = \cos i_0$$

得

$$r_0 + i_0 = \frac{\pi}{2}$$

可见,当入射角等于起偏角 i_0 时,反射光线与折射光线互相垂直。

当自然光以起偏角入射到两种介质的界面,反射光为偏振光,折射光仍为部分偏振光。对处于空气中的一般玻璃,反射光的强度约占入射光光强的 7.5%,大部分光将能透过玻璃,因此仅靠自然光在一块玻璃的反射来获得偏振光,其强度是比较弱的。为了增强反射光的强度和提高折射光的偏振化程度,要让自然光通过由许多相互平行的、相同的玻璃片组成的玻璃片堆。当自然光以布儒斯特角入射到这个玻璃片堆上时,垂直于入射面的振动在每一个分界面上都要被反射掉一部分,而与入射面平行的振动都不被反射。这样除反射光为垂直于入射面光振动的线偏振光外，多次折射后的折射光的偏振化程度将越来越高，最后透射光可近似地看作是平行于入射面光振动的线偏振光。自然光在反射和折射时的这种偏振特性，也可以作起偏和检偏的装置。

到达地球上空的太阳光并不完全是从太阳直接照射下来的，部分是从其他行星反射来的，因此我们观察到的太阳光并不是真正的自然光。如果我们通过一个偏振片来观察太阳光，将发现来自天空的太阳光是部分偏振光。天文学家根据从行星表面反射的太阳光的偏振性质，推断出金星表面覆盖着水滴或冰晶，并确定土星光环是由冰晶所组成的。

［例题 6-12］

自然光以 60°的入射角照射到两介质交界面时，反射光为线偏振光，则折射光为____________________。

答案 部分偏振光且折射角为 30°。

解析 根据布儒斯特定律，当入射角为布儒斯特角时，反射光是线偏振光，相应的折射光为部分偏振光。此时，反射光与折射光垂直，因为入射角为 60°，所以折射角为 30°。

*6.10 激光简介

激光最初的中文名叫做“镭射”“莱塞”，意思是“通过受激辐射光放大”。1964 年按照我国著名科学家钱学森的建议将“光受激发射”改称“激光”。激光是 20 世纪以来，继原子能、计算机、半导体之后，人类的又一重大发明，被称为“最快的刀”、“最准的尺”、“最亮的光”和“奇异的激光”。它的亮度为太阳光的 100 亿倍(见图 6-51)。它的原理早在 1916 年就已被著名的物理学家爱因斯坦发现，但直到 1958 年激光才被首次成功制造。激光是在有理论准备和生产实践迫切需要的背景下应运而生的，它一问世，就获得了异乎寻常的飞快发展，激光的发展不仅使古老的光学科学和光学技术获得了新生，而且导致整个一门新兴产业的出现。激光可使人们有效地利用前所未有的先进方法和手段，去获得空前的效益和成果，从而促进了生产力的发展，也在军事上起到重大作用。本节将扼要地介绍激光产生的机制及其特性。

图 6-51 激光

6.10.1 激光的基本原理

光与物质的相互作用，实质上是组成物质的微观粒子吸收或辐射光子，同时改变自身运动状况的表现。微观粒子都具有特定的一套能级(通常这些能级是分立的)。任一时刻粒子只能处在与某一能级相对应的状态(或者简单地表述为处在某一个能级上)。与光子相互作用时,粒子从一个能级跃迁到另一个能级,并相应地吸收或辐射光子。光子的能量值为此两能级的能量差 ΔE,频率 $\nu=\Delta E/h$(h 为普朗克常量)。

动画:自发辐射、受激辐射

1. 自发辐射、受激辐射和受激吸收

设低能级 E_1 和高能级 E_2 是某粒子的任意两个能级,N_1 和 N_2 是分别处在这两个能级上的分子数,根据玻尔兹曼分布律,在热平衡状态下,如果 $E_1>E_2$,则 $N_2<N_1$,即能级越高,处在该能级上的粒子数越少。

当粒子自发地从高能级 E_2 跃迁到低能级 E_1 时,可能发射一个频率为

$$\nu=\frac{E_2-E_1}{h}$$

的光波列(或者说能量为 $h\nu$ 的光子)。这个过程叫**自发辐射**,如图 6-52 所示。众多原子以自发辐射发出的光,不具有相位、偏振态、传播方向上的一致,是物理上所说的非相干光。普通光源的发光过程都是自发辐射。

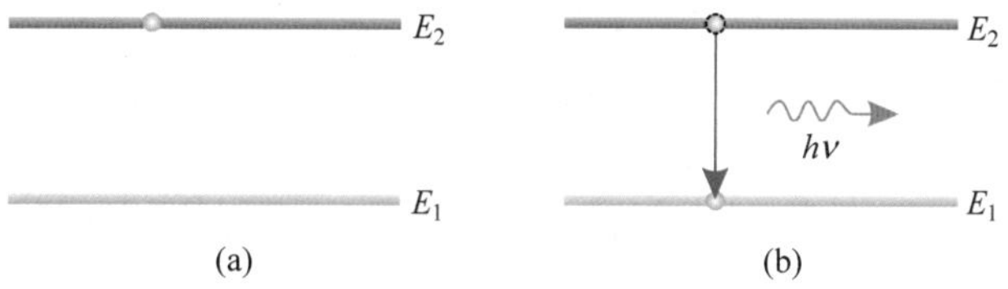

图 6-52 自发辐射

(a) 自发辐射前;(b) 自发辐射后

当处在高能级 E_2 上的粒子在自发辐射之前受到频率为 ν 的外来光波列的刺激作用,从高能级 E_2 跃迁到低能级 E_1 时,同时辐射一个与外来光波列完全相同的光波列,这个过程叫**受激辐射**,如图 6-53 所示。受激辐射发出的光波与入射光波具有完全相同的性质,它们

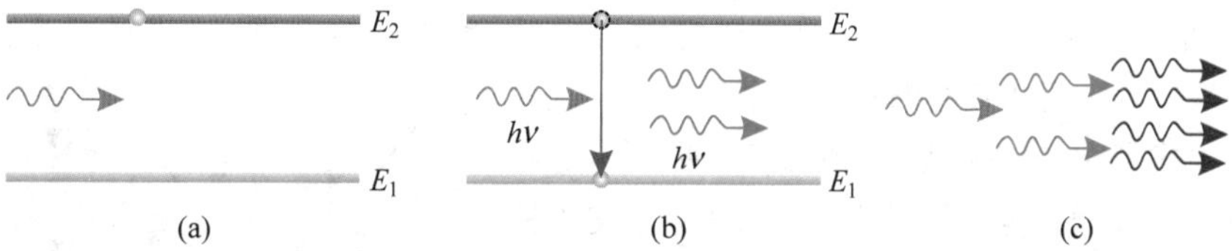

图 6-53 受激辐射

(a) 受激辐射前;(b) 受激辐射后;(c) 连锁反应

的频率、相位、偏振方向及传播的方向都相同。用粒子说的观点来说，一个外来的入射光子，由于受激辐射变成两个完全相同的光子，这两个光子又去刺激粒子而变成四个光子，如此进行下去，产生连锁反应。这说明受激辐射使入射光强得到放大，受激辐射光放大是激光产生的基本机制。处于较低能级 E_1 的粒子在受到外界的激发(即与其他的粒子发生了有能量交换的相互作用，如与光子发生非弹性碰撞)，吸收了能量时，跃迁到与此能量相对应的较高能级 E_2，这种跃迁称为**受激吸收**(见图 6-54)，受激吸收使入射光强衰减。

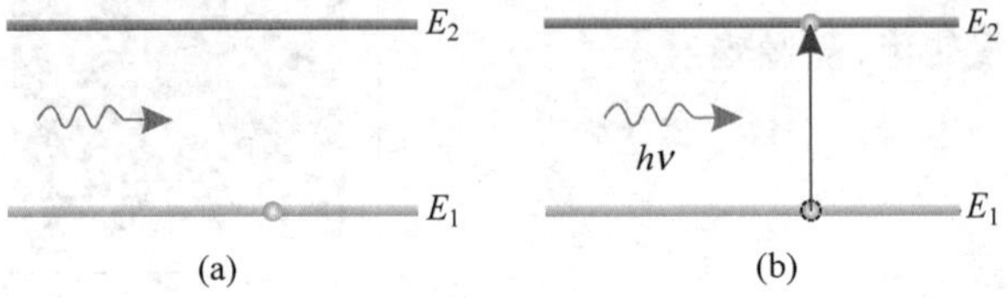

图 6-54 受激吸收

(a) 受激吸收前；(b) 受激吸收后

2. 粒子数反转态

光和物质相互作用时，在两能级间存在着自发发射跃迁、受激发射跃迁和受激吸收跃迁等三种过程。受激发射跃迁所产生的受激发射光，与入射光具有相同的频率、相位、传播方向和偏振方向。因此，大量粒子在同一相干辐射场激发下产生的受激发射光是相干的。受激发射跃迁几率和受激吸收跃迁几率均正比于入射辐射场的单色能量密度。当两个能级的统计权重相等时，两种过程的几率相等。在热平衡情况下 $N_2<N_1$，所以自发吸收跃迁占优势，光通过物质时通常因受激吸收而衰减。外界能量的激励可以破坏热平衡而使 $N_2>N_1$，这种状态称为粒子数反转状态。在这种情况下，受激发射跃迁占优势。只有具有合适能级结构的介质才能实现粒子数反转态，这种介质通常称为激活介质。当光通过一段长为 l 的处于粒子数反转状态的激光工作物质(激活物质)后，光强增大 e^{Gl} 倍。G 为正比于 (N_2-N_1) 的系数，称为增益系数，其大小还与激光工作物质的性质和光波频率有关。G 越大，激活介质的光放大能力越强，光强增加越快。一段激活物质就是一个激光放大器。

3. 光学谐振腔

在实现了粒子数反转分布的激活介质内，处于高能态的粒子必须受到光子的刺激才能产生受激辐射，这最初的光子来源于介质的自发辐射。因为自发辐射是随机的，所以不同光子引起的受激辐射相互之间也是随机的，所辐射的光的相位、偏振状态、频率、传播方向都是互不相关的，如图 6-55 所示。为了使某一方向和某一频率的光得到放大，其他方向和其他频率的光被抑制，人们设计了光学谐振腔。在激活介质两端放置两块反射镜，一块是全反射镜，另一块是部分反射镜，这两块反射镜可以是平面，也可以是凹面，或者是一平面一凹面，两反射镜的轴线与工作物质的轴线平行放置，这对反射镜就构成了光学谐振腔。图 6-56 所示的是两平面反射镜构成的谐振腔。光学谐振腔对光束传播方向具有选择性。根据光的传播规律，非轴向传播的光波很快逸出谐振腔外；轴向传播的光波却能在

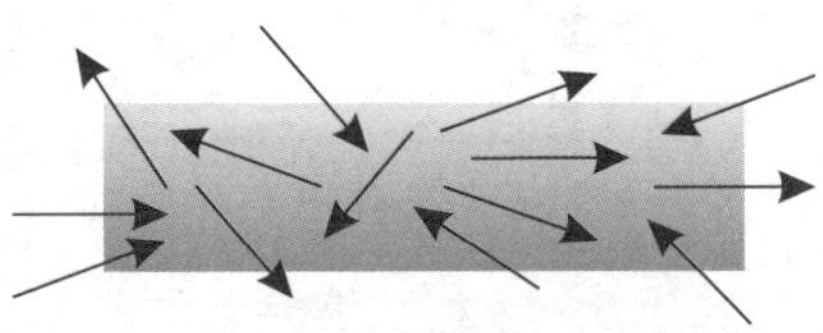

图 6-55 无谐振腔时的受激辐射

腔内往返传播，当它在激光物质中传播时，光强不断增长，从部分反射镜输出稳定的激光束。

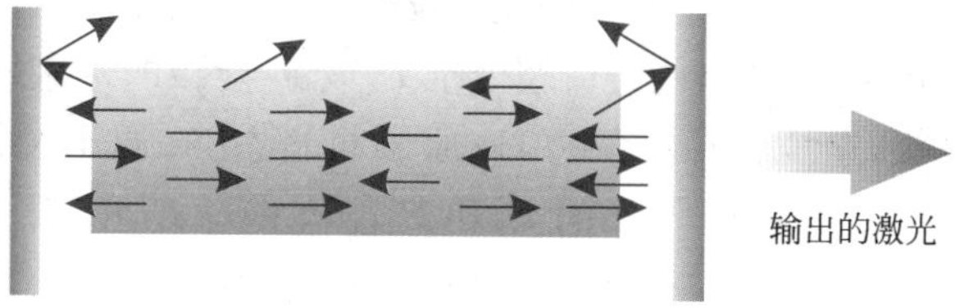

图 6-56 两平面反射镜构成的谐振腔

谐振腔对激光的波长具有选择性。激光器中所用的反射镜都镀有多层反射膜，恰当地选择每层膜的厚度使所需要的波长的光束得到最大限度的反射，而限制其他波长光的反射。另外，精心设计两反射镜之间的距离，使之等于所需要光的半波长的整数倍，该波长的光在腔内形成以镜面为波节的驻波，产生稳定的振荡而不断得到加强。

一般的激光器都是由激活介质、激励能源和谐振腔这三个部分组成的。常用激光器按发出激光的激活介质分为固体、气体、液体、半导体激光器；按激光输出的工作形式分为连续式的和脉冲式的激光器。下面以氦氖(He-Ne)激光器为例，具体说明激光的产生过程。氦氖激光器的激活介质是氦氖混合气体，采用气体放电方式激励，谐振腔多采用两平面镜构成的平行腔或平面镜与凹面镜构成的平凹腔。

6.10.2 氦氖激光器

图 6-57 所示为内腔式 He-Ne 激光器结构示意图。放电管是一毛细管，内径约为 1mm，管内充有 He-Ne 混合气体，其中 Ne 为激活介质，He 为辅助物质，He 和 Ne 的比例约为 7∶1，He 原子自发辐射、受激辐射和受激吸收的概率都比 Ne 原子大得多。放电管正极用钨棒，负极用铝皮圆筒。在放电管两端垂直毛细管的轴线各粘贴一块镀有多层介质膜的反射镜，其中一块为全反射镜，它的反射率几乎是 100%；另一块是半反射镜，它的反射率是 99%，激光透过半反射镜输出，它们构成激光器的谐振腔。氦氖激光器是属于连续输出式的激光器，它发出波长为 632.8nm 的红光。

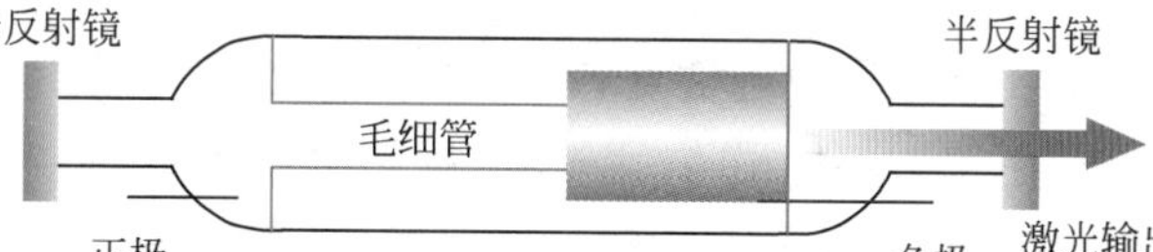

图 6-57 内腔式氦氖激光器

为了阐明氦氖激光器产生的机理，图 6-58 给出了与产生激光有关的 He 和 Ne 的能级简图。由图 6-58 可知，E_0 和 E_0' 分别是 He 和 Ne 的基态能级，He 原子的两个亚稳态能级 E_1 和 E_2 与 Ne 原子的两个亚稳态能级 E_2' 和 E_4' 很接近，而 E_1' 和 E_3' 是 Ne 原子的两个激发态能级。当几千伏的电压加在激光管的正负极上时，放电管中的电子在电场作用下加速，获得能量。因为 Ne 原子吸收电子能量被激发的概率很小，所以高速运动的电子首先把 He 原子通过碰撞激发到它的两个亚稳态能级，然后处于亚稳态能级的 He 原子与基态能级 Ne 原子碰撞，将能量无辐射地转移给 Ne 原子，使它激发到 E_2' 和 E_4' 能级。E_2' 和 E_4' 也是两个亚稳态能级。Ne 原子处于 E_2' 或 E_4' 能级的寿命较处于 E_1' 或 E_3' 能级的寿命长。又因为 He 原子的密度较 Ne 原子密度大，这样就有较多的 He 原子与基态 Ne 原子碰撞，使较多的 Ne 原子处于 E_2' 和 E_4' 能态，从而实现 Ne 原子的 E_2' 和 E_4' 能态相对 E_1' 和 E_3' 能态的粒子数反转态。当适当频率的光波入射时，就会产生相应能级间受激辐射光放大，分别发出 3390.0nm、1152.3nm、632.8nm 波长的激光。要想获得其中一个波长的激光，必须采取适当措施抑制其他波长激光的产生。由于波长为 3390.0nm 和 1152.3nm 的光是不可见的红外光，而波长为 632.8nm 的光是可见光，它在通常使用中比较方便。

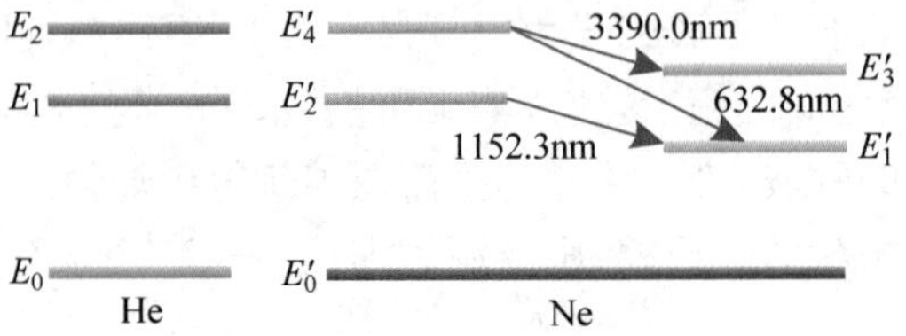

图 6-58　氦、氖气体部分能级图

6.10.3　激光的特点及应用

从前面对谐振腔的分析中知道，从激光器的半反射镜端射出的激光光束基本上是沿着与镜面垂直的方向传播的，在空间几乎不发散，所以激光具有很好的**定向性**。由于激活介质的粒子数反转只在确定的能级间发生，相应的激光发散也就只能在确定的光谱线范围内产生，又由于谐振腔的选频性，因此激光具有很好的**单色性**。因为激光具有很高的定向性，使激光能量限制在很小的空间范围，所以激光具有很高的**亮度**。普通光源是通过自发辐射发光，光源上不同的发光粒子所发出的光波列以及同一粒子不同时刻发出的光波列之间无固定的相位关系，所以不是相干光。而激光器辐射的激光是通过受激辐射发光的，受激辐射的光波列与入射的光波列具有相同的相位，所以激光具有很好的**相干性**。

激光是现代新光源，由于具有方向性好、亮度高、单色性好等特点而被广泛应用在科学技术及工业、农业、化学、医学、生物、通信等领域，例如激光测距、激光钻孔和切割、地震监测、激光手术、激光唱头等。激光武器产生的独特烧蚀效应、激波效应和辐射效应，已被广泛运用于防空、反坦克、轰炸机等方面，并已显示了它的神奇威力。激光的空间控制性和时间控制性很好，对加工对象的材质、形状、尺寸和加工环境的自由度都很大，特别适用于自动化加工。激光加工系统与计算机数控技术相结合可构成高效自动化加工设备，已成为企业实行适时生产的关键技术，为优质、高效和低成本的加工生产开辟了广阔的前景。目前，激光技术已经融入我们的日常生活之中了，在未来的岁月中，激光会带给我们更多的奇迹。

原理应用

全息摄影

全息摄影是指一种记录被摄物体反射波的振幅和位相等全部信息的新型摄影技术，亦称"全息照相"。普通摄影是记录物体面上的光强分布，它不能记录物体反射光的位相信息，因而失去了立体感。全息摄影是利用光的干涉原理，要求光源有很高的时间相干性和空间相干性，激光正好满足了这个条件。所以全息摄影采用激光作为照明光源，将光波的振幅和相位全部记录在底片上，人眼直接去看这种感光的底片，只能看到像指纹一样的干涉条纹，但如果用激光去照射它，人眼透过底片就能看到与原来被拍摄物体完全相同的三维立体像。一张全息摄影图片即使只剩下一小部分，依然可以重现全部景物。

1. 全息摄影的基本原理

激光全息摄影包括全息记录和图像再现。下面分别介绍这两部分。

(1) 全息记录。全息记录就是全息照片的拍摄。它没有利用透镜成像原理。拍摄全息照片的基本光路大致如图 P6-4 所示，把激光束分成两束，一束激光直接投射在感光底片上，称为参考光束；另一束激光投射在物体上，经物体反射或者透射，就携带有物体的有关信息，称为物光束。物光束经过处理也投射在感光底片的同一区域上。在感光底片上，物光束与参考光束发生相干叠加，形成干涉条纹，这就完成了一张全息图。

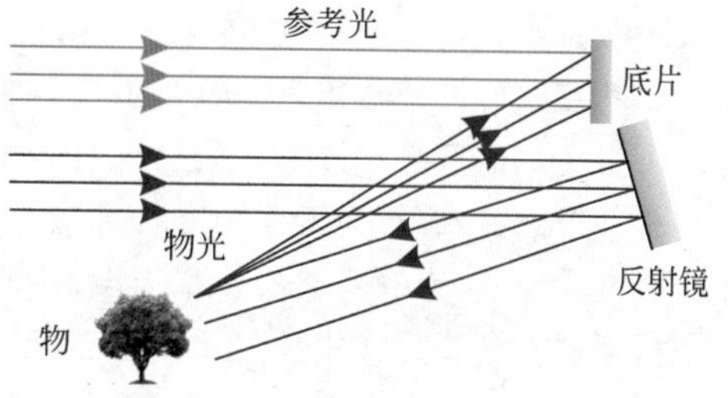

图 P6-4　全息照相基本光路

(2) 图像再现。全息照片并不直接显示物体的形象，要观察全息底片所记录的物体的形象，必须用一束激光照射全息图，这束激光的频率和传输方向应该与参考光束完全一样，于是就可以再现物体的立体图像，如图 P6-5 所示。人从不同角度看，可看到物体不同的侧面，就好像看到真实的物体一样，只是摸不到真实的物体。其成像的原理可作如下简单说明，全息照片包含大量的、细密的干涉条纹，它相当于一个透射光栅，照明光透过它们时将发生衍射。设 A、B 为底片上两条相邻的暗纹，底片冲洗后 A、B 成为两条透光缝。根据光栅衍射的知识，我们知道，沿原来物体上 O 点发出的物光方向的两束衍射光，其光程差是 λ，这两束光被人眼会聚后，就会使人感到在原来 O 点所在处有一虚发光点 O'。而物体上所有发光点在全息照片上产生的透光条纹对入射照明光的衍射，就会使人看到一个在原来位置处的原物的立体虚像。当人换一个观察位置时，原来被挡住的部分可能显露出来，原来显露的部分可能被

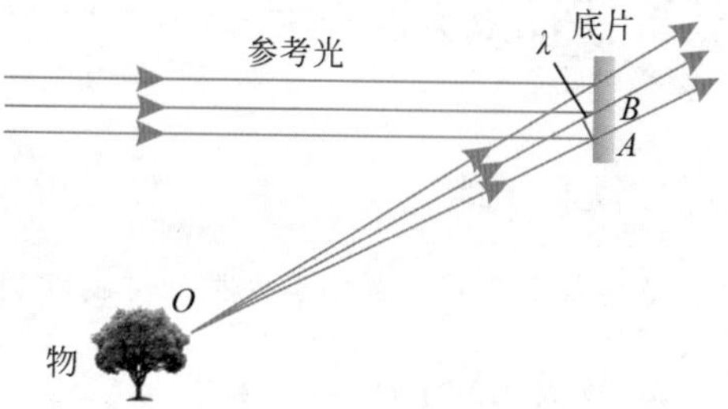

图 P6-5　全息照相再现

挡住，完全是立体的感觉，如图 P6-6 所示是全息照相的花。

图 P6-6 全息照相的花

如果一张全息照片破碎成几块，则由于其中每一小块上都包含物体上各个发光点光波的信息，故而用一小块照片仍可以再现物体的像，这是普通照片所不能比拟的。当然，小块的全息照片上包含的光信息的容量有所减少。

若再现全息照片的像时采用其他波长的单色光，或采用的光不是平行光，一般也能出现物体的像，但像会发生颜色、亮暗、位置等方面的改变。

2. 全息摄影的应用

全息技术在生产实践和科学研究领域中有着广泛的应用。例如：全息电影和全息电视，全息储存及全息显示等。在我们的生活中，也常常能看到全息摄影技术的运用。大型全息图既可展示轿车、卫星以及各种三维广告，亦可采用脉冲全息术再现人物肖像、结婚纪念照。小型全息图可以戴在颈项上形成美丽装饰，它可再现人们喜爱的动植物，如多彩的花朵与蝴蝶。迅猛发展的模压彩虹全息图，既可成为生动的卡通片、贺卡、立体邮票，也可以作为防伪标识出现在商标、证件卡、银行信用卡，甚至钞票上。装饰在书籍中的全息立体照片，以及礼品包装上闪耀的全息彩虹，使人们体会到21世纪印刷技术与包装技术的新飞跃。模压全息标识，由于它的三维层次感，并随观察角度而变化的彩虹效应，以及千变万化的防伪标记，再加上与其他高科技防伪手段的紧密结合，把新世纪的防伪技术推向了新的辉煌顶点。

全息照相的方法已从光学领域推广到其他领域。如微波全息、声全息等得到很大发展，成功地应用在工业医疗等方面。地震波、电子波、X射线等方面的全息也正在深入研究中。全息图有极其广泛的应用，如用于研究火箭飞行的冲击波、飞机机翼蜂窝结构的无损检验等。现在不仅有激光全息，而且研究成功白光全息、彩虹全息，以及全景彩虹全息，使人们能看到景物的各个侧面。全息三维立体显示正在向全息彩色立体电视和电影的方向发展。

内容提要

1. 光的干涉

光的相干条件：光矢量的振动方向相同，频率相同，相位差恒定。

2. 杨氏双缝干涉

干涉明条纹所在的位置：

$$x=\pm k\frac{D\lambda}{d},\quad k=0,1,2,\cdots$$

干涉条纹是等距离分布的直条纹，相邻明条纹之间、相邻暗条纹之间的间距 $\Delta x=\dfrac{D\lambda}{d}$。

3. 光程

光程 $L=nr$,相位差与相应的光程差 δ 之间的关系:

$$\Delta\varphi=\frac{2\pi}{\lambda}\delta$$

干涉相长的条件:

$$\delta=\pm k\lambda,\quad k=0,1,2,\cdots$$

干涉相消的条件:

$$\delta=\pm(2k+1)\frac{\lambda}{2},\quad k=0,1,2,\cdots$$

4. 薄膜的等厚干涉

空气劈尖干涉明、暗条纹的条件:

$$\delta=2e+\frac{\lambda}{2}=\begin{cases}k\lambda, & k=1,2,\cdots, \quad \text{明条纹}\\(2k+1)\frac{\lambda}{2}, & k=0,1,2,\cdots, \quad \text{暗条纹}\end{cases}$$

空气劈尖干涉条纹特点:平行于劈尖棱边的明暗相间的直条纹;等厚干涉条纹。
空气劈尖干涉条纹间距与劈尖顶角 θ 的关系:

$$l\approx\frac{\lambda}{2\theta}$$

牛顿环暗条纹:

$$r=\sqrt{kR\lambda},\quad k=0,1,2,\cdots$$

牛顿环干涉条纹的特点:内疏外密的一系列同心圆环。

5. 光的衍射

惠更斯-菲涅耳原理。
分析单缝夫琅禾费衍射的半波带法。
单缝衍射暗条纹的条件:

$$a\sin\theta=\pm 2k\frac{\lambda}{2}=\pm k\lambda,\quad k=1,2,3,\cdots$$

单缝衍射明条纹的条件:

$$a\sin\theta=\pm(2k+1)\frac{\lambda}{2},\quad k=1,2,3,\cdots$$

单缝衍射条纹的角分布特点,各级明条纹的角宽度。
光栅及光栅常数。
光栅方程:

$$d\sin\theta=\pm k\lambda,k=0,1,2,\cdots$$

光栅衍射条纹的特点。

6. 光的偏振

线偏振光、部分偏振光和自然光,起偏和检偏。

马吕斯定律：

$$I = I_0 \cos^2\alpha$$

自然光在分界面上反射和折射的偏振特点。

起偏角，布儒斯特定律：

$$\tan i_0 = \frac{n_2}{n_1}$$

习题

一、选择题

*6-1　在水中的鱼看来，水面上和岸上的所有景物都出现在一倒立圆锥里，其顶角为(　　)。

(A) 48.8°　(B) 41.2°　(C) 97.6°　(D) 82.4°

*6-2　一远视眼的近点在1m处，要清楚地看见眼前10cm处的物体，应配戴的眼镜是(　　)。

(A) 焦距为10cm的凸透镜　(B) 焦距为10cm的凹透镜

(C) 焦距为11cm的凸透镜　(D) 焦距为11cm的凹透镜

6-3　在双缝干涉实验中，若单色光源S到两缝S_1、S_2距离相等，则观察屏上中央明纹位于图中O处，现将光源S向下移动到图中的S'位置，则(　　)。

(A) 中央明纹向上移动，且条纹间距增大

(B) 中央明纹向上移动，且条纹间距不变

(C) 中央明纹向下移动，且条纹间距增大

(D) 中央明纹向下移动，且条纹间距不变

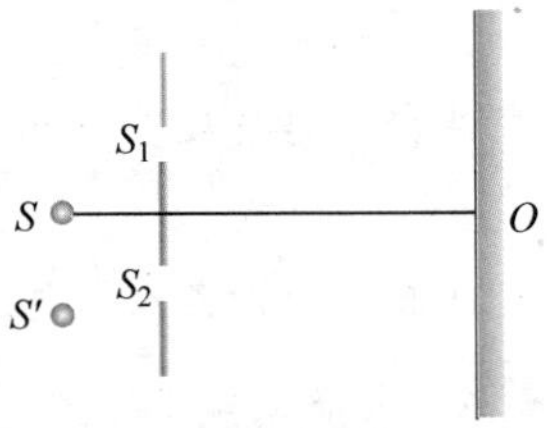

习题6-3图

6-4　用平行单色光垂直照射在单缝上时，可观察夫琅禾费衍射。若屏上点P处为第二级暗纹，则相应的单缝波阵面可分成的半波带数目为(　　)。

(A) 3个　(B) 4个　(C) 5个　(D) 6个

6-5　波长$\lambda=550\text{nm}$的单色光垂直入射于光栅常数$d=b+b'=1.0\times10^{-4}\text{cm}$的光栅上，可能观察到的光谱线的最大级次为(　　)。

(A) 4　(B) 3　(C) 2　(D) 1

6-6　三个偏振片P_1、P_2与P_3堆叠在一起，P_1与P_3的偏振化方向相互垂直，P_2与P_1的偏振化方向间的夹角为30°，强度为I_0的自然光入射于偏振片P_1，并依次透过偏振片P_1、P_2与P_3，则通过三个偏振片后的光强为(　　)。

(A) $\frac{3I_0}{16}$　(B) $\frac{\sqrt{3}I_0}{8}$　(C) $\frac{3I_0}{32}$　(D) 0

6-7　自然光以54.7°的入射角照射到两介质交界面时，反射光为完全线偏振光，则折射光为(　　)。

(A) 完全线偏振光，且折射角是35.3°

(B) 部分偏振光且只是在该光由真空入射到折射率为$\sqrt{2}$的介质时，折射角是35.3°

(C) 部分偏振光,但需知两种介质的折射率才能确定折射角

(D) 部分偏振光且折射角是 35.3°

二、填空题

6-8 在双缝干涉实验中,若使两缝之间的距离减小,则屏幕上干涉条纹间距________,若使单色光波长减小,则干涉条纹间距________。

6-9 如图所示,当单色光垂直入射薄膜时,经上下两表面反射的两束光发生干涉。当 $n_1<n_2<n_3$ 时,其光程差为________;当 $n_1=n_3<n_2$ 时,其光程差为________。

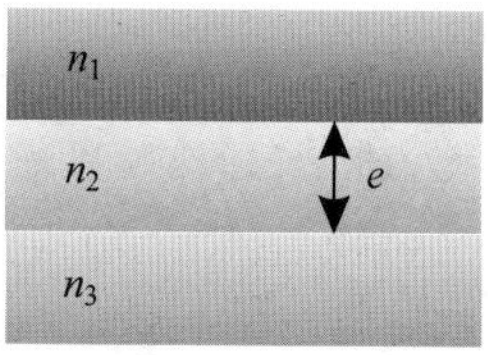

习题 6-9 图

6-10 波长为 λ 的单色光垂直照射在缝宽为 $a=4\lambda$ 的单缝上,对应 $\theta=30°$衍射角,单缝处的波面可划分为________个半波带,对应的屏上条纹为________条纹。

6-11 平行单色光垂直入射到平面衍射光栅上,若增大光栅常数,则衍射图样中明条纹的间距将________,若增大入射光的波长,则明条纹间距将________。

6-12 强度为 I_0 的自然光,通过偏振化方向互成 30°角的起偏器与检偏器后,光强度变为________。

三、计算题

*6-13 一人高 1.8m,站在照相机前 3.6m 处拍照,摄得其像的高恰为 100mm,问此照相机镜头的焦距有多大?

*6-14 一个光学系统由一个焦距为 5cm 的会聚透镜和一焦距为 10cm 的发散透镜组成,二者之间相距 5cm。若物体放在会聚透镜前 10cm 处,求经此光学系统所成像的位置和放大率。

*6-15 一架显微镜的物镜和目镜相距为 20cm,物镜焦距为 7mm,目镜的焦距为 5mm,把物镜和目镜均看作是薄透镜。试求:(1)被观察物到物镜的距离;(2)物镜的横向放大率;(3)显微镜的视角放大率。

6-16 在双缝干涉实验中,两缝间距为 0.3mm,用单色光垂直照射双缝,在离缝 1.20m 的屏上测得中央明纹一侧第 5 条暗纹与另一侧第 5 条暗纹间的距离为 22.78mm。问所用光的波长为多少,是什么颜色的光?

6-17 在双缝干涉实验中,用波长 $\lambda=546.1$ nm 的单色光照射,双缝与屏的距离 $d'=300$mm。测得中央明纹两侧的两个第五级明条纹的间距为 12.2mm,求双缝间的距离。

6-18 如图所示,将一折射率为 1.58 的云母片覆盖于杨氏双缝上的一条缝上,使得屏上原中央极大的所在点 O 改变为第五级明纹。假定 $\lambda=550$nm,求:(1)条纹如何移动;(2)云母片厚度 t。

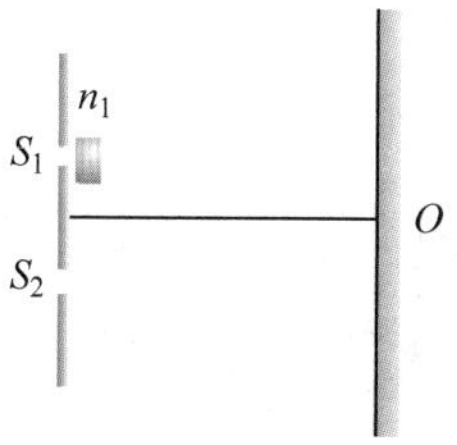

习题 6-18 图

6-19 用白光垂直入射到间距 $d=0.25$mm 的双缝上,距离缝 1.0m 处放置屏幕。求:第二级干涉条纹中紫光和红光极大点的间距(白光的波长范围是 400~760nm)。

6-20 白光垂直照射到空气中一厚度为 380nm 的肥皂膜上。设肥皂膜的折射率为 1.32,试问该膜的正面呈现什么颜色?

6-21 如图所示,利用空气劈尖测细丝直径,已知 $\lambda=589.3$nm,$L=2.888\times10^{-2}$ m,测得 30 条条纹的总宽度为 4.295×10^{-3} m,求细丝直

径 d。

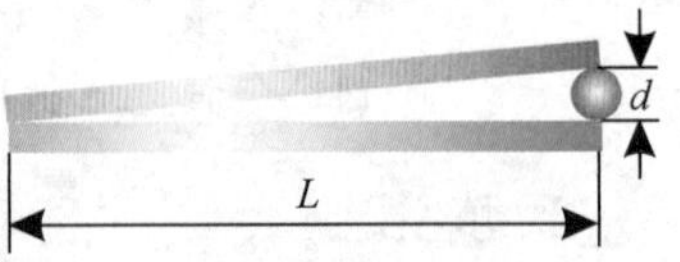

习题 6-21 图

6-22 在利用牛顿环测未知单色光波长的实验中，当用波长为 589.3nm 的钠黄光垂直照射时，测得第一和第四暗环的距离为 $\Delta r=4.0\times10^{-3}$m；当用波长未知的单色光垂直照射时，测得第一和第四暗环的距离为 $\Delta r'=3.85\times10^{-3}$m，求该单色光的波长。

6-23 如图所示，折射率 $n_2=1.2$ 的油滴落在折射率 $n_3=1.5$ 的平板玻璃上，形成一上表面近似于球面的油膜，测得油膜中心最高处的高度 $d_m=1.1\mu$m。用 $\lambda=600$nm 的单色光垂直照射油膜。求：(1)油膜周边是暗环还是明环；(2)整个油膜可看到几个完整暗环？

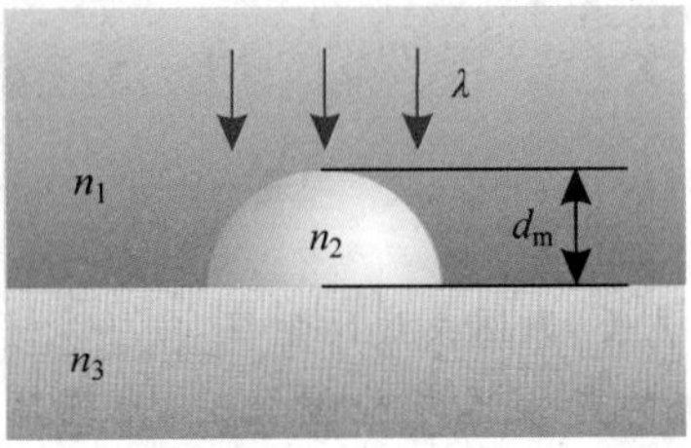

习题 6-23 图

6-24 一单色平行光垂直照射于一单缝，若其第三条明纹位置正好和波长为 600nm 的单色光入射时的第二级明纹位置一样，求前一种单色光的波长。

6-25 一单色平行光束垂直照射在宽为 1.0mm 的单缝上，在缝后放一焦距为 2.0m 的会聚透镜。已知位于透镜焦平面处的屏幕上的中央明纹宽度为 2.5mm，求入射光波长。

6-26 某单色光垂直入射到一每厘米刻有 6000 条刻线的光栅上。如果第一级光谱线的衍射角为 20°，求：(1)入射光的波长；(2)第二级光谱线的衍射角。

6-27 已知单缝宽度 $b=1.0\times10^{-4}$m，透镜焦距 $f=0.50$m，用 $\lambda_1=400$nm 和 $\lambda_2=760$nm 的单色平行光分别垂直照射，求这两种光的第一级明纹离屏中心的距离，以及这两条明纹之间的距离。若用每厘米刻有 1000 条刻线的光栅代替这个单缝，则这两种单色光的第一级明纹分别距屏中心多远？这两条明纹之间的距离又是多少？

6-28 一束平行光垂直入射到某个光栅上，该光束有两种波长的光，$\lambda_1=440$nm 和 $\lambda_2=660$nm。实验发现，两种波长的谱线(不计中央明纹)第二次重合于衍射角 $\varphi=60°$的方向上，求此光栅的光栅常数。

6-29 测得从一池静水的表面反射出来的太阳光是线偏振光，求此时太阳处在地平线的多大仰角处。(已知水的折射率为 1.33)

6-30 一束太阳光以某一入射角入射到平面玻璃上，这时反射光为线偏振光。若折射光的折射角 $\gamma=32°$，求：(1)太阳光的入射角；(2)此种玻璃的折射率。

6-31 一束光是自然光和平面线偏振光的混合，当它通过一偏振片时发现透射光的强度取决于偏振片的取向，其强度可以变化 5 倍，求入射光中两种光的强度各占总入射光强度的比例。

Chapter 7

第7章

气体动理论

热学研究物质热运动的规律及其对物质宏观性质的影响，以及与物质其他运动形态之间的转化规律。它起源于人类对冷热现象的探索。人类生存在季节交替、气候变幻的自然界中，冷热现象是他们最早观察和认识的自然现象之一。

热学理论有两个方面，一是宏观理论，即热力学；二是微观理论，即统计物理学。它们从不同角度研究热运动，这两个方面相辅相成，构成了热学的理论基础。统计物理学是研究物质热运动的微观理论。从物质由大量微观粒子组成这一基本事实出发，运用统计方法，把物质的宏观性质作为大量微观粒子热运动的统计平均结果，找出宏观量(是表征物质内大量分子集体特征的量)与微观量(是表征个别分子性质与状态的物理量)的关系，进而解释物质的宏观性质。在对物质微观模型进行简化假设后，应用统计物理可求出具体物质的特性，还可应用到比热力学更为广阔的领域，如可解释涨落等现象。

气体动理论是统计物理学中最基本、最简单的内容，它是从物质的分子结构概念出发，对气体分子运动及相互作用提出一定的假设模型，再根据每个气体分子所遵从的力学规律，利用统计方法找出热运动的宏观量(如压强、温度等)与分子运动微观量(如质量、大小、动量等)的统计平均值之间的关系。

本章的主要内容有：平衡态，理想气体物态方程，物质的微观模型，理想气体的压强和温度的微观本质，能量均分定理，以及气体分子的速率分布定律，分子平均自由程和平均碰撞频率。

开尔文(Kelvins，1824—1907 年)是英国著名的物理学家，他的原名叫威廉·汤姆孙(William Thomson)，是杰出的理论物理和实验物理学家，在电磁学和热学方面都取得了很大的成就。在热力学方面，他创立了热力学温度，目前已成为国际单位中测温的基本单位。他还是热力学第二定律的奠基人之一，提出了“焦耳-汤姆孙效应”，这一成果成为以后制造液态空气的理论根据。

7.1 平衡态　理想气体的物态方程

7.1.1 分子运动的基本观点

利用气体动理论的观点可以解释气体的宏观性质及其规律的微观本质，其基本观点是根据物质结构的分子、原子学说和分子热运动的图像而形成的，可归纳为以下三点。

1. 宏观物体由大量的粒子(分子、原子等)组成

事实证明，常用的宏观物体——气体、液体、固体等，都是由大量分子或原子组成的，实验证明，1mol 任何物质中所含有的分子(或原子、离子)数都是相同的，其值为阿伏伽德罗常数 $N_A=6.02\times10^{23}\text{mol}^{-1}$。在常温常压下，单位体积的物质内包含的分子数(即分子数密度 n)十分巨大，例如，氧气的 $n=2.5\times10^{19}\text{cm}^{-3}$。不同结构的分子，其尺度是不一样的。在标准状态下，分子的直径数量级为10^{-10}m，这就是分子的线度。组成物质的分子之间有一定空隙。通常气体分子之间的空隙很大，而液体和固体分子之间的空隙要小得多，所以气体比液体和固体更容易被压缩。现代的仪器已可以观察和测量分子或原子的大小以及它们在物体中的排列情况，例如 X 光分析仪、电子显微镜、扫描隧道显微镜等。图 7-1 所示为利用扫描隧道显微镜技术把一个个原子排列成“原子”字母的照片。

图 7-1 原子排列图像

2. 分子永不停息地作无规则的热运动

通过气体的扩散、液体的扩散和固体的扩散现象，说明所有物体的分子都在永不停止地运动着。分子热运动的基本特征是分子的永恒运动和频繁的相互碰撞，分子热运动具有混乱性和无序性。一切热现象都是物体内大量分子热运动的集体表现。布朗在 1827 年用显微镜观察悬浮在水中的植物花粉，发现花粉作杂乱的无定向运动，这种运动称为布朗运动。布朗运动是由杂乱的流体分子碰撞植物颗粒(如花粉)引起的，它虽不是流体分子本身的热运动，却反映了流体分子运动的情况，如图 7-2 所示。通过布朗运动，可以间接证明分子运动的无规则性。

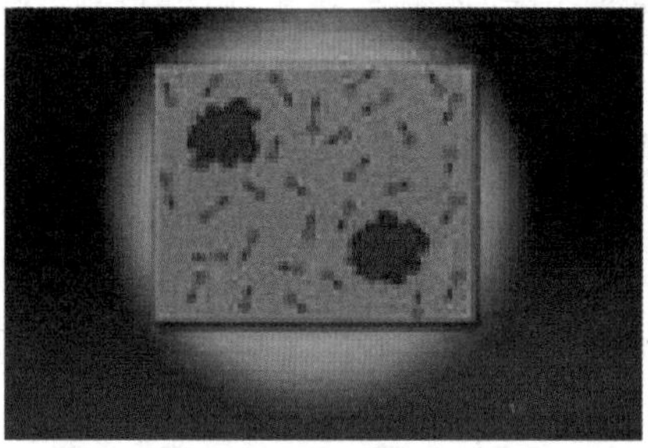

图 7-2 布朗运动

视频：分子热运动

3. 分子间有相互作用

分子间既有引力，也有斥力，引力与斥力同在，称为**分子力**。例如固体和液体的分子之所以会聚集在一起而不分开，是因为分子之间有相互吸引力，而固体和液体又很难压缩，即使气体也不能无限制地压缩，这说明分子间除了引力外还存在斥力。气体分子是由电子、质子等组成的复杂带电系统，在本质上分子力属于分子和原子内的电荷之间相互作用的电磁力。分子力曲线如图 7-3 所示，当分子间距 r 较大时，存在微弱的引力，随着间距 r 的逐渐减小，引力逐渐加强，当两分子靠近到 $r=r_0$(r_0 称为平衡距离)以内时，相互间产生强烈的斥力作用。即，当 $r>r_0$ 时，$F<0$，引力起主要作用；当 $r<r_0$ 时，$F>0$，斥力起主要作用。

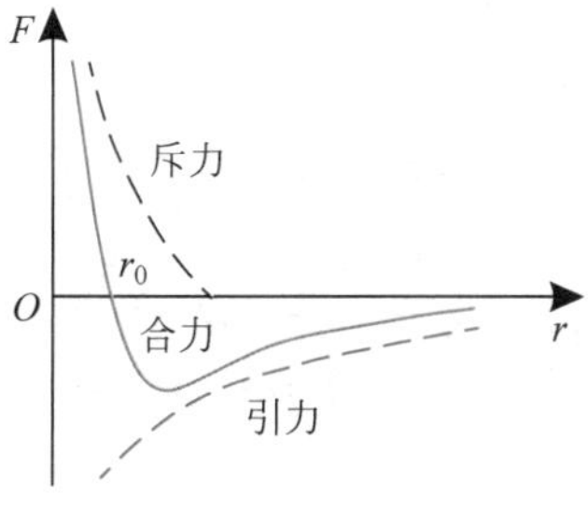

图 7-3 F-r 关系曲线

近代技术已能实现对分子(原子)力的探测,并且基于分子力的检测,研制出了足以看清固体表面原子的原子力显微镜。

7.1.2 热力学平衡态 气体的状态参量

1. 热力学系统的平衡态

在热学中,我们把作为研究对象的一个物体或一组物体称为**热力学系统**(**thermodynamic system**),简称**系统**,而把能够与所研究的热力学系统发生相互作用的其他物体称为**系统的外界**,简称**外界**。

在容器中装入一定量的气体,如果热力学系统与外界不交换任何能量(做功和传递能量)和物质,系统内部也没有任何形式的能量交换(如由化学变化或原子核反应等引起的能量转换),在经过相当长的时间后,此系统整体的宏观性质将不随时间而变化,且具有确定状态,热力学系统所处的这种状态为平衡状态,简称**平衡态**(**equilibrium state**)。系统处于平衡时的另一特征,表现为系统内部没有宏观的粒子流和能量流。

从微观上看,系统处于平衡状态时,组成系统的微观粒子仍处于不停的无规则的热运动之中,只是它们的统计平均效果不随时间变化,因此热力学平衡态是一种动态平衡,称为**热动平衡**。

2. 气体的状态参量

在力学中研究质点的机械运动时,我们用位矢和速度(动量)来描述质点的运动状态。而在讨论有大量作热运动的分子构成的气体的状态时,位矢和速度(动量)只能用来描述分子的微观状态。为了研究整个气体的宏观状态,对一定量(即质量 m 一定)的气体,当处于平衡状态时,可以用压强 p、体积 V 以及温度 T 这三个宏观物理量来描述其状态,这就是气体的**状态参量**(**state parameter**)。

气体的**体积**(**volume**)是指气体分子无规则热运动所能达到的空间,即容器的容积。在国际单位制中,体积的单位是 m^3(立方米)或 cm^3(立方厘米),体积还有其他单位如 L(升),其换算关系为 $1\ L=10^{-3}m^3$。

气体的**压强**(**pressure**)是大量气体分子对容器壁碰撞的平均效果。设 S 为器壁的表面积,则作用于器壁单位面积上的正压力叫压强,用 p 表示,即 $p=\dfrac{F}{S}$。在国际单位制中,压强的单位为 Pa(帕斯卡,简称帕)。此外,过去也曾用 mmHg(毫米汞柱)和 atm(标准大气压)作为压强的单位,但现在我国规定,二者均为非法定计量单位,它们之间的换算关系为

$$1\text{atm} = 760\text{mmHg} = 101325\text{Pa}$$

温度(**temperature**)是表征物体冷热程度的物理量,较热的物体具有较高的温度,在本质上,温度的高低反映了物体内部大量分子热运动的剧烈程度。

温度只能通过物体随温度变化的某些特性(例如保持常压的气体或液体的体积)来间接测量,温度的单位和数值表示方法称为**温标**。各种各样温度计的数值都是由各种温标决定的。物理学中常用温标有热力学温标和摄氏温标。

在热力学温标中温度用符号 T 表示,在国际单位制中,热力学温度的单位是 K(开尔

文)。在摄氏温标中温度用符号 t 表示,单位℃(摄氏度)。摄氏温标与热力学温标的数值关系为

$$t = T - T_0$$

式中,T_0 定义为 273.15K,即规定热力学温度 273.15K 为摄氏温标的零点,273.15K 是水的冰点,比水的三相点热力学温标低 0.01K。

对于处在平衡态的气体,其状态可以用一组 p、V、T 值来表示,也可以 p 为纵坐标、V 为横坐标的 p-V 图上一个确定的点来表示,如图 7-4 中的点 $A(p_1,V_1,T_1)$或点 $B(p_2,V_2,T_2)$。

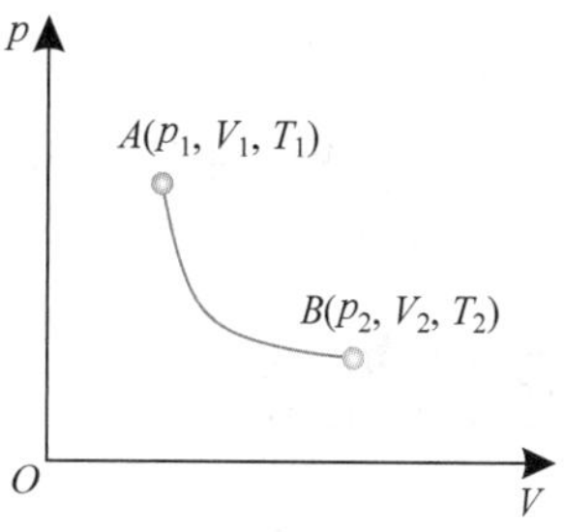

图 7-4 p-V 图上一点代表气体的一个平衡态

7.1.3 理想气体的物态方程

在无外场力作用的条件下,对处于平衡态的一定量的气体来说,气体内的温度 T、压强 p、体积 V 等处处均匀一致,且三个状态参量(p,V,T)存在着一定的关系,其中任一个参量是其余两个参量的函数。凡是表示在平衡状态下这些状态参量之间关系的式子,都叫做**气体物态方程**。一般来说,这个方程形式是很复杂的,它与气体的性质有关。实际气体在温度不太低、压强不太大的实验条件下遵守玻意耳定律、盖-吕萨克定律和查理定律。我们称遵守这三定律的气体为理想气体。下面我们考虑理想的热力学系统及其物态方程。

实验发现,一定质量的同种理想气体,它在任一状态下的 pV/T 的值都相等。假设使一理想气体由初态(p_1,V_1,T_1)变化到末态(p_2,V_2,T_2),则有

$$\frac{p_1V_1}{T_1} = \frac{p_2V_2}{T_2} \tag{7-1}$$

气体温度为 273.15K(即 0℃)、压强为 101325Pa(即 1atm)时的状态称为**标准状态**,在标准状态下,任何理想气体的摩尔体积都是 $V_{m,0}=0.0224\text{m}^3/\text{mol}$。气体在标准状态下相应的状态参量值用 V_0、p_0、T_0 表示。对各种理想气体定义一个常量

$$R = \frac{p_0V_{m,0}}{T_0} = \frac{1.013\times10^5\times22.4\times10^{-3}}{273.15} = 8.31(\text{J}/(\text{mol}\cdot\text{K}))$$

R 称为**摩尔气体常数**。由此,式(7-1)可写成如下形式:

$$pV = \nu RT = \frac{m}{M}RT \tag{7-2}$$

式中,ν 为物质的量,m 为气体的质量,M 为气体的摩尔质量。式(7-2)表示了理想气体在平衡状态下三个状态量 p、V、T 之间的关系。

由阿伏伽德罗常数 N_A 和摩尔气体常数 R,引入另一个普适常量,称为**玻尔兹曼常数 k** (**Boltzmann constant**):

$$k = \frac{R}{N_A} = 1.38\times10^{-23}(\text{J/K})$$

这样,式(7-2)可写为

$$pV = \nu N_AkT = NkT \tag{7-3}$$

式中,$N=\nu N_A$,为气体的分子总数。将式(7-3)改写为

$$p=\frac{NkT}{V}=nkT \tag{7-4}$$

式中 $n=N/V$ 是单位体积内的气体分子数，即分子数密度。式(7-4)是理想气体物态方程的另一种常用形式。

[例题 7-1]

一打气机每打一次气，可把压强为 1atm(1 个标准大气压)、温度为 0℃、体积为 $4.0\times10^{-3}\text{m}^3$ 的气体压入容器内。设容器的容积为 $1.5\ \text{m}^3$，容器内原来气体的压强为 1atm，温度为 0℃。问需打气多少次才能使容器内的气体温度升为 45℃，压强达到 2atm？

解 把气体当成理想气体。设需打气 n 次，这相当于把初态：体积 $V_1=n\times4.0\times10^{-3}\text{m}^3+1.5\text{m}^3$，温度 $T_1=273\text{K}$，压强 $p_1=1\text{atm}$ 的气体，变化到末态：$V_2=1.5\text{m}^3$，温度 $T_2=273+45=318\text{K}$，压强 $p_2=2\text{atm}$ 的气体。

由理想气体物态方程式(7-1)

$$\frac{p_1V_1}{T_1}=\frac{p_2V_2}{T_2}$$

则有

$$\frac{1\times(n\times4.0\times10^{-3}+1.5)}{273}=\frac{2\times1.5}{318}$$

解得

$$n\approx269$$

注意：在应用物态方程时，气体的温度都是热力学温度。

[例题 7-2]

一容器内盛有氧气 100g，其压强为 10atm，温度为 47℃。因容器开关缓慢漏气，稍后测得压强减为原来的 5/8，温度降低到 27℃，求：(1)容器的体积；(2)在两次观测之间漏掉的氧气(氧气的摩尔质量为 $M=3.2\times10^{-2}\ \text{kg/mol}$)

解 (1)由理想气体物态方程 $pV=\frac{m}{M}RT$，得容器的体积为

$$V=\frac{m_1RT_1}{Mp_1}=\frac{0.100\times8.31\times320}{3.2\times10^{-2}\times1.013\times10^6}=8.20\times10^{-3}(\text{m}^3)$$

(2)设漏气后剩余的氧气为 m_2，由 $p_2V=\frac{m_2}{M}RT_2$，得到

$$m_2=\frac{Mp_2V}{RT_2}=\frac{3.2\times10^{-2}\times1.013\times10^6\times5/8\times8.20\times10^{-3}}{8.31\times300}=6.66\times10^{-2}(\text{kg})$$

所以漏掉的氧气质量为

$$\Delta m=m_1-m_2=0.100-6.66\times10^{-2}=3.34\times10^{-2}(\text{kg})$$

7.2 理想气体的微观模型及其压强公式

我们知道,容器中气体分子的数目是很多的。虽然每个分子的线度和质量都很小,但分子在容器中占有一定的体积。此外,分子除与器壁碰撞时受力作用外,分子间还存在相互作用力,而且这些相互作用力是十分复杂的。可以认为气体中每个分子都遵守经典力学定律,那么要完全地描述大量分子所组成的系统的行为,就必须同时建立和求解这些分子所遵循的力学方程。由于方程的数量如此之多,而且分子间相互作用力又如此之复杂,因此同时建立和求解这么多的方程显然是不现实的和不可能的,从而也无助于说明大量分子集体的宏观性质。然而,大量分子作热运动时具有一种有别于力学规律性的统计规律性,因此我们可以用统计的方法求出与大量分子有关的一些物理量的平均值,如平均动能、平均速度、平均碰撞次数等,从而就能对与大量气体分子热运动相联系的宏观现象做出微观解释。理想气体的压强公式是我们应用统计方法讨论的第一个问题。

7.2.1 理想气体的微观模型

气体分子动理论把气体复杂的宏观性质解释为大量分子无规则运动相互作用的集体行为。在力学中我们用质点、刚体等理想模型来简化实际力学问题的处理,同样地,基于突出研究问题的本质和简化计算的考虑,在气体动理论中人们对分子结构和分子间的相互作用提出了简化性假设。理想气体的微观模型是:

(1) 分子本身的线度比起分子之间的距离来说可以忽略不计,可看作是无体积的质点。

(2) 除碰撞的瞬间外,分子之间以及分子与器壁之间无相互作用。

(3) 分子之间以及分子与器壁之间的碰撞是完全弹性的,即碰撞前后气体分子动能守恒。

(4) 单个分子的运动遵从牛顿力学定律。

理想气体是突出气体共性、忽略次要因素而提出的理想化模型。一般真实气体,如氮、氧、氢、氦等,在温度不太低,压强不太大时,都可以近似看作是理想气体。理想气体是真实气体的一个理想模型。

7.2.2 气体动理论的统计性假设

气体的运动是大量分子的集体运动,对于这种集体运动,气体动理论有几条统计性假设: ①每个分子运动速度各不相同,且通过相互碰撞不断变化; ②由于无规则热运动,平衡态下分子速度没有优势方向,速度指向任何方向都是等概率的,即分子速度按方向的分布是均匀的; ③若忽略分子受到的重力,平衡态时每个分子在容器中任何一点出现的概率是相同的,即分子按位置的分布是均匀的。因此对大量分子来说,在平衡态下,它们在 x、y、z 三个坐标轴上的速度分量的平方的平均值应该相等,即

$$\overline{v_x^2} = \overline{v_y^2} = \overline{v_z^2} \tag{7-5}$$

因为

$$v^2 = v_x^2 + v_y^2 + v_z^2$$
$$\overline{v^2} = \overline{v_x^2} + \overline{v_y^2} + \overline{v_z^2}$$

得

$$\overline{v_x^2} = \overline{v_y^2} = \overline{v_z^2} = \frac{1}{3}\overline{v^2} \tag{7-6}$$

下面我们将从理想气体的微观模型和气体动理论的统计性假设出发，来推导理想气体压强公式，在这里，我们将学习到一种新的研究方法，这就是研究由大量粒子组成的系统的统计方法，得到相应的统计规律。

7.2.3 理想气体的压强公式

气体对容器壁有压强作用，从微观上看，气体的压强 p 等于大量分子在单位时间内施加在单位面积器壁上的平均冲量，就像密集的雨点打在雨伞上对雨伞产生一种压力。

设一个边长为 x、y、z 的长方形容器中，储有 N 个质量为 m 的分子组成的理想气体。在平衡状态下，若忽略重力影响，则分子在容器中按位置的分布是均匀的。由于平衡态下器壁各处压强相等，故在垂直于 x 方向(水平方向)的器壁上任取一小面积 $\mathrm{d}S$，计算其所受的压强就可以。取直角坐标系，如图 7-5 所示。

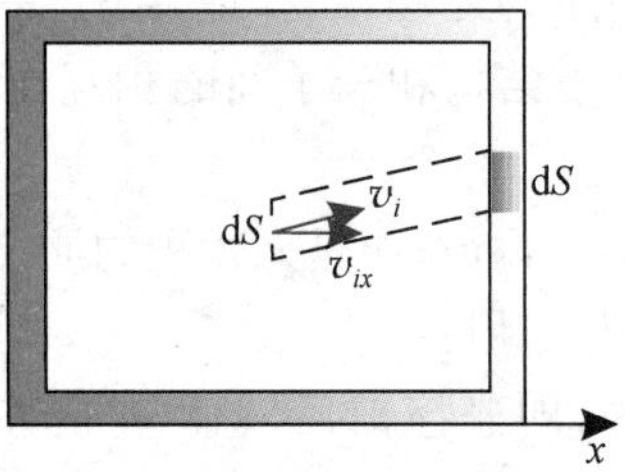

图 7-5 理想气体压强

首先考虑一个分子对器壁的碰撞。设第 i 分子以速度 v_i 和器壁的 $\mathrm{d}S$ 面发生弹性碰撞后被器壁弹回。该分子受到器壁沿 x 轴负方向的作用力，在该力作用下，分子沿 x 轴方向的动量增量为 $-2mv_{ix}$，根据质点的动量定理和牛顿第三定律，得分子给器壁 $\mathrm{d}S$ 的冲量为 $2mv_{ix}$，力的方向沿 x 轴正方向。它在 x 轴方向上所移动的距离是 $2x$，所需要的时间为 $2x/v_{ix}$，即在单位时间内，分子与器壁 $\mathrm{d}S$ 面的碰撞次数为 $v_{ix}/2x$。于是在单位时间内，一个分子对器壁 $\mathrm{d}S$ 面的作用力为 mv_{ix}^2/x。

一个分子对器壁的作用是间歇的，不连续的，而容器内大量的分子对器壁不断进行碰撞，因此器壁受到一个持续的作用力。这个力就等于 N 个分子对器壁作用力的总和，即

$$F = \frac{mv_{1x}^2}{x} + \frac{mv_{2x}^2}{x} + \cdots + \frac{mv_{Nx}^2}{x}$$

式中，$v_{1x}, v_{2x}, \cdots, v_{Nx}$ 是各个分子速度在 x 轴上的分量。器壁 $\mathrm{d}S$ 所受到的压强为

$$p = \frac{F}{\mathrm{d}S} = \frac{m}{x\,\mathrm{d}S}(v_{1x}^2 + v_{2x}^2 + \cdots + v_{Nx}^2)$$

因为

$$\overline{v_x^2} = \frac{1}{N}(v_{1x}^2 + v_{2x}^2 + \cdots + v_{Nx}^2)$$

将式(7-6)代入，并设分子数密度为 $n=\dfrac{N}{V}=\dfrac{N}{x\,\mathrm{d}S}$，这样就得到理想气体的压强公式

$$p = mn\overline{v_x^2} = \frac{1}{3}mn\overline{v^2} \tag{7-7}$$

定义分子的**平均平动动能**(average translational kinetic energy)为

$$\overline{\varepsilon_t}=\frac{1}{2}m\overline{v^2} \tag{7-8}$$

这样,式(7-7)可写成

$$p=\frac{2}{3}n\left(\frac{1}{2}m\overline{v^2}\right)=\frac{2}{3}n\overline{\varepsilon_t} \tag{7-9}$$

式(7-9)表明,气体作用于器壁的压强正比于分子的数密度和分子的平均平动动能,分子的数密度越大,压强越大;分子平均平动动能越大,压强也越大。式(7-7)或式(7-9)将理想气体的宏观参量 p 与系统的微观量 v^2、ε_t 的统计平均值联系起来,显示了宏观量与微观量的关系,称为**理想气体的压强公式**。这是力学原理与统计方法相结合得出的统计规律。

理想气体的压强公式是气体动理论的基本公式之一,它揭示了压强的微观本质和统计意义,在理解压强公式时,要注意以下几点:①压强是大量气体分子对器壁碰撞而产生的,它反映了器壁所受大量分子碰撞时所给冲力的统计平均效果。若容器中只有少量几个分子,压强就失去了意义。②压强是个统计平均值,可直接测量,但气体的分子数据密度 n 和分子的平均平动动能不能直接测量。所以压强公式不能直接用实验验证。它的正确性,是以它能很好地解释和推导理想气体的有关定律而被确认。

[例题 7-3]

今有一容积为 10cm^3 的电子管,当温度为 300K 时用真空泵抽成高真空,使管内压强为 5×10^{-6}mmHg,问管内有多少气体分子?这些分子总的平动动能是多少?

解 已知气体体积 $V=10\text{cm}^3=10^{-5}\text{m}^3$,温度 $T=300\text{K}$,压力 $p=5\times10^{-6}\times133.3\text{Pa}$,玻尔兹曼常数 $k=1.33\times10^{-23}\text{J/K}$,设管内总分子数为 N,则由式(7-4):

$$p=nkT=\frac{N}{V}kT$$

得

$$N=\frac{pV}{kT}=\frac{133.3\times10^{-6}\times5\times10^{-5}}{1.33\times10^{-23}\times300}=1.61\times10^{12}(\text{个})$$

由式(7-9):

$$p=\frac{2}{3}n\left(\frac{1}{2}m\overline{v^2}\right)=\frac{2}{3}\cdot\frac{N}{V}\left(\frac{1}{2}m\overline{v^2}\right)$$

可得总的分子平动动能

$$\bar{E}_k=N\left(\frac{1}{2}m\overline{v^2}\right)=\frac{3}{2}pV$$

代入已知数据,得

$$\bar{E}_k=\frac{3}{2}\times133.3\times5\times10^{-6}\times10^{-5}\approx10^{-8}(\text{J})$$

应该指出,压强是大量气体分子对器壁碰撞而产生的,具有统计的意义;对个别分子,说它产生多大压强是没有意义的。

7.3 理想气体的温度公式

由理想气体的物态方程和压强公式可以得到气体的温度与分子的平均平动动能之间的关系，从而说明温度这一宏观量的微观本质。

理想气体的压强公式(7-9)和理想气体的物态方程式(7-4)比较，有

$$p=\frac{2}{3}n\left(\frac{1}{2}m\overline{v^2}\right)=\frac{2}{3}n\overline{\varepsilon_t}=nkT$$

由这两式得到

$$\overline{\varepsilon_t}=\frac{1}{2}m\overline{v^2}=\frac{3}{2}kT \tag{7-10}$$

式(7-10)称为**理想气体的温度公式**。它表明，**处于平衡态时的理想气体，其分子的平均平动动能与气体的温度成正比**。它揭示了温度的微观实质。

理想气体的温度公式表明了温度这个宏观量与分子的平均平动动能这个微观量的统计平均值相联系，而单个分子的平均平动动能是对处于平衡态下系统内的大量分子进行计算得到的，由此可以看到，只有对由大量分子组成的系统而言，温度才有意义。对单个或少数几个分子只有动能，无所谓温度。这就是温度的统计意义。

理想气体的温度是气体分子平均平动动能的量度。气体的温度越高，分子的平均平动动能就越大，分子的平均平动动能越大，分子热运动的程度就越剧烈。因此，可以说温度是表征大量分子热运动剧烈程度的宏观物理量。

气体分子的平均平动动能由气体的温度唯一地确定，而不管分子质量是否相等、内部结构是否一样。例如，不同种类的两种理想气体，只要温度 T 相同，则分子的平均平动动能相同；反之，当它们的分子的平均平动动能相同时，它们的温度一定相同。

从式(7-10)可以看出，当气体的温度达到热力学零度时，分子的热运动将停止。关于这个问题，我们想说明以下两点：

(1) 当气体系统的温度 $T=0\text{K}$ 时，分子的平均平动动能$\overline{\varepsilon_t}=0$，这个结果是理想气体模型的直接结果。实际气体随着温度降低将转变为液体，乃至固体，其行为显然不能用理想气体的状态方程来描述，所以由理想气体状态方程得到的上述结论，对于它们来说是没有实际意义的。

(2) 从理论上说，热力学零度只能趋近而不可能达到。所以上述“当气体的温度达到热力学零度时，分子的热运动将停止”的命题，其前提是不成立的。

[例题 7-4]

一容器中储有氧气，其压强 $p=1.013\times10^5\,\text{Pa}$，温度为 300K，求：(1) 分子数密度 n；(2) 氧气密度；(3) 分子间的平均距离(设分子间均匀等距排列)；(4) 分子的平均平动动能。

解 分子数密度和质量密度可由理想气体的物态方程来求解；若分子间均匀等距排列，

平均距离为$\bar{l}$，则单个分子所占的平均体积$\bar{l}^3=\frac{1}{n}$，从而通过分子数密度来求平均距离；分子的平均平动动能$\bar{\varepsilon}_t=\frac{3}{2}kT$。

(1) 由理想气体的状态方程 $p=nkT$，得到分子数密度为

$$n=\frac{p}{kT}=2.4\times10^{25}(\mathrm{m}^{-3})$$

(2) 由理想气体的状态方程 $pV=\frac{m}{M}RT$，得氧气密度

$$\rho=\frac{m}{V}=\frac{pM}{RT}=1.3(\mathrm{kg/m^3})$$

(3) 氧气分子平均距离

$$\bar{l}=\sqrt[3]{1/n}=3.45\times10^{-9}(\mathrm{m})$$

(4) 氧分子的平均平动动能

$$\bar{\varepsilon}_t=\frac{3}{2}kT=\frac{3}{2}\times1.38\times10^{-23}\times300=6.21\times10^{-21}(\mathrm{J})$$

7.4 能量均分定理 理想气体的内能

7.4.1 自由度

在前面考虑的理想气体模型中，我们仅将气体分子当作质点，只考虑了分子的平动，而没有考虑分子的大小和内部结构。现在将理想气体模型稍作修改和扩展，将理想气体分为单原子分子理想气体、双原子分子理想气体和多原子分子理想气体。在双原子分子及多原子分子理想气体中，除分子的平动外，还须进一步考虑气体分子的转动和分子内原子之间的振动。因此，必须先引入分子运动自由度的概念。

在力学中，**自由度**(degree of freedom)是指**决定一个物体的空间位置所需要的独立坐标数**。组成分子的原子数目不同，分子的自由度也不同。单原子分子(如氦(He)、氖(Ne)、氩(Ar))等分子可看成自由质点，要确定一个自由运动质点的空间位置需要 3 个独立坐标，因此，单原子分子的自由度是 3，即它有 3 个平动自由度。假如将质点限制在一个平面或一个曲面上运动，它有两个自由度；假如将质点限制在一条直线或一条曲线上运动，它有一个自由度。对于刚性双原子分子气体等，例如常温下氢(H_2)、氧(O_2)、氮(N_2)、一氧化碳(CO)等分子，两个原子间连线距离保持不变，就像两个质点之间由一根质量不计的刚性细杆相连着(如同哑铃)(其分子可看作两个原子被一条几何线连接)，需要用 3 个独立坐标(x,y,z)确定其质量中心所在位置，再用 2 个独立坐标(可用角坐标 α,β)确定两个原子间的相对方位，由于两个原子被看作是两个质点，所以绕连线的转动可以不计。因此，刚性双原子分子气体

的自由度为5。其中3个平动自由度,2个转动自由度。对于刚性三原子或多原子分子,例如,常温下水蒸气(H_2O)、氨(NH_3)等,具有3个平动自由度和3个转动自由度,总自由度为6。

以上讨论是把分子看成大小、形状不变的刚性分子。实际上,双原子或多原子分子并不完全是刚性的,在分子内部原子与原子间相互作用力支配下,分子内部还要发生振动,因此分子还应有振动自由度。不过,分子内部的振动运动在高温时才显著起来,所以在常温下,振动自由度可以不予考虑。下面只考虑刚性的双原子和多原子分子气体。

7.4.2 能量均分定理

根据分子的平均平动动能$\overline{\varepsilon_t}=\frac{1}{2}m\overline{v^2}=\frac{3}{2}kT$和式$\overline{v_x^2}=\overline{v_y^2}=\overline{v_z^2}=\frac{1}{3}\overline{v^2}$得

$$\frac{1}{2}m\overline{v_x^2}=\frac{1}{2}m\overline{v_y^2}=\frac{1}{2}m\overline{v_z^2}=\frac{1}{3}\left(\frac{1}{2}m\overline{v^2}\right)=\frac{1}{2}kT \tag{7-11}$$

此式表明,分子有三个平动自由度,每一个平均自由度的平均动能都等于$\frac{1}{2}kT$,这是气体动理论关于分子无规则碰撞的统计性假设的结果,也是分子运动无序性的表现。由于碰撞,平动动能不仅在分子之间交换,而且还可以从一个平动自由度转移至另一个平动自由度上。对于大量分子来说,没有哪个方向上的平动动能特别占优势。因而每个自由度就具有相等的平均动能。

对于刚性的双原子和多原子分子理想气体,还将涉及分子的转动,在分子的无规则碰撞中,平动和转动之间以及转动各自由度之间也可以交换能量,而且没有哪个自由度在能量的分配上特别占优势。这样就可以将式(7-11)表示的结论推广到更一般的情形,**在温度为T的平衡态下,气体分子每个自由度的平均动能都相等,且等于$kT/2$**。这一结论就是**能量均分定理**。

如果气体分子有i个自由度,则每一个分子的热运动平均动能就是

$$\bar{\varepsilon}=\frac{i}{2}kT \tag{7-12}$$

能量均分定理是经典力学中的一条重要的统计规律,适用于大量分子组成的系统,包括气体和较高温度下的液体和固体,适用于分子的平动、转动和振动。经典统计物理可给出能量均分定理的严格证明。

7.4.3 理想气体的内能

气体分子的热运动(平动、转动和振动)能量和分子之间的势能构成气体内部的总能量,称为气体的**热力学能**,也称为**内能**(internal energy),用E表示。由于分子热运动能量与kT成正比,而势能决定于分子的间距,所以内能一般与气体的温度和体积有关。内能是气体的一个状态函数,它只与气体所处的状态有关,而与到达该状态的过程无关。

理想气体不计分子之间的相互作用力,所以分子之间的相互作用势能也就可以忽略不

计。对于刚性分子，也不考虑分子内的势能。所以，理想气体的内能就只是分子各种热运动能量之和。所以理想气体的内能只与气体的温度有关，而与体积无关。

已知 1mol 理想气体的分子数为 N_A。若该气体分子的自由度为 i，那么，1mol 理想气体分子的平均能量，即 1mol 理想气体的内能 E 为

$$E = N_A\bar{\varepsilon} = N_A\left(\frac{i}{2}kT\right) = \frac{i}{2}RT \tag{7-13}$$

而质量为 m、摩尔质量为 $M\left(物质的量\ \nu=\frac{m}{M}\right)$的理想气体内能为

$$E = \frac{m}{M}\frac{i}{2}RT = \nu\frac{i}{2}RT \tag{7-14}$$

由此可知，一定量的理想气体的内能完全取决于气体分子的自由度和气体的热力学温度，且与热力学温度成正比，而与气体的压强和体积无关。在理想气体的状态变化过程中，如果温度不变，内能也不变。理想气体的内能只是温度的单值函数，这个结论在与室温相差不大的温度范围内与实验近似相符。表 7-1 给出理想气体分子自由度、分子平均动能和 1mol 理想气体内能的理论值。

表 7-1 理想气体分子自由度、分子平均动能和摩尔气体内能的理论值

项目	单原子分子	双原子分子		三原子分子	
		刚性	非刚性	刚性	非刚性
自由度(i)	3(平动)	5(3 平动+2 转动)	7(3 平动+2 转动+2 振动)	6(3 平动+3 转动)	12(3 平动+3 转动+6 振动)
分子平均动能($\bar{\varepsilon}$)	$\frac{3}{2}kT$	$\frac{5}{2}kT$	$\frac{7}{2}kT$	$\frac{6}{2}kT=3kT$	$\frac{12}{2}kT=6kT$
1mol 气体内能(E)	$\frac{3}{2}RT$	$\frac{5}{2}RT$	$\frac{7}{2}RT$	$3RT$	$6RT$

[例题 7-5]

今有 56 克氮气(可将氮气视为刚性分子)，温度为 0℃，求：(1)分子的平均平动动能之和；(2)分子的平均转动动能之和；(4)氮气的内能；(3)当温度升高到 27℃时，氮气内能的增量。

解 氮气为刚性双原子分子，分子的平均平动动能$\bar{\varepsilon}_t=\frac{3}{2}kT$，平均转动动能$\bar{\varepsilon}_r=\frac{2}{2}kT=kT$，$\nu$ mol 物质的量的氮气，分子数 $N=\nu\cdot N_A$，分子的平均平动动能之和 $E_k=N\cdot\bar{\varepsilon}_t=\nu\cdot N_A\frac{3}{2}kT=\nu\frac{3}{2}RT$，平均转动动能之和 $E_r=N\cdot\bar{\varepsilon}_r=\nu\cdot N_AkT=\nu RT$。而氮气的内能和内能增量可由内能公式来求解。

氮气的物质的量 $\nu=\frac{m}{M}=\frac{56}{28}=2(\text{mol})$，温度 $T=273(\text{K})$。

(1) 氮气分子的平均平动动能之和

$$E_k = N \cdot \overline{\varepsilon_t} = \nu \cdot N_A \frac{3}{2}kT = \nu \frac{3}{2}RT = 3RT = 6806(\text{J})$$

(2) 分子的平均转动动能之和

$$E_r = N \cdot \overline{\varepsilon_r} = \nu \cdot N_A \frac{2}{2}kT = 2RT = 4537(\text{J})$$

(3) 内能

$$E = \nu \cdot \frac{i}{2}RT = \nu \cdot \frac{5}{2}RT = 5RT = 11343(\text{J})$$

(4) 温度升高到 $T'=300\text{K}$ 时，

$$\Delta E = \nu \cdot \frac{5}{2}R(T' - T_1) = \nu \cdot \frac{5}{2}R\Delta T = 5R\Delta T = 1122(\text{J})$$

[例题 7-6]

两个容器中分别储有氦气和氧气，已知氦气的压强是氧气压强的2倍，氦气的容积是氧气的1/2。试问氦气的内能是氧气内能的多少倍？

解 氦气是单原子分子，氧气是双原子分子，它们的自由度分别为3和5。用下标1、2分别表示氦气和氧气的有关各量。由理想气体的内能公式有

$$\frac{E_1}{E_2} = \frac{\nu_1 \frac{i_1}{2}RT_1}{\nu_2 \frac{i_2}{2}RT_2}$$

根据已知条件得到 $p_1V_1 = p_2V_2$，再利用理想气体物态方程 $pV=\nu RT$，可得

$$\nu_1 RT_1 = \nu_2 RT_2$$

所以氦气和氧气的内能之比为

$$\frac{E_1}{E_2} = \frac{i_1}{i_2} = \frac{3}{5}$$

即氦气的内能是氧气内能的3/5倍。

7.5 麦克斯韦速率分布定律

任何一种气体都是有大量作无规则热运动的分子组成，由于分子在无规则热运动中不断发生频繁碰撞，每个分子运动速度的大小和方向不断地发生变化，在某个时刻个别分子的速度具有怎样的数值和方向完全是偶然的。但就大量分子整体而言，气体分子的速度分布是有规律的。早在1859年，麦克斯韦就用概率论证明了在平衡态下理想气体分子的速率分布规律。但受技术条件的限制，直到1920年才由史特恩做了第一次实验尝试，对麦克

斯韦气体分子速率分布规律进行了验证。1955 年哥伦比亚大学的密勒又提出了这个规律的高精确度的实验证明。本节学习速率分布概念和麦克斯韦速率分布定律的最基本内容。

7.5.1 速率分布概念

由于分子热运动的随机性和偶然性，不可能测出每个分子在任意时刻准确的速率值，我们可采用统计的方法来研究。在气体的平衡态下把分子的速率划分为若干个相等的间隔 Δv，然后去统计气体分子处于某一速率间隔 v—$v+\Delta v$ 内的分子数 ΔN 占总分子数 N 的百分比($\Delta N/N$)，也就是每一个分子速率的分布在间隔 v—$v+\Delta v$ 内的概率。表 7-2 是氧气分子在 273K 时的速率分布情况。

表 7-2　氧气分子速率分布统计表

速率区间 Δv/(m/s)	分子数百分比 $\Delta N/N$	速率区间 Δv/(m/s)	分子数百分比 $\Delta N/N$
100 以下	1.4	400～500	20.6
100～200	8.1	500～600	15.1
200～300	16.5	600～700	9.2
300～400	21.4	700 以上	7.7

将 $\Delta N/N$ 除以 Δv 就得到在速率间隔 v—$v+\Delta v$ 内、单位速率区间内的相对分子数 $\Delta N/(N\Delta v)$，如果以 $\Delta N/(N\Delta v)$ 为纵坐标，分子速率 v 为横坐标，可得到气体分子速率分布曲线，如图 7-6 所示，其中一块块矩形面积表示分布在各速率之间内的分子数。从图中可以看出，分布在不同速率区间内的相对分子数是不同的，但在实验条件不变的情况下，分布在给定区间内的相对分子数则是完全相同的。这就是说，尽管个别分子的速率具有偶然性，但是气体分子速率有着稳定的不随时间变化的概率分布。分子速率很高或很低的分子所占总分子数的百分比甚小，多数分子以中等速率运动。对于任何温度下的任何一种气体都有类似的情况，反映了速率分布的统计规律性，这个规律叫**分子速率的分布规律**。值得一提的是，我国物理学家丁西林在 1921 年以热电子发射实验，直接证明了高温下的电子和气体分子一样遵守这个速率分布规律，从而为经典电子理论提供了有利的佐证。

视频：麦克斯韦速率分布

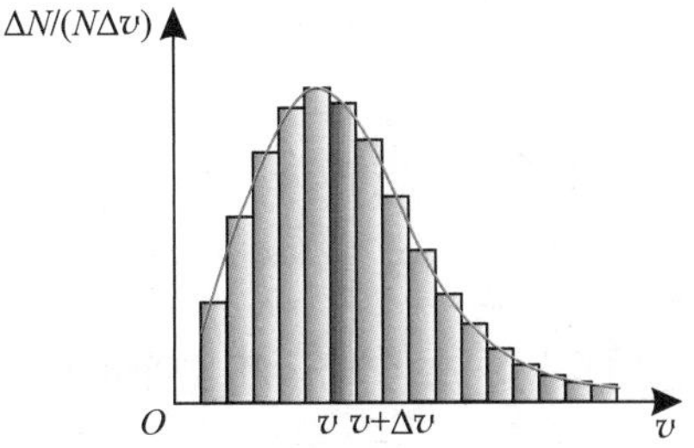

图 7-6　分子速率分布情况

7.5.2 麦克斯韦气体分子速率分布定律

在平衡状态下，从图7-6可以知道，比值 $\Delta N/N$ 与速率区间有关，在不同的速率区间，它的数值不同。如果所取的速率区间 Δv 越大，则 $\Delta N/N$ 就越大。当速率区间 $\Delta v \to 0$ 时，图7-6所示的矩形统计图顶端的折线就变成一条光滑的曲线，这条曲线可以精确地表示气体分子的速率分布情况，它反映了分子速率分布的一个连续函数。我们将这一函数称做**速率分布函数**(distribution function of speed)，用 $f(v)$ 表示，即

$$f(v)=\lim_{\Delta v\to 0}\frac{\Delta N}{N\Delta v}=\frac{1}{N}\lim_{\Delta v\to 0}\frac{\Delta N}{\Delta v}=\frac{\mathrm{d}N}{N\mathrm{d}v} \tag{7-15}$$

不难看出速率分布函数 $f(v)$ 的物理意义是：速率在 v 附近，单位速率区间的分子数占总分子数的百分比。

式(7-15)可以写成

$$\frac{\mathrm{d}N}{N}=f(v)\mathrm{d}v \tag{7-16}$$

这表示分子速率分布在 $v-v+\mathrm{d}v$ 间隔内的分子数 $\mathrm{d}N$ 占总分子数 N 的百分比。

也可以用概率的概念来理解速率分布函数，$\mathrm{d}N/N$ 就是一个分子的速率在 v 附近 $\mathrm{d}v$ 内的概率，$f(v)$ 是一个分子的速率在 v 附近单位速率区间内的概率。因此，速率分布函数又称为**分子速率分布的概率密度**。

1859年，麦克斯韦用概率论证明了在平衡态下，理想气体分子的速率分布函数形式为

$$f(v)=\frac{\mathrm{d}N}{N\mathrm{d}v}=4\pi\left(\frac{m}{2\pi kT}\right)^{\frac{3}{2}}\mathrm{e}^{-\frac{mv^2}{2kT}}v^2 \tag{7-17}$$

式中，T 是系统的热力学温度，m 为分子质量，k 为玻尔兹曼常数。式(7-17)就是麦克斯韦速率分布函数或**麦克斯韦速率分布定律**。图7-7是麦克斯韦速率分布曲线，速率 v 附近曲线下面宽度为 $\mathrm{d}v$ 的小窄条面积就是 $f(v)\mathrm{d}v$，它等于分布在此速率区间的分子数占总分子数的百分比($\mathrm{d}N/N$)。由于全部分子的速率分布均在零到无限大的区间内，所以曲线下的总面积应该等于1，即将式(7-17)对所有速率区间积分，就得到所有速率区间的分子数占总分子数的百分比的总和，显然总和等于1，即

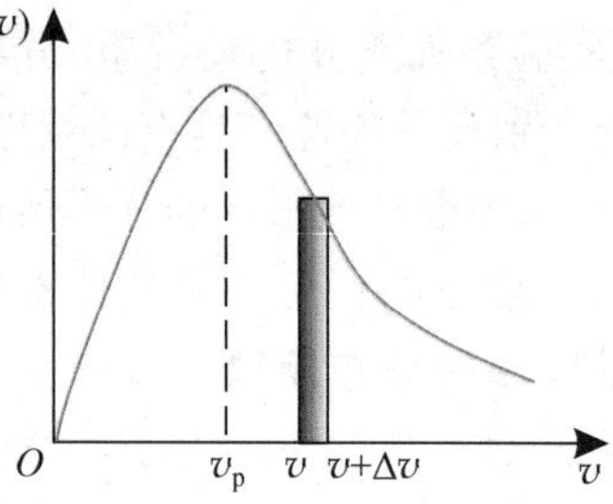

图7-7 麦克斯韦速率分布

$$\int_0^N\frac{\mathrm{d}N}{N}=\int_0^\infty f(v)\mathrm{d}v=1 \tag{7-18}$$

这是由分布函数本身的物理意义所决定的，称为速率分布函数的**归一化条件**(normalizing condition)。

7.5.3 温度对速率分布曲线的影响

由式(7-17)可知，对于一定的气体，当温度不同时其速率分布函数是不同的。当温度升高时，分子热运动加剧，速率较大的分子所占百分率增高，分布曲线的峰值将向速率大的

方向移动。由于分布曲线下的总面积不变(恒等于1),所以随着温度的升高,分布曲线向高速区域扩展,峰值变低,曲线变宽,变平坦,这意味着温度越高,速率较大的分子数越多,分子运动越剧烈。图7-8所示的是氮气在不同温度的麦克斯韦速率分布函数$f(v)$曲线。

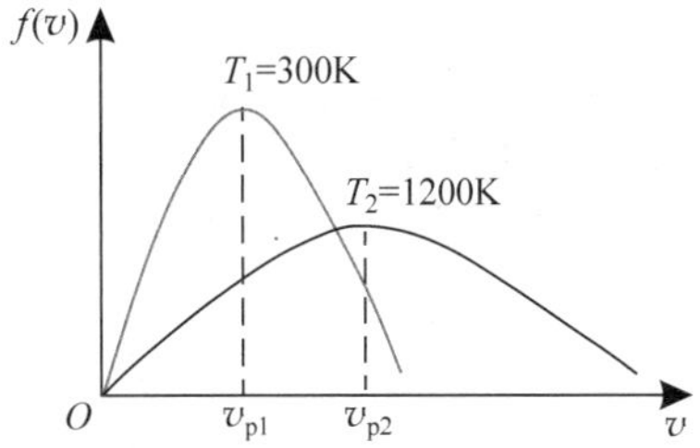

图 7-8 氮气分子在不同温度下的速率分布

7.5.4 分子运动的三种统计速率

麦克斯韦速率分布定律揭示了理想气体分子运动的统计规律性,应用它可以方便地求出平衡状态下分子热运动的几种统计速率。

1. 最概然速率

从麦克斯韦速率分布图中可以看出,速率很大和很小的气体分子数都很少,但在某一速率 v_p 处有一个最大值,若把整个速率范围划分为许多相等的小区间,则分布在 v_p 所在区间内的分子数占总分子数的百分比最大。与速率分布函数 $f(v)$ 极大值对应的速率 v_p 称为**最概然速率**(**most probable speed**),它可由下式求出:

$$\frac{\mathrm{d}f(v)}{\mathrm{d}v}\bigg|_{v_p}=0$$

将式(7-17)代入,解得

$$v_p=\sqrt{\frac{2kT}{m}}=\sqrt{\frac{2kN_A T}{mN_A}}=\sqrt{\frac{2RT}{M}}\approx 1.41\sqrt{\frac{RT}{M}} \tag{7-19}$$

式中,m 是一个分子的质量,M 是分子摩尔质量。式(7-19)表明最概然速率随温度的升高而增大,随气体的摩尔质量的增大而减小。从最概然速率可以粗略判断热平衡态下气体分子速率的分布情况。

2. 平均速率

从速率分布曲线可以看出,气体分子的速率可以取零到无穷大之间的任意值。大量分子速率的算术平均值称为**平均速率**(**mean speed**),根据麦克斯韦速率分布函数可以计算气体分子的平均速率。分子平均速率为

$$\bar{v}=\frac{\int_0^{\infty}v\,\mathrm{d}N}{N}$$

把式(7-17)代入,可算得平均速率为

$$\bar{v}=\sqrt{\frac{8kT}{\pi m}}=\sqrt{\frac{8RT}{\pi M}}\approx 1.60\sqrt{\frac{RT}{M}} \tag{7-20}$$

3. 方均根速率

根据麦克斯韦速率分布函数还可以计算分子速率平方的平均值,即**方均根速率**(**root-mean-square speed**)。我们在求理想气体的压强公式时就遇到了分子速率平方的平均值,分子速率平方的平均值为

$$\overline{v^2}=\frac{\int_0^{\infty}v^2\,\mathrm{d}N}{N}$$

同样把式(7-17)代入,经运算得到的方均根速率为

$$v_{\mathrm{rms}}=\sqrt{\overline{v^2}}=\sqrt{\frac{3kT}{m}}=\sqrt{\frac{3RT}{M}}\approx 1.73\sqrt{\frac{RT}{M}} \tag{7-21}$$

这与式(7-10)对

$$\overline{v^2}=\frac{3kT}{m}$$

求平方根得到的方均根速率是一致的。

由式(7-19)、式(7-20)、式(7-21)三式确定的最概然速率 v_{p}、平均速率$\bar{v}$和方均根速率 v_{rms}都是在统计意义上说明大量分子的运动速率的特征值,它们都与$\sqrt{T}$成正比,与$\sqrt{m}$成反比,$v_{\mathrm{p}}<\bar{v}<v_{\mathrm{rms}}$。三种速率有各自不同的应用场合。在讨论大量分子的速率分布时,需要用到最概然速率 v_{p},在研究气体分子的迁移现象等问题时,要用到平均速率$\bar{v}$,而方均根速率 v_{rms}则用于研究理想气体压强及分子平均动能等问题。

以上三种统计特征速率具有相同的数量级。例如,在27℃(300K)时氢气分子的 $v_{\mathrm{rms}}=1.93\times10^3\mathrm{m/s}$,氧气分子的 $v_{\mathrm{rms}}=483\mathrm{m/s}$。利用这个结果可以对地球大气层中为什么几乎没有自由的氢分子作定性的解释。地球表面物体脱离地球引力的逃逸速度(第二宇宙速度)为11.2km/s,约为氢气分子 v_{rms}的6倍,氧气分子 v_{rms}的25倍。根据麦克斯韦速率分布定律,有相当数量的氢气分子的速率超过了逃逸速度,从而逃逸地球的大气层。经过几十亿年后,地球原始大气中大量的氢气和氦气基本完全散去,而氧气分子 v_{rms}只有逃逸速度的1/25,这些气体逃逸的可能性很小,所以今天的地球大气中就保留了大量自由的氧气分子和氮气分子(氮分子质量与氧分子质量接近)。

[例题 7-7]

已知 $f(v)$是速率分布函数,说明以下各式的物理意义:(1)$f(v)\mathrm{d}v$;(2)$nf(v)\mathrm{d}v$,其中 n 是分子数密度;(3)$\int_0^{v_{\mathrm{p}}} f(v)\mathrm{d}v$。

解 (1)$f(v)\mathrm{d}v=\mathrm{d}N/N$,它表示在速率区间 $v\sim v+\mathrm{d}v$ 内的分子数 $\mathrm{d}N$ 占总分子数 N 的百分比,或某分子的速率在 $v\sim v+\mathrm{d}v$ 区间内的概率。

(2) $nf(v)\mathrm{d}v$ 表示单位体积内,分子速率在 $v\sim v+\mathrm{d}v$ 间隔内的分子数。

(3) $\int_0^{v_{\mathrm{p}}} f(v)\mathrm{d}v$ 表示在速率区间 $0\sim v_{\mathrm{p}}$ 内分子数占总分子数 N 的百分比,或某分子的速率小于 v_{p} 的概率。

[例题 7-8]

计算温度为300K时,氧气分子的最概然速率、平均速率和方均根速率。

解 氧气的摩尔质量 $M=0.032\mathrm{kg/mol}$,摩尔气体常数 $R=8.31\mathrm{J/(mol\cdot K)}$。按以上数据计算出氧气的最概然速率、平均速率、方均根速率分别为

$$v_p = \sqrt{\frac{2RT}{M}} = \sqrt{\frac{2 \times 8.31 \times 300}{0.032}} = 395(\mathrm{m/s})$$

$$\bar{v} = \sqrt{\frac{8RT}{\pi M}} = \sqrt{\frac{8 \times 8.31 \times 300}{3.14 \times 0.032}} = 445(\mathrm{m/s})$$

$$v_{rms} = \sqrt{\frac{3RT}{M}} = \sqrt{\frac{3 \times 8.31 \times 300}{0.032}} = 483(\mathrm{m/s})$$

计算表明，在300K时，氧气分子的三个统计速率比同温度下空气中声音传播的速率还要大。应该注意，实际上气体分子各以不同的速率在运动，最概然速率、平均速率和方均根速率不过是速率的某种统计平均值而已。

7.6 气体分子平均碰撞次数和平均自由程

气体分子的运动速度与声波在空气中的传播速度是同一数量级，然而当我们打开一个香水瓶的瓶塞时，距离香水几米之外的人并不能马上嗅到香水的气味，这其中的原因在于气体分子在运动过程中不断与其他分子发生碰撞，如图7-9所示，分子运动的路径不是一条简单的直线，而是无规则的折线。分子间通过碰撞来实现动量、能量的交换，而气体由非平衡态达到平衡态的过程，就是通过分子的碰撞来实现的。

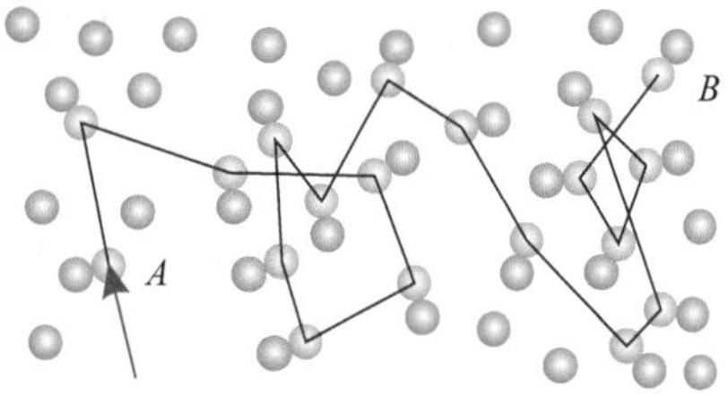

图7-9 分子碰撞

动画：分子的碰撞

气体分子在热运动中进行频繁的碰撞，假如忽略了分子力的作用，那么在连续两次碰撞之间所通过的自由路程的长短完全是偶然事件，但对于大量分子而言，在连续两次碰撞之间所通过的自由路程的平均值，即**平均自由程**(**mean free path**)却是一定的。平均自由程对研究气体的性质和规律具有重要意义。

气体分子的平均自由程与系统中单位体积内的分子数有关，与分子本身的大小有关。我们把气体分子想象为直径为d的刚性球，并跟踪一个分子，观察它与其他分子碰撞的情形。这里我们可以认为，当它与其他分子中心距离达到d时，碰撞就发生了。为讨论方便起见，我们对这个分子作下面两个假定：①由于这个分子在与其他分子碰撞时，它们的中心

间距为 d，于是我们假定这个分子的有效直径为 $2d$，而把与它发生碰撞的其他分子看作是没有大小的质点；②如果分子热运动的相对速率的平均值为$\bar{u}$，那么可以假定这个分子以$\bar{u}$运动，而把与它发生碰撞的其他分子看作是静止的。

我们跟踪的分子 α 在运动过程中将扫过一个以 πd^2 为截面积、以它中心的运动轨迹为轴线的圆柱体。凡处于这个圆柱体内的质点，都将与分子 α 发生碰撞。因此，我们把截面积 πd^2 称为**分子碰撞截面**。这个圆柱体必定是曲折状的，如图 7-10 所示。这是由于在与其他分子发生碰撞的地方，圆柱体曲折了。在 t 时间内，分子 α 所扫过的曲折圆柱体的总长度(即其轴线的长度)为$\bar{u}t$。相应的圆柱体的体积为$\bar{u}t\pi d^2$。如果系统中单位体积内的分子数为 n，那么包含在圆柱体内的分子数为 $n\bar{u}t\pi d^2$。前面已经讲过，圆柱体内包含的分子都将与分子 α 发生碰撞，所以圆柱体内包含的分子数，必定等于在 t 时间内分子 α 与其他分子碰撞的次数。在单位时间内分子 α 与其他分子碰撞的平均次数叫做分子的每秒平均碰撞次数，或称**平均碰撞频率**(**mean collision frequency**)，用 $\bar{Z}$ 表示，则应有

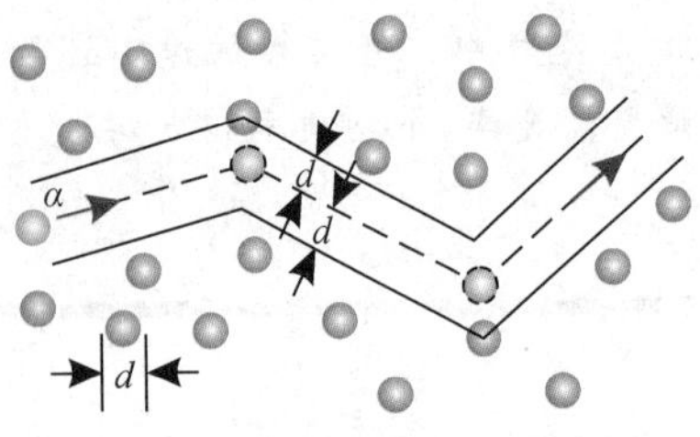

图 7-10　分子碰撞次数的计算

$$\bar{Z}=\frac{n\bar{u}t\pi d^2}{t}=n\bar{u}\pi d^2 \tag{7-22}$$

利用麦克斯韦速率分布率可以证明，分子的平均相对速率$\bar{u}$与平均速率$\bar{v}$有下面的关系：

$$\bar{u}=\sqrt{2}\,\bar{v} \tag{7-23}$$

将式(7-23)代入式(7-22)，得

$$\bar{Z}=\sqrt{2}n\bar{v}\pi d^2 \tag{7-24}$$

分子 α 一秒内运动的平均路程为$\bar{v}$，而在这段时间内发生了 $\bar{Z}$ 次碰撞，因而每连续两次碰撞所通过的平均路程，即平均自由程为

$$\bar{\lambda}=\frac{\bar{v}}{\bar{Z}}=\frac{1}{\sqrt{2}n\pi d^2} \tag{7-25}$$

式(7-25)表明，**分子的平均自由程与分子的有效直径的平方成反比，与单位体积内的分子数成反比，而与分子的平均速率无关**。

由于在温度恒定时气体的压强与单位体积内分子数 n 成正比，即 $p=nkT$，所以可以得到分子平均自由程与压强的关系：

$$\bar{\lambda}=\frac{kT}{\sqrt{2}\pi d^2 p} \tag{7-26}$$

式(7-26)表明，**在温度恒定时，分子的平均自由程与气体压强成反比**。

应该指出，在推导平均碰撞次数的过程中，我们把气体分子当作直径为 d 的弹性小球，并且把分子间的碰撞看成完全弹性碰撞。实际上，气体分子并不是真正的球体，分子碰撞的实际过程也与刚性球的碰撞不同。分子的有效直径 d 并不能代表分子的真正大小。分子是一个复杂的带电体，分子之间相互作用的性质也是非常复杂的，当分子间距很小时，分子力表现为斥力，并且随着分子间距的减小，斥力迅速增大，碰撞过程就是这种斥力的作用。显然，随着两个分子在碰撞前相互接近的速率的不同，它们之间所能达到的最小距离也不同，所以分子有效直径 d 并不能代表分子的真正大小。

根据计算,在标准状态下,各种气体的每秒碰撞次数 $\bar{Z}$ 的数量级为$10^9\,s^{-1}$,平均自由程 $\bar{\lambda}$ 的数量级为$10^{-8}\sim10^{-7}$m,也就是说,一个分子在一秒内平均要与其他分子发生约几十亿次碰撞。由于频繁的碰撞,使得分子平均自由程非常短。表 7-3 给出了在 300K 和 1.013×10^5 Pa 下,几种气体分子的平均自由程和分子的有效直经。

表 7-3　在 300K 和 1.013×10^5 Pa 下,几种气体分子的平均自由程和分子的有效直经

指标 \ 气体	氢	氮	氧	空气
$\bar{\lambda}$/m	1.123×10^{-7}	0.599×10^{-7}	0.647×10^{-7}	7.0×10^{-8}
d/m	2.72×10^{-10}	3.72×10^{-10}	3.57×10^{-10}	3.36×10^{-10}

[例题 7-9]

已知氢分子的有效直径 $d=2\times10^{-10}$m,试求它在标准状况下的平均自由程和平均碰撞次数。

解　标准状况下,$T=273$K,$p=1.01\times10^5$Pa,因此氢气分子的平均自由程

$$\bar{\lambda}=\frac{kT}{\sqrt{2}\pi d^2 p}=\frac{1.38\times10^{-23}\times273}{\sqrt{2}\times3.14\times(2.0\times10^{-10})^2\times1.01\times10^5}=2.1\times10^{-7}(\mathrm{m})$$

可见分子的平均自由程远大于其有效直径。氢气的摩尔质量 $M=0.002$kg/mol,因此平均速率

$$\bar{v}=\sqrt{\frac{8RT}{\pi M}}=\sqrt{\frac{8\times8.31\times273}{3.14\times0.002}}=1.7\times10^3(\mathrm{m/s})$$

由此得氢气分子的平均碰撞次数

$$\bar{Z}=\frac{\bar{v}}{\bar{\lambda}}=\frac{1.7\times10^3}{2.1\times10^{-7}}=8.1\times10^9(\mathrm{s^{-1}})$$

计算表明,在标准状态下,气体分子每秒的碰撞次数高达10^9 次。

原理应用

真空的获得以及真空度的估算

气体非常稀薄,压强很低的状态称为真空状态。气体稀薄的程度称为**真空度**。真空度的单位为“帕斯卡”,符号为 Pa。曾用单位还有毫米汞柱和托,符号分别为 mmHg 和 Torr,1mmHg=1Torr=1/760atm=133.3224Pa。一般称真空度在 $10^5\sim10^2$Pa 之间为低真空,$10^2\sim10^{-1}$Pa 之间为中真空,$10^{-1}\sim10^{-5}$Pa 为高真空,$10^{-5}\sim10^{-9}$Pa 为超高真空,小于10^{-9}Pa 为极高真空。真空技术广泛应用于食品、生物、医药、材料、电子、大规模集成电路生产等新兴工业和科学研究的各个领域。

1. 真空的获得

在地球上通常是对特定的封闭空间抽气来获得真空，用来抽气的设备称为真空泵。用任何一种真空泵都不能达到从 $1.013\times10^{5}\sim10^{-11}$ Pa 这样宽的压力范围的真空，只有用几台不同种类性能良好的真空泵联合抽气才能达到。有些泵不能从大气开始工作，需要有其他的泵抽到一定真空度后才能工作，这样使用的泵叫做次级泵，而用于抽预备真空的泵叫做前级泵。

真空泵按其工作原理可分为两大类：

(1) 压缩型真空泵。其原理是将气体由泵的入口端压缩到出口端。例如：①利用膨胀压缩作用的旋转式机械真空泵，利用气体粘滞牵引作用的蒸气流扩散泵；②利用高速表面牵引分子作用的盖德分子泵，利用涡轮风扇排除气体的涡轮分子泵等。

(2) 吸附型真空泵。其原理是利用各种吸气作用将气体吸掉。例如：①利用电离吸气作用的离子泵；②利用物理或化学吸附作用的吸附泵、低温泵等。在这类泵中气体分子并不排出泵外，而是被暂时或永久地储存于泵内。

决定真空度大小的因素有两个：一个是真空泵本身能达到的极限真空度和抽速，一个是整个系统的泄漏量。由于任何物质由固态或液态转化为气态都需要能量，所以气温越高，分子运动越活跃，越容易将其抽出。由于是抽真空元件内部的气体，所以和元件内部的温度、湿度关系大，和大气的温度、湿度关系小，但如果大气的温度较高、湿度小的话，抽空效果会好一点。一般情况下，水是影响真空的重要因素，要抽出水分最重要的一点是温度，如果没有足够的热能，由于抽真空导致气压下降，部分液态水会挥发，使留下的水温度下降，甚至变成冰。

2. 真空度的估算

下面以保温瓶为例估算其真空度。保温瓶的瓶胆是具有双层薄壁的玻璃容器，其两壁间抽成气压较低的真空。为达到保温目的，壁间的真空度为多高才适宜呢？下面作一简要估算。

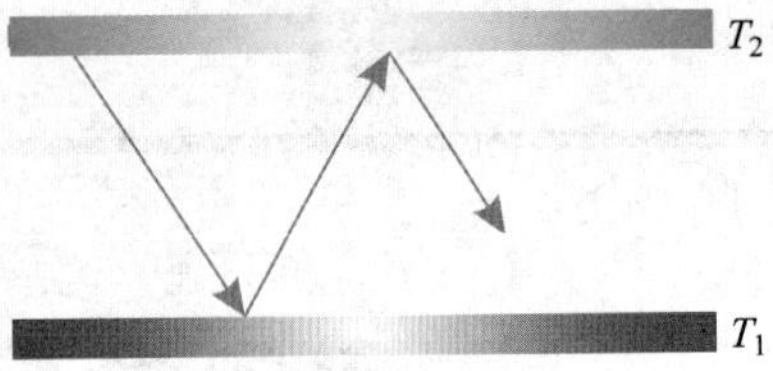

图 P7-1 保温瓶内真空度估算

如图 P7-1 所示，设保温瓶的瓶胆下壁温度为 T_1，上壁温度为 T_2，且 $T_1>T_2$，两壁之间充满低压理想气体，其分子数密度为 n。设分子与任一壁碰撞后，即获得与该壁温度相当的平均能量 $\frac{i}{2}kT$，那么，一个分子与下壁碰一次后，再与上壁碰一次，从下壁传递给上壁的能量为 $\frac{i}{2}k(T_1-T_2)$。由于单位时间与单位面积器壁碰撞的分子数为 $\frac{1}{4}n\bar{v}$，那么，由于气体分子不断在上、下壁之间碰撞，单位时间内从下壁传给上壁的能量(即热传导的速度)为

$$\frac{\Delta Q}{\Delta t}=\frac{1}{4}n\bar{v}\,\frac{i}{2}k(T_1-T_2)S \tag{P7-1}$$

式中，S 为器壁的面积，将 $n=\frac{p}{kT}$，$\bar{v}=\sqrt{\frac{8RT}{\pi M}}$(作近似讨论，式中 T 为两壁温度的平均值)代入式(P7-1)，得

$$\frac{\Delta Q}{\Delta t}=\sqrt{\frac{R}{2\pi MT}}\,\frac{i}{2}p(T_1-T_2)S \tag{P7-2}$$

由此可见，热传导的速度与压强成正比，只要减小压强，就能降低热传导速度。

下面以5号普通型保温瓶为例估算保温瓶真空度，已知瓶胆的容积为2L，装满水的质量$m=2\text{kg}$，瓶胆内壁面积$S_1=980\text{cm}^2$，外壁面积$S_2=1060\text{cm}^2$，保温的质量指标为装满100℃的水，24小时后温度不低于70℃。由式(P7-2)可得保温瓶的散热速度为

$$\frac{\Delta Q_1}{\Delta t}=\frac{4.18\times 2\times 10^3\times(100-69)}{24\times 60\times 60}=3(\text{J/s})$$

因为在一般保温瓶中，只有20%的热量由瓶胆夹层真空散失，所以通过瓶胆夹层的热传递速度为

$$\frac{\Delta Q}{\Delta t}=0.2\left(\frac{\Delta Q_1}{\Delta t}\right)=0.2\times 3=0.6(\text{J/s})$$

由于内壁面积S_1与外壁面积S_2相差很小，瓶胆可近似看作平板，取平均面积

$$S=\frac{1060+980}{2}=1020(\text{cm}^2)=0.102(\text{m}^2)$$

取100℃与70℃的平均温度为瓶胆内壁的温度T_1，即

$$T_1=\frac{100+70}{2}=85(℃)$$

设室温25℃为瓶胆外壁的温度T_2，取瓶胆内壁与外壁的平均温度为气体的平均温度T，即

$$T=\frac{85+25}{2}=55(℃)=328(\text{K})$$

因为空气的主要成分是氮气与氧气，两者皆为双原子分子气体，所以气体的自由度$i=5$，已知空气的摩尔质量$M=28.9\times 10^{-3}\text{kg/mol}$，将上述所有数据代入式(P7-2)，得

$$p=0.11\text{Pa}$$

实际中，保温瓶厂生产的保温瓶真空度一般为0.1～0.6Pa。可见，上述近似计算的结果在实际保温瓶的真空度范围之内。

内容提要

1. 分子运动的基本观点

2. 热力学系统的平衡态和状态量

在不受外界影响的情况下，系统的宏观性质不随时间变化，这就是平衡态。确定平衡态宏观性质的量称为系统的状态量。

气体的压强p、体积V以及温度T。

3. 理想气体的物态方程

理想气体模型和理想气体的物态方程：$pV=\nu RT=\dfrac{m}{M}RT$

4. 理想气体的压强和温度

理想气体的压强公式：$p=\frac{1}{3}mn\overline{v^2}=\frac{2}{3}n\overline{\varepsilon_t}$

理想气体的温度公式：$\overline{\varepsilon_t}=\frac{1}{2}m\overline{v^2}=\frac{3}{2}kT$，温度是分子无规则热运动剧烈程度的定量表示。

5. 能量均分定理　理想气体热力学能

气体分子每个自由度的平均动能都相等，且等于$\frac{1}{2}kT$。

一个刚性分子的平均动能：$\bar{\varepsilon}=\frac{i}{2}kT$

质量为 m、摩尔质量为 M 的理想气体内能：$E=\frac{i}{2}\frac{m}{M}RT=\nu\frac{i}{2}RT$

6. 麦克斯韦速率分布定律

分子速率分布函数：$f(v)=\frac{\mathrm{d}N}{N\mathrm{d}v}$

气体分子的三种统计速率：$v_{\mathrm{p}}=\sqrt{\frac{2RT}{M}}$，$\bar{v}=\sqrt{\frac{8RT}{\pi M}}$，$v_{\mathrm{rms}}=\sqrt{\frac{3RT}{M}}$

7. 气体分子平均碰撞次数和平均自由程

分子平均碰撞次数：$\bar{Z}=\sqrt{2}n\bar{v}\pi d^2$

分子平均自由程：$\bar{\lambda}=\frac{\bar{v}}{\bar{Z}}=\frac{1}{\sqrt{2}n\pi d^2}$

习题

一、选择题

7-1　处于平衡状态的一瓶氦气和一瓶氮气的分子数密度相同，分子的平均平动动能也相同，则它们(　　)。

(A) 温度、压强均不相同

(B) 温度相同，但氦气压强大于氮气的压强

(C) 温度、压强都相同

(D) 温度相同，但氦气压强小于氮气的压强

7-2　理想气体处于平衡状态，设温度为 T，气体分子的自由度为 i，则每个气体分子所具有的(　　)。

(A) 动能为$\frac{i}{2}kT$　　(B) 动能为$\frac{i}{2}RT$

(C) 平均动能为$\frac{i}{2}kT$　　(D) 平均平动动能为$\frac{i}{2}RT$

7-3　三个容器 A、B、C 中装有同种理想气体，其分子数密度 n 相同，而方均根速率之比为 $(\overline{v_A^2})^{1/2}:(\overline{v_B^2})^{1/2}:(\overline{v_C^2})^{1/2}=1:2:4$，则其压强之比为 $p_A:p_B:p_C$(　　)。

(A) 1∶2∶4　(B) 1∶4∶8　(C) 1∶4∶16　(D) 4∶2∶1

7-4　图中两条曲线分别表示在相同温度下氧气和氢气分子的速率分布曲线。如果 $(v_p)_{O_2}$ 和 $(v_p)_{H_2}$ 分别表示氧气和氢气的最概然速率，则(　　)。

(A) 图中 a 表示氧气分子的速率分布曲线且 $(v_p)_{O_2}/(v_p)_{H_2}=4$

(B) 图中 a 表示氧气分子的速率分布曲线且 $(v_p)_{O_2}/(v_p)_{H_2}=1/4$

(C) 图中 b 表示氧气分子的速率分布曲线且 $(v_p)_{O_2}/(v_p)_{H_2}=1/4$

(D) 图中 b 表示氧气分子的速率分布曲线且 $(v_p)_{O_2}/(v_p)_{H_2}=4$

7-5　在一个体积不变的容器中，储有一定量的某种理想气体，温度为 T_0 时，气体分子的平均速率为 $\overline{v_0}$，分子平均碰撞次数为 $\overline{Z_0}$，平均自由程为 $\overline{\lambda_0}$。当气体温度升高为 $4T_0$ 时，气体分子的平均速率 $\overline{v}$、平均碰撞次数 $\overline{Z}$ 和平均自由程 $\overline{\lambda}$ 分别为(　　)。

(A) $\overline{v}=4\overline{v_0}$, $\overline{Z}=4\overline{Z_0}$, $\overline{\lambda}=4\overline{\lambda_0}$

(B) $\overline{v}=2\overline{v_0}$, $\overline{Z}=2\overline{Z_0}$, $\overline{\lambda}=\overline{\lambda_0}$

(C) $\overline{v}=2\overline{v_0}$, $\overline{Z}=2\overline{Z_0}$, $\overline{\lambda}=4\overline{\lambda_0}$

(D) $\overline{v}=4\overline{v_0}$, $\overline{Z}=2\overline{Z_0}$, $\overline{\lambda}=\overline{\lambda_0}$

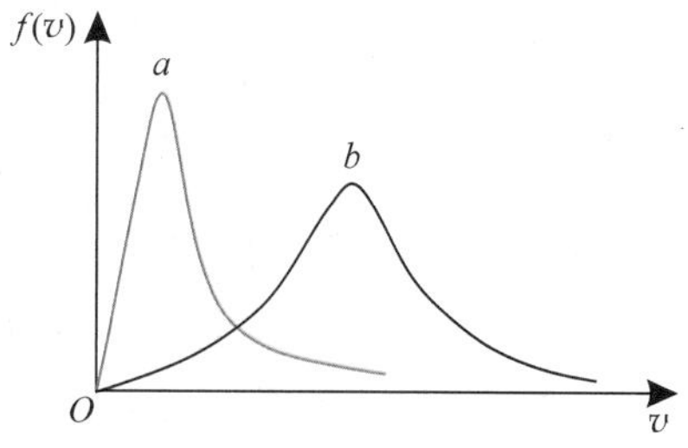

习题 7-4 图

二、填空题

7-6　在一密闭容器中，装有 A、B、C 三种理想气体，且处于平衡态。已知 A 种气体的分子数密度为 n_1，它产生的压强为 p_1，B 种气体的分子数密度为 $2n_1$，C 种气体的分子数密度为 $3n_1$，则混合气体的压强 p 为 p_1 的________倍。

7-7　已知氧气的压强 $p=2.026\text{Pa}$，体积 $V=3.00\times10^{-2}\text{m}^3$，则其内能 $E=$________。

7-8　温度为 27℃时，1mol 氧气具有的平动动能为________，转动动能为________。

7-9　假定将氧气的热力学温度提高一倍，使氧分子全部离解为氧原子，则氧原子平均速率是氧分子平均速率的________倍。

7-10　在某平衡状态下，已知理想气体分子的麦克斯韦速率分布函数为 $f(v)$，最概然速率为 v_p，试说明式子 $\int_{v_p}^{\infty}f(v)\mathrm{d}v$ 的物理意义：________。

三、计算题

7-11　一体积为 $1.0\times10^{-3}\text{m}^3$ 的容器中，含有 $4.0\times10^{-5}\text{kg}$ 的氦气和 $4.0\times10^{-5}\text{kg}$ 的氢气，它们的温度为30℃，求：容器中混合气体的压强。

7-12　试求压强为 $1.01\times10^5\text{Pa}$、质量为 2g、体积为 1.54L 的氧气分子的平均平动动能。

7-13　$2.0\times10^{-2}\text{kg}$ 氢气装在 $4.0\times10^{-3}\text{m}^3$ 的容器内，当容器内的压强为 $3.90\times10^5\text{Pa}$ 时，氢气分子的平均平动动能为多大？

7-14　在容积为 $2.0\times10^{-3}\text{m}^3$ 的容器中，有内能为 $6.75\times10^2\text{J}$ 的刚性双原子分子某理想气

体，求：(1)气体的压强；(2)若容器中分子总数为 5.4×10^{22} 个，分子的平均平动动能及气体的温度。

7-15 当温度为0℃时，可将气体分子视为刚性分子，求在此温度下：(1)氧分子的平均平动动能和平均转动动能；(2)4.0×10^{-3} kg 氧气的内能；(2)4.0×10^{-3}kg 氦气的内能。

7-16 假定 N 个粒子的速率分布函数为

$$f(v)=\begin{cases}C, & v_0>v>0\\ 0, & v>v_0\end{cases}$$

由 v_0 求：(1)常数 C；(2)粒子的平均速率。

7-17 在容积为 $30\times10^{-3}\,\mathrm{m}^3$ 的容器中，储有 20×10^{-3} kg 的气体，其压强为 50.7×10^3 Pa。求：该气体分子的最概然速率、平均速率及方均根速率。

7-18 氖分子的有效直径为 2.04×10^{-10} m，求温度为600K、压强为 1.333×10^2 Pa 时氖分子的平均碰撞次数。

7-19 在标准状况下，1cm^3 中有多少个氮分子？氮分子的平均速率为多大？平均碰撞次数为多少？平均自由程为多大？(氮分子的有效直径 $d=3.76\times10^{-10}$ m)

7-20 在一定的压强下，温度为20℃时，氩气和氮气分子的平均自由程分别为 9.9×10^{-8} m 和 27.5×10^{-8} m。求：(1)氩气和氮气分子的有效直径之比；(2)当温度不变且压强为原值的一半时，氮气分子的平均自由程和平均碰撞次数。

Chapter 8

第8章

热力学基础

在气体分子运动论中，我们从构成物质的微观粒子的运动观点出发，运用统计方法，研究了气体的一些宏观现象。这一章将从能量观点分析和研究物体状态的变化过程及其系统状态相对应的内能以及功、热量等概念。系统状态变化过程所遵循的基本规律是热力学第一定律和第二定律。热力学第一定律是热力学系统发生状态变化时在能量上所遵从的规律；热力学第二定律指出了系统状态变化的过程方向性。热力学的研究方法与气体动理论的研究方法是互为补充、相辅相成的。

本章的主要内容有：准静态过程、热量、功和内能等基本概念，热力学第一定律及其在各种热力学过程中的应用，理想气体的摩尔热容，循环过程等，最后介绍热力学第二定律和熵。

鲁道夫·尤里乌斯·艾曼努尔·克劳修斯(Rudolf Julius Enmanvel Clausius，1822—1888 年)，德国物理学家，是气体动理论和热力学的主要奠基人之一。他是历史上第一个精确表示热力学定律的科学家，提出了统计概念和自由程概念，并导出平均自由程的公式。他还利用统计概念导出气体压强公式，提出比范德瓦耳斯气体状态方程更普遍的气体物态方程。为了说明不可逆过程，他提出了一个新概念——熵。

8.1 准静态过程　功　热量

8.1.1 准静态过程

热力学研究与热运动有关的过程中能量转化的关系和过程进行的方向，因此，首先要明确热力学过程的概念。当系统的状态随时间变化时，我们就说系统在经历一个**热力学过程**，简称**过程**。由于中间状态不同，热力学过程分为非静态过程和**准静态过程**(**quasi-static process**)。

设有一个系统开始时处于平衡态，经过一系列状态变化后到达另一平衡态。一般来说，在实际的热力学过程中，在始末两平衡态之间所经历的中间状态不可能都是平衡态，而常为非平衡态。所以我们将中间状态存在非平衡态的过程称为**非静态过程**。如图 8-1 所示，在推动活塞时，压缩汽缸内的气体，气体的体积、密度、温度或压强都将变化，在此过程中的任意时刻，气体各部分的密度、压强、温度都各不完全相同，这就是非平衡态。例如，在从一个平衡态开始的膨胀过程中，靠近活塞处的密度和压强较低，如果膨胀过程结束，气体分子通过

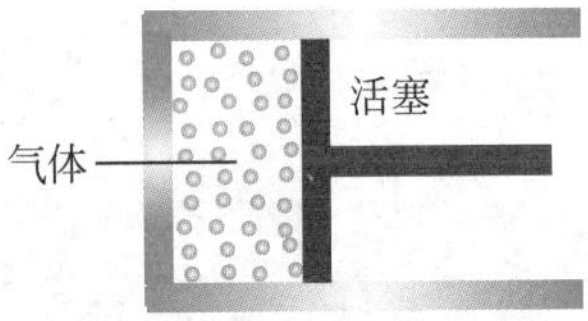

图 8-1　热力学过程

热运动和分子碰撞，气体内部各处的密度、压强等又将重新达到均匀一致，即非平衡态将趋于平衡态，这就是平衡态经过非平衡态到达另一个平衡态的热力学过程。

准静态过程是指系统的任意时刻的中间态都无限接近于一个平衡态的过程。准静态过程是实际过程无限缓慢进行时的一种理想极限过程，是对实际热力学过程的一个近似和抽象。因此，准静态过程是热力学过程的一个理想模型，例如，在实际内燃机汽缸内，高温气体进行一次膨胀或压缩的时间大约是10^{-2}s，气体在膨胀或压缩后再次达到平衡态所需的时间约为10^{-3}s，过程进行的时间约为再次达到平衡态所需时间的 10 倍，因此，从理论上进行研究时，可以将其近似地当作准静态过程来处理。在本章中，如不特别指明，所讨论的过程都是准静态过程。

在 7.1 节中曾指出，对于理想气体系统，只有气体处于平衡态时，任一个平衡态可用 p-V 图上的一个点来表示，所以，系统的准静态变化过程可用 p-V 图上的一条曲线表示，称之为**过程曲线**，相应的函数关系称为**过程方程**。注意，只有准静态过程才有过程方程。对于理想气体的准静态过程，过程中任一状态都同时满足理想气体物态方程和过程方程。

8.1.2 功

在研究与热运动有关的过程时，做功和传热是热力学系统与外界之间传递能量的两种常见方式。在力学中指出，能量是状态的单值函数，功是能量变化的一种量度，系统对外界做功将改变系统的状态和能量。

现在来讨论系统在准静态过程中，由于其体积变化所做的功，热力学中功的计算其出发点仍是力学中功的定义。如图 8-2 所示，在一有活塞的汽缸内盛有一定量的气体，设活塞的面积为 S，气体体积和压强分别为 V、p，则气体对活塞的压力大小为 $F=pS$。当气体推动活塞向外缓慢移动微小位移 $\mathrm{d}l$ 时，气体对外界所做的元功为

$$\mathrm{d}W = F\mathrm{d}l = pS\mathrm{d}l = p\mathrm{d}V \tag{8-1}$$

图 8-3 中小窄条面积表示的就是这个元功。式中，$\mathrm{d}V=S\mathrm{d}l$ 是汽缸内体积的增量。当 $\mathrm{d}V>0$，即气体体积膨胀时，$\mathrm{d}W>0$，表示气体对外界做了正功；当 $\mathrm{d}V<0$，即气体体积被压缩时，$\mathrm{d}W<0$，表示气体对外界做了负功，或者说外界对气体做了正功。

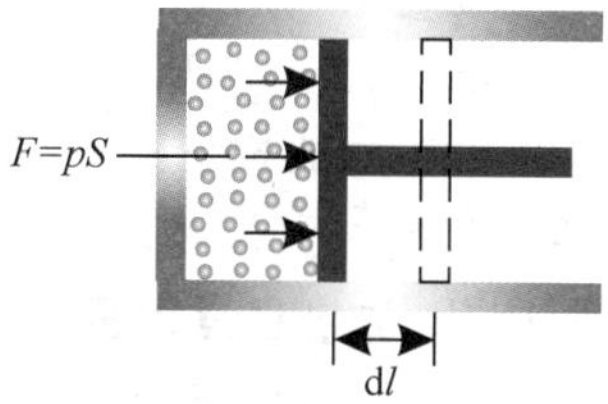

图 8-2 气体对活塞做的功

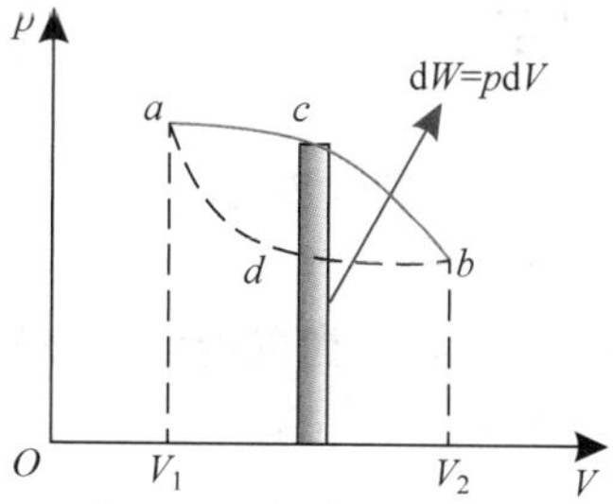

图 8-3 功的计算

当系统由状态 a 沿着过程曲线 acb 变化到状态 b 的准静态过程中，体积由 V_1 变为 V_2 时，系统对外界做的功为

$$W = \int_{V_1}^{V_2} p\mathrm{d}V \tag{8-2}$$

式(8-1)和式(8-2)虽然是通过上述特别例子推导出来的，但可以证明这是准静态过程中气体做功的一般形式。这个功常称为**体积功**。它实质上仍然是力的功，只是用系统本身的状态量来表示。

用式(8-2)求出的功的大小等于 p-V 图上过程曲线 acb 下的面积。如果气体从状态 a 出发，经过另一个不同的准静态过程 adb 到达状态 b，则这个过程的功就是曲线 adb 下面的面积。比较这两条过程曲线下的面积可知，**一个准静态过程的功不仅与初态和末态有关，而且还依赖于所经历的中间状态**。因此，功不是状态的函数，它是一个**过程量**。

做功是系统在状态变化时与外界交换能量的量度，其本质是把外界物体的有规则运动转化为系统内分子的无规则运动。以汽缸内气体的体积功为例，这个做功过程从微观上看，就是通过活塞分子与气体分子间的碰撞，实现活塞分子有规则运动的能量与气体分子无规则运动的能量之间的相互转化，即在宏观上发生活塞的机械能与气体分子平均动能之间的传递和转化。

[例题 8-1]

一定量的理想气体系统初始状态体积为 $V_1=10^{-3}\,\mathrm{m}^3$，经过一个准静态过程到达末态，其体积变为 $V_2=2\times10^{-3}\,\mathrm{m}^3$。设此过程方程为 $p=\dfrac{20}{V^2}(\mathrm{Pa})$，试求在这个过程中气体对外界所做的功。

解 已经知道了准静态过程中压强随体积变化的具体形式，即过程方程 $p=\dfrac{20}{V^2}$，将它代入式(8-2)就可计算出气体的体积功。系统对外界所做的功为

$$W=\int_{V_1}^{V_2} p\mathrm{d}V=\int_{V_1}^{V_2}\frac{20}{V^2}\mathrm{d}V=-20\left(\frac{1}{V_2}-\frac{1}{V_1}\right)$$

$$=-20\left(\frac{1}{2\times10^{-3}}-\frac{1}{10^{-3}}\right)=1.0\times10^4(\mathrm{J})$$

8.1.3 热量

实验表明，传递热量也能改变系统的状态和能量。例如，一壶冷水放在火炉上，由于温度不同，火炉向冷水传递热量，水温逐渐升高，改变了水的状态和能量。我们把**系统与外界之间由于存在温差而传递的能量**叫**热量**。热量也是能量变化的一种量度。系统由一个状态到另一个状态经历不同过程，吸收(或放出)的热量不同，因此，热量是**过程量**，其大小不仅与始末状态有关，而且与状态变化过程有关。热量用符号 Q 表示，在国际单位制中热量的单位和能量、功的单位相同，为 J(焦耳)。

热量传递的方向可以用 Q 的正负表示。我们规定当系统从外界吸收热量时，$Q>0$ 为正值；当系统向外界放出热量时，$Q<0$ 为负值。

需要指出的是：传递热量和做功虽然都可以改变系统的状态和能量，但它们是两种不同的改变能量的方式，做功是将机械运动的能量转化成分子热运动的能量，而传递热量只是

把高温物体的分子热运动能量传递给了低温物体,能量的形式并没改变。

焦耳利用重物下落带动许多叶片转动,叶片搅动水从而使水温升高的实验揭示了热量与功之间确定的当量关系(1cal＝4.186J),表明机械运动或电磁运动与热运动之间是可以相互转化的。它启迪人们继续发现了各种物质运动之间的相互转化关系,为能量转化和守恒定律的建立奠定了基础。

8.1.4 摩尔热容 热量的计算

系统与外界之间的热交换一般会引起系统本身的温度变化,这种变化用热容来定量表示。热容定义为系统在某一过程中温度每升高1K时吸收的热量,用C表示,有

$$C=\frac{\mathrm{d}Q}{\mathrm{d}T} \tag{8-3}$$

由式(8-3)可以看出,热容与过程有关。1 mol 物质的热容称为**摩尔热容**(**molar heat capacity**),用C_{m}表示。显然,摩尔热容C_{m}与热容C有如下关系

$$C_{\mathrm{m}}=\frac{C}{\nu}=\frac{1}{\nu}\frac{\mathrm{d}Q}{\mathrm{d}T} \tag{8-4}$$

式中,ν是物质的量。因系统在过程中吸收或放出的热量与过程有关,故同一系统在不同过程中的摩尔热容有不同的值,因此,C_{m}是过程量。

在国际单位制中,热容的单位是J/K(焦耳/开尔文),摩尔热容的单位是J/(mol·K)(焦耳/(摩尔·开尔文))。

根据式(8-4),准静态过程中系统从外界吸收的热量可按下式计算:

$$\mathrm{d}Q=\nu C_{\mathrm{m}}\mathrm{d}T \quad 或 \quad Q=\int_{T_1}^{T_2}\nu C_{\mathrm{m}}\mathrm{d}T \tag{8-5}$$

常用的摩尔热容有摩尔定容热容和摩尔定压热容。系统在体积保持不变过程中的摩尔定容热容$C_{V,\mathrm{m}}$定义为

$$C_{V,\mathrm{m}}=\frac{1}{\nu}\frac{\mathrm{d}Q_V}{\mathrm{d}T} \tag{8-6}$$

式中,Q_V表示在等体过程中吸收的热量。

系统在压强保持不变过程中的摩尔定压热容$C_{p,\mathrm{m}}$定义为

$$C_{p,\mathrm{m}}=\frac{1}{\nu}\frac{\mathrm{d}Q_p}{\mathrm{d}T} \tag{8-7}$$

式中,Q_p表示在等压过程中吸收的热量。在8.3节将结合理想气体的等值过程对它们的计算加以介绍。

利用式(8-6)和式(8-7),可以分别计算出等体过程和等压过程中,系统由温度T_1升高到T_2时所吸收的热量Q_V和Q_p:

$$Q_V=\nu\int_{T_1}^{T_2}C_{V,\mathrm{m}}\mathrm{d}T=\nu C_{V,\mathrm{m}}(T_2-T_1) \tag{8-8}$$

$$Q_p=\nu\int_{T_1}^{T_2}C_{p,\mathrm{m}}\mathrm{d}T=\nu C_{p,\mathrm{m}}(T_2-T_1) \tag{8-9}$$

8.2 内能 热力学第一定律

8.2.1 内能

在前面的讨论中就已经说明，向系统传递热量 Q 可以使系统的状态发生变化，对系统做功 W' 也可使系统的状态发生改变，而且对于给定的始状态和末状态，单独向系统传递热量或对系统做功，其值随过程的不同而不同。因为做功与传递热量能改变系统的状态，所以可以通过做功与传递热量这两种方式来改变系统的内能。

当然，更一般地说，若向系统传递热量的同时又对系统做功，那么，系统状态变化就与热量和功有关了。然而大量实验表明，系统在由某一状态变化到另一状态过程中，虽然做功与传递热量都与过程有关，但做功与传递的热量之和却与过程无关，而为一确定值，并且只决定于初态和末态。这就告诉我们，系统状态的改变可以用这个确定值给出量化的表述，也就是说，系统的状态可以用一个物理量 E 来表征；当系统由初始状态到末状态时，这个物理量的增量 ΔE 是个确定值，而不管系统从初态至末态所经历的是什么过程。这与力学中依据保守力做功与路径无关，从而定义出系统的势能是一样的。这个表征系统状态的物理量 E 就叫做系统的**内能**。因此，系统的内能仅是系统状态的单值函数。在第 7 章曾得出理想气体的内能为

$$E=\frac{m}{M}\frac{i}{2}RT=\nu\frac{i}{2}RT$$

当气体的温度改变 ΔT 时，其内能也相应变化 ΔE

$$\Delta E=\frac{m}{M}\frac{i}{2}R\Delta T=\nu\frac{i}{2}R\Delta T \tag{8-10}$$

显然，对给定的理想气体，其内能仅是温度的函数，即 $E=E(T)$；只有气体的温度发生变化，其内能才有所改变。总之，气体的内能是气体状态的单值函数，也就是说，气体的状态一定时，其内能也是一定的；气体内能的变化 ΔE 只由始状态和末状态所决定，而与过程无关。

式(8-10)实际上定义了两状态之间的内能之差，在实践中，系统处于某一状态的内能值到底等于多少并不重要，重要的是内能的变化。

下面我们用一个例子来体会内能 E 具有态函数的特性。如图 8-4(a)所示，内能为 E_1 的一系统从状态 A 可经 ACB 的过程到达内能为 E_2 的状态 B，也可以经过 ADB 的过程到达状态 B。虽然状态 A 和状态 B 之间这两个过程的中间状态并不同，但系统内能的增量却是相同的，都等于 $\Delta E=E_2-E_1$。显然，如果我们使系统经历图 8-4(b)所示的过程，即从状态 A 出发，经 $ACBDA$ 过程后，又回到起始状态 A，系统的状态没有变化，则系统内能的增量为零，即 $\Delta E=0$。这就是说，系统的状态经一系列变化又回到起始状

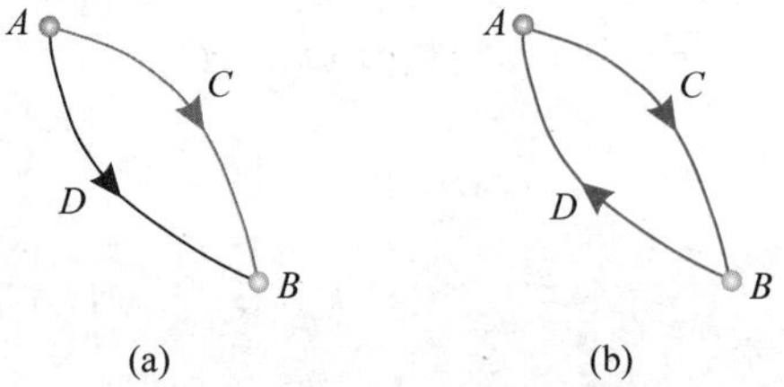

图 8-4 系统内能的改变与过程无关

态时，系统的内能不改变。总之，**系统内能的增量只与系统的始状态和末状态有关，与系统所经历的过程无关，它是系统状态的单值函数**。

8.2.2 热力学第一定律

综上所述，当一系统从外界吸收热量 Q 和外界对其做功 W'后，系统的状态将发生变化，即由一个平衡态1变化到另一个平衡态2，相应的其内能增量为 $\Delta E=E_2-E_1$。实验证明：系统内能的增量等于系统从外界吸收热量 Q 和外界对系统做功 W'之和。即

$$\Delta E = E_2 - E_1 = Q + W'$$

式中 W'可视为系统对外界做功 W 的负值，即 $W=-W'$，这样上式可写成

$$Q = E_2 - E_1 + W = \Delta E + W \tag{8-11}$$

式(8-11)表明，**系统从外界吸收的热量，一部分使系统的内能增加，另一部分使系统对外界做功**，这就是**热力学第一定律**。式(8-11)是热力学第一定律的数学表达式。热力学第一定律是热力学的基本定律之一，是能量转换与守恒定律在热现象领域中的具体形式。

如果系统的初、末两态无限接近，即过程为一无限小过程，则热力学第一定律可表述为

$$\mathrm{d}Q = \mathrm{d}E + \mathrm{d}W \tag{8-12}$$

注意在式(8-12)的符号表示中，由于 E 为状态量，所以其微小增量 $\mathrm{d}E$ 与过程无关。功是过程量，热是在过程中传递的能量，热也是过程量，它们的微小量 $\mathrm{d}W$ 和 $\mathrm{d}Q$ 决定于具体的过程。对于气体系统 $\mathrm{d}W=p\mathrm{d}V$，因此，气体系统的热力学第一定律可表述为

$$\mathrm{d}Q = \mathrm{d}E + p\mathrm{d}V \tag{8-13a}$$

$$Q = E_2 - E_1 + \int_{V_1}^{V_2} p\mathrm{d}V \tag{8-13b}$$

应该指出，热力学第一定律实质是包括热现象在内的能量守恒与转换定律，它适用于任何系统的任何过程。在应用热力学第一定律时，只要初态和末态是平衡态即可，中间过程所经历的各态不需要一定是平衡态。

热力学第一定律表明：不需要动力、能量或燃料而使机器永远不停地做功的永动机是不可能制成的。在热力学第一定律建立以前，历史上曾有人企图设计一种机器，既不消耗内能，也不需要外界向它传递热量，就能不断地对外界做功，人们把这种机器叫做**第一类永动机**。热力学第一定律建立后，人们知道永动机是违背能量守恒定律的，是不可能制成的。应该引以为戒的是，在今后的工作实践中，一定要严格遵循热力学第一定律，以免重犯制造第一类永动机那样的错误。

[例题 8-2]

一系统由如图8-5所示的 a 状态经路径 abc 过程到达 c 状态，有336J热量传入系统，而系统做功126J。(1)经 adc 过程，系统做功42J，试问有多少热量传入系统？(2)当系统由 c 状态沿 ca 曲线返回状态 a 时，外界对系统做功为84J，试问系统是吸热还是放热？传递的热量是多少？

解 (1)已知系统由 $a\to b\to c$ 过程中 $Q_1=336\text{J},W_1=126\text{J}$，由热力学第一定律有 $\Delta E=Q-W$，即

$$\Delta E_{ca}=Q_1-W_1=210(\text{J})$$

当系统由 $a\to d\to c$ 时，已知：$W_2=42\text{J},\Delta E_{ca}=210\text{J}$，由热力学第一定律有 $Q=\Delta E+W$，即

$$Q_2=\Delta E+W_2=252(\text{J})$$

(2) 已知系统由 $c\to a,W_3=-84\text{J},\Delta E_{ac}=-\Delta E_{ca}=-210\text{J}$，由热力学第一定律有

$$Q=\Delta E_{ac}+W=-210-84=-294(\text{J})<0$$

即该过程为放热过程。

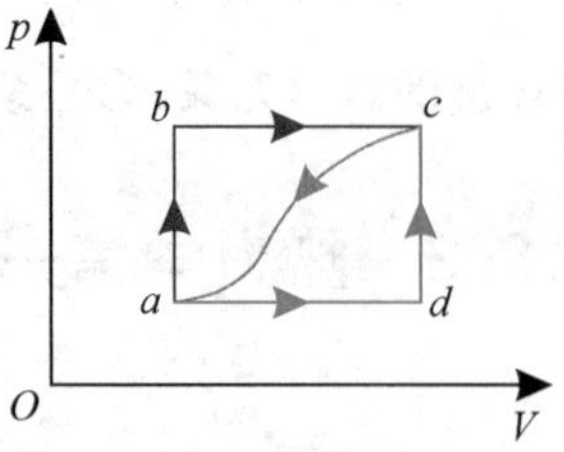

图 8-5 例题 8-2 用图

8.3 理想气体的等体过程和等压过程

如果在气体状态变化过程中有一个状态量保持不变，这样的过程称为**等值过程**。对于理想气体，状态参量中有 p、V，相应地有等压、等体这两种等值过程。作为热力学第一定律的应用，本节讨论理想气体的这两种等值过程中功、热量和内能的计算方法及它们之间的相互转化。

8.3.1 理想气体的等体过程

气体体积保持不变的过程称为**等体过程**(isochoric process)。过程特征为体积 V 等于常量或 $\mathrm{d}V=0$，代入理想气体物态方程，得到理想气体等体过程的过程方程为

$$p/T=\text{常量} \tag{8-14}$$

在 p-V 图上等体线是一条平行于 p 轴的直线段，如图 8-6 所示。

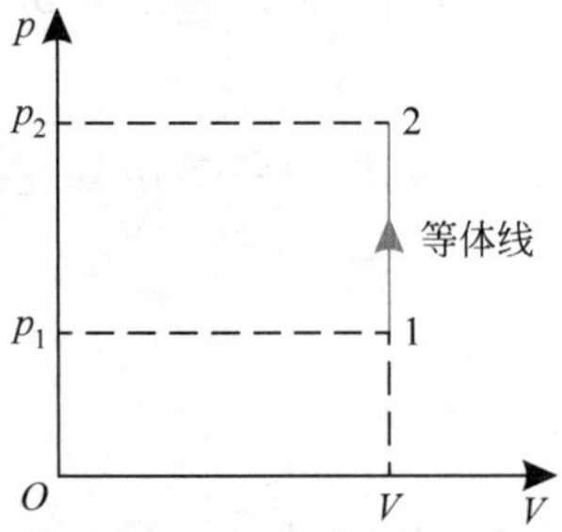

图 8-6 等体过程

由于等体过程气体的体积不变，所以气体对外界不做功，从过程曲线也可以看到，等体线下的面积等于零，即

$$\mathrm{d}W_V=0,\quad W_V=0$$

由热力学第一定律，有

$$\mathrm{d}E=\mathrm{d}Q_V$$

$$\Delta E=E_2-E_1=Q_V$$

这表明，等体过程中内能的增量就等于气体吸收的热量。

利用摩尔定容热容的定义式(8-6)和理想气体的内能公式(7-14)，可以计算出理想气体的摩尔定容热容

$$C_{V,\mathrm{m}}=\frac{1}{\nu}\frac{\mathrm{d}Q_V}{\mathrm{d}T}=\frac{1}{\nu}\frac{\mathrm{d}E}{\mathrm{d}T}=\frac{1}{\nu}\frac{\mathrm{d}}{\mathrm{d}T}\left(\nu\frac{i}{2}RT\right)=\frac{i}{2}R \tag{8-15}$$

式(8-15)表明，理想气体的摩尔定容热容是只决定于分子自由度的常量，而与气体的温度

无关。

对于摩尔定容热容为 $C_{V,\mathrm{m}}$，而物质的量为 ν 的理想气体，可得气体从温度 T_1 的状态变化到温度为 T_2 的状态的等体过程中，气体内能增量或气体吸收的热量为

$$\Delta E = Q_V = \int_{T_1}^{T_2} \nu C_{V,\mathrm{m}} \mathrm{d}T = \nu C_{V,\mathrm{m}}(T_2 - T_1) \tag{8-16}$$

理想气体的内能是温度的单值函数，其变化只取决于温度的变化，而与气体所经历的过程无关。因此，我们常用式(8-16)来计算任意过程的理想气体内能变化，即

$$\Delta E = \nu C_{V,\mathrm{m}}(T_2 - T_1) \tag{8-17}$$

8.3.2 理想气体的等压过程

气体压强保持不变的过程称为**等压过程**(**isobaric process**)。过程特征为压强 p 等于常量或 $\mathrm{d}p=0$，代入理想气体的物态方程，得到理想气体等压过程的方程为

$$V/T = \text{常量} \tag{8-18}$$

在 p-V 图上等压线是一条平行于 V 轴的直线段，如图 8-7 所示。

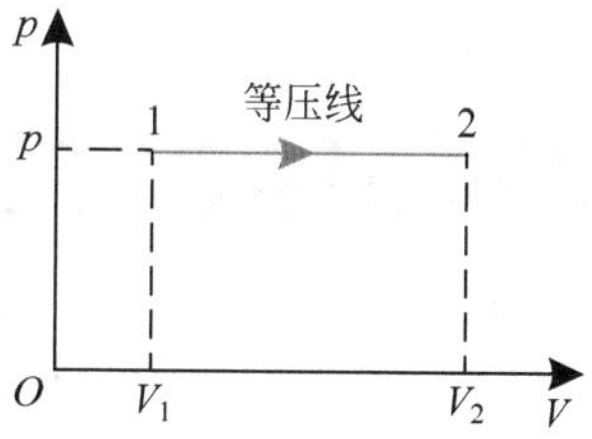

图 8-7 等压过程

由于等压过程中气体的压强不变，所以气体对外界做的功为

$$W_p = \int_{V_1}^{V_2} p\mathrm{d}V = p(V_2 - V_1) \tag{8-19a}$$

图 8-7 中过程曲线下的面积就等于气体对外界所做的功，也可从过程曲线直接得到这个结果。利用理想气体的物态方程，即 $pV_1=\nu RT_1$，$pV_2=\nu RT_2$，式(8-19a)也可写为

$$W_p = p(V_2 - V_1) = \nu R(T_2 - T_1) \tag{8-19b}$$

利用摩尔定压热容的定义式(8-7)、热力学第一定律式(8-13)和理想气体的内能公式(7-14)，可以计算出理想气体的摩尔定压热容

$$\begin{aligned} C_{p,\mathrm{m}} &= \frac{1}{\nu}\frac{\mathrm{d}Q_p}{\mathrm{d}T} = \frac{1}{\nu}\frac{\mathrm{d}E + p\mathrm{d}V}{\mathrm{d}T} = \frac{1}{\nu}\frac{\mathrm{d}E}{\mathrm{d}T} + \frac{1}{\nu}\frac{p\mathrm{d}V}{\mathrm{d}T} \\ &= \frac{1}{\nu}\frac{\mathrm{d}}{\mathrm{d}T}\left(\nu\frac{i}{2}RT\right) + \frac{1}{\nu}\frac{p\mathrm{d}V}{\mathrm{d}T} = \frac{i}{2}R + \frac{1}{\nu}\frac{p\mathrm{d}V}{\mathrm{d}T} \end{aligned} \tag{8-20}$$

对理想气体物态方程 $pV=\nu RT$ 两边求微分，得到 $p\mathrm{d}V + V\mathrm{d}p = \nu R\mathrm{d}T$，在等压过程中有 $p\mathrm{d}V=\nu R\mathrm{d}T$，将这个关系式代入式(8-20)得

$$C_{p,\mathrm{m}} = \frac{i}{2}R + R = \frac{i+2}{2}R \tag{8-21a}$$

式(8-21a)表明，理想气体的摩尔定压热容同样只决定于分子的自由度，而与气体的温度无关。从式(8-21a)还可以得到 $C_{p,\mathrm{m}}$ 与 $C_{V,\mathrm{m}}$ 之差为

$$C_{p,\mathrm{m}} - C_{V,\mathrm{m}} = R \tag{8-21b}$$

这表明，1mol 的理想气体温度升高 1K，等压过程比等体过程多吸收 8.31J 的热量。式(8-21b)称为**迈耶公式**。这是因为在等压过程中气体吸收的热量一部分用来增加内能，一部分用来气体膨胀时对外界做功；而在等体过程中气体吸收的热量全部用来增加内能。

对于摩尔定压热容为 $C_{p,\mathrm{m}}$，而物质的量为 ν 的理想气体，可得气体从温度 T_1 的状态变

化到温度为 T_2 的状态的等压过程中，气体吸收的热量为

$$Q_p = \nu\int_{T_1}^{T_2} C_{p,\mathrm{m}}\mathrm{d}T = \nu C_{p,\mathrm{m}}(T_2 - T_1) \tag{8-22}$$

理想气体等压过程的内能变化可用公式 $\Delta E=\nu C_{V,\mathrm{m}}(T_2-T_1)$ 计算。

在实际应用中，常常用到 $C_{p,\mathrm{m}}$ 与 $C_{V,\mathrm{m}}$ 的比值，这个比值叫做**比热容比**，用 γ 表示：

$$\gamma = \frac{C_{p,\mathrm{m}}}{C_{V,\mathrm{m}}} \tag{8-23}$$

由式(8-15)和式(8-21a)可得理想气体的比热容比为

$$\gamma = \frac{i+2}{i} \tag{8-24}$$

因此，理想气体的比热容比大于 1，它也只决定于分子的自由度，而与气体的温度无关。

对于单原子分子：$i=3, C_{V,\mathrm{m}}=3R/2, C_{p,\mathrm{m}}=5R/2, \gamma=1.67$

对于刚性双原子分子，$i=5, C_{V,\mathrm{m}}=5R/2, C_{p,\mathrm{m}}=7R/2, \gamma=1.40$

对于刚性多原子分子，$i=6, C_{V,\mathrm{m}}=3R, C_{p,\mathrm{m}}=4R, \gamma=1.33$

摩尔热容可以由理论值得出，也可通过实验测出。表 8-1 给出了几种气体的摩尔热容的实验值。

表 8-1 几种气体的摩尔热容的实验值

气体	摩尔质量 M	$C_{p,\mathrm{m}}$	$C_{V,\mathrm{m}}$	$C_{p,\mathrm{m}}-C_{V,\mathrm{m}}$	$\gamma=C_{p,\mathrm{m}}/C_{V,\mathrm{m}}$
单原子气体					
氦(He)	4.003×10^{-3}	20.79	12.52	8.27	1.66
氩(Ar)	39.95×10^{-3}	20.79	12.45	8.34	1.67
双原子气体					
氢(H_2)	2.016×10^{-3}	28.82	20.44	8.38	1.41
氮(N_2)	28.01×10^{-3}	29.12	20.80	8.32	1.40
氧(O_2)	32.00×10^{-3}	29.37	20.98	8.39	1.40
空气	28.97×10^{-3}	29.01	20.68	8.33	1.40
一氧化碳(CO)	28.01×10^{-3}	29.04	20.74	8.30	1.40
多原子气体					
二氧化碳(CO_2)	44.01×10^{-3}	36.62	28.17	8.45	1.30
一氧化氮(N_2O)	40.01×10^{-3}	36.90	28.39	8.51	1.31
硫化氢(H_2S)	34.04×10^{-3}	36.12	27.36	8.76	1.32
水蒸气(H_2O)	18.02×10^{-3}	36.21	27.82	8.39	1.30

[例题 8-3]

20mol 氧气由状态 1 变化到状态 2 所经历的过程如图 8-8 所示，(1) 沿 $1\to m\to 2$ 路径；(2) 沿 $1\to 2$ 直线。试分别求出这两个过程中的功 W 与热量 Q 以及氧气内能的变化 E_2-E_1。氧分子当成刚性理想气体分子看待。

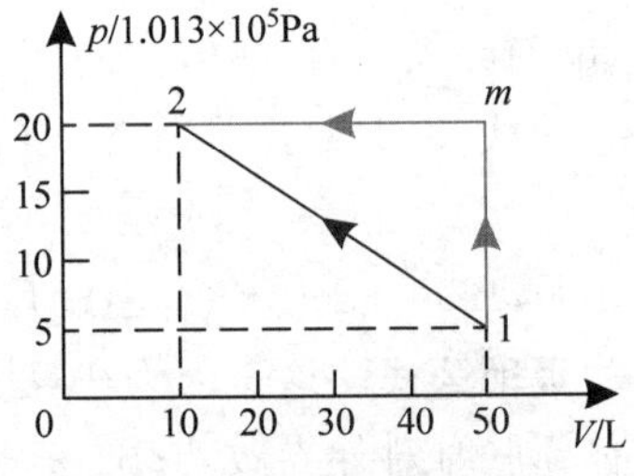

图 8-8 例题 8-3 用图

解 (1)$1\to m\to 2$ 过程

对于 $1\to m$ 过程，由于是等体过程，所以 $W_{1m}=0$，

$$Q_{1m} = \nu C_{V,\mathrm{m}}(T_m - T_1) = \frac{i}{2}\nu R(T_m - T_1) = \frac{i}{2}(p_2V_1 - p_1V_1)$$

$$= \frac{i}{2}(p_2 - p_1)V_1 = \frac{5}{2}(20-5)\times 1.013\times 10^5\times 50\times 1\times 10^{-3}$$

$$= 1.90\times 10^5(\mathrm{J})$$

$$\Delta E_{1m} = \nu C_{V,\mathrm{m}}(T_m - T_1) = Q_{1m} = 1.90\times 10^5(\mathrm{J})$$

对于 $m\to 2$ 过程，为等压过程，

$$W_{m2} = \int_{V_1}^{V_2} p\mathrm{d}V = p_2(V_2 - V_1) = 20\times 1.013\times 10^5\times(10-50)\times 10^{-3}$$

$$= -8.10\times 10^4(\mathrm{J})$$

$$Q_{m2} = \nu C_{p,\mathrm{m}}(T_2 - T_m) = \frac{i+2}{2}\nu R(T_2 - T_m) = \frac{i+2}{2}p_2(V_2 - V_1)$$

$$= \frac{5+2}{2}\times 20\times 1.013\times 10^5\times(10-50)\times 10^{-3} = -2.84\times 10^5(\mathrm{J})$$

$$\Delta E_{m2} = \nu C_{V,\mathrm{m}}(T_2 - T_m) = \frac{i}{2}\nu R(T_2 - T_m) = \frac{i}{2}P_2(V_2 - V_1)$$

$$= \frac{5}{2}\times 20\times 1.013\times 10^5\times(10-50)\times 10^{-3} = -2.03\times 10^5(\mathrm{J})$$

对于整个 $1\to m\to 2$ 过程，

$$W = W_{1m} + W_{m2} = 0 + (-0.81\times 10^5) = -8.10\times 10^4(\mathrm{J})$$

是气体对外界做负功或外界对气体做功 0.81×10^5J。

$$Q = Q_{1m} + Q_{m2} = 1.90\times 10^5 - 2.84\times 10^5 = -9.40\times 10^4(\mathrm{J})$$

是气体向外界放热。

$$\Delta E = E_2 - E_1 = (\Delta E)_{1m} + (\Delta E)_{m2} = 1.90\times 10^5 - 2.03\times 10^5$$

$$= -1.30\times 10^4(\mathrm{J})$$

气体内能减小了。

以上分别独立地计算了 W、Q 和 ΔE，从结果可以看出它们符合热力学第一定律：

$$Q = E_2 - E_1 + W$$

(2) $1\to 2$ 过程

功可由直线下面的面积求出，由于气体被压缩，是外界对气体做正功，而气体对外界做的功为

$$W = -\frac{p_1 + p_2}{2}(V_1 - V_2) = -\frac{5+20}{2}\times 1.013\times 10^5\times(50-10)\times 10^{-3}$$

$$= -5.07\times 10^4(\mathrm{J})$$

$$\Delta E = \nu C_{V,\mathrm{m}}(T_2 - T_1) = \frac{i}{2}\nu R(T_2 - T_1) = \frac{i}{2}(p_2V_2 - p_1V_1)$$

$$= \frac{5}{2}\times(20\times 10 - 5\times 50)\times 1.013\times 10^5\times 10^{-3} = -1.27\times 10^4(\mathrm{J})$$

由热力学第一定律

$$Q = \Delta E + W = -0.13\times 10^5 - 0.51\times 10^5 = -6.40\times 10^4(\mathrm{J})$$

是气体向外界放热。

比较以上两个过程的计算结果可以看出，内能的变化和过程无关，内能是系统的状态函数。功和热量则随过程不同而不同，是过程量。

8.4 理想气体的等温过程和绝热过程

作为热力学第一定律的另一方面的应用，我们讨论理想气体的等温过程和绝热过程。

8.4.1 理想气体的等温过程

气体温度保持不变的过程称为**等温过程**(isothermal process)。过程特征是 T 等于常量或 $\mathrm{d}T=0$，等温过程的过程方程为

$$pV = \nu RT = \text{常量} \tag{8-25}$$

将上述过程方程在 p-V 图上画出来就得到一条等温线，显然等温线是双曲线，如图 8-9 所示。由于等温过程中气体的温度不变，所以气体的内能也保持不变，即

$$\Delta E = 0 \quad \text{或} \quad E_1 = E_2 \tag{8-26}$$

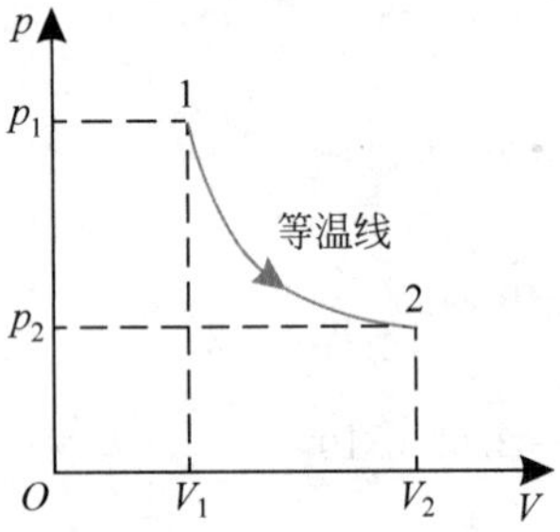

图 8-9 等温过程

由功的计算公式(8-2)和理想气体的状态方程 $pV=\nu RT$，可以得到等温过程中气体对外界所做的功为

$$W_T = \int_{V_1}^{V_2} p\mathrm{d}V = \nu \int_{V_1}^{V_2} RT\,\frac{\mathrm{d}V}{V}$$

$$= \nu RT\ln\frac{V_2}{V_1} \tag{8-27a}$$

因为 $p_1V_1=p_2V_2$，式(8-27a)也可写成

$$W_T = \nu RT\ln\frac{p_1}{p_2} \tag{8-27b}$$

由热力学第一定律可得

$$Q_T = W_T = \nu RT\ln\frac{V_2}{V_1} = \nu RT\ln\frac{p_1}{p_2} \tag{8-28}$$

式(8-28)表明，理想气体在等温膨胀过程中，气体吸收的热量全部转化为气体对外界所做的功；当气体被压缩时，气体对外界做负功，表明外界对气体所做的功，全部以热量形式传递给恒温热源。

[例题 8-4]

1mol 刚性分子理想气体经历如图 8-10 所示的过程，其中 1→2 是等压过程，2→3 是等体过程，3→1 是等温过程。试分别讨论在这三个过程中，气体吸收的热量、对外所做的功以及气体内能的增量是大于、小于还是等于零。

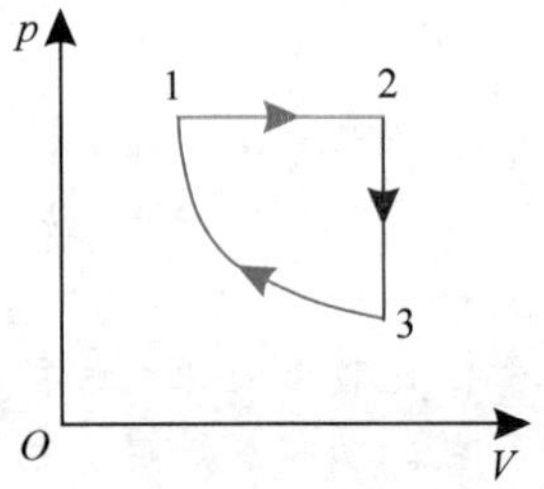

图 8-10 例题 8-4 用图

解 (1) 由图 8-10 可知，1→2 是等压过程，$V_2>V_1$，由理想气体物态方程，得到 $T_2>T_1$。因此，对 1mol 的理想气体有

$$Q_p = C_{p,\mathrm{m}}(T_2 - T_1) > 0$$

$$W_p = p(V_2 - V_1) = R(T_2 - T_1) > 0$$

$$\Delta E = C_{V,\mathrm{m}}(T_2 - T_1) > 0$$

Q_p、W_p、ΔE 都大于零，表明在此过程中，气体从外界吸收的热量一部分用来对外做功，另一部分用来增加内能。

(2) 2→3 是等体过程，气体做功为零，即

$$W_V = 0$$

从图 8-10 可以看出，此过程中气体的压强变小，根据理想气体物态方程，气体的温度降低，即 $T_3 < T_2$，所以有

$$Q_V = C_{V,\mathrm{m}}(T_3 - T_2) < 0$$

$$\Delta E = Q_V < 0$$

Q_V、ΔE 都小于零，表明在此过程中，气体向外界放出热量，内能减少。

(3) 3→1 是等温过程，内能变化为零：

$$\Delta E = 0$$

从图 8-10 可以看出，$V_3 > V_1$。根据式(8-28)，1mol 理想气体在等温过程中对外界所做的功等于吸收的热量，即

$$W_T = Q_T = RT_1 \ln\frac{V_1}{V_3} < 0$$

W_T 和 Q_T 小于零，表明在此等温过程中，实际上是外界对气体做了正功，同时气体向外界放出热量，使系统内能不变。

8.4.2 理想气体的绝热过程

绝热过程是热力学过程中一个十分重要的过程。如果在整个过程中，系统和外界无热量交换，则此过程称为**绝热过程**(**adiabatic process**)。绝热过程的特点是系统与外界无热量交换，所以在实际中被良好绝热材料所封闭的系统内进行的过程，或者过程进行得很快以至于来不及和外界进行显著热交换的过程，都可以近似地看作是绝热过程。例如，内燃机中热气体的突然膨胀、柴油机或压气机中空气的压缩、声波中气体的压缩(稠密)和膨胀(稀疏)等。可见绝热过程也是一种理想化的过程。

利用热力学第一定律、绝热过程的特点和理想气体物态方程，可以导出理想气体的绝热过程方程。假如在一个密闭汽缸中储有理想气体，汽缸壁、底部和活塞均由绝热材料制成，活塞与缸壁间的摩擦略去不计。绝热过程的特征是 $\mathrm{d}Q=0$。

因为在绝热过程中 $\mathrm{d}Q=0$，故由热力学第一定律，有

$$0 = \mathrm{d}E + \mathrm{d}W$$

由于理想气体的内能仅是温度的函数，故由式 $\mathrm{d}E=\nu C_{V,\mathrm{m}}\mathrm{d}T$，$\mathrm{d}W=p\mathrm{d}V$ 可得

$$0 = \nu C_{V,\mathrm{m}}\mathrm{d}T + p\mathrm{d}V$$

已知理想气体物态方程为 $pV=\nu RT$，对它取微分，有

$$p\mathrm{d}V + V\mathrm{d}p = \nu R\mathrm{d}T$$

由上面两式消去 $\mathrm{d}T$ 可得

$$C_{V,\mathrm{m}}p\mathrm{d}V + C_{V,\mathrm{m}}V\mathrm{d}p = -Rp\mathrm{d}V$$

将 $C_{p,\mathrm{m}}-C_{V,\mathrm{m}}=R$ 和 $\gamma=\dfrac{C_{p,\mathrm{m}}}{C_{V,\mathrm{m}}}$ 代入，得

$$\gamma\frac{\mathrm{d}V}{V}=-\frac{\mathrm{d}p}{p}$$

积分，有

$$\gamma\ln V+\ln p=\text{常量}$$

得

$$pV^{\gamma}=\text{常量}\tag{8-29}$$

这就是理想气体绝热过程的过程方程，称为**泊松公式**。利用理想气体物态方程 $pV=\nu RT$ 和式(8-29)，还可以将泊松公式表示成用(V,T)或(p,T)作为变量的形式：

$$\begin{cases}TV^{\gamma-1}=\text{常量}\\ p^{\gamma-1}T^{-\gamma}=\text{常量}\end{cases}\tag{8-30}$$

注意，式(8-29)、式(8-30)中的常量各不相同。

根据泊松公式，在 p-V 图上可以画出理想气体绝热过程所对应的曲线，称为**绝热线**。绝热线比等温线更陡一些。如图 8-11 所示，气体从状态 a 出发，经过绝热过程到达状态 b，经过等温过程到达状态 c，体积都从 V_1 膨胀到 V_2，但绝热过程压强下降得比等温过程多，即 $p_b<p_c$。另外，不难看出 $T_b<T_a$，这是因为 $p=nkT$，在等温过程中只有分子数密度 n 减小，在绝热过程中除了 n 减小同样的数值外，温度也要降低。所以体积膨胀相同数值时，绝热过程比等温过程压强降低得多些。

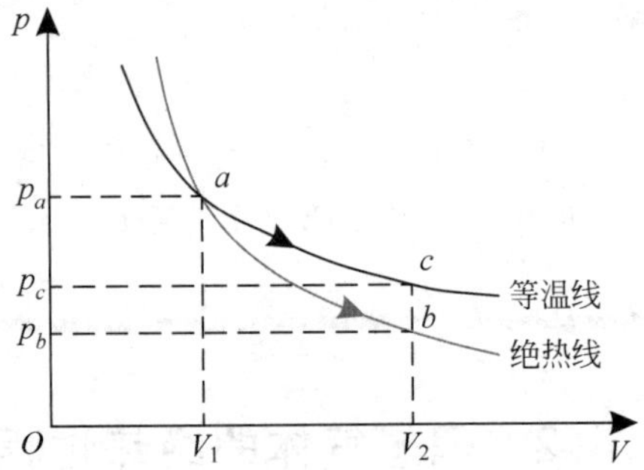

图 8-11 绝热线与等温线比较

由式 $0=\nu C_{V,\mathrm{m}}\mathrm{d}T+p\mathrm{d}V$，可得理想气体绝热过程做的功和气体内能的减少量为

$$W_Q=-\Delta E=-\nu C_{V,\mathrm{m}}(T_2-T_1)=\nu C_{V,\mathrm{m}}(T_1-T_2)\tag{8-31}$$

这表明，绝热过程的功等于系统内能的减少，即气体以降低温度、减少系统内能为代价对外界做功。

理想气体绝热做功的表达式也可以用物态参量 p、V 来表示。将理想气体物态方程代入式(8-31)，得

$$W_Q=\frac{C_{V,\mathrm{m}}}{R}(p_1V_1-p_2V_2)\tag{8-32a}$$

$$W_Q=\frac{p_1V_1-p_2V_2}{\gamma-1}\tag{8-32b}$$

[例题 8-5]

设有 5 mol 的氢气(视为刚性分子理想气体)，初始状态的温度为300K，压强为 $1\times10^5\,\mathrm{Pa}$，求经绝热过程，将气体压缩为原来体积的 1/10 需要做的功。若是等温过程，结果如何？

解 氢气是双原子分子，比热容比 $\gamma=7/5=1.4$，由绝热过程方程式(8-30)，可得气体

绝热压缩后的温度为

$$T_2 = T_1 \left(\frac{V_1}{V_2}\right)^{\gamma-1} = 300 \times 10^{1.4-1} = 754(\mathrm{K})$$

由式(8-31)计算绝热压缩过程中气体做的功为

$$W = \nu C_{V,\mathrm{m}}(T_1 - T_2) = \nu \frac{i}{2} R(T_1 - T_2)$$
$$= 5 \times \frac{5}{2} \times 8.31 \times (300 - 754)$$
$$= -4.72 \times 10^4 (\mathrm{J})$$

式中负号表示当气体被绝热压缩时，外界对气体做功。

对等温过程，由式(8-27a)，得等温过程中气体对外界所做的功为

$$W_T = \nu RT \ln \frac{V_2}{V_1}$$
$$= 5 \times 8.31 \times 300 \times \ln 0.1$$
$$= -2.87 \times 10^4 (\mathrm{J})$$

本题计算结果表明，当系统从同一状态出发，压缩相同的体积时，绝热过程中外界对气体做的功比等温过程中做的功多。

原理应用

喷气发动机的燃料及其选择

1. 喷气燃料

喷气燃料(jet fuel)是轻质石油产品，广泛用于各种喷气飞机。喷气发动机燃料又称为**航空涡轮燃料**，主要由原油蒸馏的煤油馏分经精制加工，有时还加入添加剂制得，也可由原油蒸馏的重质馏分油经加氢裂化生产。分宽馏分型(沸点 60～280℃)和煤油型(沸点 150～315℃)两大类。喷气燃料的质量有严格规定，主要质量指标为：①体积发热量：指单位体积燃料完全燃烧时释放的净热量，为燃料的质量发热量与其密度的乘积。严格地说，它对用于导弹(冲压导弹和巡航导弹)的石油燃料才有决定意义。体积发热量对飞行器的航程有重要意义，其值大表示航程也可以远。提高燃料密度是增大其体积发热量最有效的途径。②冰点：它是燃料低温性能的重要指标之一，指燃料在冷却时形成烃类结晶而在加热时又消失的温度。喷气燃料要求冰点低，对高空长时间飞行用的燃料应低于−50℃(短时间飞行的可不高于−40℃)。③密度：密度越高越好，体积发热量大的燃料习惯上又称高密度燃料。④芳烃含量。要求质量不大于20%。⑤燃料要洁净，热稳定性要好。

2. 喷气发动机燃料的选择

喷气发动机燃料的选择涉及许多方面，是个复杂的问题。下面从简单、典型的物理模型入手，

运用物理学的基本规律讨论喷气发动机燃料的选择原则。当喷气发动机的孔径显著地超过气体分子的平均自由程时,容器内向外逸出的压缩气体形成一束喷射状的宏观气流。假如孔径并不很大,在短时间内喷射出的气流几乎不影响容器内气体的温度和压强,那么气流可看成是稳恒流动。如图 P8-1 所示为喷气发动机,图 P8- 2 所示为装有喷气发动机的飞机。

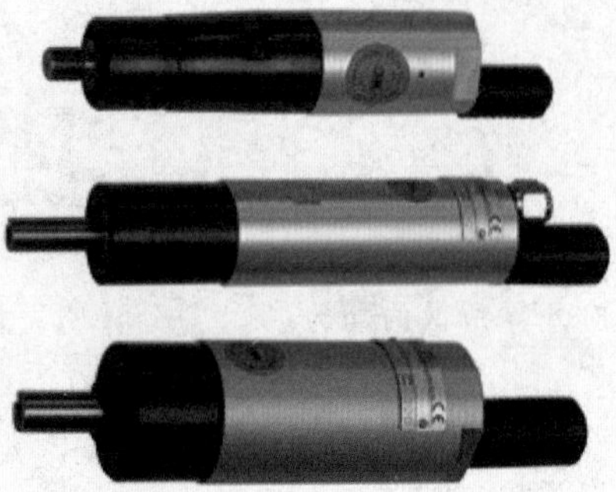

图 P8-1 喷气发动机

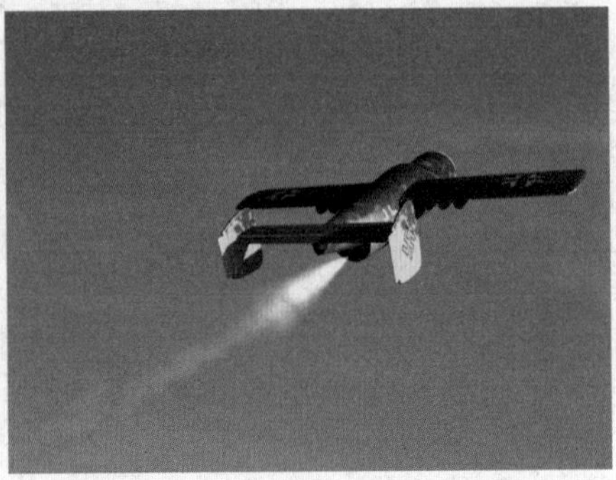

图 P8-2 装有喷气发动机的飞机

设气体的摩尔质量为 M,气体的定压摩尔热容是 $C_{p,\mathrm{m}}$,气体的温度为 T,气体元的宏观流速为 v。利用热力学准静态绝热过程和热力学第一定律,得

$$C_{p,\mathrm{m}}T+\frac{1}{2}Mv^2=\text{恒量} \tag{P8-1}$$

选取喷气发动机的燃烧室为流管的横截面 1,室内气流速率 v_1 为零,温度为 T_1;选择喷口附近为流管截面 2,该处气流元速率为 v_2,温度为 T_2。由式(P8-1)得

$$C_{p,\mathrm{m}}T_1=C_{p,\mathrm{m}}T_2+\frac{1}{2}Mv_2^2$$

因为喷口附近是太空的稀薄气体,其温度 T_2 近似为零,由此可得喷口附近的气流速率 v_2 为

$$v_2=\sqrt{\frac{2T_1}{M}C_{p,\mathrm{m}}} \tag{P8-2}$$

式(P8-2)表明,喷气发动机的喷气速率 v_2 与燃烧产生的高温气体的温度 $\sqrt{T_1}$ 成正比,与气体的摩尔质量 $\sqrt{M}$ 成反比。因此,所选择的燃料,首先要有很高的燃烧值,使燃烧室内气体有较高的温度 T_1;其次是燃烧后产生的高温气体,应是 M 较小的多原子分子气体,因为多原子分子气体的定压摩尔热容较大。

通过式(P8-2)估算,氢气是喷气发动机的理想燃料,NH_2NH_2 以 F_2 作氧化剂也可获得较好的结果,这种估算与实验事实较为接近。

8.5 循环过程

8.5.1 热力学循环过程

在生产实践上,往往需要通过物质系统把热与功之间的转换持续不断地进行下去,这就需要利用循环过程来完成。一个系统由某一状态出发，经过一系列状态变化后又回到初始状态，这样的过程称为**循环过程**（thermodynamic cycle），简称**循环**。经历循环过程的物质叫做**工作物质**（working substance），简称**工质**（work medium）。对于理想气体，如果循环过程是准静态的，则该循环可用 p-V 图上一条闭合曲线来表示，按照循环过程进行的方向不同可把循环过程分为两类，如图 8-12 所示。曲线上的箭头表示过程进行的方向，沿顺时针方向进行的循环称为**正循环**或**热机**（heat engine）**循环**（见图 8-12（a）），沿逆时针方向进行的循环称为**逆循环**或**制冷机**（refrigerator）**循环**（见图 8-12（b））。

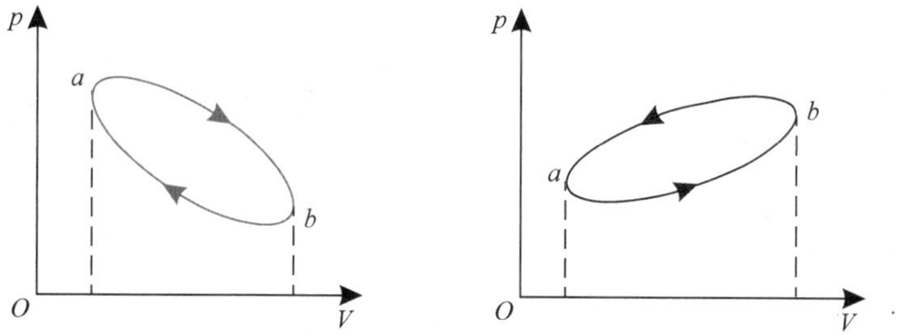

(a)　　　　(b)

图 8-12　循环过程

(a) 正循环；(b) 逆循环

在一次正循环中，气体膨胀时对外界所做的功 W_1 在数值上等于图 8-12(a)中过程 $a \to b$ 曲线下面的面积，气体被压缩时外界对系统所做的功 W_2 在数值上等于图 8-12(a)中过程 $b \to a$ 曲线下的面积，显然 W_1 大于 W_2，两者之差 $W = W_1 - W_2$ 为气体对外界所做的净功，该净功为正。同理，如果气体经历逆循环，气体对外做功大小仍然是循环过程所包围的面积，只不过此时净功为负值。

应当指出，在任何一个循环过程中，系统所做的净功大小都等于 p-V 图上循环过程所包围的面积。内能是状态的单值函数，经过一个循环后系统的状态复原，故内能增量为零，这是循环过程的基本特点。

注意：在循环过程中，常约定用 Q_1、Q_2、W 分别表示系统吸热、系统放热和系统做功的绝对值，这与热力学第一定律式(8-11)关于 Q、W 的正负规定有所不同。

动画：循环过程

8.5.2　热机循环　循环效率

如图 8-13(a)所示，一热机经过一次正循环后，由于工质又回到原始状态，内能不变，因此，工质从高温热源 T_1 吸收热量 Q_1，一部分通过做功 W 转化为机械能，另一部分在低温热源 T_2 中通过放热 Q_2（绝对值）而传给外界。这就是说，在热机经历一个正循环后，吸收的热量 Q_1 不能全部转化为功，转化为功的只是

$$W = Q_1 - Q_2 \tag{8-33}$$

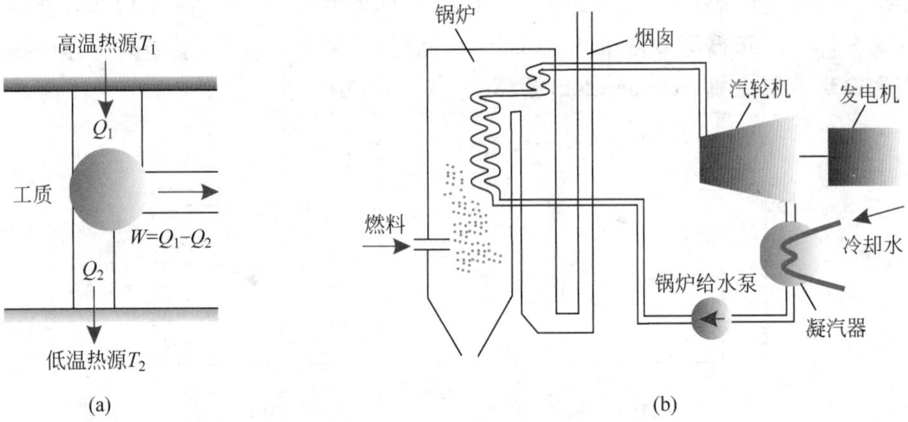

图 8-13 热机循环的工作原理(a)及蒸汽机的示意图(b)

由此定义**热机效率**(efficiency of heat engine)或**循环效率** η 为

$$\eta = \frac{W}{Q_1} = 1 - \frac{Q_2}{Q_1} \tag{8-34}$$

它是衡量热机效能的重要参量，通常用百分数表示。在热机循环中，工质总要向外界放出一部分热量，即 Q_2 不能等于零，所以热机效率永远小于1，即 $\eta<1$。第一部实用的热机是蒸汽机（见图 8-13(b)），创制于 17 世纪末，用于煤矿中抽水。目前的蒸汽机主要用于发电厂中。热机除蒸汽机外，还有内燃机、喷气机等。虽然它们在工作方式、效率上各不相同，但工作原理却基本相同，都是不断地把热量转变为功。前面介绍的"第一类永动机"的效率大于100%，违背了热力学第一定律，所以效率大于 100%的热机不可能实现。表 8-2 给出了几种装置的热机效率。

表 8-2 几种装置的热机效率

液体燃料火箭	燃气轮机	柴油机	汽油机	蒸汽机车	热电偶
$\eta=0.48$	$\eta=0.46$	$\eta=0.37$	$\eta=0.25$	$\eta=0.08$	$\eta=0.07$

8.5.3 制冷机 制冷系数

图 8-14 所示为一个制冷机的示意图，气体从低温热源吸取热量而膨胀，并在压缩过程中，把热量放出给高温热源。为实现这一点，外界必须对制冷机做功。图中 Q_2 为制冷机从低温热源吸收的热量，W 为外界对它做的功，Q_1 为它放出给高温热源热量的值。于是当制冷机完成一个逆循环后有

$$-W = Q_2 - Q_1 \quad 或 \quad W = Q_1 - Q_2$$

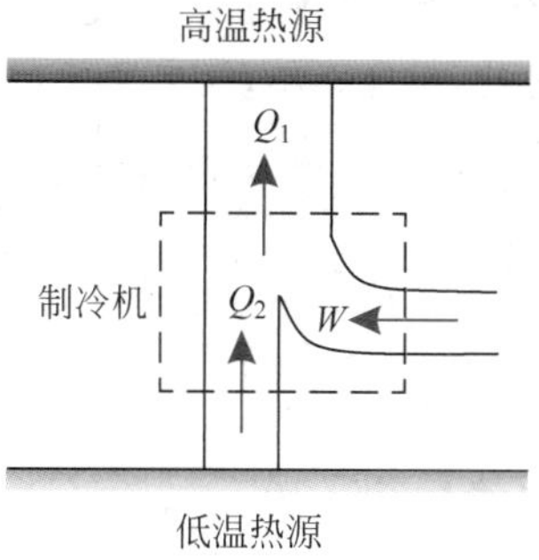

图 8-14 制冷机的示意图

这就是说，制冷机经历一个逆循环后，由于外界对它做功，可把热量由低温热源传递到高温热源。外界不断做功，就能不断地从低温热源吸取热量，传递到高温热源，这就是制冷机的工作原理。通常把

$$e=\frac{Q_2}{W}=\frac{Q_2}{Q_1-Q_2} \tag{8-35}$$

叫做制冷机的**制冷系数**(**coefficient of refrigerator**)。制冷系数的大小，表示外界对制冷机做功而制冷机可以从低温热源取走多少热量。制冷机消耗的外界功越少，吸收的热量越多，制冷机的性能就越好。生活中常见的制冷机有冰箱和空调。对于冰箱而言，其冷冻室就是低温热源，冷凝器周围处于室温下的空气就是高温热源，冰箱内部的制冷剂就是工质。通过工质的汽化吸收，使低温热源的温度更低，高温热源的温度更高。制冷机也可以起热泵的作用，例如空调，在冬季室内空气为高温热源，室外空气为低温热源，此时只需改变空调中的工质流向，就可以实现从低温热源(室外)吸热，向高温热源(室内)放热的热泵效果。

[例题 8-6]

1 摩尔单原子分子的理想气体，经历如图 8-15 所示的循环过程($abcda$)，求循环效率。

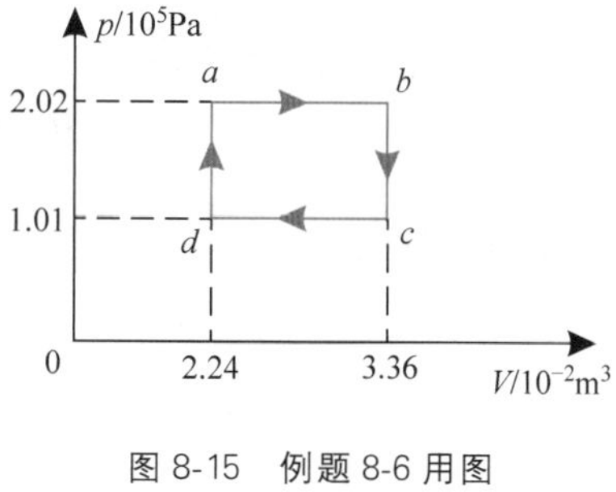

图 8-15 例题 8-6 用图

解 该循环是正循环，对应热机，故求循环效率应求热机效率 η。而 $\eta=\frac{W}{Q_1}=1-\frac{Q_2}{Q_1}$，其中，$W$ 为净功，为循环各过程气体所做功的代数和，即循环曲线所围的面积；Q_1 为整个循环过程中所有吸热过程所吸收的热量之和；Q_2 为整个循环过程中所有放热过程所放出的热量之和。如果循环曲线所围的面积易求，就应首选 $\eta=\frac{W}{Q_1}$ 来求循环效率。

方法一：利用 $\eta=\frac{W}{Q_1}$ 来求解。

循环过程的净功 W 为循环曲线所围矩形的面积，即

$$W=S_{矩形}=(p_a-p_d)(V_c-V_d)=1.01\times1.12\times10^3=1131(\mathrm{J})$$

由循环曲线可知：da 为等体过程，压强增大，温度升高，吸热；ab 为等压过程，体积增大，温度升高，吸热；bc 为等体过程，压强减小，温度降低，放热；cd 为等压过程，体积减小，温度降低，放热。气体为单原子分子，自由度 $i=3$，$C_{V,m}=\frac{3}{2}R$，$C_{p,m}=\frac{5}{2}R$。各分过程吸收的热量为

$$Q_{da}=\nu C_{V,m}(T_a-T_d)=\frac{3}{2}R(T_a-T_d)=\frac{3}{2}V_a(p_a-p_d)$$

$$=\frac{3}{2}\times 2.24\times 1.01\times 10^3=3394(\mathrm{J})$$

$$Q_{ab}=\nu C_{p,m}(T_b-T_a)=\frac{5}{2}R(T_b-T_a)=\frac{5}{2}p_a(V_b-V_a)$$

$$=\frac{5}{2}\times 2.02\times 1.12\times 10^3=5656(\mathrm{J})$$

整个循环过程吸收的热量为

$$Q_1=Q_{da}+Q_{ab}=9050(\mathrm{J})$$

循环效率为

$$\eta=\frac{W}{Q_1}\times 100\%=12.5\%$$

方法二：利用 $\eta=1-\frac{Q_2}{Q_1}$ 求解。

各分过程放出的热量为

$$Q_{bc}=\nu C_{V,m}(T_c-T_b)=\frac{3}{2}R(T_c-T_b)=\frac{3}{2}V_b(p_c-p_b)$$

$$=-\frac{3}{2}\times 3.36\times 1.01\times 10^3=-5090(\mathrm{J})$$

$$Q_{cd}=\nu C_{p,m}(T_d-T_c)=\frac{5}{2}R(T_d-T_c)=\frac{5}{2}p_d(V_d-V_c)$$

$$=-\frac{5}{2}\times 1.01\times 1.12\times 10^3=-2828(\mathrm{J})$$

整个循环过程放出的热量为

$$Q_2=|Q_{bc}|+|Q_{cd}|=7918(\mathrm{J})$$

循环效率为

$$\eta=1-\frac{Q_2}{Q_1}=12.5\%$$

由此可见，两种方法得到的循环效率是一样的。

8.5.4 卡诺循环

18 世纪，由于蒸汽机的广泛使用促进了整个工业的发展，但是当时蒸汽机的效率普遍低于 5%，绝大部分的热量都被浪费了。虽然瓦特改进了蒸汽机，使热机效率大为提高，但人们仍迫切要求进一步提高热机效率。卡诺循环是一种重要的循环，它是由法国青年工程

师卡诺于 1824 年首先提出的。这种循环确定了热转变为功的最大限度。让我们以理想气体为工作物质来讨论这种循环。

卡诺循环是由两条等温线和两条绝热线构成的，如图 8-16 所示，AB 和 CD 为两条温度分别为 T_1 和 T_2 的等温线，在这两个过程中，系统将分别与温度为 T_1 的高温热源和温度为 T_2 的低温热源相接触，并进行热量传递。BC 和 DA 为两条绝热线，在这两个过程中，系统不再与任何热源相接触，与外界也没有热量交换。其中各分过程的传热情况如下：

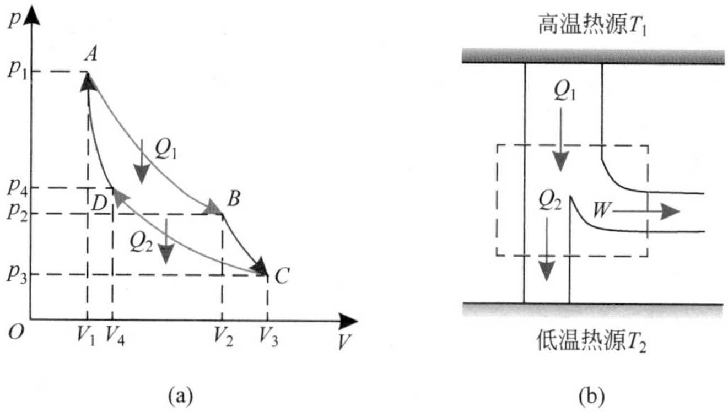

图 8-16 卡诺循环——热机

(a) p-V 图；(b) 工作示意图

(1) $A \to B$ 过程：如果系统中的理想气体最初处于状态 A，状态参量为 V_1、p_1、T_1，然后经等温膨胀过程 AB 缓慢地到达状态 B，状态参量变为 V_2、p_2、T_1。在这过程中，系统与高温热源接触并从中吸取热量值为

$$Q_1 = \nu R T_1 \ln \frac{V_2}{V_1}$$

(2) $B \to C$ 过程：系统由状态 B 经绝热膨胀过程到达状态 C，状态参量变为 V_3、p_3、T_2。在这过程中，移去高温热源，系统与外界没有热量交换。

(3) $C \to D$ 过程：系统由 C 状态经等温压缩到达状态 D，状态参量变为 V_4、p_4、T_2。在这过程中系统与低温热源接触，系统向外界释放热量值为

$$Q_2 = \nu R T_2 \ln \frac{V_3}{V_4}$$

(4) $D \to A$ 过程：系统由状态 D 经绝热压缩过程到达原状态 A，完成一次正循环。在这过程中，移去低温热源，系统与外界没有热量交换。

这样，经过上述四个过程，系统完成了一个正循环，根据热机效率的定义，卡诺循环的效率可表示为

$$\eta = 1 - \frac{Q_2}{Q_1} = 1 - \frac{T_2 \ln \frac{V_3}{V_4}}{T_1 \ln \frac{V_2}{V_1}} \tag{8-36}$$

由绝热方程，应有

$$T_1 V_2^{\gamma-1} = T_2 V_3^{\gamma-1}$$
$$T_1 V_1^{\gamma-1} = T_2 V_4^{\gamma-1}$$

上两式相除，有

$$\frac{V_2}{V_1}=\frac{V_3}{V_4}$$

代入式(8-36)，就得到卡诺循环效率的表达式

$$\eta=\frac{W}{Q_1}=\frac{T_1-T_2}{T_1}=1-\frac{T_2}{T_1} \tag{8-37}$$

由式(8-37)可见，以理想气体为工作物质的卡诺循环的效率，只取决于高温热源的温度和低温热源的温度。当高温热源的温度越高，低温热源的温度越低，卡诺循环的效率也就越高。

现在让我们看一下逆卡诺循环的情况，在一次逆循环中，系统从状态 A 出发，沿着图 8-16 中箭头所示的相反方向，即闭合曲线 $ADCBA$ 循环一周返回状态 A。外界对系统做功 W，系统从低温热源吸收热量 Q_2，同时向高温热源释放热量 Q_1。根据式(8-35)，逆卡诺循环的制冷系数可表示为

$$e=\frac{Q_2}{W}=\frac{Q_2}{Q_1-Q_2}=\frac{T_2}{T_1-T_2} \tag{8-38}$$

式(8-38)表示，逆卡诺循环的制冷系数，也只取决于高温热源的温度和低温热源的温度。低温热源的温度越低，制冷系数越小。这说明，系统从温度较低的低温热源中吸取热量时，外界必须消耗较多的功。

为了节省能源，在逆循环中系统向高温热源排放的热量是可以利用的。

8.6 热力学第二定律　卡诺定理

热力学第一定律是能量转换与守恒定律在与热现象有关的过程中的具体形式，任何热力学过程都必须遵从热力学第一定律。但是热力学第一定律并未限定过程进行的方向，满足热力学第一定律的热力学过程不一定都能实现。热力学第二定律指出了在一个与外界无相互作用的系统内，自然发生的过程是有方向的。为了进一步讨论热力学第二定律的含义，需要先介绍可逆过程和不可逆过程的概念。

假设有一个热力学系统从初态经过某过程到达末态，同时在系统状态变化过程中对外界产生一定影响。如果存在另一个过程，使系统从末态开始逆向重复原过程的每一个状态而回到初态，并且能够同时消除原过程对外界的一切影响，则原来的过程即为**可逆过程**(**reversible process**)。反之，如果不论用什么方法，都不能使系统和外界恢复到原状态，则此过程叫做**不可逆过程**(**irreversible process**)。

8.6.1 自然过程的方向性

在自然界中，自然过程都是按一定方向进行的，即具有方向性，反方向的逆过程不能自动进行。热力学研究的是最简单也是最基本的情况，下面举三个典型的例子。

1. 气体自由膨胀具有方向性

如图 8-17 所示，一密封容器被中间的隔板分成左右两部分，其中左边有气体，右边是真空。把隔板抽掉后，左边的气体分子自动向右边真空迅速扩散，最后达到均匀分布的平衡状

态。而相反的过程，即充满整个容器均匀分布的气体自动地收缩到左半部分，使右半部分成为真空的过程，在没有外力作用的情况下，是不可能实现的。因此，气体向真空中绝热自由膨胀的过程是有方向的。

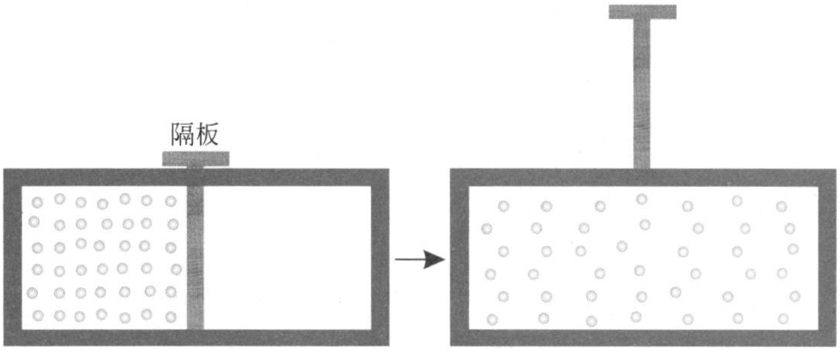

图 8-17 气体的自由膨胀过程

2. 功热转换具有方向性

自然界中功热转换过程也具有方向性。功热转换的方向性可以用典型的焦耳实验（见图 8-18）来说明。在实验中，将水盛在绝热壁包围的容器中，使叶片在水中转动，和水摩擦，叶片所做的机械功可以全部转化为系统的内能，提高水的温度。但相反的过程，即水自动降温，产生水流，推动叶片转动，使叶片自动转动起来，即将一定量的热量自动地转化为机械功，这样的过程却从来没有实现过，它是不可能发生的，因此，通过摩擦使功变成热的过程是不可逆的。

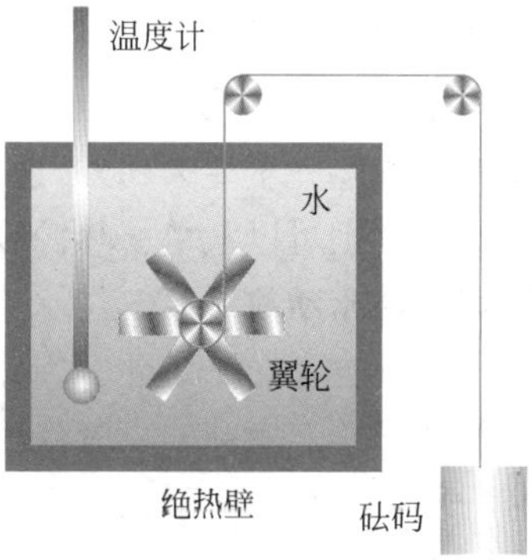

图 8-18 功热转换装置示意图

3. 热传导具有方向性

温度不同的两个物体相互接触，热量总是自动地从高温物体传向低温物体，最后使两个物体的温度相同而达到热平衡。相反的过程，即热量自动地从处于热平衡两个物体中的一个传到另一个，使两个物体出现温差，或者是热量自动地从低温物体传到高温物体，使它们的温差越来越大，这样的过程也从来没有出现过。因此，热传导也具有方向性。

由于自然界中一切与热现象有关的宏观过程都涉及功热转换或热传导，因此可以说，一切与热现象有关的实际宏观过程都是不可逆的。

8.6.2 热力学第二定律

上述研究表明，在自然界中不是所有符合热力学第一定律的过程都能发生，自然界自发进行的过程是有方向性的。**热力学第二定律**指明了自然界的这种自发过程的方向性，它是热力学的基本定律之一。热力学第二定律可有多种表述，其中在历史上最具代表性的经典表述有两种，这就是克劳修斯表述和开尔文表述。

1. 热力学第二定律的克劳修斯表述

克劳修斯在 1850 年研究制冷机即热传导的基础上提出了热力学第二定律的一种表述：

不可能把热量从低温物体传到高温物体而不引起其他变化。

克劳修斯表述中"其他变化"是指除低温物体放热和高温物体吸热以外的任何其他变化。因此，克劳修斯表述也可以说成是：**热量不能自动地从低温物体传到高温物体**。

热力学第二定律的克劳修斯表述指明热传导过程的不可逆性，即热量能自动地从高温物体传到低温物体，但不能自动地从低温物体传到高温物体。如果借助制冷机，当然可以把热量由低温物体传递到高温物体，但要以外界做功为代价，也就是引起了其他变化。

2. 热力学第二定律的开尔文表述

自热机问世以来，人们一直关心热机效率的提高，热力学第一定律从能量守恒的观点指明热机的效率不可能大于100%。那么，热机效率能达到100%吗？效率等于100%就意味着从高温热源吸收的热量可以全部变为有用的功，而不向低温热源放出热量。如果这种热机能制造成功，就可以把我们周围的海洋和大气作为一个单一热源，从中吸收热量，并把它全部转化为功。曾有人计算过，只要海水的温度下降0.1K，就能使全世界的机器转动很多年，这样一来，地球上辽阔的海洋和厚厚的大气层就成了我们取之不尽、用之不竭的新能源。

开尔文通过研究热机效率即热功转换，在1851年提出了热力学第二定律的另一种表述：**不可能从单一热源吸取热量，使之完全变成有用的功而不产生其他影响**。

开尔文表述中"单一热源"是指温度各处一致并且恒定不变的热源，"其他影响"是指除了系统从单一热源吸热和对外做功以外的任何其他变化。

热全部变为功的过程也是有的，如理想气体的等温膨胀。但在这一过程中除了气体从单一热源吸热完全变为功外，还引起了其他变化，即过程结束时，气体的体积增大了。

历史上把可以从单一热源吸收热量，使之完全变成有用的功而不产生其他影响的机器称为**第二类永动机**。第二类永动机是效率为100%的热机，它并不违背热力学第一定律，但它违反了热力学第二定律。因此，开尔文表述也可以说成是：**第二类永动机不可能制成**。

热力学第二定律的克劳修斯表述和开尔文表述，虽然表述不同，但它们是等价的。即：如果一种表述是正确的，另一种表述也必然是正确的；如果一种表述不成立，另一种表述也必然不成立。

总之，克劳修斯表述的实质在于指明了热传导的方向性；开尔文表述的实质则在于指明了功热转换的方向性。除了上述两种表述以外，热力学第二定律还有多种表述，但其实质都是指明了自然界中一切自发过程进行的方向性，即一切与热现象有关的物理过程都是不可逆的。

8.6.3 热力学第二定律的微观含义

我们还是从功热转换过程、热传导过程以及理想气体向真空的绝热自由膨胀过程，来查看这些过程的不可逆性在微观上有什么表现。

在功热转换过程中，例如，功变为热的过程是大量分子的定向有序运动转变为无序的热运动，而系统不能将大量分子的无序热运动自动地转化为有序运动。从微观上看，在功热转换过程后系统的分子运动无序性增加了。在热传导过程中，热量自动地从高温物体向低温物体或者从物体的高温部分向低温部分传递，最终达到系统温度到处都相等的平衡状态。温度是大量分子热运动剧烈程度（平均平动动能）的宏观统计量，热传导开始时系统各处温度不均匀，即各处的分子运动剧烈程度有差异，而到达平衡态时系统各处的温度相同，即分子运动剧烈程度都变得一样，大量分子在运动速率分布上的差异消失。这表明，系统中分子运动的无序性由于热传导增加了，在理想气体的绝热自由膨胀过程中，系统中的气体分子从开始时占据某个空间体积中的一部分到膨胀后占据整个空间体积，分子在这个空间内的位置分布变得更加无序。

以上这些分析表明，实际不可逆的热力学过程总是伴随着系统微观状态无序度的增加，或者说，**一切自然过程总是朝着分子热运动更加无序的方向进行**。这就是实际热力学过程在宏观上表现出的不可逆性的微观本质，也是热力学第二定律的微观含义。

8.6.4 卡诺定理

前面我们学习了卡诺循环，并推导了卡诺正循环和逆循环的效率，但是没有介绍这个循环的重要意义，下面将介绍基于卡诺循环的**卡诺定理**(**Carnot theorem**)，该定理为我们设计实际循环过程提供了理论指导。卡诺提出在温度为 T_1 的热源和温度为 T_2 的热源之间工作的循环动作的机器，必须遵守以下两条结论。

(1) 在相同的高温热源(温度为 T_1)与相同的低温热源(温度为 T_2)之间工作的一切可逆机(即工作物质的循环是可逆的)，不论用什么工作物质，效率都相等，都等于 $1-\frac{T_2}{T_1}$。

(2) 在相同的高温热源和相同的低温热源之间工作的一切不可逆机(即工作物质的循环是不可逆的)的效率，不可能高于(实际上是小于)可逆机，即

$$\eta \leqslant 1-\frac{T_2}{T_1}$$

式中“=”适用于可逆机，而“<”适用于不可逆机。

卡诺定理为我们指出了提高热机效率的途径：就过程而言，应当是实际的不可逆过程尽量接近可逆过程，例如，减小散热、漏气、摩擦等不可逆因素的影响。就热源的温度而言，应尽量增大高低温热源之间的温差。但在实际应用中，例如蒸汽机等热机，低温热源的温度通常就是用来冷却蒸汽机的冷凝器温度。想获得更低的温度，就必须额外用制冷机，因此用降低低温热源的温度来提高热机效率的方案是不经济的，通常是从提高高温热源的温度着手。

原理应用

提高热机效率的一种方法

热力学第二定律的发现与提高热机效率的研究有密切关系。蒸汽机虽然在 18 世纪就已发明，但它从初创到广泛应用，经历了漫长的年月。1765 年和 1782 年，瓦特两次改进蒸汽机的设计，使蒸汽机的应用得到了很大发展，但是效率仍不高。热机的效率是热机问世以来科学家、发明家和工程师们一直研究的重要问题。现在的内燃机和喷气机跟最初的蒸汽机相比，效率虽然

提高了很多,但从现在节约能源的要求来看,热机的效率还远远不能令人满意。现在最好的空气喷气发动机,在比较理想的情况下其效率也只有60%。用的最广的内燃机,其效率最多只能达到40%。大部分能量被浪费掉了。如何进一步提高机器的效率呢?

在工程技术中,各种热机(如内燃机、蒸汽机等)均有其高温热源 T_1 和低温热源 T_2,由卡诺定理可知,实际热机的效率是

$$\eta \leqslant 1-\frac{T_2}{T_1} \tag{P8-3}$$

实际情况下如何提高热机效率?其物理原理又是什么?下面简单介绍提高热机效率的一种有效方法:两台热机进行联合循环。

如图 P8-3 所示,热机Ⅰ从高温热源 T_1 处吸收热量 Q_1,对外界做功 W_1,并向热源 T_2 处放出热量 Q_2;热源 T_2 既是热机Ⅰ的低温热源,同时也是热机Ⅱ的高温热源。热机Ⅱ从热源 T_2 处吸收热量 Q_2,对外界做功 W_2,并向低温热源 T_3 放出热量 Q_3。在此联合循环中,系统总的循环效率为

$$\eta_{总}=\frac{W_{总}}{Q_1}=\frac{W_1+W_2}{Q_1} \tag{P8-4}$$

式(P8-4)表明,联合循环的循环效率大于单机循环效率 $\eta_1=\frac{W_1}{Q_1}$。

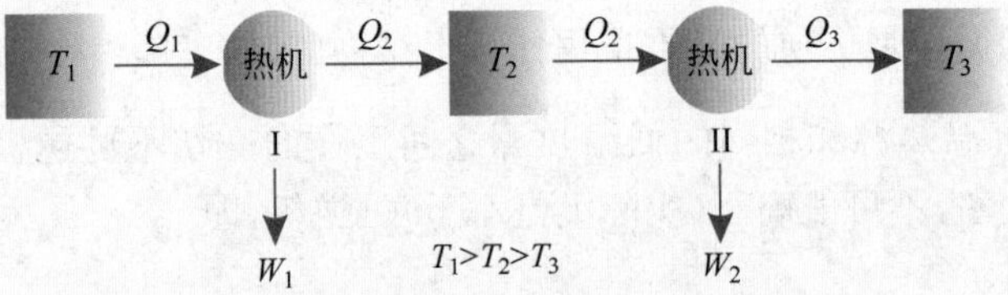

图 P8-3 联合循环的两台热机

一般情况下,联合循环是将两台不同类型的热机联合或将使用两种不同工质的热机进行联合,例如蒸汽机与燃汽机的联合。由于燃汽机依靠燃烧化学燃料进行循环,最高温度可达500℃以上,循环排出的废气仍具有较高的温度。若用一台蒸汽机作为第二级热机与其联合,则燃汽机排出的热能可以为蒸汽机所利用,从而提高总效率。

*8.7 熵

8.7.1 熵 熵增加原理

熵(entropy)是热力学系统的一个重要的状态函数。熵的变化指明了自发过程进行的方向,并可给出孤立系统达到平衡的必要条件。因此,它是热力学第二定律的简明概括。

一个实际过程除了必须遵守能量守恒以外,还有一个能量转换和传递的方向问题。人们期望有一个普适判据来描述自发过程的方向。根据热力学第二定律概括的关于热力学过程单向性的经验,自发过程的方向决定于系统初态和终态的差异。因此,应该可以找到一个

决定于系统状态的物理量,用它的变化来表述自发过程的方向。

克劳修斯在研究卡诺热机(见卡诺循环)时,根据卡诺定理,得出对任意循环过程都有

$$\oint \frac{dQ}{T} \leqslant 0 \tag{8-39}$$

式中,dQ 为系统从温度为 T 的热源所吸收的热量,等号对应可逆过程,不等号对应不可逆过程。式(8-39)称为克劳修斯不等式。如果过程是可逆的,式(8-39)中的 T 也是系统的温度,因为可逆过程中热源与系统的温度相同。

若系统从初态 A 经可逆过程 C 变到末态 B,又经任意另一可逆过程 D 回到初态 A,构成一个可逆循环(见图 8-19),则对可逆循环有

$$\oint \frac{dQ}{T} = \int_{ACB} \frac{dQ}{T} + \int_{BDA} \frac{dQ}{T} = 0 \tag{8-40}$$

或

$$\int_{ACB} \frac{dQ}{T} = \int_{ADB} \frac{dQ}{T} \tag{8-41}$$

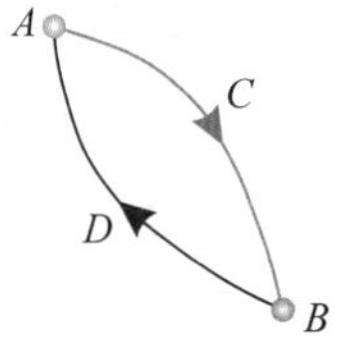

图 8-19 可逆循环过程

由于过程 C、D 是任意的,所以积分 $\int \frac{dQ}{T}$ 的值与状态 A、B 之间经历的过程无关,完全由初态 A 和终态 B 决定,因此被积函数应当是一个状态函数的全微分,这一状态函数称为**熵**,以符号 S 表示。则

$$dS = \frac{dQ}{T} \tag{8-42}$$

或

$$S_A - S_B = \int_A^B \frac{dQ}{T} \tag{8-43}$$

在国际单位制中,熵的单位是 J/K(焦/开)。

对于不可逆微变化过程,有

$$dS > \frac{dQ}{T} \tag{8-44}$$

可见,在可逆微变化过程中,熵的变化等于系统从热源吸收的热量与热源的热力学温度(热力学温标)之比,在不可逆微变化过程中,这个比小于熵的变化。这是热力学第二定律的直接结果和概括,是热力学第二定律的数学表达式。

对于绝热过程,$dQ=0$,因而 $dS>0$。即系统经绝热过程,由一种状态到达另一种状态时,系统的熵永不减少(熵在可逆过程中不变,在不可逆绝热过程中增加)。此结论称为**熵增加原理**(**principle of entropy increase**)。

如果系统是孤立的,其内部一切变化与外界无关,必然是绝热过程。所以熵增加原理的一个通常说法是,**"一个孤立系统的熵永不会减少"**。在这种说法中,孤立系统的熵必然包括非平衡态的熵。因为一个孤立系统在变化的时候,不可能处在平衡态。根据熵的广延性质,非平衡态的熵可定义为处在局域平衡的各部分的熵之和。

根据熵增加原理,孤立系统越接近平衡态,其熵值越大。当系统的熵达到最大值时,系统达到平衡态,过程不再进行,只要没有外界作用,系统将始终保持平衡态。因此,可由孤立系统熵的变化来判断系统中过程进行的方向,只有 $dS>0$ 的过程才是允许的。

可以证明,熵增加原理与热力学第二定律的克氏、开氏等表述是等效的。实质上,熵增加原理就是热力学第二定律。如果系统从平衡态有一微小变动,系统熵的变化 dS 必小于零。因此,dS<0 是判定孤立系统是否达到平衡的条件。熵或熵的变化不仅可以用来判断过程进行的方向,还反映该系统所处状态的稳定情况。

8.7.2 熵增加原理与热力学第二定律

回顾热力学第二定律的表述和熵增加原理的表述,可以看到它们对宏观热现象进行的方向和限度的叙述是等效的。例如在热传导问题中,热力学第二定律的叙述为:热量只能自动地从高温物体传递给低温物体,而不能自动向相反方向进行。熵增加原理则叙述为:孤立系统中进行的从高温物体向低温物体传递热量的热传导过程,使系统的熵增加,是一个不可逆过程;当孤立系统达到温度平衡时,系统的熵具有最大值。对比以上两种叙述可以看出,热力学第二定律和熵增加原理对热传导方向的叙述是协调的、等效的。它们对热功转换等其他不可逆的热现象的叙述也是等效的。不过,熵增加原理是把热现象中不可逆过程进行的方向和限度用简明的数量关系表达出来了,尽管这种表达只限于孤立系统。

原理应用

耗散结构

1. 宇宙真的正在走向死亡吗

根据最新的研究结果,我们的宇宙大约在 140 亿年前是由一个极小的点爆炸而成的。在 140 亿年前,宇宙尚是“没有时间、没有空间、没有能量、没有物质”的空虚的“无”的状态,偶然发生了一个量子涨落事件,它产生了一个基本的空间单元。这个基本空间单元也就是宇宙的最小结构。这个偶然现象像多米诺骨牌一样,把周围的地方都带动成和它一样的性质,空间不断地向四周传播,传播之处就形成了新的空间,而新的空间又加入到传播的队伍中。空间的传播就是光,也就是电磁波是停不下来的,真空中的光速也是不变的,因为它是宇宙诞生时的根本性质,是初始规律,它决定了此后宇宙万物的各种规律。

传统的宇宙学有一个很难理解的现象:宇宙在大爆炸的一刹那怎么会一次性地产生了如此巨大的能量和负熵?要回答这个问题,还要回到宇宙诞生和演化的过程中,原来空间单元在传播,每个空间单元诞生时都产生了一个偏离“无”的量,我们将其定义为能量,而能量的实质就是本能地要克服偏离回归到“无”的状态,并在这一过程中做功。空间单位以电磁波形式一轮一轮地呈量化跳跃式地传播,于是催生了一轮又一轮的新的空间,就使得宇宙又摄入了一轮又一轮的新能量。因此,宇宙像一个被星星之火点燃的草原,而不是一颗被引爆的炸弹,宇宙大爆炸是被火种点燃的一个时刻,而不是像炸弹爆炸那样释放出所有能量的一个时刻,当宇宙诞生后,就像一个被点燃的草原在扩大燃烧空间的同时不断释放能量,而这些能量来源于宇宙的膨胀。图 P8-4 所示为宇宙大爆炸图片。

每一轮新空间的诞生都增加了整个宇宙的不同状态的可能性，因此宇宙膨胀本身是一个熵增加的过程，是一个无序增加的过程。与此同时，从一轮轮新空间中进入宇宙的能量却使宇宙产生了有序，即负熵。

图 P8-4 宇宙大爆炸

热力学第二定律指出，自然界的一切实际过程都是不可逆的。从能量上来说，一个不可逆过程虽然不“消灭”能量，但总要或多或少地使一部分能量变成不能再做有用功了。这种现象叫能量的退降或能量的耗散。从微观上说，过程的不可逆性表现为：在孤立系中的各种自发过程总是要使系统的分子（或其他的单元）的运动从某种有序的状态向无序的状态转化，最后达到最无序的平衡态而保持稳定。这就是说，在孤立系中，即使初始存在着某种有序或说某种差别（非平衡态），随着时间的推移，由于不可逆过程的进行，这种有序将被破坏，任何的差别将逐渐消失，有序状态将转变为最无序的状态（平衡态）；而热力学第二定律又保证了这最无序的状态的稳定性，它再也不能转变为有序的状态了。

如果把上述结论推广到整个宇宙，则可得出这样的结论：宇宙的发展最终走向一个除了分子热运动以外没有任何宏观差别和宏观运动的死寂状态。这意味着宇宙的死亡和毁灭，因此，有人认为热力学第二定律在哲学上预示了一幅平淡的、无差别的死寂沉沉的宇宙图像。这种“热寂说”是错误的。有一种观点认为宇宙是无限的，不能当成一个孤立系看待，因此不能将上面说明关于孤立系演变的规律套用于整个宇宙。实际上我们现今看到的宇宙万物以及迄今所知的宇宙发展确实是充满了由无序向有序的发展与变化，在我们面前完全是一幅丰富多彩、千差万别、生气勃勃的图像。

2. 通过涨落达到有序

不论是平衡态还是非平衡态都是系统在宏观上不随时间改变的状态，实际上由于组成系统的分子仍在不停地作无规则运动，因此系统的状态在局部上经常与宏观平均态有暂时的偏离。这种自发产生的微小偏离称为**涨落**。系统中存在的涨落的类型影响着对于将遵循的分叉的选择。跨越分叉是个随机过程，例如掷钱币。它不再遵循某一条单独的轨道。我们无法预言随时间而演变的详情，只有统计的描述才是可行的。某种不稳定性的存在可被看作是某个涨落的结果，这一涨落起初局限在系统的一小部分内，随后扩展开来，并引出一个新的宏观态。

这种情形改变了对微观层次和宏观层次之间关系的传统观点。在许多情形中，涨落只相当于小的校正。作为一个例子，我们取体积为 V 的容器中的由 N 个分子组成的气体。我们把这个体积划分为两个相等的部分。其中一个部分内的粒子数 X 是多少？这里变量 X 是一个“随机”变量，我们可以期望其值在 $N/2$ 左右。

概率论中的一个基本定理，即大数定律，给出对由涨落造成的“误差”的一个估计。实际上，大数定律指出，假如 N 是个很大的数，则由涨落所引入的差值可能也很大；但是由涨落所引起的相对误差趋近于零。只要系统变得足够大，我们根据大数定律便可在均值和涨落之间作出清晰的区分，而可以把涨落略去。

但是在非平衡过程中，我们可能发现刚好相反的情形，涨落决定全局的结果。我们可以说，涨落在此时并不是平均值中的校正值，而是改变了这些均值。这是一种新的情形，我们把由涨落得出的情形称为“通过涨落达到有序”。例如，读者可能熟悉海森堡测不准关系，它以引人注目的方式表达出量子论的概率特点。由于我们在量子论中不再能同时测量位置和速度，因而经典的决定论被打破了。人们曾相信这一点对于描述如生命系统那样的宏观客体来说并不重要。但涨落在非平衡系统中的作用表明事情并非如此。在宏观层次上随机性仍然是主要的。值得注意的是和量子论(它赋予所有的基本粒子以波的性质)的另一个类比，如远离平衡态的化学系统可能引出相干波的状态，即量子力学在微观层次上所发现的某些性质在宏观层次上又出现了，即系统进入一种宏观有序状态，这样，就形成了**耗散结构**。

总之，宏观系统所受的外界条件或多或少地总有一些变动。因此，宏观系统的宏观状态总是不停地受到各种各样的扰动，远离平衡态的系统的定态的不稳定以致发展到耗散结构的出现就植根于这种涨落。

内容提要

1. 准静态过程　准静态过程的功

系统对外界做的功：$W = \int_{V_1}^{V_2} p\mathrm{d}V$(体积功)

2. 摩尔热容　热量的计算

理想气体的摩尔定容热容：$C_{V,\mathrm{m}} = iR/2$，摩尔定压热容：$C_{p,\mathrm{m}} = (i+2)R/2$。

等体过程系统所吸收的热量：$Q_V = \nu\int_{T_1}^{T_2} C_{V,\mathrm{m}}\mathrm{d}T = \nu C_{V,\mathrm{m}}(T_2 - T_1)$

等压过程系统所吸收的热量：$Q_p = \nu\int_{T_1}^{T_2} C_{p,\mathrm{m}}\mathrm{d}T = \nu C_{p,\mathrm{m}}(T_2 - T_1)$

3. 内能

热力学系统内能的变化用过程中外界对系统所做的功和传递的热量之和来定义。

4. 热力学第一定律

系统从外界吸收的热量 Q 一部分用来使系统的内能增加，另一部分用来对外界做功 W：

$$Q = E_2 - E_1 + W = \Delta E + W$$

5. 理想气体的等体过程

$$\Delta E = Q_V = \nu C_{V,\mathrm{m}}(T_2 - T_1),\quad W_V = 0$$

6. 理想气体的等压过程

$$\Delta E = \nu C_{V,\mathrm{m}}(T_2 - T_1)$$

$$W_p = \int_{V_1}^{V_2} p\mathrm{d}V = p(V_2 - V_1)$$

$$Q_p = \nu C_{p,\mathrm{m}}(T_2 - T_1)$$

迈耶公式

$$C_{p,\mathrm{m}} - C_{V,\mathrm{m}} = R$$

比热容比

$$\gamma = \frac{C_{p,\mathrm{m}}}{C_{V,\mathrm{m}}}$$

7. 理想气体的等温过程

$$\Delta E = 0$$

$$Q_T = W_T = \nu RT\ln\frac{V_2}{V_1} = \nu RT\ln\frac{p_1}{p_2}$$

8. 理想气体的绝热过程

绝热过程方程：

$$pV^{\gamma} = 常量$$

绝热过程中的能量转换关系：

$$Q = 0;\ W_Q = -\Delta E = -\nu C_{V,\mathrm{m}}(T_2 - T_1) = \nu C_{V,\mathrm{m}}(T_1 - T_2)$$

9. 热力学循环过程

循环过程的基本特点：系统的状态复原，内能增量为零。

热机效率

$$\eta = \frac{W}{Q_1} = 1 - \frac{Q_2}{Q_1}$$

卡诺热机效率

$$\eta = \frac{W}{Q_1} = \frac{T_1 - T_2}{T_1} = 1 - \frac{T_2}{T_1}$$

制冷机的制冷系数

$$e = \frac{Q_2}{W} = \frac{Q_2}{Q_1 - Q_2}$$

卡诺循环的制冷系数

$$e = \frac{Q_2}{W} = \frac{Q_2}{Q_1 - Q_2} = \frac{T_2}{T_1 - T_2}$$

10. 宏观过程的方向性　不可逆过程　不可逆性的相互依存

11. 热力学第二定律

热力学第二定律的两种表述：克劳修斯表述和开尔文表述。

热力学第二定律的微观含义：一切自然过程总是朝着分子热运动更加无序的方向进行。

12. 熵和熵增加原理

习题

一、选择题

8-1 如图所示，一定量的理想气体由平衡态 A 变到平衡态 B，且它们的压强相等，即 $p_A = p_B$。则在状态 A 和状态 B 之间，气体无论经过的是什么过程，气体必然(　　)。

(A) 对外做正功　(B) 内能增加　(C) 从外界吸热　(D) 向外界放热

8-2 两个相同的刚性容器，一个盛有氢气，一个盛有氦气(均视为刚性分子的理想气体)。开始时它们的压强和温度都相同。现将3J热量传给氦气，使之升高到一定的温度。若使氢气也升高同样的温度，则应向氢气传递热量为(　　)。

(A) 6J　(B) 3J　(C) 5J　(D) 10J

8-3 一定量理想气体分别经过等压、等温和绝热过程从体积 V_1 膨胀到体积 V_2，如图所示，则下述正确的是(　　)。

(A) $A \to C$ 吸热最多，内能增加

(B) $A \to D$ 内能增加，做功最少

(C) $A \to B$ 吸热最多，内能不变

(D) $A \to C$ 对外做功，内能不变

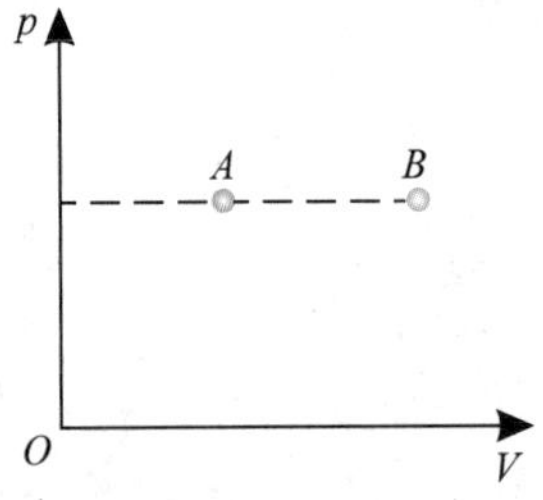

习题 8-1 图

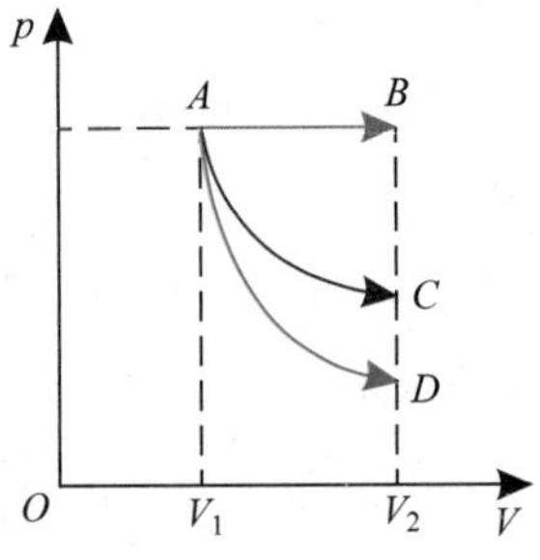

习题 8-3 图

8-4 一台工作于温度分别为327℃和27℃的高温热源与低温热源之间的卡诺热机，每经历一个循环吸热2000J，则对外做功(　　)。

(A) 2000J　(B) 1000J　(C) 4000J　(D) 500J

8-5 一定量的理想气体，经历了某过程后，它的温度升高了。则根据热力学定律可以判断：(1)该理想气体在此过程中从外界吸了热；(2)在此过程中，外界对理想气体做了正功；(3)该理想气体的内能增加了；(4)在此过程中，理想气体既从外界吸了热，又对外做了正功。以

上正确的叙述是(　　)。

(A) (1)、(3)　　(B) (2)、(3)　　(C) (3)　　(D) (4)

二、填空题

8-6　从任何一个中间状态是否可近似看成平衡态，可将热力学过程分为________过程和________过程，只有________过程才可以用 p-V 图上的一条曲线表示。

8-7　一定量的某种理想气体，在等压过程中对外做功为 200J。若此种气体为单原子分子气体，则在该过程中需吸热________；若为刚性双原子分子气体，则需吸热________。

8-8　热力学温度为 T 的刚性双原子分子理想气体，分子的平均平动动能为________，1mol 这种气体的内能为________。

8-9　一理想的可逆卡诺热机，低温热源的温度为 300K，热机的效率为 40%，其高温热源的温度为________。

8-10　热力学第二定律的两种表述是等价的，它揭示了自然界中一切与热现象有关的实际宏观过程都是不可逆的。开尔文表述指出了________的过程是不可逆的；而克劳修斯表述则指出了________的过程是不可逆的。

三、计算题

8-11　如图所示，1mol 氦气，由状态 $A(p_1, V_1)$ 沿直线变到状态 $B(p_2, V_2)$，求这过程中内能的变化、对外做的功、吸收的热量。

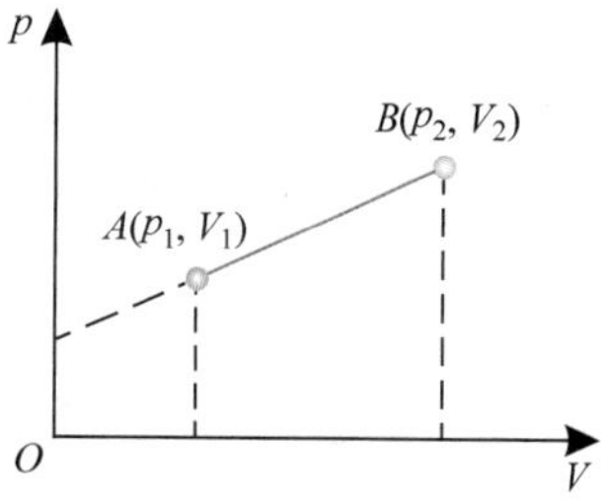

习题 8-11 图

8-12　一定量的空气，吸收了 1.71×10^3 J 的热量，并保持在 1.0×10^5 Pa 下膨胀，体积从 1.0×10^{-2} m^3 增加到 1.5×10^{-2} m^3，问空气对外做了多少功？它的内能改变了多少？

8-13　如图所示，系统从状态 A 沿 ABC 变化到状态 C 的过程中，外界有 326J 的热量传递给系统，同时系统对外做功 126J。如果系统从状态 C 沿另一曲线 CA 回到状态 A，外界对系统做功为 52J，则此过程中系统是吸热还是放热？传递的热量是多少？

8-14　一压强为 1.0×10^5 Pa、体积为 1.0×10^{-3} m^3 的氧气自 0℃加热到 100℃，求：(1)当压强不变时，需要多少热量？当体积不变时，需要多少热量？(2)在等压或等体过程中各做了多少功？

8-15　如图所示，使 1mol 氧气(1)由 A 等温地变到 B；(2)由 A 等体地变到 C，再由 C 等压地变到 B。试分别计算氧气所做的功和吸收的热量。

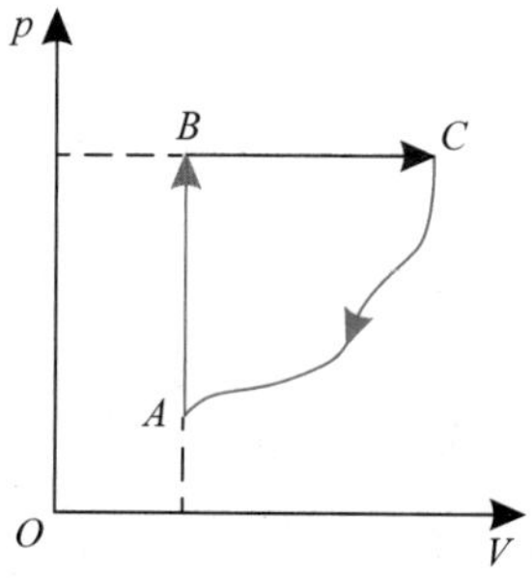

习题 8-13 图

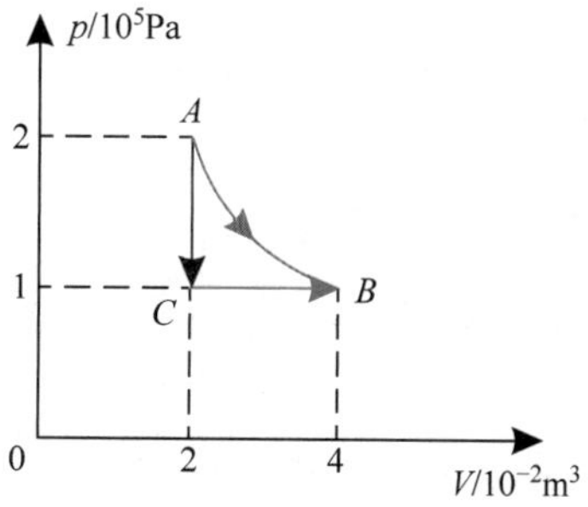

习题 8-15 图

8-16 1mol 氧气，温度为 300K 时体积是 $2\times10^{-3}\,m^3$。若氧气经(1)绝热膨胀到体积为 $2\times10^{-2}\,m^3$；(2)等温膨胀到体积为 $2\times10^{-2}\,m^3$ 后，再等体冷却到绝热膨胀最后达到的温度。试计算两种过程中氧气所做的功。

8-17 一卡诺热机工作于温度为 1000K 与 300K 的两个热源之间，如果(1)将高温热源的温度提高 100K；(2)将低温热源的温度降低 100K，试问理论上热机的效率各增加多少。

8-18 一卡诺热机的低温热源温度为 7℃，效率为 40%，若要将其效率提高到 50%，求高温热源的温度需提高多少。

8-19 卡诺热机工作于 50℃与 250℃之间，在一个循环中做功 $1.05\times10^5\,J$。试问卡诺热机在一个循环中吸收和放出的热量至少应是多少。

8-20 在夏季，假定室外温度恒定为 37℃，启动空调使室内温度始终保持在 17℃。如果每天有 $2.51\times10^8\,J$ 的热量通过热传导等方式自室外流入室内，则空调一天耗电多少？(设该空调制冷机的制冷系数为同条件下的卡诺制冷机制冷系数的 60%。)

8-21 1mol 氮气(N_2)作如图所示的 *abca* 的循环过程，其中 *ca* 为等温线，试求：(1)气体在 *ab*、*bc*、*ca* 过程中分别所做的功；(2)气体在 *ab*、*bc*、*ca* 过程中分别传递的热量；(3)该循环的效率。

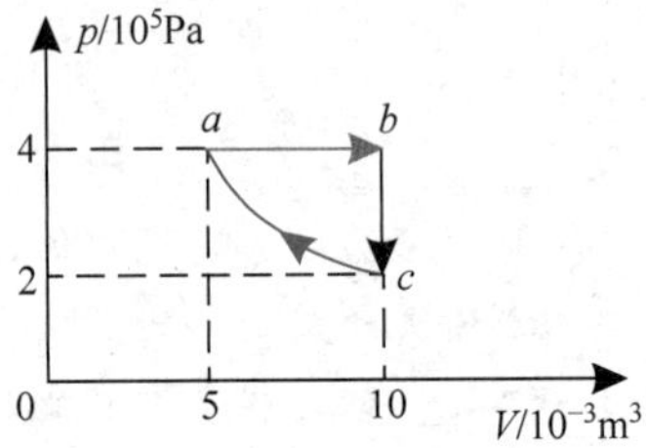

习题 8-21 图

附　　录

附录 A　矢量

矢量代数在物理学中是常用的数学工具，它可用较为简洁的数学语言表达某些物理量及其变化规律，这对加深理解物理量及物理定律的含义是很有帮助的。这里主要介绍矢量的概念，矢量的加减和分解，矢量的标积和矢积。希望读者在教师的指导下，随着课程的进行，经常查阅本附录的有关内容，这样就可以逐步熟练掌握矢量的基本概念和计算方法。

一、标量和矢量

在基础物理学范围内，我们经常遇到两类物理量，一类是标量物理量（简称**标量**），如质量、时间、体积等，它们仅有大小和单位，并遵循通常的**代数运算法则**；另一类是矢量物理量（简称**矢量**），如位移、速度、力等，它们不仅有大小和单位，还有方向，它们遵循**矢量代数运算法则**。

矢量通常用黑体字母 $\boldsymbol{A}$ 或带有箭号的字母 $\vec{A}$ 来表示，在作图时，常用有向线段表示（见图 A-1(a)）。线段的长短按一定比例表示矢量的大小，箭头的指向表示矢量的方向。如一列高速火车以 50m/s 的速度向东行驶，则其速度矢量 $\boldsymbol{v}$ 可用图 A-1(b)中的有向线段表示。

矢量的大小叫做矢量的**模**，矢量 $\boldsymbol{A}$ 的模常用符号 $|\boldsymbol{A}|$ 或 A 表示。

如果有一矢量，其模与矢量 $\boldsymbol{A}$ 的模相等，方向相反，这时就可用 $-\boldsymbol{A}$ 来表示这个矢量（见图 A-1(a)）。

如图 A-2 所示，如把矢量 $\boldsymbol{A}$ 在空间平移，则矢量 $\boldsymbol{A}$ 的大小和方向都不会因平移而改变。矢量的这个性质称为**矢量平移的不变性**，它是矢量的一个重要性质。

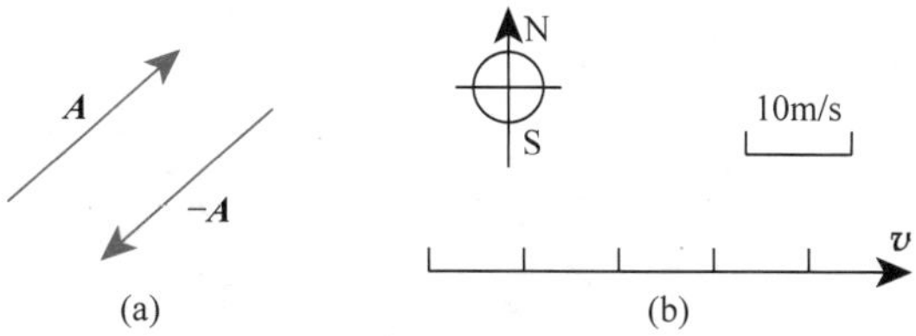

图 A-1　矢量的图像表示

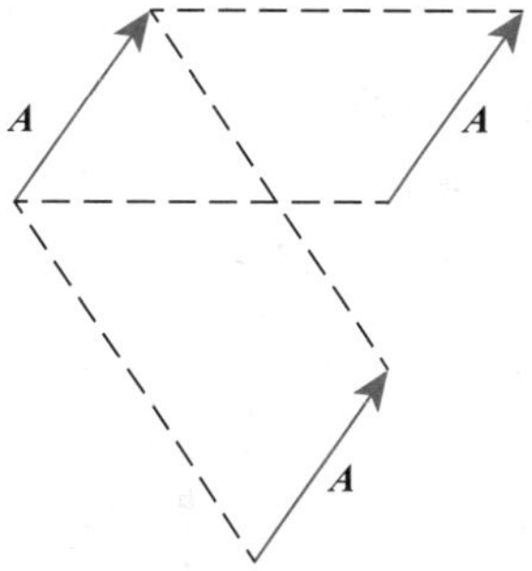

图 A-2　矢量平移

二、矢量合成的几何法

1. 矢量相加

如图 A-3 所示，设一质点最初位于点 a，然后到达点 b，最后处于点 c。它从 a 到 b 的位移为 $\boldsymbol{A}$，从 b 到 c 的位移为 $\boldsymbol{B}$，且质点从 a 直接到 c 的位移为 $\boldsymbol{C}$。因此

$$\boldsymbol{A}+\boldsymbol{B}=\boldsymbol{C} \tag{A-1}$$

即位移 $\boldsymbol{C}$ 是位移 $\boldsymbol{A}$ 与位移 $\boldsymbol{B}$ 的矢量和。应当指出，式(A-1)虽是从物理量位移得出的，实际上对任何具有矢量性质的相同的物理量相加都可用此关系式。图 A-3 所示的矢量相加也常叫做矢量相加的**三角形法则**。这个法则为：自矢量 $\boldsymbol{A}$ 的末端画出矢量 $\boldsymbol{B}$，则自矢量 $\boldsymbol{A}$ 的始端到矢量 $\boldsymbol{B}$ 的末端画出矢量 $\boldsymbol{C}$，$\boldsymbol{C}$ 就是 $\boldsymbol{A}$ 和 $\boldsymbol{B}$ 的合矢量。

利用矢量平移不变性，可把图 A-3 中矢量 $\boldsymbol{B}$ 的始端平移到点 a，这样，点 a 就为 $\boldsymbol{A}$、$\boldsymbol{B}$ 的交点(见图 A-4)。从图 A-4 中可以看出，$\boldsymbol{C}$ 是从以 $\boldsymbol{A}$ 和 $\boldsymbol{B}$ 为邻边的平行四边形交点 a 所作的对角线，这就是说，两矢量 $\boldsymbol{A}$ 和 $\boldsymbol{B}$ 相加的合矢量是以这两矢量为邻边的平行四边形对角线矢量 $\boldsymbol{C}$。利用平行四边形求合矢量的方法叫做矢量相加的**平行四边形法则**。要注意，在画此平行四边形时，矢量 $\boldsymbol{A}$、$\boldsymbol{B}$ 和 $\boldsymbol{C}$ 的始端应共处于一点。

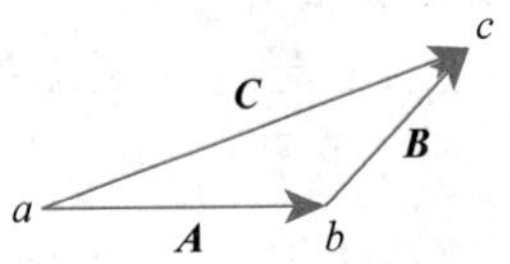

图 A-3 两矢量合成的三角形法则

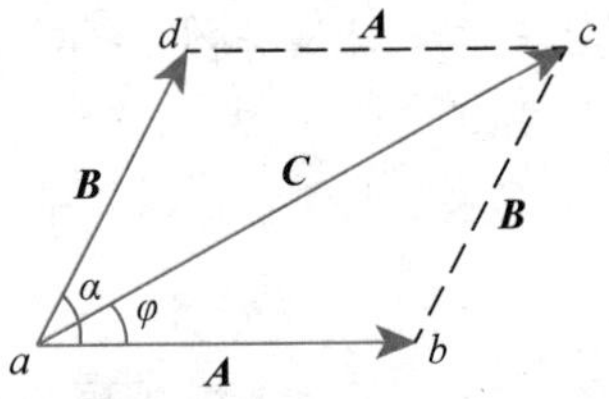

图 A-4 两矢量合成的平行四边形法则

合矢量的大小和方向，除了上述几何作图法外，还可由计算求得。在图 A-4 中，设 α 为矢量 $\boldsymbol{A}$ 和 $\boldsymbol{B}$ 之间小于 π 的夹角，合矢量 $\boldsymbol{C}$ 与矢量 $\boldsymbol{A}$ 的夹角为 φ。由图 A-5 可知

$$C=\sqrt{A^2+B^2+2AB\cos\alpha} \tag{A-2a}$$

$$\varphi=\arctan\frac{B\sin\alpha}{A+B\cos\alpha} \tag{A-2b}$$

合矢量 $\boldsymbol{C}$ 的大小和方向由式(A-2a)和式(A-2b)确定。

对于在同一平面上多矢量的相加，可以逐次采用三角形法则进行，得到多个矢量合成时的**多边形法则**。如图 A-6 所示，若要求出 $\boldsymbol{A}$、$\boldsymbol{B}$、$\boldsymbol{C}$、$\boldsymbol{D}$ 四个矢量的合矢量时，可从 $\boldsymbol{A}$ 矢量出发，**首尾相接**地一次画出 $\boldsymbol{B}$、$\boldsymbol{C}$、$\boldsymbol{D}$ 各矢量，然后由第一矢量 $\boldsymbol{A}$ 的始端到最后一个矢量 $\boldsymbol{D}$ 的末端联一有向线段 $\boldsymbol{R}$，这个矢量 $\boldsymbol{R}$ 就是 $\boldsymbol{A}$、$\boldsymbol{B}$、$\boldsymbol{C}$、$\boldsymbol{D}$ 四个矢量的合矢量。

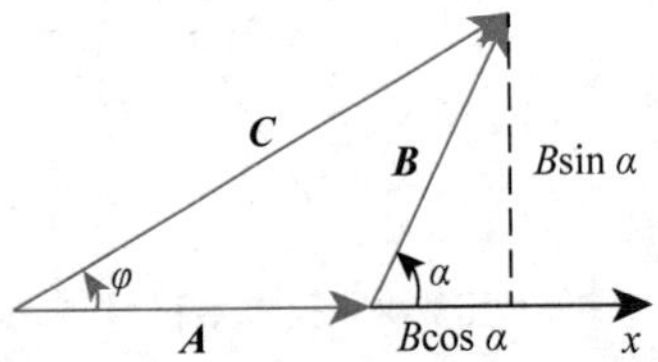

图 A-5 合矢量 $\boldsymbol{C}$ 的计算

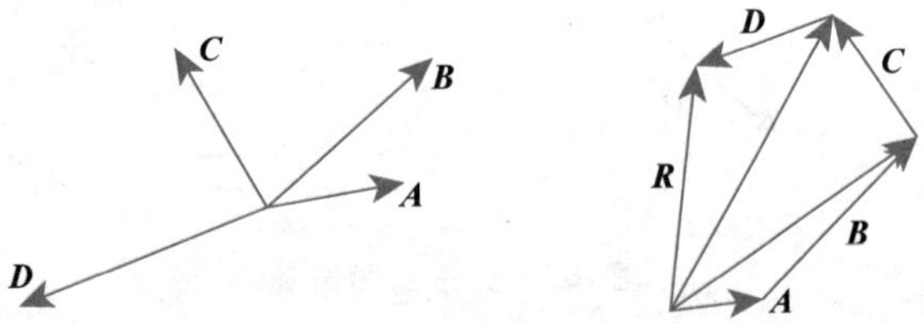

图 A-6 同平面多矢量相加

2. 矢量相减

两个矢量 $\boldsymbol{A}$ 与 $\boldsymbol{B}$ 之差也是一个矢量，可用 $\boldsymbol{A}-\boldsymbol{B}$ 表示。矢量 $\boldsymbol{A}$ 与 $\boldsymbol{B}$ 之差可写成矢量 $\boldsymbol{A}$ 与矢量 $-\boldsymbol{B}$ 之和，即

$$\boldsymbol{A}-\boldsymbol{B}=\boldsymbol{A}+(-\boldsymbol{B}) \tag{A-3}$$

如同两矢量相加一样，两矢量相减也可以采用平行四边形法则（见图 A-7(a)）。从图 A-7(b) 中也可以看出，如两矢量 $\boldsymbol{A}$ 和 $\boldsymbol{B}$ 从同一点画起，则自 $\boldsymbol{B}$ 末端向 $\boldsymbol{A}$ 末端作一矢量，就是矢量 $\boldsymbol{A}$ 与 $\boldsymbol{B}$ 之差 $\boldsymbol{A}-\boldsymbol{B}$。

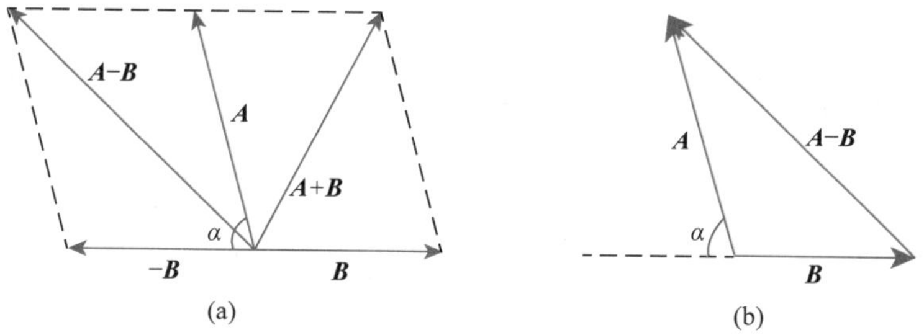

图 A-7　两矢量相减

求矢量差的大小和方向，仍可用式(A-2a)及式(A-2b)进行计算，但必须注意，这时角 α 是 $\boldsymbol{A}$ 与 $-\boldsymbol{B}$ 之间小于 π 的夹角，而不是矢量 $\boldsymbol{A}$、$\boldsymbol{B}$ 之间的夹角。

三、矢量合成的解析法

1. 矢量在直角坐标轴上的分矢量和分量

由前述已知，任意几个矢量可以相加为一个合矢量。反过来，一个矢量也可以分解为任意数目的**分矢量**。就一个矢量分解为两个分矢量而言，相当于已知一平行四边形的对角线求平行四边形两邻边的问题。由于对角线不变的平行四边形可以有无限多种，因此把一个矢量分解为两个分矢量可以有无限多种方法，图 A-8 所示只是其中的两种。

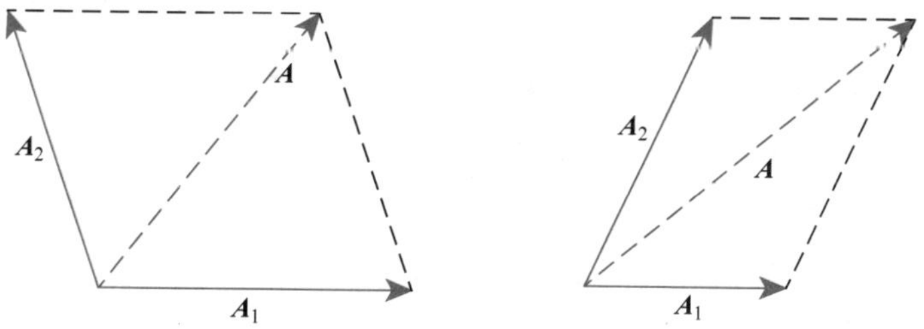

图 A-8　矢量分解

在实际问题中，常把一个矢量在选定的直角坐标系上进行分解。如图 A-9 所示，在平面直角坐标系 Oxy 上，矢量 $\boldsymbol{A}$ 的始端位于原点 O，它与 x 轴的夹角为 α。从图可见，矢量 $\boldsymbol{A}$ 在 x 轴上的分矢量 $\boldsymbol{A}_x$ 和在 y 轴上的分矢量 $\boldsymbol{A}_y$ 都是一定的，即

$$\boldsymbol{A}=\boldsymbol{A}_x+\boldsymbol{A}_y \tag{A-4}$$

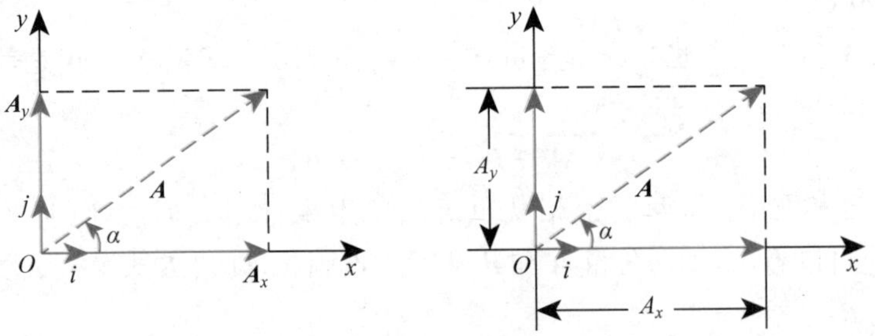

图 A-9　矢量在平面直角坐标轴的正交分量

若沿 Ox 轴的正向取一长度为 1 的**单位矢量** $\boldsymbol{i}$，沿 Oy 轴的正向取一长度为 1 的**单位矢量** $\boldsymbol{j}$，则分矢量 $\boldsymbol{A}_x$ 和 $\boldsymbol{A}_y$ 为

$$\boldsymbol{A}_x = A_x\boldsymbol{i}, \quad \boldsymbol{A}_y = A_y\boldsymbol{j} \tag{A-5}$$

其中 A_x 和 A_y 分别叫做矢量 $\boldsymbol{A}$ 在 x 轴和在 y 轴上的**分量**，即它们是矢量 $\boldsymbol{A}_x$ 和 $\boldsymbol{A}_y$ 的模，所以有

$$A_x = A\cos\alpha, \quad A_y = A\sin\alpha$$

应当注意角 α 是由 Ox 轴按逆时针方向旋转至 $\boldsymbol{A}$ 的角度。于是式(A-4)可写成

$$\boldsymbol{A} = A_x\boldsymbol{i} + A_y\boldsymbol{j} \tag{A-6}$$

显然，矢量 $\boldsymbol{A}$ 的模为

$$A = \sqrt{A_x^2 + A_y^2}$$

矢量 $\boldsymbol{A}$ 与 x 轴的夹角 α 以及分量 A_x、A_y 之间的关系为

$$\alpha = \arctan\frac{A_y}{A_x}$$

分量 A_x、A_y 的值可正可负，取决于矢量 $\boldsymbol{A}$ 与 x 轴的夹角 α。由式(A-5)可见，当 $\boldsymbol{A}$ 与 x 轴的夹角 $\alpha=0°$ 时，$A_x=A$，$A_y=0$；当 $\alpha=\pi$ 时，$A_x=-A$，$A_y=0$。

若一矢量 $\boldsymbol{A}$ 在如图 A-10 所示的三维直角坐标系中，那么它在 x、y 和 z 轴上的分矢量分别为 $\boldsymbol{A}_x$、$\boldsymbol{A}_y$ 和 $\boldsymbol{A}_z$，于是有

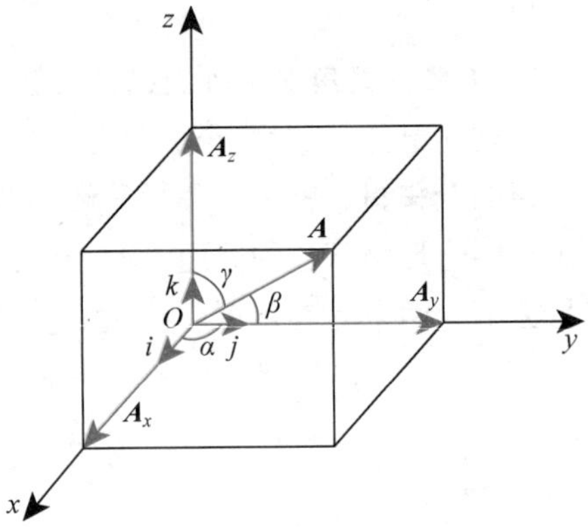

图 A-10　两矢量合成的解析法

$$\boldsymbol{A} = \boldsymbol{A}_x + \boldsymbol{A}_y + \boldsymbol{A}_z$$

另外，矢量 $\boldsymbol{A}$ 在 x、y 和 z 轴上的分量分别为 A_x、A_y 和 A_z，如以 $\boldsymbol{i}$、$\boldsymbol{j}$ 和 $\boldsymbol{k}$ 分别表示 x、y 和 z 轴上的单位矢量，则有

$$\boldsymbol{A} = A_x\boldsymbol{i} + A_y\boldsymbol{j} + A_z\boldsymbol{k} \tag{A-7}$$

矢量 $\boldsymbol{A}$ 的模为

$$A = \sqrt{A_x^2 + A_y^2 + A_z^2}$$

矢量 $\boldsymbol{A}$ 的方向由该矢量与 x、y 和 z 轴的夹角 α、β 和 γ 来确定，有

$$\cos\alpha = \frac{A_x}{A},\quad \cos\beta = \frac{A_y}{A},\quad \cos\gamma = \frac{A_z}{A}$$

2. 矢量合成的解析法

运用矢量在直角坐标轴上的分量表示法，可以使矢量加减运算简化。设平面直角坐标内有矢量 $\boldsymbol{A}$ 和 $\boldsymbol{B}$，它们与 x 轴的夹角分别为 α 和 β（见图 A-11）。根据式(A-5)，矢量 $\boldsymbol{A}$ 和 $\boldsymbol{B}$ 在两坐标轴上的分量可分别表示为

$$\begin{cases} A_x = A\cos\alpha \\ A_y = A\sin\alpha \end{cases} \quad 及 \quad \begin{cases} B_x = B\cos\beta \\ B_y = B\sin\beta \end{cases}$$

由图 A-11 可以看出，合矢量 $\boldsymbol{C}$ 在两坐标轴的分量 C_x 和 C_y 与矢量 $\boldsymbol{A}$、$\boldsymbol{B}$ 的分量之间的关系为

$$\begin{cases} C_x = A_x + B_x \\ C_y = A_y + B_y \end{cases} \tag{A-8}$$

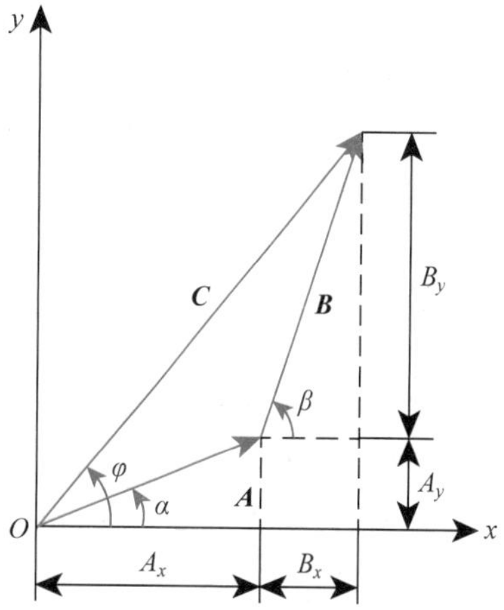

图 A-11　矢量在三维直角坐标轴上的正交分量

式(A-8)亦可用式(A-4)导出。因为

$$\boldsymbol{A} = A_x\boldsymbol{i} + A_y\boldsymbol{j},\quad \boldsymbol{B} = B_x\boldsymbol{i} + B_y\boldsymbol{j}$$

所以

$$\boldsymbol{C} = \boldsymbol{A} + \boldsymbol{B} = (A_x + B_x)\boldsymbol{i} + (A_y + B_y)\boldsymbol{j}$$

而

$$\boldsymbol{C} = C_x\boldsymbol{i} + C_y\boldsymbol{j}$$

故亦有

$$\begin{cases} C_x = A_x + B_x \\ C_y = A_y + B_y \end{cases}$$

矢量 $\boldsymbol{C}$ 的大小和方向由下列两式确定：

$$\begin{cases} C = \sqrt{C_x^2 + C_y^2} \\ \varphi = \arctan\dfrac{C_y}{C_x} \end{cases} \tag{A-9}$$

四、矢量的标积和矢积

在物理学中，除经常遇到相同矢量的加减外，还经常遇到不同矢量的乘积。矢量乘积常见的有两种，一种是标积(或称点积、点乘)，一种是矢积(或称叉积、叉乘)。例如，功是力和位移两矢量的标积，力矩是位矢和力两矢量的矢积。

1. 矢量的标积

设两矢量 $\boldsymbol{A}$ 和 $\boldsymbol{B}$ 之间小于 π 的夹角为 α，矢量 $\boldsymbol{A}$ 和 $\boldsymbol{B}$ 的标积用符号 $\boldsymbol{A}\cdot\boldsymbol{B}$ 表示，并定义

$$\boldsymbol{A}\cdot\boldsymbol{B} = AB\cos\alpha \tag{A-10}$$

即矢量 $\boldsymbol{A}$ 和 $\boldsymbol{B}$ 的标积是矢量 $\boldsymbol{A}$ 和 $\boldsymbol{B}$ 的大小及它们夹角 α 余弦的乘积，为**一标量**。$\boldsymbol{A}\cdot\boldsymbol{B}$ 也相当于 $\boldsymbol{A}$ 的大小与 $\boldsymbol{B}$ 沿 $\boldsymbol{A}$ 方向分量的乘积(或相当于 $\boldsymbol{B}$ 的大小与 $\boldsymbol{A}$ 沿 $\boldsymbol{B}$ 方向分量的乘积)。当 $\boldsymbol{A}$ 与 $\boldsymbol{B}$ 同向时($\alpha=0°$)，$\boldsymbol{A}\cdot\boldsymbol{B}=AB$；当 $\boldsymbol{A}$ 与 $\boldsymbol{B}$ 反向时($\alpha=180°$)，$\boldsymbol{A}\cdot\boldsymbol{B}=-AB$；当

$\boldsymbol{A}$ 与 $\boldsymbol{B}$ 互向垂直时($\alpha=90°$)，$\boldsymbol{A}\cdot\boldsymbol{B}=0$。

在直角坐标系中，有两矢量 $\boldsymbol{A}$ 和 $\boldsymbol{B}$，它们分别为

$$\boldsymbol{A}=A_x\boldsymbol{i}+A_y\boldsymbol{j}+A_z\boldsymbol{k},\quad \boldsymbol{B}=B_x\boldsymbol{i}+B_y\boldsymbol{j}+B_z\boldsymbol{k}$$

于是它们的标积为

$$\boldsymbol{A}\cdot\boldsymbol{B}=A_xB_x+A_yB_y+A_zB_z \tag{A-11}$$

2. 矢量的矢积

设两矢量 $\boldsymbol{A}$ 和 $\boldsymbol{B}$ 之间小于 180°的夹角为 α。$\boldsymbol{A}$ 和 $\boldsymbol{B}$ 的矢积用符号 $\boldsymbol{A}\times\boldsymbol{B}$ 表示，并定义它为另一矢量 $\boldsymbol{C}$，即

$$\boldsymbol{C}=\boldsymbol{A}\times\boldsymbol{B} \tag{A-12}$$

矢量 $\boldsymbol{C}$ 的大小为

$$C=AB\sin\alpha \tag{A-13}$$

矢量 $\boldsymbol{C}$ 的方向垂直于 $\boldsymbol{A}$ 和 $\boldsymbol{B}$ 所在的平面，其指向可用右手螺旋法则确定。如图 A-12 所示，当右手四指从 $\boldsymbol{A}$ 经小于 180°的角转向 $\boldsymbol{B}$ 时，右手拇指的指向(即右螺旋前进的方向)就是 $\boldsymbol{C}$ 的方向。如果以 $\boldsymbol{A}$ 和 $\boldsymbol{B}$ 构成平行四边形的邻边，则 $\boldsymbol{C}$ 是这样一个矢量，它垂直于四边形所在的平面，且其指向代表着此平面的正法线方向，而它的大小则等于平行四边形的面积。

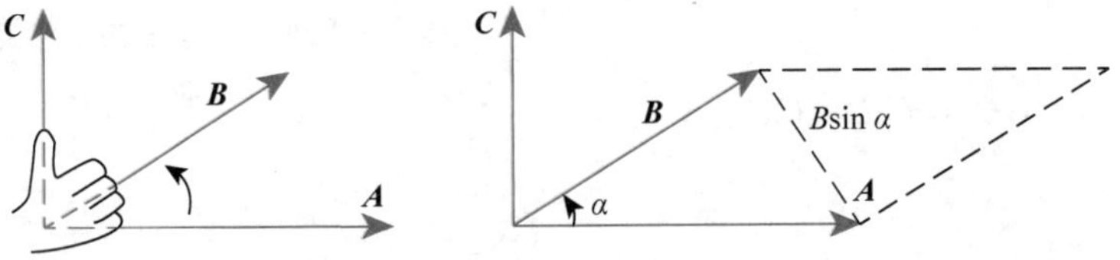

图 A-12　矢量 $\boldsymbol{A}$ 和 $\boldsymbol{B}$ 的矢积

在直角坐标系中，有两矢量 $\boldsymbol{A}$ 和 $\boldsymbol{B}$，它们分别为

$$\boldsymbol{A}=A_x\boldsymbol{i}+A_y\boldsymbol{j}+A_z\boldsymbol{k},\quad \boldsymbol{B}=B_x\boldsymbol{i}+B_y\boldsymbol{j}+B_z\boldsymbol{k}$$

于是它们的矢积为

$$\boldsymbol{A}\times\boldsymbol{B}=(A_yB_z-A_zB_y)\boldsymbol{i}+(A_zB_x-A_xB_z)\boldsymbol{j}+(A_xB_y-A_yB_x)\boldsymbol{k} \tag{A-14a}$$

上式还可写成行列式

$$\boldsymbol{A}\times\boldsymbol{B}=\begin{vmatrix}\boldsymbol{i} & \boldsymbol{j} & \boldsymbol{k}\\ A_x & A_y & A_z\\ B_x & B_y & B_z\end{vmatrix} \tag{A-14b}$$

附录 B　我国法定计量单位和国际单位制(SI)单位

我国法定计量单位，是以国际单位制单位为基础，同时选用了一些非国际单位制的单位。本书使用我国法定计量单位。为此，对国际单位制择要予以介绍。

一、国际单位制的基本单位

量	单位名称[1]	单位符号	定　　义
长度	米	m	米是光在真空中(1/299 792 458)s时间间隔内所经路径的长度
质量	千克(公斤)[2]	kg	千克是质量单位,等于国际千克原器的质量
时间	秒	s	秒是铯—133原子基态的两个超精细能级之间跃迁所对应的辐射的9 192 631 770个周期的持续时间
电流	安[培]	A	在真空中,截面积可忽略的两根相距1m的无限长平行圆直导线内通以等量恒定电流时,若导线间相互作用力在每米长度上为2×10^{-7}N,则每根导线中的电流为1A
热力学温度	开[尔文]	K	热力学温度开尔文是水三相点热力学温度的1/273.16
物质的量	摩[尔]	mol	摩尔是一系统的物质的量,该系统中所包含的基本单元数与0.012kg碳—12的原子数目相等。在使用摩尔时,基本单元应予以指明,可以是原子、分子、离子、电子及其他粒子,或是这些粒子的特定组合
发光强度	坎[德拉]	cd	坎德拉是一光源在给定方向上的发光强度,该光源发出频率为540×10^{12} Hz的单色辐射,且在此方向上的辐射强度为(1/683)W/sr

注:① 去掉方括号时为单位名称的全称,去掉方括号中的字时即成为单位名称的简称;无方括号的单位名称,简称与全称同。

② 圆括号中的名称与它前面的名称是同义词。

二、国际单位制的辅助单位

量	单位名称	单位符号	定　　义
[平面]角	弧度	rad	弧度是一圆内两条半径之间的平面角,这两条半径在圆周上截取的弧长与半径相等
立体角	球面度	sr	球面度是一立体角,其顶点位于球心,而它在球面上所截取的面积等于以球半径为边长的正方形面积

三、国际单位制中具有专门名称的导出单位

量	名称	符号	用其他SI单位表示的表示式	用SI基本单位表示的表示式
频率	赫[兹]	Hz		1/s
力	牛[顿]	N		$m\cdot kg/s^2$

续表

量	名称	符号	用其他 SI 单位表示的表示式	用 SI 基本单位表示的表示式
压强,应力	帕[斯卡]	Pa	N/m^2	$kg/(m \cdot s^2)$
能[量],功,热量	焦[耳]	J	$N \cdot m$	$m^2 \cdot kg/s^2$
功率,辐[射能]通量	瓦[特]	W	J/s	$m^2 \cdot kg/s^3$
电荷[量]	库[仑]	C		$s \cdot A$
电势,电压,电动势	伏[特]	V	W/A	$m^2 \cdot kg/(s^3 \cdot A)$
电容	法[拉]	F	C/V	$s^4 \cdot A^2/(m^2 \cdot kg)$
电阻	欧[姆]	Ω	V/A	$m^2 \cdot kg/(s^3 \cdot A^2)$
电导	西[门子]	S	A/V	$s^3 \cdot A^2/(m^2 \cdot kg)$
磁通[量]	韦[伯]	Wb	$V \cdot s$	$m^2 \cdot kg/(s^2 \cdot A)$
磁感应强度,磁通[量]密度	特[斯拉]	T	Wb/m^2	$kg/(s^2 \cdot A)$
电感	亨[利]	H	Wb/A	$m^2 \cdot kg/(s^2 \cdot A^2)$
摄氏温度	摄氏度	℃		K
光通量	流[明]	lm		$cd \cdot sr$
[光]照度	勒[克斯]	lx	lm/m^2	$cd \cdot sr/m^2$
[放射性]活度	贝克[勒尔]	Bq		1/s
吸收剂量	戈[瑞]	Gy	J/kg	m^2/s^2
剂量当量	希[沃特]	Sv	J/kg	m^2/s^2

四、我国选定的非国际单位制单位

量	单位名称	单位符号	与 SI 单位的关系
时间	分	min	1min=60s
	[小]时	h	1h=60min=3600s
	日(天)	d	1d=24h=86400s
[平面]角	度	°	$1^\circ=(\pi/180)rad$
	[角]分	′	$1'=(1/60)^\circ=(\pi/10800)rad$
	[角]秒	″	$1''=(1/60)'=(\pi/648000)rad$
体积	升	L,l	$1L=1dm^3=10^{-3}m^3$
质量	吨	t	$1t=10^3kg$
	[统一的]原子质量单位	u	$1u\approx1.660540\times10^{-27}kg$
能	电子伏特	eV	$1eV\approx1.6021892\times10^{-19}J$

附录 C　空气、水、地球、太阳系的一些常用数据

空气和水的一些性质（在 20℃、1.013×10^5 Pa 时）

性　质	空　气	水
密度	1.20kg/m^3	$1.00\times10^3\text{kg/m}^3$
比热容	$1.00\times10^3\text{J/(kg}\cdot\text{K)}$	$4.18\times10^3\text{J/(kg}\cdot\text{K)}$
声速	343m/s	$1.26\times10^3\text{m/s}$

有关地球的一些常用数据

密度	$5.49\times10^3\text{kg/m}^3$
半径	$6.37\times10^6\text{m}$
质量	$5.98\times10^{24}\text{kg}$
大气压强（地球表面）	$1.01\times10^5\text{Pa}$
地球与太阳间平均距离	$1.50\times10^{11}\text{m}$

有关太阳系的一些常用数据

星体	平均轨道半径/m	星体半径/m	轨道周期/s	星体质量/kg
太阳*		6.69×10^8	8×10^{15}	1.99×10^{30}
水星	5.79×10^{10}	2.42×10^6	7.51×10^6	3.31×10^{23}
金星	1.08×10^{11}	6.10×10^6	1.94×10^7	4.87×10^{24}
地球	1.50×10^{11}	6.38×10^6	3.15×10^7	5.98×10^{24}
火星	2.28×10^{11}	3.38×10^6	5.94×10^7	6.42×10^{23}
木星	7.78×10^{11}	7.13×10^7	3.74×10^8	1.90×10^{27}
土星	1.43×10^{12}	6.04×10^7	9.35×10^8	5.69×10^{26}
天王星	2.87×10^{12}	2.38×10^7	2.64×10^9	8.71×10^{25}
海王星	4.50×10^{12}	2.22×10^7	5.22×10^9	1.03×10^{26}
月球	3.84×10^8（地球）	1.74×10^6	2.36×10^6	7.35×10^{22}

注：* 太阳距银河系中心约为 2.1×10^{20}m（2.3 万光年），银河系的直径约为 6.622×10^{20}m（7 万光年）。

附录 D　部分常用数学公式

一、级数公式

$$(1+x)^n=1+nx+\frac{n(n-1)}{2!}x^2+\cdots,\quad |x|<1$$

$$\ln(1+x)=x-\frac{1}{2}x^2+\frac{1}{3}x^3-\cdots,\quad x<1$$

$$e^x=1+x+\frac{x^2}{2!}+\frac{x^3}{3!}+\cdots$$

$$\frac{1}{1+x}=1-x+x^2-x^3+x^4-\cdots,\quad -1<x<1$$

$$\sin\theta=\theta-\frac{\theta^3}{3!}+\frac{\theta^5}{5!}-\cdots$$

$$\cos\theta=\theta-\frac{\theta^2}{2!}+\frac{\theta^4}{4!}-\cdots$$

泰勒级数

$$f(x)=f(x_0)+\frac{f'(x_0)}{1!}(x-x_0)+\frac{f''(x_0)}{2!}(x-x_0)^2+\cdots+\frac{f^{(n)}(x_0)}{n!}(x-x_0)^n+\cdots$$

二、三角函数公式

$$\sin(\alpha\pm\beta)=\sin\alpha\cos\beta\pm\sin\beta\cos\alpha$$

$$\cos(\alpha\pm\beta)=\cos\alpha\cos\beta\mp\sin\alpha\sin\beta$$

$$\tan(\alpha\pm\beta)=\frac{\tan\alpha\pm\tan\beta}{1\mp\tan\alpha\tan\beta}$$

$$\sin2\alpha=2\sin\alpha\cos\alpha$$

$$\cos2\alpha=\cos^2\alpha-\sin^2\alpha=1-2\sin^2\alpha=2\cos^2\alpha-1$$

$$\tan2\alpha=\frac{2\tan\alpha}{1-\tan^2\alpha}$$

$$\sin^2\left(\frac{\alpha}{2}\right)=\frac{1}{2}(1-\cos\alpha)$$

$$\cos^2\left(\frac{\alpha}{2}\right)=\frac{1}{2}(1+\cos\alpha)$$

$$2\sin\alpha\cos\beta=\sin(\alpha+\beta)+\sin(\alpha-\beta)$$

$$2\cos\alpha\cos\beta=\cos(\alpha+\beta)+\cos(\alpha-\beta)$$

$$2\sin\alpha\sin\beta=\cos(\alpha-\beta)-\cos(\alpha+\beta)$$

$$\sin\alpha\pm\sin\beta=2\sin\frac{\alpha\pm\beta}{2}\cos\frac{\alpha\mp\beta}{2}$$

$$\cos\alpha+\cos\beta=2\cos\frac{\alpha+\beta}{2}\cos\frac{\alpha-\beta}{2}$$

$$\cos\alpha-\cos\beta=-2\sin\frac{\alpha+\beta}{2}\sin\frac{\alpha-\beta}{2}$$

三、导数公式

$$\frac{d}{dx}(\sin ax)=a\cos ax$$

$$\frac{\mathrm{d}}{\mathrm{d}x}(\cos ax)=-a\sin ax$$

$$\frac{\mathrm{d}}{\mathrm{d}x}(\tan ax)=a\sec^2 ax$$

$$\frac{\mathrm{d}}{\mathrm{d}x}a^{nx}=na^x\ln a$$

$$\frac{\mathrm{d}}{\mathrm{d}x}\mathrm{e}^{ax}=a\mathrm{e}^{ax}$$

四、积分公式

$$\int u\mathrm{d}v=uv-\int v\mathrm{d}u$$

$$\int x^n\mathrm{d}x=\frac{1}{n+1}x^{n+1}+C,\quad n\neq-1$$

$$\int\frac{\mathrm{d}x}{x}=\ln x+C$$

$$\int\frac{\mathrm{d}x}{a+bx}=\frac{1}{b}\ln(a+bx)+C$$

$$\int\frac{x\mathrm{d}x}{a+bx^2}=\frac{1}{2b}\ln(a+bx)+C$$

$$\int x\mathrm{e}^{ax}\mathrm{d}x=\frac{\mathrm{e}^{ax}}{a^2}(ax-1)+C$$

$$\int\ln ax\,\mathrm{d}x=x\ln ax-x+C$$

$$\int\sin ax\,\mathrm{d}x=-\frac{\cos ax}{a}+C$$

$$\int\cos ax\,\mathrm{d}x=\frac{\sin ax}{a}+C$$

$$\int\sin^2x\mathrm{d}x=\frac{x}{2}-\frac{\sin 2x}{4}+C$$

$$\int\cos^2x\mathrm{d}x=\frac{x}{2}+\frac{\sin 2x}{4}+C$$

$$\int\tan^2x\mathrm{d}x=\tan x-x+C$$

$$\int_0^\infty\frac{\mathrm{d}x}{1+\mathrm{e}^{ax}}=\frac{1}{a}\ln 2,\quad a>0$$

$$\int_0^\infty\mathrm{e}^{-ax^2}\mathrm{d}x=\frac{\sqrt{\pi}}{2a}$$

$$\int_0^\infty x\mathrm{e}^{-ax^2}\mathrm{d}x=\frac{1}{2a}$$

$$\int_0^\infty\frac{\sin ax}{x}\mathrm{d}x=\frac{\pi}{2},\quad a>0$$

附录E 力学、机械振动、机械波、光学和热学的量和单位

量		单位	
名称	符号	名称	符号
长度	l,L	米	m
质量	m	千克	kg
时间	t	秒	s
速度	v	米每秒	m/s
加速度	a	米每二次方秒	m/s^2
角	$\theta,\alpha,\beta,\gamma$	弧度	rad
		度	°
角速度	ω	弧度每秒	rad/s,1/s
角加速度	α	弧度每二次方秒	$rad/s^2,1/s^2$
(旋)转速(度)	n	转每秒	r/s
		转每分	r/min
力	F	牛顿	N
摩擦因数	μ	一	1
动量	p	千克米每秒	kg · m/s
冲量	I	牛顿秒	N · s
功	W	焦耳	J
能量,热量	E,E_k,E_p,Q	焦耳	J
功率	P	瓦特	W
力矩	M	牛顿米	N · m
转动惯量	J	千克二次方米	$kg \cdot m^2$
角动量	L	千克二次方米每秒	$kg \cdot m^2/s$
劲度系数	k	牛顿每米	N/m
周期	T	秒	S
频率	ν	赫兹	Hz
角频率	ω	弧度每秒	rad/s
波长	λ	米	m
角波数	k	每米	1/m
振动位移	x,y	米	m
振动速度	v	米每秒	m/s
声强	I	瓦特每平方米	W/m^2
折射率	n		
物距	p	米	m
像距	p'	米	m
焦距	f	米	m
光速	c	米每秒	m/s
辐射强度	I	瓦特每平方米	W/m^2
辐射能密度	$w(u)$	焦耳每立方米	J/m^3
压强	p	帕斯卡	Pa

续表

量		单　位	
名　称	符　号	名　称	符　号
体积	V	立方米	m^3
		升	L(l)
热力学温度	T	开尔文	K
摄氏温度	t	摄氏度	℃
气体分子质量	m'	千克	kg
气体质量	m	千克	kg
分子数密度	n	每立方米	$1/m^3$
物质的量	ν	摩尔	mol
摩尔质量	M	千克每摩尔	kg/mol
分子自由程	λ	米	m
分子碰撞频率	Z	次每秒	1/s
摩尔定压热容	$C_{p,m}$	焦[耳]每摩[尔]开[尔文]	J/(mol · K)
摩尔定体热容	$C_{V,m}$	焦[耳]每摩[尔]开[尔文]	J/(mol · K)
熵	S	焦[耳]每开[尔文]	J/K
摩尔气体常数	R	焦[耳]每摩[尔]开[尔文]	J/(mol · K)
阿伏伽德罗常数	N_A	每摩[尔]	1/mol
玻尔兹曼常数	k	焦[耳]每开[尔文]	J/K

附录 F　一些基本物理常数

国际科技数据委员会基本常数组(CODATA)2002 年国际推荐值

物　理　量	符号	数　　值	一般计算取用值	单　　位
真空中光速	c	2.99792458×10^{8}	3.00×10^{8}	m/s
真空磁导率	μ_0	$4\pi\times10^{-7}$	$4\pi\times10^{-7}$	N/A^2
真空电容率	ε_0	$8.854187817\times10^{-12}$	8.85×10^{-12}	$C^2/(N\cdot m^2)$
引力常数	G	$6.67242(10)\times10^{-11}$	6.67×10^{-11}	$N\cdot m^2/kg^2$
普朗克常数	h	$6.6260693(11)\times10^{-34}$	6.63×10^{-34}	J · s
元电荷	e	$1.60217653(14)\times10^{-19}$	1.60×10^{-19}	C
里德伯常数	R_∞	10973731.534	10973731	1/m
电子质量	m_e	$9.1093826(16)\times10^{-31}$	9.11×10^{-31}	kg
康普顿波长	λ_C	$2.426310238(16)\times10^{-12}$	2.43×10^{-12}	m
质子质量	m_p	$1.67262171(29)\times10^{-27}$	1.67×10^{-27}	kg
中子质量	m_n	$1.67492728(29)\times10^{-27}$	1.67×10^{-27}	kg
阿伏伽德罗常数	N_A	$6.0221415(10)\times10^{23}$	6.02×10^{23}	1/mol
摩尔气体常数	R	8.314472(15)	8.31	J/(mol · K)
玻尔兹曼常数	k	$1.3806505(24)\times10^{-23}$	1.38×10^{-23}	J/K
斯特藩-玻尔兹曼常数	σ	$5.670400(40)\times10^{-8}$	5.67×10^{-8}	$W/m^2\cdot K^4$
原子质量常数	m_u	$1.66053886(28)\times10^{-27}$	1.66×10^{-27}	kg
维恩位移定律常数	b	$2.8977685(51)\times10^{-3}$	2.90×10^{-3}	m · K
玻尔半径	a_0	$0.5291772108(18)\times10^{-10}$	0.529×10^{-10}	m

习题参考答案

第1章 质点运动学

一、选择题

1-1 (C)；1-2 (D)；1-3 (D)；1-4 (D)；1-5 (B)

二、填空题

1-6 $(4\boldsymbol{i}+2\boldsymbol{j})\mathrm{m}, 8\boldsymbol{i}\mathrm{m/s^2}$　1-7 16m/s,0m/s　1-8 62.5,1.67s　1-9 1s,1.5m,0.5rad,$4.2\mathrm{m/s^2}$

1-10 $0, 0.075\pi^2\mathrm{m/s^2}$

三、计算题

1-11 (1) $(3.0\boldsymbol{i}-8t\boldsymbol{j})\mathrm{m/s}$；(2) 16.3m/s

1-12 (1) $-48\mathrm{m}, -36\mathrm{m/s}, -12\mathrm{m/s^2}$；(2) $12\mathrm{m/s}, -12\mathrm{m/s}$；(3) 6m

1-13 (1) $v=1-t^2, x=3+t-\frac{1}{3}t^3$；(2) $x=\frac{11}{3}\mathrm{m}, a=-2\mathrm{m/s^2}$；(3) $\Delta x=\frac{2}{3}\mathrm{m}$

1-14 41.25m,56m/s,$45\mathrm{m/s^2}$

1-15 (1) $\boldsymbol{v}=(6t\boldsymbol{i}+4t\boldsymbol{j})\mathrm{m/s}, \boldsymbol{r}=[(10+3t^2)\boldsymbol{i}+2t^2\boldsymbol{j}]\mathrm{m}$；(2) $y=\frac{2}{3}x-\frac{20}{3}\mathrm{m}$

1-16 $(4.0\boldsymbol{i}+8.0\boldsymbol{j})\mathrm{m/s}, 16\boldsymbol{j}\mathrm{m/s^2}$

1-17 (1) $-6\boldsymbol{i}\mathrm{m/s}$；(2) 沿 x 轴负方向运动；(3) 6m/s；(4) 不会

1-18 (1) $y=-\frac{x^2}{4}+2$；(2) $\boldsymbol{r}_1=(2\boldsymbol{i}+\boldsymbol{j})\mathrm{m}, \boldsymbol{r}_2=(4\boldsymbol{i}-2\boldsymbol{j})\mathrm{m}, \bar{\boldsymbol{v}}=(2\boldsymbol{i}-3\boldsymbol{j})\mathrm{m/s}$；

(3) $\boldsymbol{v}_1=(2\boldsymbol{i}-2\boldsymbol{j})\mathrm{m/s}, \boldsymbol{v}_2=(2\boldsymbol{i}-4\boldsymbol{j})\mathrm{m/s}$；(4) $-2\boldsymbol{j}\ \mathrm{m/s^2}, -2\boldsymbol{j}\ \mathrm{m/s^2}$

1-19 (1) $v=v_0\mathrm{e}^{-kt}$；(2) v_0/k　1-20 $v=\sqrt{v_0^2+kx_0^2-kx^2}$

1-21 (1) $-\pi\mathrm{rad/s^2}$；(2) $25\pi\mathrm{rad/s}$,625；(3) $25\pi\mathrm{m/s}, 625\pi^2\mathrm{m/s^2}$

1-22 $\sqrt{\frac{R}{c}}-\frac{b}{c}$

1-23 (1) $\omega=3.14\mathrm{rad/s}, a_\mathrm{n}=98.7\mathrm{m/s^2}, a_\mathrm{t}=31.4\mathrm{m/s^2}$；

(2) $a=103.5\ \mathrm{m/s^2}$,与切向夹角为$72°21'$

1-24 (1) $\frac{2v'l}{v'^2-v_\mathrm{r}^2}$；(2) $\frac{2l}{\sqrt{v'^2-v_\mathrm{r}^2}}$

第2章 质点动力学

一、选择题

2-1 (D)；2-2 (C)；2-3 (C)；2-4 (B)；2-5 (A)；2-6 (A)；2-7 (B)；

2-8 (D)；2-9 (C)；2-10 (C)；2-11 (D)；2-12 (A)；2-13 (D)；2-14 (A)

二、填空题

2-15 $19.6\mathrm{m/s^2}$,0

2-16 式(1)正确；铅直方向无加速度，小球的向心加速度在绳子方向上有投影。

2-17 $\sqrt{\frac{\mu g}{r}}$ 2-18 $v=v_0 e^{-\frac{k}{m}t}$ 2-19 20m/s,0 2-20 3km/h 2-21 2J 2-22 −18J

2-23 $\frac{3}{8}kl^2$ 2-24 9.8J,0,−5.8J,不能

三、计算题

2-25 证明过程：$g=\frac{dv}{dt}\Rightarrow\int_0^v dv=\int_0^t g dt\Rightarrow\int_0^y dy=\int_0^v v dt\Rightarrow y=\frac{1}{2}gt^2$

2-26 3.6×10^4 km 2-27 $\mu_s mg/(\cos\theta+\mu_s\sin\theta)$ 2-28 $\frac{m_2-m_1}{m_1+m_2}g,\frac{2m_1m_2}{m_1+m_2}g$

2-29 602N,方向向上；584N,方向向下 2-30 $\frac{2F_0T}{m}$ 2-31 (1) 11N；(2) $0.14m/s^2$

2-32 $6.1m/s^2$,$0.98m/s^2$ 2-33 (1) 7.3kg；(2) 89N 2-34 25m/s,41.67m 2-35 1.0×10^4 N

2-36 $(20\boldsymbol{i}+4\boldsymbol{j}+8\boldsymbol{k})$N·s,$(20\boldsymbol{i}+4\boldsymbol{j}+8\boldsymbol{k})$N·s 2-37 (1) $42\boldsymbol{j}$N·s；(2) $-2.1\times10^3\boldsymbol{j}$N

2-38 (1) 2.7m/s；(2) 1.4×10^3 m/s 2-39 $v=14.14$m/s,$\alpha=45°$ 2-40 2×10^5 J

2-41 (1) 528J；(2) 12W 2-42 $\sqrt{\frac{2F_0}{km}}$ 2-43 与竖直方向夹角131°49′

2-44 (1) 6.0m/s；(2) 0.158m

2-45 $\sqrt{\frac{2MgR}{M+m}}$，$-m\sqrt{\frac{2gR}{M(M+m)}}$，“−”号表明圆弧形槽的运动方向与小球的运动方向相反。

第3章 刚体的定轴转动

一、选择题

3-1 (B)；3-2 (C)；3-3 (C)；3-4 (C)；3-5 (A)；3-6 (B)

二、填空题

3-7 > 3-8 $\frac{mr^2}{2},\frac{MR^2}{2}$,= 3-9 $\frac{R_1v_1}{R_2},-\frac{mv_1^2}{2}\left(1-\frac{R_1^2}{R_2^2}\right)$

三、计算题

3-10 $(a+3bt^2+4ct^3)$rad/s；$(6bt+12ct^2)$rad/s^2

3-11 (1) 4rad/s；(2) 8rad/s；(3) 2 rad/s^2 3-12 0.136kg·m^2

3-13 $a_1=\frac{m_1R-m_2r}{J_1+J_2+m_1R^2+m_2r^2}gR$；$a_2=\frac{m_1R-m_2r}{J_1+J_2+m_1R^2+m_2r^2}gr$

$F_{T1}=\frac{J_1+J_2+m_2r^2+m_2Rr}{J_1+J_2+m_1R^2+m_2r^2}m_1g$；$F_{T2}=\frac{J_1+J_2+m_1R^2+m_1Rr}{J_1+J_2+m_1R^2+m_2r^2}m_2g$

3-14 (1) $a=\frac{m_2g-m_1g\sin\theta-\mu m_1g\cos\theta}{m_1+m_2+J/r^2}$；

(2) $F_{T1}=\frac{m_1m_2g(1+\sin\theta+\mu\cos\theta)+(\sin\theta+\mu\cos\theta)m_1gJ/r^2}{m_1+m_2+J/r^2}$

$F_{T2}=\frac{m_1m_2g(1+\sin\theta+\mu\cos\theta)+m_2gJ/r^2}{m_1+m_2+J/r^2}$

3-15 $\frac{6L}{25\mu}$ 3-16 (1) 2.77r/s；(2) 26.2J,72.6J 3-17 $\frac{2M}{m}\sqrt{gL(1-\cos\theta)/3}$

第4章 机械振动

一、选择题

4-1 (D)；4-2 (C)；4-3 (B)；4-4 (B)；4-5 (C)

二、填空题

4-6 $2\sqrt{m}$ 4-7 (1) 1.2s；(2) −0.209m/s 4-8 $A\cos\left(2\pi\frac{t}{T}+\frac{\pi}{3}\right)$ 4-9 $2\pi^2 m\frac{A^2}{T^2}$

4-10 3.74×10^{-2}J

三、计算题

4-11 (1) 0.10m，20πrad/s，0.1s，$\frac{\pi}{4}$；(2) 2πm/s 4-12 $x=0.1\cos\left(\pi t+\frac{\pi}{3}\right)$m

4-13 (1) $x=8.0\times10^{-2}\cos(10t+\pi)$m；(2) $x=6.0\times10^{-2}\cos\left(10t+\frac{\pi}{2}\right)$m

4-14 (1) $\frac{\pi}{2}$rad/s，$-\frac{\pi}{2}$；(2) $x=2\cos\left(\frac{\pi}{2}t-\frac{\pi}{2}\right)$cm，$v=-\pi\sin\left(\frac{\pi}{2}t-\frac{\pi}{2}\right)$cm/s，

$a=-\frac{1}{2}\pi^2\cos\left(\frac{\pi}{2}t-\frac{\pi}{2}\right)$cm/s²

4-15 (1) −8.66cm；(2) 2.14×10^{-3}N；(3) 2s；(4) $\frac{4}{3}$s 4-16 $x=2.5\times10^{-2}\cos\left(40t+\frac{\pi}{2}\right)$m

4-17 25%，75%，$\pm\frac{\sqrt{2}}{2}$A 4-18 9.62×10^{-3}J

4-19 (1) 7.8×10^{-2}m，1.48rad；(2) $2k\pi+0.75\pi$，$k=0,\pm1,\pm2,\cdots$，$2k\pi+1.25\pi$，$k=0,\pm1,\pm2,\cdots$

第5章 机械波

一、选择题

5-1 (D)；5-2 (C)；5-3 (C)；5-4 (B)；5-5 (B)

二、填空题

5-6 $\frac{\omega}{u}(x_2-x_1)$ 5-7 $-0.2\pi^2\cos\left(\pi t+\frac{3\pi}{2}\right)$m/s² 5-8 $\frac{\pi}{2}$，0，$-\frac{\pi}{2}$，π，$\frac{\pi}{2}$ 5-9 $\frac{3\pi}{2}$，$\sqrt{2}A$

5-10 1.58×10^5 W/m²

三、计算题

5-11 (1) 0.20m，2.5m/s，1.25Hz，2.0m；(2) 1.57m/s

5-12 (1) 8.33×10^{-3}s，0.25m；(2) $y=4.0\times10^{-3}\cos(240\pi t-8\pi x)$m

5-13 (1) $y=0.1\cos\left(200\pi t-\frac{9}{2}\pi\right)$m，$-\frac{9}{2}\pi$；(2) $\frac{\pi}{2}$

5-14 (1) $y=0.2\cos\left[500\pi\left(t+\frac{x}{10000}\right)+\frac{\pi}{3}\right]$m；

(2) $y=0.2\cos\left(500\pi t+\frac{5}{6}\pi\right)$m，−50πm/s

5-15 (1) 8.4π，8.2π；(2) π

5-16 1.27×10^{-2} W/m²，3.18×10^{-3} W/m²

5-17 (1) $y_A=0.01\cos200\pi t$m，$y_B=0.01\cos(200\pi t+\pi)$m；

(2) AB连线间距A点2，6，10，…，34，38，42m

5-18 (1) $x=\frac{1}{2}(2k+1)$m $k=0,\pm1,\pm2,\cdots$

(2) $x=k$m $k=0,\pm1,\pm2,\cdots$

第6章 光学

一、选择题

6-1 (C)；6-2 (C)；6-3 (B)；6-4 (B)；6-5 (D)；6-6 (C)；6-7 (D)

二、填空题

6-8 增大,减小 6-9 $2n_2e, 2n_2e+\frac{\lambda}{2}$ 6-10 4,暗 6-11 变小,变大 6-12 $3I_0/8$

三、计算题

6-13 $f=18.95\text{cm}$ 6-14 最后成像在发散透镜后10cm处,是放大2倍的倒立实像。

6-15 (1) −7.3mm;(2) −26.7;(3) −1343 6-16 632.8nm,红光 6-17 1.34×10^{-4}m

6-18 (1) 向上移动;(2) 4.74×10^{-6}m 6-19 2.88mm 6-20 668.8nm,红色;401.3nm,紫色

6-21 5.75×10^{-5}m 6-22 546nm 6-23 (1) 明环;(2) 4个 6-24 428.6nm 6-25 625nm

6-26 (1) 570nm;(2) 43°5′ 6-27 3.0mm,5.7mm,2.7mm;2.0cm,3.8cm,1.8cm 6-28 3.05μm

6-29 36.9° 6-30 (1) 58°;(2) 1.60 6-31 $\frac{1}{3},\frac{2}{3}$

第7章 气体动理论

一、选择题

7-1 (C);7-2 (C);7-3 (C);7-4 (B);7-5 (B)

二、填空题

7-6 6 7-7 0.152J 7-8 3739.5J,2493J 7-9 2

7-10 速率在 $v_p\sim\infty$ 区间内的分子数占总分子数的比例

三、计算题

7-11 7.56×10^4Pa 7-12 6.20×10^{-21}J 7-13 3.89×10^{-22}J

7-14 (1) 1.35×10^5Pa;(2) 7.49×10^{-21}J,3.62×10^2K

7-15 (1) 5.7×10^{-21}J,3.8×10^{-21}J;(2) 7.1×10^2J;(3) 3.4×10^3J

7-16 $\frac{1}{v_0},\frac{1}{2}v_0$ 7-17 390m/s,440m/s,478m/s 7-18 $2.4\times10^6\text{ s}^{-1}$

7-19 2.69×10^{19}个,454m/s,$7.7\times10^9\text{ s}^{-1}$,$6\times10^{-8}$m

7-20 (1) 1.67;(2) 5.5×10^{-7}m,$8.56\times10^8\text{ s}^{-1}$

第8章 热力学基础

一、选择题

8-1 (B);8-2 (C);8-3 (D);8-4 (B);8-5 (C)

二、填空题

8-6 非静态,准静态,准静态 8-7 500J,700J 8-8 $\frac{3}{2}kT,\frac{5}{2}RT$ 8-9 500K

8-10 功热转换,热传导

三、计算题

8-11 $\frac{3}{2}(p_2V_2-p_1V_1),\frac{1}{2}(V_2-V_1)(p_2+p_1),2(p_2V_2-p_1V_1)+\frac{1}{2}(p_1V_2-p_2V_1)$

8-12 5.0×10^2J,1.21×10^3J 8-13 系统向外界放热,−252J

8-14 (1) 128.1J,91.5J;(2) 36.6J,0

8-15 (1) 2.77×10^3J,2.77×10^3J;(2) 2.0×10^3J,2.0×10^3J

8-16 (1) 3.75×10^3J;(2) 5.74×10^3J 8-17 (1) 3%;(2) 10% 8-18 93.3 K

8-19 2.75×10^5J,-1.70×10^5J 8-20 8.0kW·h

8-21 (1) 2.0×10^3J,0,-1.39×10^3J;(2) 7.0×10^3J,-5.0×10^3J,-1.39×10^3J;(3) 8.8%

参考文献

[1] 马文蔚,周雨青.物理学教程[M].北京：高等教育出版社,2006.
[2] 马文蔚,苏惠惠,解希顺.物理学原理在工程技术中的应用[M].北京：高等教育出版社,2006.
[3] 刘克哲.普通物理学[M].北京：高等教育出版社,1994.
[4] 张三慧.大学物理学[M].北京：清华大学出版社,2009.
[5] 吴王杰.物理[M].北京：机械工业出版社,2007.
[6] 陈信义.大学物理教程[M].北京：清华大学出版社,2009.
[7] 祝之光. 物理学[M]. 北京：高等教育出版社,2004.
[8] 朱峰. 大学物理学[M]. 北京：清华大学出版社,2009.
[9] 夏兆阳. 大学物理教程[M]. 北京：高等教育出版社,2005.
[10] 王少杰,顾牡. 大学物理学[M]. 上海：同济大学出版社,2006.
[11] 赵言诚,姜海丽,刘艳磊.新编大学物理教程[M].北京：高等教育出版社,2014.
[12] 毛骏健.大学物理学[M].北京：高等教育出版社,2014.